Wenn das Tasten nicht eine einzige Wahrnehmung,
sondern eine Mehrzahl ist, sind auch seine
Gegenstände eine Vielheit.

Aristoteles

Der bewegte Sinn

Grundlagen und Anwendungen zur haptischen Wahrnehmung

Martin Grunwald
Lothar Beyer
(Hrsg.)

Birkhäuser Verlag
Basel · Boston · Berlin

Herausgeber

Dr. Martin Grunwald
Universität Leipzig
EEG Forschungslabor der Klinik für Psychiatrie
Emilienstrasse 14
D-04107 Leipzig

Prof. Dr. Lothar Beyer
Ärztehaus Mitte
Westbahnhofstrasse 2
D-07745 Jena

Die Deutsche Bibliothek – CIP-Einheitsaufnahme
Der bewegte Sinn : Grundlagen und Anwendungen zur haptischen Wahrnehmung /
Martin Grunwald ; Lothar Beyer (Hrsg.). - Basel ; Boston ; Berlin : Birkhäuser, 2001
ISBN 3-7643-6516-1

ISBN 3-7643-6516-1 Birkhäuser Verlag, Basel – Boston – Berlin

Ein Unternehmen der Fachverlagsgruppe BertelsmannSpringer
Camera-ready Vorlage durch die Herausgeber erstellt
Gedruckt auf säurefreiem Papier, hergestellt aus chlorfrei gebleichtem Zellstoff. TCF ∞
Umschlaggestaltung: Micha Lotrovsky, Therwil, Schweiz
Bildmotiv Umschlag: Erich Kissing, Zureiten (Ausschnitt). 1982–1984, Eitempera, Aquarell, Öl auf Hartfaser, 82 × 136 cm. www.erich-kissing.de
Printed in Germany
ISBN 3-7643-6516-1

9 8 7 6 5 4 3 2 1

www.birkhauser.ch

V. Anwendungsaspekte

VORWORT DER HERAUSGEBER

Die vorliegenden Monographie stellt grundlegende und aktuelle Ergebnisse zur haptischen Wahrnehmung dar, um auf die notwendige und bereits praktizierte interdisziplinäre Vernetzung der Aktivitäten in Forschung und Praxis aufmerksam zu machen. Die Gesamtheit der Beiträge tritt damit zwei weit verbreiteten Annahmen entgegen:

Erstens: Es ist falsch anzunehmen, dass über den Tastsinn und speziell zur haptischen Wahrnehmung nur wenig Wissen bereitgestellt wird und sich nur eine Minderzahl von Wissenschaftlern diesem Gebiet stellte und stellt. Die Auseinandersetzung mit den bestehenden Hypothesen und Konzepten zum Tastsinn offenbart eine beeindruckende Fülle von Studien und Erkenntnissen aus den unterschiedlichsten Fachbereichen. Vertreten sind grundlagenorientierte und klinische Fächer sowie anwendungsorientierte Gebiete. Die Vielzahl, das Spektrum und die Originalität der Aktivitäten würde mehrbändige Ausgaben füllen. Es fehlt somit nicht an Paradigmen und Fragestellungen, an Anwendungsbereichen und scheinbar unlösbaren Problemen, sondern an Foren und Austauschebenen für Wissenschaftler und Praktiker. Die verschiedenen – zum Großteil interdisziplinären – Aktivitäten geschehen oft - unbemerkt. Innerhalb der „Tastsinn-Gemeinde“ herrscht eher eine Bescheidenheit der Nische, die jedoch nicht im Verhältnis zu dem steht, was schon erkundet wurde und noch erfahren werden muss. Es sind nicht zu wenige, die zu diesem Gegenstand arbeiten, aber zu wenig wird das bestehende Wissen und die vorhandenen Aktivitäten gebündelt und zusammenfassend dargestellt.

Zweitens: Die Forschungstätigkeit zur haptischen Wahrnehmung ist nicht deshalb so vereinzelt und kaum als großes Paradigma etabliert, weil die Bedeutung dieser Erkenntnisse gering wäre. Ganz im Gegenteil. Die außerordentliche Bedeutung der haptischen Wahrnehmung für den Menschen im Kontext der anderen Wahrnehmungssysteme steht seit langem außer Frage. Vielmehr ist die Zurückhaltung auf diesem Gebiet Ausdruck dafür, dass eindimensionale Ansätze sowohl bei Forschern als auch Anwendern schnell zu Ernüchterung führen. Selbst relativ eng umgrenzte Problemstellungen zur haptischen Wahrnehmung berühren schon nach kurzer Zeit der thematischen Bearbeitung das gesamte Wahrnehmungs- und Verarbeitungssystem des Menschen. Zurückhaltung gegenüber diesem Forschungsgebiet ist somit nicht die Folge mangelnder Bedeutung, sondern Reflex auf die Komplexität des Gegenstandes, die alles andere als methodische Trägheit erfordert.

Gegliedert in fünf Kapitel werden ausgehend von philosophisch-erkenntnistheoretischen Beiträgen die neurophysiologischen und psychologischen Grundlagen der haptischen Wahrneh-

mung sowie deren klinische Bedeutung vorgestellt. Die Beiträge wurden so ausgewählt, dass sie Lehrenden und Lernenden als Anregung dienen können. Ein Teil der Beiträge stellt neue und bisher noch nicht veröffentlichte Untersuchungsergebnisse dar.
Auf welch vielfältige Weise dem Tastsinn und insbesondere der haptischen Wahrnehmung in praktisch-industriellen Anwendungsbereichen Beachtung geschenkt wird, zeigen die Beiträge des Kapitel V. Darüber hinaus sollen diese Beiträge verdeutlichen, dass der haptischen Wahrnehmung im Schatten der öffentlichen Aufmerksamkeit zunehmend ein wirtschaftliches Interesse entgegengebracht wird. Somit besteht die Forderung an die Wissenschaft, diesen Trend aktiv zu befördern und ihm nicht passiv nachzulaufen.

Die Beschreibung des gegenwärtigen Kenntnisstandes, der verworfenen und bestätigten Hypothesen ist jedoch immer auch an den Wunsch gebunden, neue Fragestellungen zu generieren und die Praxis der Forschung zu verändern. Die Beiträge sollen somit auch dazu ermutigen, die Nische zu verlassen und den etablierten Betrieb mit der Unentbehrlichkeit der haptischen Wahrnehmung zu konfrontieren. Wünschenswert wäre, dass diese Arbeit eine Renaissance und eine Neubestimmung des Tastsinnes in der grundlagen- und anwendungsorientierten Forschung unterstützt.

An dieser Stelle möchten wir uns für die außerordentlich freundliche und kompetente Betreuung durch den Birkhäuser Verlag, besonders bei Herrn Dr. Klüber bedanken. Unser Dank gilt weiterhin Herrn Professor W. Krause (Friedrich-Schiller-Universität Jena), der durch seine stete Ermutigung diese Arbeit wesentlich befördert hat. Frau Busse gebührt großer Dank für Ihre mühevolle Arbeit bei der Korrektur des Bandes. Für die vielen kritischen Diskussionen und wichtigen Hinweise möchten wir uns bei allen Freunden herzlich bedanken.

Martin Grunwald — Lothar Beyer

Leipzig — Jena — Mai 2001

I. Erkenntnistheoretische und historische Aspekte

Begriffsbestimmungen zwischen Psychologie und Physiologie

Martin Grunwald

„Wenn das Tasten nicht eine einzige Wahrnehmung, sondern eine Mehrzahl ist, sind auch seine Gegenstände eine Vielheit“. Auf diese Weise verstand Aristoteles [1] den Tastsinn und man kann ergänzen, dass nicht nur die Gegenstände vielfältig sind, sondern auch die begrifflichen Bestimmungen, die mit dem Tastsinn in Zusammenhang gebracht werden. So ist festzustellen, dass in der durchaus umfangreichen internationalen und nationalen Literatur zum Tastsinn eine unübersichtliche Menge von Begriffen und Begriffskombinationen verwendet wird. Es kann jedoch nicht Aufgabe von Begriffsexegesen sein, die bestehenden Differenzen zu disziplinieren. Vielmehr sollten die verwendeten Begriffsbestimmungen in der Forschungsliteratur kritisch differenziert werden. Aus diesem Grund erscheint es sinnvoll, einige wesentliche Begriffe, die im Zusammenhang mit Erörterungen des Tastsinnes und der Tastwahrnehmung verwendet werden, zu beschreiben und ihren Standort zu bestimmen. Die Hoffnung besteht darin, den Gebrauch der jeweiligen Kategorien zu reflektieren – den Nutzen, Anspruch und deren Bedeutung herauszuarbeiten. Das alles geschehe vor dem Hintergrund einer erkenntnistheoretischen Einsicht Imanuel Kants, die uns lehrt, dass das menschliche Erkennen nur soweit und in den Grenzen der vorhandenen Begrifflichkeit möglich ist.

Der Ausgangspunkt unserer Betrachtung ist die Kategorie des Tastsinnes sowie synonyme Bestimmungen im deutschen Sprachgebrauch. Es wird dargestellt, welche Subkategorisierungen des Tastsinnes auftreten und weshalb sie in der Literatur verwendet werden. Dabei wird auf die Einflüsse von Forschungsarbeiten aus der Psychologie und Physiologie und auf entsprechende Begriffsdifferenzen eingegangen. Abschließend werden Hypothesen zu den möglichen Ursachen der Begriffsvielfalt erörtert.

Eigenschafts- und Ereignisbegriffe

In Korrespondenz zur Bezeichnung der unterschiedlichen Sinne, die verschiedene Reizqualitäten der Umwelt verarbeiten können (Sehsinn, Hörsinn, Geschmackssinn, Geruchssinn), wird der Begriff „Tastsinn" im deutschen Sprachraum gebraucht. Dieser Begriff deutet einerseits auf die Eigenständigkeit der Reizqualitäten als auch auf deren spezifisch sinngebundene Verarbeitung hin. Tastsinn meint somit einen eigenständigen und auch isoliert betrachtbaren Sinn, der die Wahrnehmung definierbarer Reizqualitäten ermöglicht. Tastsinn ist somit eine übergeordnete Kategorie im Kontext der verschiedenen Sinne, die sich als Leitbegriff relativ stabil im deutschen Sprachgebrauch verankert hat.[1] In diesem Begriff sind naturgemäß keine weiteren Differenzierungen des Sinnes und seiner besonderen Möglichkeiten enthalten. Er reflektiert auf allgemeiner Ebene nur die Tatsache, dass biologische Systeme wie der Mensch mit biologischen Einheiten (Organ-, Sensor- und Rezeptorsystemen) ausgestattet sind, die es gestatten, spezifische Umweltreize zu verarbeiten. Eine Bestimmung des Tastsinnes, die darauf verweist, was der Tastsinn „ist" – im objektsprachlichen Sinne, kann somit nicht erfolgen. Die Sinnkategorie verweist auf die Möglichkeit einer spezifischen Umweltwahrnehmung, denn die biologische Funktion des Sinnes ist schließlich die Verarbeitung von Umweltreizen zur Verhaltensorientierung. Der Begriff „Tastsinn" bezeichnet demnach einen Eigenschaftsbegriff und dessen Verwendung erfolgt in den entsprechenden Beiträgen vorwiegend vor dem Hintergrund zusammenfassender Analysen, zum Teil in Gegenüberstellung zu anderen Sinnen [2,3]. In Arbeiten von Campenhausen (1993) [5] und Bischof (1974) [6] werden zudem die Begriffe „Hautsinn" bzw. „Hautsinne" verwendet. Damit wird keine synonyme Bestimmung zum Tastsinn angestrebt, sondern es werden auf diese Weise die unterschiedlichen Reizqualitäten, insbesondere die, die durch Hautrezeptoren erfasst werden, in einem Begriff zusammengefasst.

Der Tastsinn als Eigenschaft hochentwickelter biologischer Systeme, wie sie der Mensch und höhere Primaten darstellen, wird auf morphologisch-funktioneller Ebene durch hochdifferenzierte biologische Elementareinheiten repräsentiert, die sich in der Haut als auch im Muskelgewebe, in Sehnen und Gelenken befinden. Diese Einheiten bilden die morphologisch-funktionelle Basis des Tastsinnes, ohne deren Vorhandensein die Eigenschaft Tastsinn nicht ausgebildet werden kann. Im Einzelnen werden diese Bestandteile und ihre funktionelle Differenzierung im Kapitel II dargestellt. Entsprechend ihrer Lage im Organismus und ihrem Aufbau erfüllen diese Elementareinheiten spezielle Teilfunktionen. Das heißt, jede dieser

[1] Im Angelsächsischen wird hierfür „sense of touch" genutzt [30].

Elementareinheiten ist in der Lage, durch bestimmte Qualitäten von Umweltreizen angesprochen zu werden (Druck, Spannung, Temperatur, Vibration, Bewegung, Gewebsschädigung, Gelenk-, Sehnen- und Muskelstellung). Die entsprechenden Rezeptoren verändern einen Teil ihrer Eigenschaften dann, wenn sie mit rezeptorrelevanten Umweltreizen konfrontiert werden. Die Elementareinheiten des Tastsinnes bilden demnach ein hochentwickeltes und spezialisiertes Eigenschaftssystem, das auf unterschiedlichste Reizqualitäten der Umwelt reagieren kann. Die elektrischen und biochemischen Veränderungen dieser Einheiten im Kontakt mit Umweltreizen sind Ausgangspunkt und Voraussetzung dafür, dass die spezifischen Eigenschaften der Reize kodiert und an zeitlich und räumlich nachgeordnete biologische Einheiten diese kodierten Informationen über Aktionspotentiale im Organismus weitergegeben werden können. Für die Weiterleitung kodierter Rezeptorinformationen stehen dem Organismus unterschiedliche Nervenfasern zur Verfügung. Die zeitlich und räumlich nachgeordneten biologischen Einheiten, die durch neuronale Strukturen des ZNS repräsentiert werden, sind vereinfacht formuliert a) für die Verarbeitung der kodierten Informationen und b) für die Regulation des Verhaltens verantwortlich. Ohne eine entsprechende neuronale und kortikale Verarbeitung der eintreffenden Rezeptorinformationen könnten die Umweltreize nicht diskriminiert und handlungsrelevanten Entscheidungen zugeordnet werden. Die Weiterleitung von Informationen aus den Rezeptoreinheiten sowie deren kortikale Verarbeitung ist somit unmittelbare Voraussetzung für den *Prozess*, der als Wahrnehmung, in diesem Falle als Tastwahrnehmung, Tastempfindungen, Tastleistungen [5,7] bezeichnet wird. Im Vordergrund des Wahrnehmungsbegriffes steht dabei das Resultat der Sinnestätigkeit. So orientieren die Beiträge mit Verwendung dieser Ereignisbegriffe vorwiegend auf Ergebnisse und interne Resultate, die im Prozess der Verarbeitung von Informationen des Tastsinnes als Wahrnehmungsinhalte bzw. als Empfindungen bewusst werden.

Auf Grund der Forschungstradition innerhalb der Psychologie ist die Erforschung von Wahrnehmungsprozessen – welche Umweltreize führen zu welchen Wahrnehmungsinhalten und weshalb? – teilweise ein separater Forschungsgegenstand geworden. Wohl aus diesem Grund findet man vorwiegend im Bereich der Psychologie die Begriffswahl *Tastwahrnehmung* oder *Berührungswahrnehmung*. Im zweiten Falle wird der Begriff „Tasten“ durch den Begriff „Berühren“ ersetzt. Aus inhaltlicher Perspektive heben die Autoren mit dieser Kategorie die interaktive Bedeutung des Tastsinnes im Rahmen der menschlichen Kommunikation hervor (siehe z. B. Beitrag von Seikowski und Gollek in diesem Band).

Die Verarbeitung unterschiedlicher Reizqualitäten, die durch die biologischen Einheiten des Tastsinnes erfassbar sind, führt zu spezifischen Wahrnehmungsinhalten und Empfindungen des Tastsinnes. Hierzu gehört jede Form der Tastwahrnehmung, unabhängig ob die Stimulation aktiv oder passiv erfolgt und unabhängig ob diese an der Haut, den Gelenken, Sehnen oder Muskeln hervorgerufen wird. Die Schmerzwahrnehmung auf der Basis von Hautreizen ist dabei ebenso Bestandteil des Tastsinnes wie die Wahrnehmung von Feuchtigkeit, Glätte, Vibration, Druck oder Temperatur. In einigen Abhandlungen wird der Eigenschaft des Tastsinnes, toxische Reize als Schmerz zu verarbeiten, ein eigenständiger Sinn zugeordnet: „*Schmerzsinn*", auch als „*Nozizeption*" bezeichnet [2]. Körpereigene Reize wie Stellungsänderungen des Körpers und explorative Bewegungen der Extremitäten im Raum führen ebenfalls zu Wahrnehmungsinhalten, die auf Grund der Aktivierung auch von Rezeptoren der Haut dem Tastsinn zugeordnet werden sollten. An dieser Stelle jedoch unterscheiden ebenfalls einige Autoren die hier zusammengefassten Wahrnehmungsqualitäten und sprechen von „*kinästhetischer Wahrnehmung*", „*Somästhesie*", „*Kinästhesie*", „*Tiefenwahrnehmung*" oder „*Tiefensensibilität*" [8]. Die Kategorie Tiefensensibilität wird in der Literatur oft auch als *Propriozeption* bezeichnet [2,5]. Es wird hierbei die Auffassung vertreten, dass die Wahrnehmung von passiven und aktiven Bewegungs-, Stellungs- und Lageänderungen der Körperglieder (Hand, Arm, Beine, Rumpf, Kopf) eine selbständige Sinnesqualität darstellt, die – zumindest implizit formuliert – dem Tastsinn nicht zugeordnet wird. Die Konsequenz dieser Auffassung äußert sich in Kategorien wie „*Stellungssinn*", „*Tiefensinn*", „*Bewegungssinn*" und „*Kraftsinn*" [4,5]. Es wird von den Autoren eingeräumt, dass die Informationen der Mechanorezeptoren der Haut, die bei entsprechenden Veränderungen der Körperglieder im Raum Umgebungs(eigen)reize aufnehmen (z. B. durch Dehnung oder Quetschung der Haut), an der Reizverarbeitung beteiligt sind. Der qualitative und quantitative Beitrag im Kontext der gesamten Reizstruktur von Körper-Raum-Lageänderungen wird jedoch als gering bewertet.

Wie gezeigt wurde, führte die morphologisch-funktionelle Differenzierung der einzelnen Rezeptoren zu einer umfangreichen Begriffswahl. An dieser Stelle muss gefragt werden, ob die morphologisch-funktionelle Qualifizierung spezifischer Eigenschaften des Organismus die Bestimmungsbasis für Sinnkategorien aller Art sein sollte. Wie im nachfolgenden Beitrag von Matthias John gezeigt wird, ist diese Frage nach der „Einheitlichkeit des (Tast) Sinnes" ein altes philosophisches und erkenntnistheoretisches Problem, das bis in unsere Tage hineinreicht. Sicherlich kann in einem solchen Beitrag das grundsätzliche Problem nicht gelöst, hoffentlich aber die Leserschaft hierfür sensibilisiert werden.

Im Hinblick auf die Eigenschaft des Tastsinnes, Bewegungs- und Stellungsreize des Körpers zu verarbeiten, muss hervorgehoben werden, dass keine passiv geführte oder aktiv gesteuerte Bewegung ohne Stimulation der Haut erfolgen kann. Die Haut ist als *ein Organ des Tastsinnes* stets in das Resultat der Bewegungsprozesse involviert. Selbst in Ruhelagen des Körpers – bei wachem Bewusstsein und im Schlaf – werden Informationen über Bewegungs- und Lageänderungen sowie Hautreize verarbeitet. Dabei müssen die entsprechenden Reize nicht unbedingt zu bewussten Wahrnehmungen führen. Das heißt, dass eine bis zur beinahe Bedeutungslosigkeit führende Nichtbeachtung dieses immerhin größten menschlichen Organs im Rahmen von motorischen Prozessen und Prozessen der Körperwahrnehmung falsch ist.
Bei der Zuordnung der oben beschriebenen Teileigenschaften des Tastsinnes auf der Grundlage von Rezeptoreigenschaften ergibt sich die Frage, ob diese Zuordnung auch für Stimuli sinnvoll ist, die direkt von inneren Organen des Körpers ausgehen (z. B. Reize, die durch Gewebsschädigungen an inneren Organen auftreten, ebenso Druck-, Dehnungs- und Temperaturreize aus den inneren Organen). Die Rezeptoren für diese Reizqualitäten befinden sich nicht in der Haut, sondern an den Organen bzw. in deren Umgebung (z. B. Magen, Darm, Herz, Lunge, Leber). Es lassen sich hier die bereits bekannten Rezeptoren differenzieren: Mechanorezeptoren für Druck, Berührung, Vibration, Spannung, Dehnung; Thermorezeptoren für Temperaturänderungen; Nozirezeptoren für gewebsschädigende Reize sowie weitere Rezeptoren, die auf Veränderungen biochemischer Verhältnisse reagieren, sogenannte Chemorezeptoren. In der Literatur wird diese Eigenschaft des Organismus, entsprechende Organreize (vor allem unbewusst) zu verarbeiten, auch als *viszerale Sensibilität* oder *Viszerozeption* bezeichnet [2,4].
Die inhaltliche Bearbeitung der viszeralen und propriozeptiven Eigenschaften erfolgt in der Regel separat. Es wird jedoch darauf hingewiesen, dass die morphologisch-funktionelle Struktur der Rezeptoren sowohl für die viszeralen als auch für die propriozeptiven Eigenschaften ähnlich bzw. gleich aufgebaut ist. Unterschiede ergeben sich vor allem aus der räumlichen Lage, der Funktion und der Verarbeitungsmodi dieser Rezeptorsignale. Die zentrale Funktion der viszeralen, d. h. der Organinformationen ist die Aufrechterhaltung der körpereigenen Homöostase und nur zu einem geringen Teil werden diese Informationen als Wahrnehmungen bewusst zugänglich. Der weitaus größte Teil dieser Informationen wird ohne aktive Mitwirkung des Subjektes generiert, verarbeitet und zur Regulation von spezifischen Körperzuständen genutzt. Dies geschieht zum Beispiel bei der bedarfsabhängigen Regelung des vom Herzen geförderten Blutvolumens unter Mitwirkung sogenannter kardiovaskulärer Mechanosensoren.

Auf Grund dieser deutlichen Differenzen zwischen viszeralen und propriozeptiven Informationen ist es n. u. A. nicht sinnvoll, die Verarbeitung viszeraler Informationen dem Tastsinn zuzuordnen.

Funktionsbegriffe

Das heutige Verständnis vom Tastsinn ist unmittelbar an die psychophysiologische Charakterisierung der biologischen Voraussetzungen des Tastsinnes gebunden. Aktuelle und vergangene Forschungsansätze untersuchen die Mechanismen der funktionellen Organisation und Anatomie biologischer Elementareinheiten sowie ihres Zusammenwirkens im Prozess der Tastwahrnehmung [9,10,11-16]. Das Ergebnis dieser Bemühungen sind u. a. Einsichten in komplexe, hierarchisch organisierte, physiologische und neurophysiologische Prozesse, die die Aufnahme und Verarbeitung der dem Tastsinn zugeordneten Umweltreize realisieren. Die Erkenntnisse über konkrete biologische Einheiten, die für die Entstehung von Tastwahrnehmung verantwortlich sind, und deren anatomisch-funktionelle Eigenständigkeit (mehr dazu im Kapitel II) haben zur Einführung der Kategorie *System* geführt. Diese Kategorie unterstreicht die relativ geschlossene Organisationsstruktur der biologischen Substrate im Zusammenhang z. B. mit reizaufnehmenden und reizverarbeitenden biologischen Strukturen. Darüber hinaus wird mit dieser Kategorie – in Anlehnung an den kybernetischen Systembegriff – auf wechselseitige Steuer- und Regelprozesse innerhalb der biologischen Systemelemente verwiesen. Vor diesem Hintergrund werden in der neurophysiologischen und psychophysiologischen Literatur zur Bezeichnung der dem Tastsinn zugehörigen biologischen Substrate die synonym verwandten Funktionsbegriffe *somatosensorisches System* oder *somatosensibles System* genutzt [4,7]. Die Begriffspaare *somatosensorisch* und *somatosensibel* deuten darauf hin, dass der Körper generell die Fähigkeit besitzt, für spezifische Reize „sensibel" zu sein. Der gesamte Körper wird in dieser Kategorie zu einem Sinn. Umgangssprachlich könnte man diese Bedeutung in „Körpersinn" oder „körpersensibel" übertragen. Die Bedeutung dieser Kategorien erschließt sich aber vorwiegend aus neurophysiologischer Perspektive. In entsprechenden Beiträgen werden diese als übergeordnete Kategorien genutzt. Danach wird das somatosensorische- oder somatosensible System und dessen funktionell-anatomischen Teilsysteme als die biologische Basis bzw. biologisches Substrat verschiedener Sinneseigenschaften verstanden. Die Gesamtheit der realisierbaren Teilprozesse der genannten Systeme wird in der Physiologie – im Sinne einer Gegenstandsbestimmung – mit dem Begriff *Somatosensorik* bezeichnet. Innerhalb dieses Verständnisses erfolgt jedoch kaum eine Beachtung der sensorischen Informationen, die im Rahmen motorischer Steuer- und

Regelprozesse auftreten. Motorische Prozesse (z. B. im Rahmen von Bewegungsabläufen) werden durch eine Vielzahl sensorischer Prozesse ermöglicht, sie generieren jedoch ihrerseits Informationen, die in das Wahrnehmungsresultat eingehen. So werden durch die motorischen Einheiten des Bewegungsapparates ständig Informationen über den Bewegungsablauf generiert und diese im Kontext mit anderen sensorischen Prozessen integrativ verarbeitet. Dieses Wechselverhältnis zwischen sensorischen und motorischen Prozessen, unter Beachtung der innerhalb motorischer Prozesse generierten als auch integrierten sensorischen Informationen, sowie die entsprechenden neurophysiologischen Teilprozesse werden unter dem Begriff *sensomotorisches System* bzw. als Gegenstandsbestimmung unter dem Begriff *Sensomotorik* zusammengefasst [31].

In der physiologischen wie auch in der psychophysiologischen Literatur wird somit der Begriff Tastsinn kaum noch verwendet. Dieser wird durch übergeordnete Funktionsbegriffe mit Bezug auf den Systembegriff sowie durch komplexe theoretische Konzepte und ihre Überbegriffe *Sensomotorik* und *Somatosensorik* aufgelöst.

Vom Tastsinn zur Haptik

Die Nutzung als auch die Bestimmung der bisher vorgestellten Begriffe hat sich im Verlauf der Zeit verändert. Die folgenreichste Wandlung ist sicherlich mit der Einführung des Systembegriffs vollzogen worden. Die Zahl der psychophysiologisch orientierten Arbeiten, die sich dieser Kategorie bedienen, nimmt ohne Zweifel zu. Im Zeichen unseres technischen Zeitalters ist es jedoch nicht verwunderlich, dass komplexe Zusammenhänge und Eigenschaften mit der Systemkategorie verbunden und bezeichnet werden. Beinahe parallel entwickelte sich jedoch eine Renaissance und Neubestimmung der Begriffe *Haptik* und *taktil*, die bis heute nicht abgeschlossen ist. Im Folgenden sollen einige Aspekte des Bedeutungswandels und aktuelle Tendenzen dieser Entwicklung dargestellt werden.

Synonym und in einem breiten Bedeutungsspektrum wurden und werden zwei Kategorien im Alltag sowie in der Forschungsliteratur zum Tastsinn verwendet: *Haptik* und *taktil*. Der Begriff *Haptik* entstammt dem griechischen „haptesthai“, was ergreifen, anfassen oder berühren bedeutet [17]. Im historischen Rückblick ist festzustellen, dass in den Darstellungen von David Katz (1929) [18] diese Kategorie nicht verwendet wurde. Emil von Skramlik (1937), der an der Friedrich-Schiller-Universität zu Jena wirkte, benutzte diese Kategorie mit einem sehr engen Verständnis und führt aus, dass unter haptischen Leistungen „... die kombinierten Leistungen des Druck- und Kraftsinnes...“ verstanden werden sollen ([19] S. 27). In einigen Wörterbüchern der deutschen Sprache wird mit *Haptik* die „Lehre vom Tastsinn" bezeichnet ([20] S. 336). Die adjektivische Form und das Verb *haptisch* wird in diesen Darstellungen mit „den Tastsinn betreffend" charakterisiert ([20] S. 336). Das Lexikon der Psychologie ([21] S. 846) erklärt sehr allgemein, dass sich die Haptik (als Gegenstandsbestimmung) „...mit den Hautempfindungen, d. h., allg. mit dem Sinn für Berührung (↗ Sinnesorgane: Hautsinne)..." befasst. Im Handbuch der Psychologie ([22] S. 499) wird Haptik als Forschungsgegenstand beschrieben, der sich „...nur mit perzeptiven Leistungen und Fehlleistungen beim Ergreifen, Anfassen, Berühren ..." beschäftigt. Vorausgesetzt, so Witte, die sensorische Grundlage dieser perzeptiven Leistungen ist „kinästhetischer und taktiler Art". Die psychophysiologischen Dimensionen des Tastsinnes und seiner spezifischen Leistungen sind demnach nicht Gegenstand der Haptik. In diesem Sinne wird der Begriff Haptik ausschließlich in den Dienst psychologisch-phänomenologischer Betrachtungen gestellt. Die Sinnestätigkeit sowie die Wahrnehmungsinhalte werden mit dem Begriff Haptik verknüpft. Als Konsequenz dieses Verständnisses werden auch die Wahrnehmungsinhalte (der Haptik) als „haptischer Eindruck" bzw. „haptische Gestalten" bezeichnet. In neuerer Zeit wird die Bedeutung von Haptik im Sinne einer Gegenstandskategorie kaum noch vertreten. Entsprechende Monographien, die die Leistungen des Tastsinnes im Sinne einer Lehre vom Tastsinn (Haptik) zusammenfassen, fehlen. Der Versuch einer begrifflichen Integration dieser vielfältigen Kategorienutzung und -bestimmung innerhalb der Psychologie und Physiologie erfolgte u. a. durch Bruce Goldstein [23]. Unter Bezugnahme auf den Systembegriff bezeichnet er die morphologisch-funktionelle Gesamtheit der Haut- und Haltungssinne als „*haptisch-somatisches System*". Andere Autoren (wie auch in diesem Band) nutzen das Begriffspaar „*haptisches System*" oder „*taktil-haptisches System*".

Der ethymologische Hintergrund des Wortes „*taktil*" wird im Deutschen Wörterbuch der Gebrüder Grimm [17] nicht explizit erarbeitet. Es ist jedoch anzunehmen, dass der Ursprung des Wortes dem lateinischen „tangere" entstammt, was soviel wie berühren, betasten bedeutet. In der deutschsprachigen Literatur [18] erfolgt die Nutzung dieses Wortes überaus willkürlich und ohne eine genaue, definierte Bedeutungszuweisung. Der Gebrauch erfolgt dabei vorwiegend in Kombination mit anderen Begriffen, so dass sich die jeweilige Bedeutung nur aus dem Zusammenhang erschließen lässt. Einige Beispiele: „*taktiles Erkennen*" [24], „*taktile Umwelterkennung*" [4], „*taktile Oberflächenstruktur*" [18], „*taktile Formelemente*" [18], „*taktil-kinaesthetische Wahrnehmung*" [25], „*taktile Wahrnehmung*" [23], „*taktilmotorische Informationsverarbeitung*" [26], „*taktile Reize*" [8]. Bei diesen Verwendungen wird deutlich, dass das Wort „taktil" nur teilweise synonym im Sinne von „tasten" oder „berühren" genutzt wird. Auch die umfassende Bedeutung der Begriffe „Haut" und „Hand" liegt einigen Wortkombinationen zugrunde. Ebenso werden Umwelteigenschaften, die durch den Tastsinn erfasst werden können, durch die Verwendung des Wortes „taktil" adjektivisch bestimmt. Auf der Ebene der Beschreibung komplexer Reizeigenschaften zeigen einige Wortkombinationen das Bemühen, sowohl sensorische Prozesse der Haut und des gesamten Körpers als auch motorische Prozesse in einem Begriff zu konzentrieren. Kurzum, die vielfältigen Bedeutungszuweisungen in der Vergangenheit und in der Gegenwart erlauben keine Ableitung von eineindeutigen Nutzungsregeln, wie und in welcher Weise das Wort „taktil" benutzt werden sollte.

Haptik als systemische Integration von Sensorik und Motorik

In den umfangreichen Forschungsarbeiten von Katz (1925), von Skramlik (1937), Révész (1950) und Gibson (1962, 1966) [18,19,27-29] wurde der Einfluss von aktiver sowie passiver Reizung der Haut auf die Güte der Tastwahrnehmung untersucht. Diese Differenzierung beinhaltete ebenfalls die Untersuchung unterschiedlicher Wahrnehmungsqualitäten bei aktiver und passiver Tastbewegung von Fingern und Händen im Rahmen der Erfassung von Objekteigenschaften. Révész (1950) greift in diesem Zusammenhang auf die Kategorie „*haptics*" bzw. „*haptic perception*" zurück und bestimmt sie neu. Dabei werden mit *haptics* diejenigen Wahrnehmungsaktivitäten bezeichnet, die durch selbständiges und aktives Berühren mit der Hand charakterisiert werden können. Im Gegensatz dazu bezeichnet „*tactil touch*" jene Wahrnehmungsbedingungen, bei denen die Stimulusapplikation auf die Haut passiv, d. h. ohne aktive Bewegung der wahrnehmenden Person, erfolgt. In der internationalen Forschungsliteratur setzten sich die Bedeutungen dieser Eigenschaftskategorien offenbar zunehmend durch und wurden u. a. von Gibson (1966) sowie von Lederman und Klatzky (1987) verwendet. Révész (1950) und insbesondere Gibson (1966) erweitern jedoch das Verständnis und die Kategorie *haptics*, indem sie nicht von einer singulären Sinnesmodalität, sondern auf Grund der Multidimensionalität der Sinnesebenen von einem Sinnessystem sprechen. Haptische Wahrnehmung vollzieht sich somit auf der Basis eines Sinnessystems, das verschiedene Subsysteme integriert. Nach Lederman und Klatzky (1987) [15] enthält das haptische Wahrnehmungssystem zwei Subsysteme, die als *sensorisches* und *motorisches System* bezeichnet werden. Das sensorische System enthält diejenigen rezeptiven Einheiten, die für die konkrete Wahrnehmung der Dingwelt verantwortlich sind. Über dieses System werden die Objekteigenschaften wahrgenommen und zentral verarbeitet. Das motorische System steuert und

führt hierzu die entsprechenden Bewegungen der Extremitäten aus. Haptische Wahrnehmung bezeichnet somit diejenigen Wahrnehmungsinhalte, die durch aktives Berühren und Ertasten von Objekt- und Raumeigenschaften ermöglicht werden.
Diese Bestimmung von haptischer Wahrnehmung schließt n. u. A. auch die Verarbeitung sogenannter propriozeptiver und motorischer Informationen des gesamten Körpers ein. Das heißt, dass die aktive Erfassung von Raumeigenschaften, die sich außerhalb des explorierenden Subjektes befinden, in Bezug zu den Körpereigeninformationen (Stellung und Lage des Körpers im Raum sowie motorische Steuer- und Regelprozesse während der Exploration) ebenfalls der haptischen Wahrnehmung zugeordnet wird. Eine Bestimmung des Begriffes haptische Wahrnehmung, die nur Explorationsoperationen der Hand umfasst und nicht den gesamten Körper in die Bestimmung einbezieht, ist nicht sinnvoll.
Passive, d. h. vor allem experimentell gesetzte Bedingungen, die keine aktive Handlungs- und Bewegungsplanung sowie Bewegungsdurchführung des Subjektes erlauben, sind nicht Gegenstand der Analyse haptischer Wahrnehmungsbedingungen und -ergebnisse. Dies impliziert u. a., dass die Betrachtungen von Teileigenschaften des Tastsinnes, z. B. im Rahmen von Schwellenbestimmungen, im Sinne einer Gegenstandsbestimmung der taktilen Wahrnehmung zugeordnet werden.

Im Mittelpunkt dieser psychophysiologischen Bedeutungszuweisung stehen die Wahrnehmungsinhalte – haptische vs. taktile Wahrnehmung – sowie die an der Reizaufnahme (passiv oder aktiv) und Reizverarbeitung beteiligten neurobiologischen Systeme. Diese Differenzierung hebt die Stellung des Subjektes, welches passiv oder aktiv Reize der Umwelt mittels des Tastsinnes verarbeitet, hervor und nicht die Reizstruktur. Der Ausgangspunkt der Klassifikation ist nicht die Art und Weise der Reizkonfiguration und die darauf basierenden Wahrnehmungsinhalte, sondern das Verhältnis zwischen Umweltreiz und Subjekt. Sowohl aus inhaltlicher als auch aus methodischer Sicht erscheint es deshalb sinnvoll, die beiden Termini taktile vs. haptische Wahrnehmung zu nutzen. Nach den genannten Bestimmungen innerhalb der Physiologie und Neurophysiologie folgt daraus, dass die Funktionseinheiten des somatosensorischen Systems die neurobiologische Grundlage der taktilen Wahrnehmung darstellen, wobei in diesem Falle motorische Prozesse weitgehend vernachlässigt werden. Auf Grund der wechselseitigen Beteiligung motorischer und sensorischer Prozesse sind sowohl das sensomotorische als auch das somatosensorische System an der haptischen Wahrnehmung beteiligt und bilden dessen neurobiologische Grundlage. Zur Orientierung der Begriffsbestimmungen kann folgendes Schema genutzt werden:

Begriffe	Zusammenhang
Tastsinn Übergeordneter Eigenschaftsbegriff ↓	Die Eigenschaften des Tastsinnes werden auf psychophysiologischer Ebene durch das somatosensorische System und das sensomotorische System realisiert.
Somatosensorisches System Das SSS beinhaltet die neurophysiologischen Elementareinheiten sowie Steuer- und Regelkreise zur Aufnahme und Verarbeitung sensorischer Informationen **Sensomotorisches System** Das SMS beinhaltet die neurophysiologischen Elementareinheiten sowie Steuer- und Regelkreise zur Aufnahme und Verarbeitung motorischer und sensorischer Informationen ↓ **taktile Wahrnehmung** (Somatosensorisches System) ↓ **haptische Wahrnehmung** (Somatosensorisches System und Sensomotorisches System)	Das somatosensorische und das sensomotorische System bilden die biologische Grundlage der Tast-wahrnehmung, die nach der Stellung des Subjekts zu den Umweltreizen in taktile vs. haptische Wahrnehmung differenziert wird.

Ursachen und Möglichkeiten der Begriffsdynamik

Die Ursachen für die vielfältigen Subkategorisierungen, die im Zusammenhang mit dem Tastsinn in der Literatur anzutreffen sind, können zum Teil auf die isolierte Wissenschaftspraxis unterschiedlicher Gebiete zurückgeführt werden. Ohne Zweifel begann die Erforschung der menschlichen Sinne in philosophischen Diskursen und wurde dort sowie in der akademisch experimentellen Psychologie des ausgehenden neunzehnten Jahrhunderts systematisch fortgesetzt. Die begrifflichen Grundlagen der frühen experimentalpsychologischen Analysen auch des Tastsinnes (s. Beitrag von Matthias John in diesem Band) sind zu diesem Zeitpunkt nicht wesentlich kohärenter, als wir es heute beobachten können. Neben phänomenologischen Beschreibungen der Sinnesleistungen, die noch im Kontext der philosophischen Traditionen der jungen psychologischen Disziplin stattfanden, erfolgten erste Quantifizierungen auf der Basis experimenteller Studien [9,10]. Dies führte zu einer unendlichen Anzahl von Einzelbefunden und alsbald wurde deutlich, dass dem Tastsinn im Gegensatz zu den anderen bekannten Sinnen kein isolierbares Sinnesorgan zugeordnet werden kann. Die biologischen und psychologischen Zusammenhänge auf der Basis von Teilleistungen und Teileigenschaften haben zudem verdeutlicht, dass der Tastsinn mehr umfasst, als mit dem Begriff „Tasten" bestimmt werden kann. So wurden die funktionell-biologischen sowie die psychologischen Einzelbefunde anfänglich auf der begrifflichen Ebene als eigenständige Sub(sinnes)qualitäten bestimmt. Diese Tendenz ist auch heute noch zu beobachten. Doch die moderne Psychophysiologie hat in ihren Ansätzen der Sensomotorik und der Somatosensorik brauchbare begriffliche Zusammenfassungen der grundlegenden funktionell-biologischen Einheiten, die der haptischen und der taktilen Wahrnehmung zugrunde liegen, eingebracht.

Nicht zuletzt geht eine deutliche Wirkung im Rahmen der Begriffsbildung und Begriffsübernahme von psychologischen und physiologischen Lehrbüchern aus. Dort, auf Grund des vordergründigen didaktischen Anspruchs einer klaren und übersichtlichen Gliederung und Darstellung zu genügen, findet oft eine unkritische Generierung und Übernahme von Begriffen statt.

Wie wir dargelegt haben, war der Einfluss der Arbeiten von Révész [27] und Gibson [28,29] zum Tastsinn bis heute von weitreichender Bedeutung. Der begrifflichen Differenzierung zwischen passiver und aktiver Reizaufnahme (taktil vs. haptisch) folgten und folgen heute verschiedene psychologische und psychophysiologische Forschungsansätze. Obgleich der Tatsache, dass bedeutende Unterschiede hinsichtlich der Wahrnehmungsgüte von der aktiven oder passiven Stellung des Subjektes zum Objekt abhängig ist (s. David Katz 1925), wurde diese Beobachtung nicht automatisch in eine begriffliche Ordnung überführt. Dass die Kategorisierungen von Révész und Gibson auf dem Wege sind, sich in der psychologischen und psychophysiologischen Literatur durchzusetzen, mag darin begründet sein, dass sich in dieser Begriffswahl sowohl psychologische als auch physiologische Fragestellungen in Übereinstimmung treffen. Für beide Fachbereiche ist es nicht unerheblich, ob und in welcher Weise das biologische System während der Reizverarbeitung aktiviert ist. Zudem ergibt sich durch diese Begriffswahl die Möglichkeit, die bisherigen Einzelbefunde neu zu sortieren und aktuelle Fragestellungen zu generieren. Der deutliche Vorteil, der sich insbesondere für die Psychologie ergibt, besteht darin, dass die Begriffe haptische vs. taktile Wahrnehmung stärker als bisher den Ausgangspunkt und das Resultat der spezifischen Wahrnehmungsprozesse hervorheben, ohne in psychologistischer Manier die neurophysiologischen Mechanismen der Sinnestätigkeit zu vernachlässigen. Das heißt, dass zwischen den eher physiologisch orientierten Begriffen *somatosensorisches System* bzw. *Somatosensorik* und den auf der Verhaltensebene orientierten Begriffen *haptische* vs. *taktile Wahrnehmung* keine gegenständliche Konkurrenz besteht, sondern inhaltliche Ergänzung.
Dennoch, das Bemühen, die übergroße Menge an Eigenschaften und Möglichkeiten sowie die Uneinheitlichkeit aller Reiz- und Wahrnehmungsdimensionen des Tastsinnes auch begrifflich

zu erfassen, wird bleiben und möglicherweise neue Bestimmungen generieren und bestehende verwerfen.

Literatur

[1] Aristoteles. Über die Seele. In: Flashar, H. (Hrsg.): Aristoteles Werke. Berlin: Akademie-Verlag 1986.

[2] Birbaumer, N., Schmidt, R.F. (Hrsg.): Biologische Psychologie. Berlin, Heidelberg, New York: Springer-Verlag, 3. bearb. Aufl., 1996.

[3] Cowan, R.S., Blamey, P.J., Sarant, J.Z., Galvin, K.L., Clark, G.M.: Perception of multiple electrode stimulus patterns: Implications for design of an electrotactile speech processor. J Acoust Soc Am. 89:360-368, 1991.

[4] Zimmermann, M.: Das somatoviszerale sensorische System. In: Schmidt, R.F., Thews, G. (Hrsg.): Physiologie des Menschen. Berlin, Heidelberg, New York: Springer-Verlag, 26. Auflage, 1995, pp. 216-235.

[5] von Campenhausen, C.:Die Sinne des Menschen. Einführung in die Psychophysik der Wahrnehmung. Stuttgart, New York: Georg Thieme Verlag, 1993.

[6] Bischof, N.: Stellungs-, Spannungs- und Lagewahrnehmung. In: Metzger, W., Erke, H. (Hrsg.): Handbuch der Psychologie. 1. Bd, 1. Halbband, Allgemeine Psychologie. Göttingen: Verlag für Psychologie C.J. Hogrefe, 1974, pp. 409-497.

[7] Kandel, E.R., Schwartz, J.H., Jessel, T.M. (Hrsg.): Neurowissenschaften: Eine Einführung. Heidelberg: Spektrum Akademischer Verlag, 1996.

[8] Nafe, J., Kenshalo, R.: Somästhesie. In: Metzger, W., Erke, H. (Hrsg.): Handbuch der Psychologie. 1. Bd, 1. Halbband, Allgemeine Psychologie. Göttingen: Verlag für Psychologie C.J. Hogrefe, 1974, pp. 221-249.

[9] Frey, M.: Beiträge zur Sinnesphysiologie der Haut. III. In: Anonymous: Berichte über die Gesamtsitzungen der Sächsischen Gesellschaft der Wissenschaften (Leipzig). 1895, pp. 166-184.

[10] Weber, E.H.: Der Tastsinn und das Gemeingefühl. In: Wagner, R. (Hrsg.): Handwörterbuch der Physiologie. Bd. III/1. Braunschweig: 1846.

[11] Anton, J.L., Benali, H., Guigon, E., Di Paola, M., Bittoun, J., Jolivet, O., Burnod, Y.: Functional MR imaging of the human sensorimotor cortex during haptic discrimination. Neuroreport. 7:2849-2852, 1996.

[12] Dassonville, P.: Haptic localization and the internal representation of the hand in space. Exp Brain Res. 106:434-448, 1995.

[13] Gentaz, E., Hatwell, Y.: Role of gravitational cues in the haptic perception of orientation. Percept Psychophys. 58:1278-1292, 1996.

[14] Klatzky, R.L., Lederman, S.J., Reed, C.: There‘s more to touch than meets the eye: The salience of object attributes for haptics with and without vision. Journal of Experimental Psychology. 116:356-369, 1987.

[15] Lederman, S.J., Klatzky, R.L.: Hand movements: A window into haptic object recognition. Cognit Psychol. 19:342-368, 1987.

[16] Zhou, Y.D., Fuster, J.M.: Mnemonic neuronal activity in somatosensory cortex. Proc Natl Acad Sci U S A. 93:10533-10537, 1996.

[17] Grimm, J., Grimm, W.: Deutsches Wörterbuch. Bd. 21, I. Abtlg., 1.Teil, 1991.

[18] Katz, D.: Der Aufbau der Tastwelt. In: Anonymous, Leipzig, 1925.

[19] von Skramlik, E.: Psychophysiologie der Tastsinne. Leipzig: Akad. Verlagsgesellschaft, 1937.

[20] Duden, Rechtschreibung der deutschen Sprache. 21., völlig neu bearb. Aufl., Mannheim, Leipzig, Wien, Zürich: Dudenverlag, 1996.

[21] Arnold, W., Eysenck, H.J., Meili, R. (Hrsg.): Lexikon der Psychologie. 13. Auflage, Freiburg im Breisgau: Verlag Herder, 1995.

[22] Witte, W.: Haptik. In: Metzger, W., Erke, H. (Hrsg.): Handbuch der Psychologie: Allgemeine Psychologie. Göttingen, 1974, pp. 498-517.

[23] Goldstein, B.: Wahrnehmungspsychologie: Eine Einführung. Heidelberg, Berlin, Oxford: Spektrum Akad. Verlag, 1997.

[24] Goldstein, K., Geld, A.: Über den Einfluß des vollständigen Verlustes des optischen Vorstellungsvermögens auf das taktile Erkennen. Zeitschr f Psychol. 83:12-20, 1919.

[25] Bischofberger, W.: Aspekte der Entwicklung taktil-kinaesthetischer Wahrnehmung. Neckar-Verlag, 1989.

[26] Wagner, V.: Taktilmotorische Informationsverarbeitung und explizite und implizite Gedächtnisleistungen. Hamburg: Kovac-Verlag, 1991.

[27] Révész , G.: Psychology and art of the blind. New York: Longmans Green, 1950.

[28] Gibson , J.J.: Observations on active touch. Psychological Bulletin 69:477-491, 1962.

[29] Gibson, J.J.: The senses considered as perceptual systems. Boston: Houghton Miffin, 1966.

[30] Heller, M.A., Schiff, W.: The psychology of touch. LEA, 1991.

[31] Schubert, E.: Humanphysiologie. Jena: Gustav Fischer Verlag, 1986.

HISTORISCH-PHILOSOPHISCHER EXKURS ÜBER DEN TASTSINN

Matthias John

An dieser Stelle kann nicht die gesamte Geschichte der philosophischen und wissenschaftlichen Betrachtungen über den Tastsinn abgehandelt werden, jedoch sollen mit den Vorgaben des antiken Denkens, mit dem Statuen-Modell in der Zeit von Aufklärung und Sensualismus sowie mit der Lokalzeichentheorie im 19. Jahrhundert drei eigentümliche und bedenkenswerte Beiträge zum Verständnis dieses Sinnes betrachtet werden. Nachhaltig und prägend wirkte die Antike bis in unser heutiges Verständnis; das 18. Jahrhundert brachte neue und zum Teil sehr anregende Modellvorstellungen ein und auch die heute etwas abseitig erscheinende, jedoch im 19. Jahrhundert heftig diskutierte Lokalzeichentheorie stellen Marksteine in der Entwicklung des Denkens über den Tastsinn dar – wobei offen bleibt, welche Anregung die alten Modelle heute noch zu liefern in der Lage sind.

Aristoteles und die Folgen

Bei der Aufzählung der fünf Sinne in der Schrift über die Seele setzte Aristoteles den Tastsinn an die letzte Stelle und darin folgt ihm eine lange Reihe von Autoren durch die Jahrhunderte hindurch. Strahlend und sonnenhaft steht am Beginn der Reihe der Sinne das Auge, dunkel und uneinheitlich als Letzter der Tastsinn. Bei der bildlichen Symbolisierung der Sinne in späteren didaktischen Werken (etwa in Comenius‘ Orbis Pictus) ist eigentlich nur das Auge mit Eleganz darzustellen. Ohr, Nase und Zunge wirken immer ein wenig wie abgehackt. Für den Tastsinn, tactus, steht unverkennbar die Hand. „Die Hand unterscheidet durchs Anrühren der Sachen Maß und Beschaffenheit; Warmes und Kaltes; Feuchtes und Trocknes; Hartes und Weiches; Glattes und Rauhes; Schweres und Leichtes.“ (Comenius [3] S. 120)

Schließlich wird in der Nikomachischen Ethik auch die Rangfolge der Sinne sozusagen ethisch untermauert:

„Das Sehen unterscheidet sich vom Tasten durch die Reinheit, und ebenso unterscheidet sich Gehör und Geruch vom Geschmack: in gleicher Weise sind auch die Lustempfindungen verschieden.“ (Aristoteles [2] S. 464)

„Dieser Sinn [Tastsinn - M. J.] ist demnach derjenige, der am allgemeinsten unter allen den Anlaß zu Ausschweifungen bietet, und so scheint er mit Recht der verächtlichste zu sein, weil er uns nicht zukommt sofern wir Menschen sind, sondern sofern wir mit den Tieren Ähnlichkeit haben.“ ([2] S. 133)

Die Einteilung in niedere und höhere Sinne wird auf der einen Seite selten durchbrochen und ist bis in die Terminologie des 20. Jahrhunderts geläufig:
„Auch in bezug auf die niederen Sinne, den Geschmackssinn, den Geschlechtssinn, den Tastsinn und den Temperatursinn, behauptet der Mensch keineswegs in jeder Beziehung die höchste Entwicklungsstufe.“ (Haeckel [6] S. 306)
Andererseits kann man aber auch nicht behaupten, dass der Tastsinn permanent missachtet oder zu Unrecht vergessen sei: wir werden sehen, dass es schon seit der Antike und speziell bei den Vorsokratikern eine Tradition gibt, den Tastsinn als den allgemeinsten und umgreifendsten Sinn zu begreifen, d. h., als Modell für alle anderen Sinne zu nutzen, wie das sonst so oft mit dem Sehen geschieht. Über die wechselnde Aufmerksamkeit, die das Hören im Laufe der Zeit erfahren hat, kann an dieser Stelle nicht eingegangen werden – es hat kaum je den letzten, eher aber sichere zweite und dritte Plätze eingenommen und ist manchmal, besonders im Mittelalter, vor alle anderen Sinne gestellt worden.

Aristoteles diskutierte viele Details und Grundsatzfragen des Tastsinnes, die noch Jahrhunderte offen bleiben werden, so auch die Frage nach der *Einheitlichkeit* dieses Sinnes, da er doch so viel Diverses wahrnehmen kann. Erst im 19. Jahrhundert ging man ernsthaft daran, für Muskeln, Gleichgewicht, Schmerz, Temperatur usw. einzelne Sinne zu konstatieren, wofür physiologische Befunde sprachen, wenn auch eine gewisse Einheitlichkeit und phänomenologische Verschmelzung der Wahrnehmungen die Einheitsthese unterstützen.
Ein weiteres Problem war für ihn die Mittelbarkeit oder Unmittelbarkeit der Wahrnehmung: Sehen und Hören sind Fernsinne, auch beim Tastsinn muss sich noch etwas zwischen Gegenstand und Sinnesorgan befinden, meinte Aristoteles in Analogie zu den anderen Sinnen.
Aus der Unsichtbarkeit bestimmter Eigenschaften, die der Tastsinn aber wahrzunehmen in der Lage ist, hatte der Atomist Lukrez auf die Existenz unsichtbarer Atome geschlossen. Der Tastsinn nimmt dabei eine Schlüsselstellung ein, ist er doch erstaunlicherweise in der Lage, so etwas wie Wind wahrzunehmen, aber: „Auch die glühende Hitze ist unsichtbar und die Kälte können wir sichtbar nicht sehn, noch pflegen wir Worte zu schauen, gleichwohl muß dies alles ein körperlich Wesen besitzen, da es die menschlichen Sinne ja doch zu erregen imstand ist; Denn nichts kann, als der Körper, Berührung wirken und leiden.“ (Lukrez [15] S. 37)
Das Thema der materiellen Natur der Sinneswahrnehmungen wird in der abendländischen Philosophiegeschichte eine zentrale Stelle einnehmen und der Tastsinn dabei gelegentlich Gegenstand heftigster Auseinandersetzungen werden.

„§ 3. (Die Gegenstände der Sinne sind die eine Quelle der Vorstellungen.) Zunächst führen die Sinne in *Berührung* mit einzelnen sinnlichen Gegenständen verschiedene Vorstellungen von Dingen der Seele zu, je nach dem Wege, auf dem diese Gegenstände die Sinne erregen. So gelangen wir zu den Vorstellungen des Gelben, Weissen, Heissen, Kalten, Weichen, Harten, Bittern, Süssen und allen sogenannten sinnlichen Eigenschaften. Mit diesem »Zuführen« meine ich, dass die Sinne von äussern Gegenständen das der Seele zuführen, was die Vorstellung in ihr hervorbringt. Diese grosse Quelle unserer meisten Vorstellungen, die ganz von unsern Sinnen abhängen und durch sie in den Verstand übergeführt werden, nenne ich die Sinnes-Wahrnehmung." (Hervorhebungen M. J.) (Locke [14] S. 101-102)

Hier dient die Berührung als Paradigma für Wahrnehmung allgemein, auch die Lichtstrahlen berühren das Auge, die Speisen die Zunge usw. und es fällt auf, dass der Vorrang von Berührungs-Metaphern eine gewisse Korrelation mit materialistischen Ideen zu haben scheint. „Nah beieinander wohnen die Gedanken, doch hart im Raume stoßen sich die Sachen" (Schiller). Sogleich, um bei Locke zu bleiben, tritt die Gegenansicht auf den Plan, nämlich dass es eben nichtmaterielle Dinge seien, die da „übertragen", weitergeleitet werden, Ideen evozieren. „Der berühmte Herr Locke hat in seiner Antwort an den Herrn Erzbischof Stillingfleet erklärt, dass er selbst nach Einsicht des Briefes von Herrn Newton das, was er in seinem Versuch über den Verstand in Folge der neueren Ansichten gesagt, zurücknehme, nämlich dass ein Körper unmittelbar auf einander nur durch Berührung seiner Oberfläche und durch Stoss in Folge eigner Bewegung einwirken könne. Herr Locke erkennt an, dass Gott Eigenschaften in den Stoff verlegen könne, die denselben auch in die Ferne wirken lassen." (Leibniz [13] S. 49)

Diese scheinbaren Spitzfindigkeiten und erkenntnistheoretischen Differenzen knüpfen an sehr alte Vorstellungen an. Insbesondere die griechischen Atomisten waren der Ansicht, dass, da ja Stoß und Druck das Wesen alles Materiellen und der Atom-Mechanik sei, dies auch das Modell für alle Sinne sein müsste. So, dass beispielsweise das Sehen durch kleine Bildchen, die von den Gegenständen ins Auge dringen, geschehen müsste. Der Tastsinn war ihnen sozusagen der Leitsinn und das Handgreifliche und Materielle daran das Modell für alle anderen Erkenntnisprozesse. Der Mensch ist das vernünftige Tier, weil er Hände hat, so behauptet Anaxagoras. Aristoteles sagt, so Hegel ([7] S. 364): „Demokrit und die meisten anderen alten Philosophen sind, wenn sie von dem Sinnlichen sprechen, sehr ungeschickt, indem sie alles Empfindbare zu einem Greiflichen machen wollen; denn sie reduzieren alles auf den Tastsinn." Es scheint offensichtlich, dass sich gerade in der Behandlung des Tastsinnes die philosophischen Geister auch deswegen schieden, weil der Bevorzugung des Tastsinnes der Verdacht eines groben, sinnlichen Materialismus anhing.

Ein weiteres Thema, welches von Aristoteles hervorgehoben wurde, war die Wahrnehmung verschiedener Qualitäten (entsprechend den vier Elementen) sowie, modern gesprochen, das Thema der Unterschiedsschwelle. „Daher haben wir von dem, was gleich warm und was gleich kalt oder gleich weich und gleich hart ist, keine Empfindung, sondern nur von dem, was es in höherem oder niederem Grade ist.“ (Aristoteles [1] S. 168)
Es wird der Leipziger Physiologe Ernst Heinrich Weber (1795-1878) sein, der mit seinen Untersuchungen zum Tastsinn und zur Schwellenbestimmung einen grundlegenden Wandel in der Behandlung sinnesphysiologischer und infolge dessen auch psychologischer Fragen einleiten wird. Seine Dissertation „De Tactu“ (1833) und spätere Abhandlungen zu „Tastsinn und Gemeingefühl“ (etwa die von 1846 in Rudolph Wagners Handwörterbuch der Physiologie) sind dabei bahnbrechend geworden. Die Bedeutung dieses Schrittes verdeutlicht H. Ebbinghaus ([5] S. 16):
„Als E. H. Weber im Jahre 1829 die anscheinend kleinliche Neugier hatte, wissen zu wollen, mit welcher Feinheit an verschiedenen Stellen der Haut zwei getrennte Berührungen eben als solche erkannt werden können, und später: mit welcher Genauigkeit wir zwei auf die Hand gelegte Gewichte voneinander zu unterscheiden vermögen, oder als er überlegte, wie er wohl die beim Heben von Gewichten durch die Muskeln vermittelte Wahrnehmung von der durch die Haut vermittelten gesondert untersuchen könne, geschah mehr für den wahren Fortschritt der Psychologie als durch alle Distinktionen, Definitionen und Klassifikationen der Zeit etwa von Aristoteles bis Hobbes zusammengenommen. Sogar die überraschende wenn auch erst später sichergestellte Entdeckung neuer, d. h. bis dahin unbeachtet gebliebener Sinnesorgane machte man damals, der Muskeln nämlich und der Bogengänge des Ohres.“
Diese Betrachtung führt uns freilich weit aus der Philosophie hinaus auf das Gebiet der naturwissenschaftlich orientierten, neu entstehenden Disziplin Psychologie.
Zusammenfassend ließe sich also sagen, dass von Aristoteles ausgehend einige Themen den Tastsinn betreffend durch die philosophische Reflexion durchgehalten werden:

- die Rangordnung (mitunter auch Wertordnung) der Sinne, wobei der Tastsinn in der einen Traditionslinie eher zu den niederen, weniger wichtigen gezählt wird;
- die Frage der Vermittlung von Wahrnehmungsgegenstand und Wahrnehmung;
- Tastsinn als der Sinn, an dem sich Schwellenbestimmungen und Sensibilität überhaupt am eindrücklichsten demonstrieren lassen;

- die Diversität des Tastsinnes, Wahrnehmung verschiedenster Qualitäten, die Frage nach der Einheitlichkeit dieses Sinnes oder ob da nicht viele verschiedene Sinne am Werk seien.

Beiträge zum Tastsinn im 18. Jahrhundert

Nun ist nicht alles Denken aristotelisch und in der Ordnung der Sinne gibt es keine so feststehenden Regeln, wie es den Anschein haben mochte. Gerade im 18. Jahrhundert, das viel über diese Dinge nachdachte, kam manches in Bewegung. Selbst Kant, von dem man wenig Taktiles zu erwarten meint, stellt in seiner „Anthropologie in pragmatischer Hinsicht" den Tastsinn an die erste Stelle der Sinnesaufzählung und zusammen mit dem Gesichts- und Hörsinn in die erste Klasse der Sinne. „Dieser Sinn ist auch der einzige von unmittelbarer äußerer Wahrnehmung; eben darum auch der wichtigste und am sichersten belehrende, dennoch aber der gröbste... Ohne diesen Organsinn würden wir uns von einer körperlichen Gestalt gar keinen Begriff machen können, auf deren Wahrnehmung also die beiden andern Sinne der erstern Classe ursprünglich bezogen werden müssen, um Erfahrungserkenntniß zu verschaffen." (Kant [10] S. 71 f.)

Einig sind sich die Autoren des 18. Jahrhunderts darüber, dass der Tastsinn derjenige ist, der uns am sichersten über die Außendinge belehrt, Katz nennt das den erkenntnistheoretischen Primat des Tastsinnes gegenüber den anderen Sinnen. (Katz [12] S. 255) Doch nur bei wenigen Autoren bekommt er größeres Gewicht eingeräumt, auch bei Kant nicht.

Wie es nach den Ansichten des NLP (Neurolinguistic Programm) Menschen mit unterschiedlicher Bevorzugung von Sinnesbereichen gibt, also eher visuelle, auditive oder haptische Kanäle Bevorzugende, so scheint es die auch unter den Philosophen zu geben.

Ein solcher Autor war Johann Gottfried Herder. In seinen Schriften „Zum Sinn des Gefühls" (1769 entstanden, erst 1960 veröffentlicht!) und „Plastik. Einige Wahrnehmungen über Form und Gestalt aus Pygmalions bildendem Traume" (1778) kommt sehr deutlich zum Ausdruck, dass Herder dem Tastsinn eine große Bedeutung beimisst, ihn als „Grundgefühl" anspricht und insbesondere die ästhetische Theorie bezüglich der Bildhauerei ganz prononciert auf diesen Sinn aufmerksam macht. An dieser Stelle muss auch kurz darauf eingegangen werden, dass das deutsche Wort „Gefühl" im 18. Jahrhundert eine Bedeutungsverschiebung und Akzentuierung erfahren hat. Zunächst bezeichnet es die Tastempfindungen im Kontext der anderen äußeren Sinne: Geruch, Geschmack, Gesicht, Gehör, Gefühl heißt es in älteren Aufzeichnungen oft noch. Später kommt auch so etwas hinzu, was als „Gemeingefühl" bezeichnet wurde: eine allgemeine körperliche Befindlichkeit, die über die fünf Sinne hinausgeht. Heute schließlich wird immer mehr nur noch das mit dem Begriff Gefühl verbunden, was wir auch als emotionale Gestimmtheit, Emotionen oder unscharfe, undeutliche Wahrnehmung oder Vorstellung (lediglich ein Gefühl dafür haben, es aber nicht in Begriffe fassen können) bezeichnen.

Damals wurde auch die Wahrnehmung des Schönen und des Moralischen in den Gefühlsbegriff mit eingeschlossen. Nur so ist auch Herders Ausruf „Ich fühle mich! Ich bin!“ ([8] S. 236) zu verstehen, als ein Ausdruck einer ganzheitlichen, den Tastsinn und körperliche Gefühle einschließender Erkenntnistheorie und Ästhetik.

Noch viel mehr aber finden wir zum Tastsinn in der „Abhandlung über die Empfindungen“[1] von Étienne Bonnot de Condillac (1714-1780). Die Tatsache, dass diese Schrift beinahe zu zwei Dritteln über den Tastsinn handelt, mag auch dem Umstand geschuldet sein, dass der Autor seit seiner Kindheit an einer Augenkrankheit litt. In jedem Fall ist dieser Text bemerkenswert. Condillac stellt in den Mittelpunkt seiner Betrachtungen eine Statue, die er nacheinander in einem Gedankenexperiment mit verschiedenen Sinnen ausstattet und dann quasi phänomenologisch dem Empfindungsgeschehen nachspürt. Der Topos der sich belebenden Statue stammt aus der Pygmalion-Legende und ist im 18. Jahrhundert auch bei anderen Autoren sehr beliebt. In einem ersten längeren Kapitel geht es um die Sinne, „welche an sich nicht über Außendinge urteilen“ – d. h. alle anderen außer dem Tastsinn. Dahinter steht die Vorstellung, dass nur die Berührung wirkliche Kunde von den Außendingen gibt, alle anderen Wahrnehmungen sind sozusagen Projektionen: „Ich empfinde nur mich, und in dem, was ich in mir empfinde, sehe ich die Außenwelt. Oder ich sehe vielmehr keine Außenwelt; aber ich habe mir gewisse Urtheile angewöhnt, die meine Empfindungen dahin verlegen, wo sie nicht sind.“ (Condillac [3] S. 212)

Nacheinander und in Kombination erwachen Geruch, Gehör, Geschmack und Gesichtssinn, also das Sehen. Die folgenden drei Kapitel behandeln ausführlich den Tastsinn als den einzigen, der „durch sich selbst Außendinge erkennt.“ Ganz behutsam wird geschildert, was ein nur mit Tastsinn ausgestatteter Mensch wohl wahrnehmen möchte. In späteren Kapiteln wird der Tastsinn kombiniert mit den anderen Sinnen ausgedeutet: „Wie der Tastsinn die anderen Sinne über die Außendinge urtheilen lehrt.“ Hier wird die Grundaussage des Sensualismus, dass alle Erkenntnis aus den Sinnen stammt, und die Aussage Condillacs im Besonderen, dass der Tastsinn der dabei entscheidende sei, untermauert: „Nicht Alles, was ich hypothetisch angenommen habe, erleidet Anwendung auf uns; allein es beweist wenigstens, dass alle un-

[1] „Traité de Sensation“ 1754 frz., 1870 dt., übersetzt von Dr. E. Johnson, Plauen i.V.

sere Erkenntnisse aus den Sinnen und besonders aus dem Tastsinn stammen, weil er es ist, der die andern unterweist.“ ([3] S. 281)
In einem Anhang erfahren wir etwas über Phänomene von Blindgeborenen, später am Star erkrankten, wild aufgewachsenen Kindern (ähnlich Kaspar Hauser), also über reale Fälle von Ausfällen und später erwachendem Sinnesleben bzw. Spracherwerb. An diesen Fällen versuchte man schon damals, Paradigmen der Wahrnehmungslehre zu testen. Insbesondere die Thesen von den gelernten oder angeborenen Fähigkeiten und Ideen schienen hier überprüfbar zu sein. Ein klassischer Fall aus London wird berichtet. Condillac ([3] S.166) schließt aus den folgenden Beschreibungen „...Als er zu sehen begann, schienen ihm die Dinge die äussere Fläche seines Auges zu berühren...“, dass der Tastsinn die Grundlage auch des Gesichtssinnes sein müsste.
Meines Erachtens haben drei Quellen zu dieser detaillierten Darstellung der Sinne unter besonderer Berücksichtigung des Tastsinnes geführt:

- Selbstbeobachtungen des Autors (wie so oft bei den frühen sinnesphysiologischen Untersuchungen),
- Beobachtung und Bericht über andere Fälle von Ausfällen und schließlich
- Popularität der Pygmalion-Legende in Zusammenhang mit der Rezeption des Sensualismus und der Locke‘schen Philosophie.

Diese Denkmodelle haben bis in unsere Zeit Beachtung erfahren und auch die belebte Statue scheint wiederzukehren im Zeitalter ihrer technischen Perfektionierbarkeit.
Schon Kant konnte sich vorstellen, einen Sinn wegzudenken, wenn nicht sogar das Leben solche Beispiele liefern würde, und womöglich bezieht er sich auch auf das geschilderte Beispiel von Condillac: „Wenn der Mangel eines Sinnes (z. B. des Sehens) angeboren ist: so cultivirt der Verkrüppelte nach Möglichkeit einen andern Sinn, der das Vicariat für jenen führe, und übt die productive Einbildungskraft in großem Maße: indem er die Formen äußerer Körper durch Betasten und, wo dieses wegen der Größe (z. B. eines Hauses) nicht zureicht, die Geräumigkeit noch durch einen andern Sinn, etwa den des Gehörs, nämlich durch den Widerhall der Stimme in einem Zimmer, sich faßlich zu machen sucht; am Ende aber, wenn eine glückliche Operation das Organ für die Empfindung frei macht, muß er allererst sehen und hören lernen, d. i. seine Wahrnehmungen unter Begriffe von dieser Art Gegenstände zu bringen suchen.“ ([10] S. 94)

Empfindungskreise, Lokalzeichen, Raumwahrnehmung

Es ist eine alte Vorstellung, die schon bei Locke besprochen wird, dass die Raumvorstellung durch Zusammenwirken von Gesichts- und Tastsinn erlangt wird, d. h., dass der Tastsinn primär an der Entwicklung der Raumvorstellung beteiligt ist, wozu das Sehen für sich allein gar nicht in der Lage sei. Dazu kommt, dass mindestens seit Kant die Wahrnehmung des Raumes zu den a priori der Wahrnehmung gezählt wird und damit zu den philosophischen Grundkategorien. Nur welche Rolle spielt dabei der Tastsinn? Eine eigentümliche, viel diskutierte Theorie zu diesem Thema lieferte Lotze, später haben sowohl Wundt als auch Helmholtz den Begriff des Lokalzeichens aufgenommen. Im Vergleich zu E. H. Weber, der davon ausgegangen war, dass die räumliche Verortung der Tastreize in sogenannten „Empfindungskreisen" stattfinden würde, größeren oder kleineren Arealen, die er beobachtet hatte und denen jeweils ein Reiz zugeordnet würde, ist die Theorie der Lokalzeichen[1] etwas spitzfindiger. Zunächst ist die Vorstellung die, dass jedem Tastreiz unabhängig von Qualität und Intensität zusätzlich noch eine Information über den Ort beigegeben sei – eine Spezifik, die ja bei den anderen Sinnen kaum eine Rolle spielt: wir pflegen die Dinge phänomenal dort zu sehen, wo sie zu sein scheinen und nicht etwa auf der Netzhaut – schon bei Condillac war diese Überlegung aufgekommen. Aber ganz genau können wir es erst einschätzen, wenn wir das Gesehene mit einer Tasterfahrung vergleichen, zumindest aber mit unserer Lage im Raum sozusagen verrechnen, und die wiederum wird hauptsächlich über die Lokalzeichen des Tastsinnes wahrgenommen. So die Theorie, die in verschiedenster Richtung ausgebaut, sich zunehmend in Widersprüche verwickelte und zahlreiche Phänomene nicht erklären konnte. Manchmal wurden die Lokalzeichen auch ganz allgemein allen Empfindungen zugesprochen: Unsere Sinneswahrnehmungen sind aber auch mit Lokalzeichen verbunden; wir empfinden jedes Mal mit größerer oder geringerer Genauigkeit, an welcher Stelle unseres Körpers die Nachricht von der Außenwelt in uns gedrungen ist, hieß es.

Wundt ging sogar soweit, die Wahrnehmung der Augenmuskelspannung, die freilich weitestgehend unbewusst erfolgt und verarbeitet wird, als „innere Tastempfindung" zu bezeichnen.

Das Bemerkenswerte der Lokalzeichentheorie ist, dass sie auf der Suche nach den Sinnesleistungen, die über Räumliches Kunde geben, dem Tastsinn eine paradigmatische Rolle zuwiesen und am Modell des Tastsinnes, das die sogenannten Lokalzeichen liefert, andere Sinnesleistungen (so etwa das räumliche Sehen, zu dem es im Sehfeld auch „Lokalzeichen" geben müsse) betrachtete. Der Tastsinn wurde Ausgangspunkt für ein allgemeines Raumwahr-

[1] Hermann Lotze (1817-1887) hatte diese Theorie unter dem Titel „Die Lokalisation der Empfindungen" 1846 in ebendem „Wagners Handwörterbuch der Physiologie" veröffentlicht, in dem auch Webers „Tastsinn und Gemeingefühl" erschienen war.

nehmungsmodell. Erst nach und nach wurde die Rede von den Lokalzeichen abgelöst durch Bezugssystemtheorien der Gestaltpsychologie, die die Suche nach dem räumlichen Sinn obsolet werden ließ.

Zusammenfassung und Ausblick

Es ist nach diesem kurzen Exkurs deutlich geworden, dass der Tastsinn in der Geschichte der Philosophie und der älteren Psychologie durchaus keine stiefmütterliche Rolle gespielt hat. Vielmehr war er oft genug „Schlüsselsinn" und Paradigma für das Funktionieren anderer Sinne. Er wurde als „Leitsinn" angesehen, der uns am zuverlässigsten über uns und die Außenwelt Informationen liefert oder er hat gar als „Gefühl" eine Begriffskarriere gemacht, die die Bedeutung des Tastens und Spürens aus dem engeren Umfeld der fünf Sinne hinaushebt. Verhängnisvoll für die Wahrnehmung der Bedeutung des Tastsinnes war seine gelegentliche Einordnung als niederer Sinn. Wenn es das Merkmal niederer Sinne ist, dass sich ihre Wahrnehmungen schwer auf den Begriff bringen lassen, dass zumindest wenig Übung darin besteht, sich in Worten über ihre Sensationen auszutauschen, dann kann man das zunächst wohl auch über den Tastsinn sagen.[1] Einerseits ist der Tastsinn natürlich, anders als die Fernsinne, mit Gefühlserregungen von Lust und Unlust unmittelbar verbunden, was ihn moralisch verdächtig machte. Andererseits ist sein Anteil an den Gesamtsinnesdaten und ihrer komplexen Verarbeitung so fundamental, dass er vielleicht gerade deshalb gelegentlich „über*sehen*" wird. Und heute? In einer Zeit der Dominanz audiovisueller Medien scheint dem Tastsinn wenig Aufmerksamkeit zuzukommen. Wie wichtig es sein könnte, darüber auch philosophisch-phänomenologisch nachzudenken, wird in F. F. Weyhs Essay „Die ferne Haut"[2] deutlich.

Literatur

[1] Aristoteles: Über die Seele. Nestle, W. (Hrsg./Übers.): Hauptwerke. Stuttgart: Kröner, o.J.

[2] Aristoteles: Nikomachische Ethik. Ins Deutsche übertragen von Adolf Lasson. Jena: Eugen Diederichs, 1909.

[3] Condillac, É.B. de: Abhandlung über die Empfindungen. Aus dem Französischen übersetzt und mit Erläuterungen Eduard Johnson, Berlin: L. Heimann, 1870.

[4] Comenius, J.A.: OPERA OMNIA 17. Academia Praha, 1970.

[5] Ebbinghaus, H.: Abriss der Psychologie. 8. Aufl., Berlin und Leipzig: Walter de Gruyter, 1922.

[6] Haeckel, E.: Gemeinverständliche Werke. Herausgegeben von Heinrich Schmidt. Jena, Leipzig, Berlin: Alfred Kröner, Carl Henschel, o. J.

[1] Heiko Christians, Über den Schmerz, Berlin 1999, spricht von einem „Sprachnotstand" bei der Kommunikation über die Extremempfindung Körperschmerz.

[2] Florian Felix Weyh: Die ferne Haut. Aufbau-Verlag 1999.

[7] Hegel, G.W.F.: Werke in zwanzig Bänden. Auf der Grundlage der Werke von 1832-1845 neu edierte Ausgabe. Redaktion Eva Moldenhauer und Karl Markus Michel. Frankfurt/M.: Suhrkamp, 1979 (Theorie-Werkausgabe).

[8] Herder, J.G.: Werke in 10 Bänden. Franfurt/M., 1994

[9] Jacob, W. et. al.: Tasten. Göttingen: Steidl, 1996.

[10] Kant, I.: Anthropologie in pragmatischer Hinsicht. Herausgegeben und eingeleitet von Werner Becker. Stuttgart: Reclam, 1983.

[11] Kant, I.: Werke in zwölf Bänden. Herausgegeben von Wilhelm Weischedel. Frankfurt am Main: Suhrkamp, 1977.

[12] Katz, D.: Der Aufbau der Tastwelt. Leipzig: Barth, 1925.

[13] Leibniz, G.W.: Die Theodicee. Übersetzt von J.H. von Kirchmann. Leipzig: Dürr, 1879.

[14] Locke, J.: Versuch über den menschlichen Verstand. In vier Büchern. Übersetzt und erläutert von J.H. von Kirchmann. Berlin: L. Heimann, 1872.

[15] Lukrez: Über die Natur der Dinge. Aus dem Lateinischen übersetzt von Hermann Diels. Berlin: Aufbau, 1957.

[16] Weber, R.: A philosophical perspective on touch. Barbnard, K.E., Brazelton, T.B. (Hrsg.): Touch: The foundation of experience. International University Press, 1990.

(Diese Arbeit entstand innerhalb des SFB 482 im Teilprojekt E1 Anthropologie-Psychologie)

II. Neurophysiologische Aspekte

Elementareinheiten des somatosensorischen Systems als physiologische Basis der taktil-haptischen Wahrnehmung

Lothar Beyer und Thomas Weiss

Der Tastsinn, die haptische Wahrnehmung, vermittelt uns zum einen die Wirkung mechanischer Reize auf unsere Körperoberfläche und andererseits Informationen über die Beschaffenheit von Gegenständen beim untersuchenden Abtasten mit der Hand. Beide Funktionen sind hochgradig abhängig von der genauen Erfassung mechanischer Ereignisse beim Kontakt mit der Haut – insbesondere beim Kontakt mit der Hand und der Mundregion (Lippen/Zunge). Der wirksame bzw. wahrgenommene Reiz ist ein mechanisches Ereignis (eine Veränderung in der Umwelt), entweder als Veränderung per se in der unmittelbaren Umwelt der Körperoberfläche (passive Herkunft des Reizes) oder aber eine Veränderung als Wechsel des Reizes, hervorgerufen durch die explorative Aktivität selbst (aktive Herkunft des Reizes). Den eigentlichen mechanischen Reiz stellt letztlich immer ein äußerer Druck oder ein äußerer Zug an der Haut dar, der je nach seiner aktiven oder passiven Herkunft verschiedene Qualitäten aufweist.

Als Ausgangspunkte für taktil-haptische Informationen und deren Verarbeitung im somatosensorischen System sind verschiedene Klassen von Hautrezeptoren, aber auch Muskelspindel und Sehnenspindel zu charakterisieren. Eine Schlüsselrolle bei der Gewinnung von Information über mechanische Reize und Reizänderungen spielen sensible Nervenendigungen, die auf das Aufspüren mechanischer Ereignisse spezialisiert sind und deshalb als *Mechanorezeptoren* (Mechanosensoren) bezeichnet werden. Diese sensiblen Nervenendigungen, die peripheren Axonausläufer der Spinalnerven und der sensiblen Hirnnerven, lassen sich nach ihrer anatomischen Lage, ihrem histologischen Erscheinungsbild und nach ihren physiologischen Eigenschaften in verschiedene Gruppen unterscheiden. Sie sind die peripheren Ausläufer von Nervenzellen, die mit dem Zellkörper im Spinalganglion der Hinterwurzeln des Rückenmarkes bzw. in den Ganglien der sensiblen Hirnnerven gelagert sind.

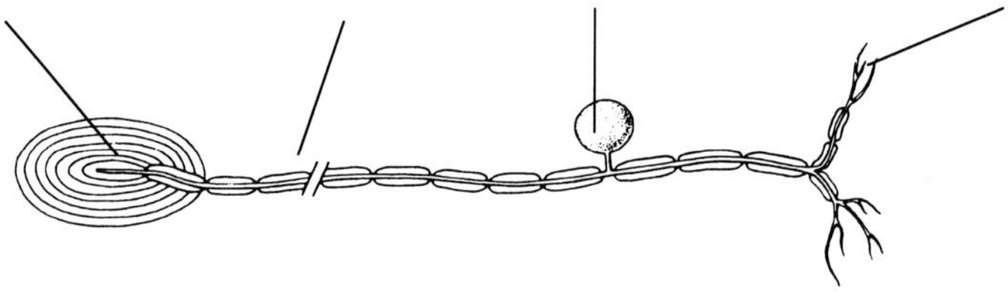

Abb. 1: Aufbau eines Mechanorezeptors der Haut

In der Literatur wird postuliert, dass Mechanorezeptoren die folgenden Informationen aufnehmen und an das Zentralnervensystem weitergeben [4]:

- Lokalisation und Stärke mechanischer Reize auf der Haut;
- Krümmung der die Haut berührenden Objekte;
- Struktur und Beschaffenheit der die Haut berührenden Objekte;
- tangentiale Geschwindigkeit sich bewegender Reize.

Die Reiztransformation am Mechanorezeptor

Die als Mechanorezeptoren spezialisierten sensiblen Nervenendigungen nehmen den Druck oder Zug als natürlichen Reiz auf und geben Informationen über die Beschaffenheit des Reizes mittels Aktionspotentialen über afferente Nervenfasern an das Zentralnervensystem weiter. Nach der Intensität eines Reizes unterscheidet man überschwellige bzw. unterschwellige Reize, je nachdem ob die sogenannte Reizschwelle überschritten wird oder ob der Reiz ohne Wirkung an den Sinnesrezeptoren bleibt. Die Überführung der Reizwirkung in Aktionspotentiale geschieht in zwei Schritten.

Der erste Schritt (Transduktion) ist die Umwandlung des Reizes in ein Rezeptorpotential. Durch die Wirkung des Reizes kommt es an der Zellmembran des Rezeptors (Rezeptorabschnitt des peripheren Endes der sensiblen Nervenfaser) zu einer Veränderung der Durchlässigkeit für Ionen (Na^+-Leitfähigkeit), die als Depolarisation der Zellmembran gemessen werden kann. Diese Änderung des sonst bestehenden Ruhemembranpotentiales beginnt mit dem Reizbeginn und endet mit dem Reizende und wird als Rezeptorpotential (oder als Auslöser für die Aktionspotentiale an der konduktilen Membran auch Generatorpotential) bezeichnet. Die Amplitude des Rezeptorpotentiales ist abhängig von der Reizstärke, damit bildet das Rezeptorpotential die Reizdauer und die Reizstärke ab.

Der zweite Schritt (Transformation) ist die Auslösung von Aktionspotentialen am Anfangsabschnitt des Axons, auf Grund der elektrotonischen Depolarisation durch das Rezeptorpotential. Es entsteht eine rhythmische Serie von Aktionspotentialen, deren Frequenz von der Amplitude des Rezeptorpotentiales abhängig ist (Frequenzkodierung). Damit enthält die Frequenz der Aktionspotentiale alle Informationen über Dauer und Stärke des Reizes. Die hier hervorgehobene Reizabhängigkeit sowohl des Rezeptorpotentiales als auch der Frequenz der Aktionspotentiale ist keine grundlegende Eigenschaft der Reiztransformation. Viel häufiger finden wir an den Rezeptoren eine Anpassung an den Reiz, d. h., dass das Rezeptorpotential während der Dauer eines konstanten Reizes abnimmt. Man spricht von einer Adaptation des Rezeptors. Nach der Geschwindigkeit des Verlaufes dieser Adaptation unterscheidet man langsam adaptierende Rezeptoren und schnell adaptierende Rezeptoren. Die Bedeutung der schnell adaptierenden Rezeptoren besteht in der empfindlichen und hoch auflösenden Registrierung der Änderung eines Reizes, wie dies z. B. bei der Wahrnehmung einer Vibration von Bedeutung ist.

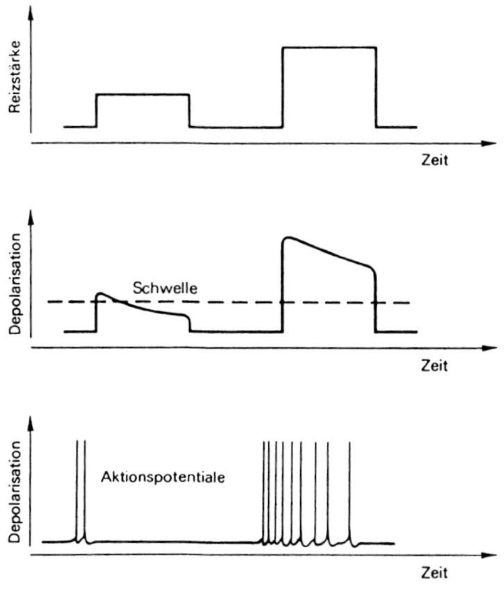

Abb. 2: Transformation und Transduktion eines Reizes in einer Folge von Aktionspotentialen

Neben den Mechanorezeptoren der Haut vermitteln auch die Warm- und Kaltrezeptoren der Haut, die oberflächlich und tiefer gelegenen Nozi(re)zeptoren, Informationen von den unmittelbar auf die Körperoberfläche wirkenden Reizen. Im weiteren Sinne müssen auch die Muskelspindeln, die Golgi-Sehnenorgane sowie Mechanorezeptoren an den Bändern und Gelenken als Ausgangspunkte für Informationen gesehen werden, die die explorative Wahrnehmung mechanischer Reize unterstützen. Sie vermitteln insbesondere Informationen über Widerstände, die der eigenen explorativen Bewegung entgegengesetzt werden.

Begriffserklärung

Muskelspindel (Fusus neuromuscularis): Dehnungsrezeptor im Skelettmuskel, der u. a. für die Regulation der Motorik von Bedeutung ist; enthält in einer spindelförmigen bindegewebigen Hülle einige plasmareiche und fibrillenarme Muskelfasern (intrafusale Fasern), deren Mitte als Längenrezeptor wirkt und deren Pole kontraktil sind. Dehnung der Spindel führt zu gesteigerter Impulsentladung, die über die von der Rezeptorregion ausgehenden schnellen afferenten Nervenfasern (s. u. Fasergruppen, dort Tab.) zum Rückenmark geleitet und dort monosynaptisch auf die Alpha-Motoneurone übertragen werden, was zur Kontraktion der extrafusalen Muskelfasern desselben Muskels führt; dies ist der Reflexbogen des Muskeldehnungsreflexes (z. B. des Patellarsehnenreflexes). Die motorische Innervation der Spindel erfolgt von Gamma-Motoneuronen über langsame A-gamma-Nervenfasern; die so ausgelöste Kontraktion der intrafusalen Muskelfasern löst auch bei gleicher Gesamtlänge des Muskels eine Dehnung der rezeptorischen Mitte aus und somit eine ähnliche Aktivierung der Spindel wie eine Dehnung.

Sehnenspindel (Golgi-Sehnenrezeptor): Spindelförmiges Sinnesorgan in den Sehnen gelegen, bestehend aus Sehnenfasern u. darüber ausgebreiteten Endfasern eines sensiblen Nervenästchens. Bei Muskelkontraktion werden die Sehnenspindeln aktiviert und haben eine hemmende Wirkung auf die Alpha-Motoneurone, durch die die Kontraktion ausgelöst wurde (Eigenhemmung der Muskulatur).

Gelenkrezeptoren: Kapselförmige oder freie Nervenendorgane bzw. -endigungen in Gelenkkapseln oder -bändern, die im Dienste der Tiefensensibilität als Afferenzen tonisch-phasische Impulsmuster in Abhängigkeit von der Richtung und Geschwindigkeit der Gelenkbewegungen bzw. von der Gelenkstellung erzeugen.

Anatomisch-histologische Charakteristik der Mechanorezeptoren

Unterschiedliche Rezeptoren haben unterscheidende anatomische Merkmale. Dies trifft auch für die Neurone der Spinalganglien und deren periphere sensible Endigungen zu. Die Neurone der Hinterwurzeln können nach der Morphologie ihrer peripheren Endigungen, ihrer Sensibilität gegenüber den Reizen sowie nach Dicke bzw. Präsenz der Myelinscheide der Axone unterschieden werden. Die peripheren Rezeptorenden sind entweder „freie Nervenendigungen“ oder „Endorgane“, gebildet von einer Bindegewebshülle, die das Ende der Nervenfaser umgibt [12]. Die Mechanorezeptoren haben spezifische korpuskuläre Nervenendigungen, während Nozizeptoren und Thermorezeptoren freie Nervenendigungen sind. Die für die taktil-haptische Wahrnehmung bedeutsamen Mechanorezeptoren liegen mit unterschiedlicher Dichte in der behaarten und unbehaarten Haut und in der Unterhaut.

Die Haut besteht aus drei Schichten. Die Oberhaut (Epidermis) ist ein mehrschichtiges Plattenepithel, deren oberflächliche Zellen verhornt (Hornschicht) sind; die tieferen unverhornten Zellschichten nennt man Keimschicht. Die untere Grenze der Oberhaut ist gewellt, da die darunterliegende Lederhaut warzenförmig (Papillen) hervorspringt. Die Lederhaut (Corium) besteht aus dichtem Bindegewebe mit kollagenen und elastischen Fasern. Die Unterhaut (Subcutis) besteht aus lockerem Bindegewebe mit eingelagertem Fettgewebe. Die Mechanorezeptoren befinden sich in der Lederhaut, besonders in den Papillen, und in der Unterhaut.

Die behaarte und die unbehaarte Haut haben unterschiedliche Typen von Mechanorezeptoren. In der Unterhaut der behaarten und unbehaarten Haut befinden sich die *Pacini-Körperchen* und die *Ruffini-Körperchen,* welche eine dünne spindelförmige Kapsel besitzen. Die Nervenfasern terminieren als Knäuel in dieser länglichen, flüssigkeitsgefüllten Kapsel. Die *Pacini-Körperchen* (Vater-Pacini-Körperchen) bestehen aus einer relativ starken, zwiebelschalenartig aufgebauten Bindegewebshülle, in die Schwannsche Zellen eingelagert sind. In der unbehaarten Haut befinden sich *Meißner-Körperchen* (Meißner'sche Tastkörperchen) mit einer die Nervenendigung einschließenden Kapsel, in den Papillen der Lederhaut gelegen, und die *Merkel-Zellen* als kleinere Gruppen in der tieferen Epidermis, die Verbindung zu verbreiterten Endaufzweigungen der myeliniserten afferenten Fasern haben. Ein besonderer Typ von Merkel-Zellen liegt in der behaarten Haut, bezeichnet als Tastscheiben (Pinkus-Iggo-Tastscheiben): Sie liegen in besonders hohen Papillen der Lederhaut, die punktförmig über das Hautniveau hinausragen. Eine Tastscheibe besteht dabei aus bis zu 50 Merkel-Zellen.

Haarfolikel-Rezeptoren: Sie liegen an den Wurzelscheiden der Haare, in der Lederhaut. Bei Tieren gibt es davon verschiedene Untertypen.

Rezeptor/Empfindung	Spannung	Druck	Berührung	Vibration
Merkel-Zellen		I----------------------I		
Ruffini-Körperchen	I--I			
Meißner-Körperchen			I---------------------I	
Pacini-Körperchen			I-------------------------I	

Abb. 3: Vermittelte Empfindungen über die wichtigsten Rezeptoren der Haut

Diese Mechanorezeptoren der Haut sind über afferente Axone vom Aß-Typ (mittlerer Faserdurchmesser 8 mμ, Leitungsgeschwindigkeit 30-70 m/s) mit dem Zellkörper im Spinalganglion verbunden. Neben den eben genannten Mechanorezeptoren findet man besonders in der behaarten Haut auch mechanosensitive freie Nervenendigungen von A-delta-Fasern oder nichtmyelinisierten C-Fasern. Diese freien Nervenendigungen gehören in der überwiegenden Mehrzahl zu sogenannten polymodalen Rezeptoren und reagieren auch auf thermische Reize und auf gewebsschädigende Noxen (Nozizeptoren).

Funktionelle Charakterisierung und Gliederung der Mechanorezeptoren

Mechanorezeptoren unterscheiden sich in verschiedene Typen durch ihre Fähigkeit, räumliche und zeitliche Merkmale eines mechanischen Reizes aufzulösen. Die Verteilung der Mechanorezeptoren in der Haut sowie ihre anatomische Beschaffenheit bestimmen das Maß ihrer Beteiligung an der räumlichen Auflösung der auf die Haut wirkenden mechanischen Ereignisse. Dieser Zusammenhang ergibt sich aus der Definition des sogenannten „rezeptiven Feldes". Das *rezeptive Feld* entspricht dem Hautabschnitt, der durch die Nervenendigung eines Axons eines Neurons aus dem Spinalganglion versorgt wird (siehe Beitrag von Weiss). Zum Hautabschnitt eines rezeptiven Feldes muss auch das umliegende Gewebe gezählt werden, welches den Reiz, besser die Energie des Reizes, zum Rezeptor weitergibt. So lassen sich den Meißner-Körperchen und den Merkel-Zellen kleine rezeptive Felder zuordnen, während die Ruffini-Körperchen und die Pacini-Körperchen größere Hautgebiete als rezeptive Felder haben. Pacini-Körperchen können rezeptive Felder einnehmen, die sich über große Teile eines Fingers oder Teile der Hand ausdehnen.

Bisher gibt es nur wenige Aussagen darüber, inwieweit mehrere Rezeptorendigungen an einem afferenten Axon bestehen. Eine Konvergenz und Divergenz finden wir bei der nervalen Versorgung der Haarfolikel. Hier können bis zu mehreren hundert benachbarter Haarfolikel von einer afferenten Faser versorgt werden, aber auch ein Haarfolikel kann von mehreren afferenten Fasern versorgt werden. Die Innenhand des Menschen wird von etwa 17000 Nervenfasern (Aß-Fasern) versorgt, die Informationen aus Mechanorezeptoren weiterleiten. Die höchste Dichte an Mechanorezeptoren befindet sich an den Fingerbeeren (Innervationsdichte). Am meisten vertreten sind die Meißner-Körperchen, die bis zu $140/cm^2$ vorhanden sein können. Über die genauere Verteilung in anderen Körperregionen gibt es keine Angaben. Für die Innervationsdichte gibt es Anhaltspunkte aus der Bestimmung von Unterschiedsschwellen. Da es sich bei der Bestimmung von Unterschiedsschwellen um eine psychophysische Methode handelt, sei an dieser Stelle unter Hinweis auf die späteren Kapitel bereits angemerkt, das die qualitative Genauigkeit des Tastens durch erhöhte Aufmerksamkeit und durch Übung gesteigert werden kann. E. H. Weber untersuchte als Erster die Empfindlichkeit auf das Unterscheiden zweier Druckreize. Er prüfte, wie weit zwei gleichzeitig wirkende Druckreize von einander entfernt sein müssten, damit die Versuchsperson noch zwei getrennte Berührungspunkte wahrnimmt (simultane Raumschwelle).

Nach diesen Weber'schen Versuchen 1846 [15] fühlt ein Erwachsener zwei abgestumpfte Zirkelspitzen getrennt:

• auf der Zungenspitze	bei	1,1 mm
• auf dem Zeigefinger (innen)	bei	2 - 2,3 mm
• auf der roten Lippe	bei	4,5 mm
• auf der Nase	bei	7 mm
• auf der Stirn (untere Partie)	bei	22,6 mm
• auf der Mitte des Nackens	bei	67,7 mm

Spitzenabstand.

Mit der in den letzten beiden Jahrzehnten zur Verfügung stehende Methode der transkutanen Mikroelektrodentechnik (Mikroneurographie) ist es gelungen, die Aktionspotentiale einzelner intakter afferenter Nervenfasern am wachen Menschen zu registrieren. Dadurch liegen jetzt präzise Ergebnisse zum funktionellen Verhalten der einzelnen Rezeptortypen vor, zum anderen konnten bisherige Ergebnisse über Verteilung und Häufigkeit der Mechanorezeptoren bestätigt werden [9]. Die mit Hilfe der Mikroelektrodentechnik untersuchte Reizschwelle erwies sich für die Meißner-Körperchen am geringsten. Wie auch an anderen Sinnesorganen reicht die Erregung *eines* Rezeptors aus, um eine Sinneswahrnehmung hervorzurufen. Ein einmaliges kurzes Eindrücken der Haut mit einer Eindrucktiefe von 5-10 mμ führt bereits zu einer Berührungswahrnehmung.

Die Mechanorezeptoren können in zwei größere, funktionell unterschiedliche Gruppen eingeteilt werden. Diese Unterteilung erfolgt nach der Art und Weise ihrer Antwort auf einen konstanten Reiz. Die langsam adaptierenden Rezeptoren antworten auf einen andauernden Reiz mit einer konstanten Antwort. Die schnell adaptierenden Rezeptoren antworten nur am Beginn des Reizes und oft auch am Ende des Reizes, nicht aber während der Dauer des Reizes.

Aus dieser Eigenschaft resultiert die Fähigkeit der Mechanorezeptoren, die *zeitliche Charakteristik der mechanischen Reize* aufzulösen. Schnell adaptierende Rezeptoren registrieren hervorragend die Veränderung der Intensität eines Reizes. Der Beginn des Reizes, ein erster Kontakt mit der Haut, wird also sowohl von den langsam als auch von den schnell adaptierenden Rezeptoren erfasst. Bereits nach wenigen hundert Millisekunden werden allerdings nur noch von den langsam adaptierenden Rezeptoren Informationen (Aktionspotentiale) an das Zentralnervensystem geliefert. Inwieweit schnell adaptierende Rezeptoren einer Änderung der Reizintensität folgen können, lässt sich am besten mit sinusförmig oszillierenden Reizintensitäten feststellen. Die Meißner-Körperchen haben eine hohe Sensitivität für Schwankungen der Reizintensität mit niedriger Frequenz. Die tief in der Unterhaut gelegenen Pacini-Körperchen sind sensitiv für hochfrequente Vibrationsreize. Diese beiden Mechanorezeptoren gehören also zu den schnell adaptierenden Rezeptoren. Die Reizung der Meißner-Körperchen wird als ein leichtes Schwingen bzw. Flattern der Haut empfunden. Auf Grund der kleinen rezeptiven Felder der Meißner-Körperchen, kann diese Empfindung gut lokalisiert werden. Demgegenüber ist die Lokalisierung von Vibrationsempfindungen weniger gut ausgeprägt, da die Pacini-Körperchen, die diese Empfindung vermittelten, große rezeptive Felder haben. Es erscheint logisch, dass die langsam adaptierenden Rezeptoren der räumlichen Auflösung eines Reizes entsprechen. Die schnell adaptierenden Rezeptoren sind am besten für die zeitliche Auflösung des Reizes geeignet, insbesondere wenn die Fingerkuppen über eine Oberfläche hinweg bewegt werden.

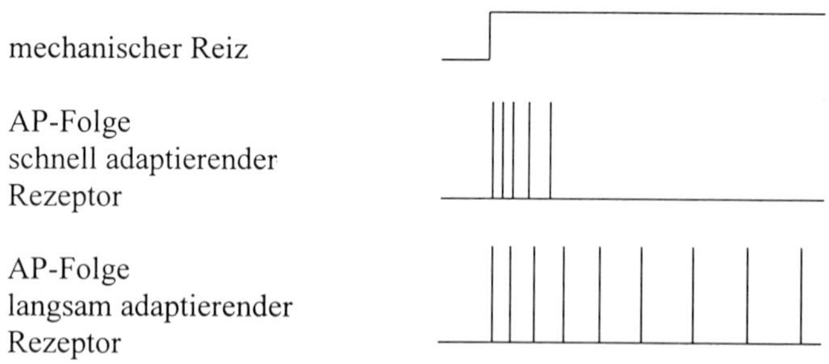

Abb. 4: Charakteristik langsam und schnell adaptierender Rezeptoren

Mit Hilfe der Mikroneurographie ist in den letzten Jahren eine präzisere Beschreibung der Reiztransformation an den einzelnen Typen von Mechanorezeptoren gelungen. Von den oben genannten 17000 mechanosensitiven Einheiten klassifiziert Johansson und Vallbo [6] 44 % als langsam adaptierende Rezeptoren, d. h., dass sie ihre Entladung während der gesamten Dauer des Stimulus aufrecht halten. Die restlichen 56 % sind schnell adaptierende Rezeptoren und antworten nur am Beginn des Reizes oder bei Wegnahme des Reizes mit einer Gruppe von Aktionspotentialen. Dies bedeutet, dass diese Rezeptoren bevorzugt auf bewegte Reize antworten, also wenn sich der Reiz über die rezeptiven Felder hinweg bewegt bzw. darüber hinweg bewegt wird. Mit anderen Worten, diese Rezeptoren sind besonders bedeutsam für das untersuchende Abtasten. Langsam und schnell adaptierende Rezeptoren lassen sich nach der Größe ihrer rezeptiven Felder in je zwei Untertypen langsam und schnell adaptierender Rezeptoren unterteilen. Danach sind jetzt die folgenden Bezeichnungen für die Mechanorezeptoren der unbeharrten Haut gebräuchlich, die streng nach ihrer funktionellen Charakteristik gewählt wurden.

- FA I (fast adapting): schnell adaptierend, kleine rezeptive Felder mit scharfen Grenzen;
- FA II (fast adapting): schnell adaptierend, große rezeptive Felder mit unscharfen Grenzen;
- SA I (slow adapting): langsam adaptierend, kleine rezeptive Felder mit scharfen Grenzen;
- SA II (slow adapting): langsam adaptierend, große rezeptive Felder mit unscharfen Grenzen.

Außer diesen Bezeichnungen existieren die Bezeichnungen RA-Rezeptor (rapidly adapting) und QA-Rezeptor (quickly adapting) für die FA-Gruppen, diese sind jedoch weniger gebräuchlich. Die FA II-Rezeptoren werden häufig auch als PC-Rezeptoren (abgeleitet von Pacini) bezeichnet. Ihre unterschiedliche Bedeutung für die Wahrnehmung kann wie folgt charakterisiert werden.

- FA I: sensitiv auf den Druckanstieg an der Haut;
- FA II: sensitiv auf Beschleunigung oder höhere Ableitungen (wie bei Vibration), sensitiv nicht nur bei Reizzunahme sondern auch bei Verminderung der Reizintensität;
- SA I: sensitiv auf ansteigende Reizintensität und permanent andauernde Reize, besonders hohe dynamische Sensibilität bezüglich des Anstiegs der Reizstärke;
- SA II: sensitiv auf ansteigende Reizintensität und permanent andauernde Reize, besonders genaue Aufrechterhaltung der Entladungsfrequenz über die gesamte Reizdauer. SA II-Rezeptoren zeigen oft eine spontane Entladung.

Bedeutsam für das Verhalten der schnellen Adaptation an den Reiz sind offensichtlich die bindegewebigen Strukturen an den mechanosensorischen Endigungen der afferenten Nervenfasern. Eine Entfernung der bindegewebigen Hüllen eines Pacini-Körperchen transformiert das Rezeptorpotential von einer schnellen in eine langsame Adaptation [10]. Die Korrelation der Morphologie der Endorgane mit dem funktionellen Typ der Mechanorezeptoren ist eine indirekte Schlussfolgerung aus unterschiedlichen morphologischen und physiologischen Untersuchungen am Menschen bzw. kombinierten Untersuchungen am Versuchstier. Für die Mechanorezeptoren der unbehaarten Haut der Handinnenfläche gibt es inzwischen detailliertere Beschreibungen ihrer funktionellen Charakteristik [8].

	rezeptives Feld	
	klein, Grenze scharf	groß, Grenze unscharf
	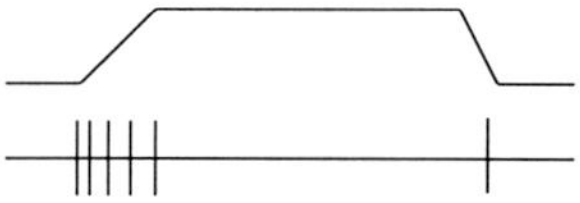	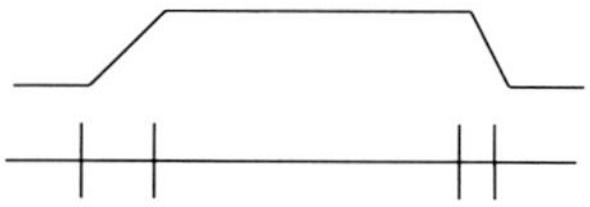
schnell adaptierend	FA I Meißner	FA II Pacini
	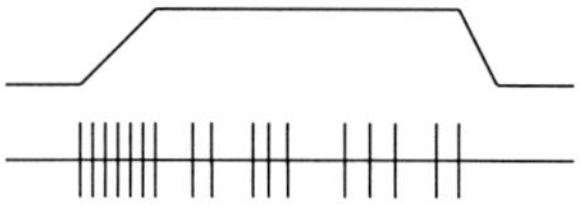	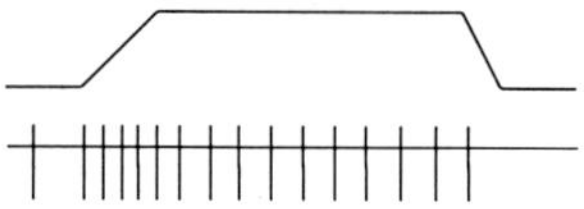
langsam adaptierend	SA I Merkel	SA II Ruffini

Abb. 5: Vier Grundtypen der Mechanorezeptoren nach Johansson und Vallbo [6]

Wahrnehmung von Konturen – Mechanorezeptoren mit kleinen rezeptiven Feldern

Die rezeptiven Felder der FA I und SA I haben eine Größe zwischen 3 mm^2 und 50 mm^2, sind von runder bis leicht ovaler Form, mit einem Durchmesser von 2-8 mm, welches wiederum etwa 4-8 Papillarlinien entspricht [14]. Innerhalb eines rezeptiven Feldes heben sich einzelne Punkte mit besonders hoher (maximaler) Sensitivität ab. Diese Punkte entsprechen der Lokalisation der mechanosensorischen Endigungen der untersuchten afferenten Fasern. Zum Rande des rezeptiven Feldes hin nimmt die Sensitivität schnell ab. Diese Eigenschaft bedingt offensichtlich eine besondere Empfindlichkeit der SA I- und FA I- *Rezeptoren für scharfe Konturen* (Kanten). Der Reiz zeigt eine stärkere Wirkung, wenn eine scharfe Kontur das rezeptive Feld durchquert, als wenn der Reiz auf das ganze rezeptive Feld wirkt. Man kann also sagen, FA I- und SA I-Rezeptoren dienen der Wahrnehmung von Konturen der die Haut berührenden Objekte und damit der räumlichen Auflösung der taktilen Reize. Da die Zentren der einzelnen rezeptiven Felder auf der Fingerbeere nur 0,9 bis 1,3 mm von einander entfernt liegen, entspricht dies der oben dargestellten räumlichen Unterschiedsschwelle nach Weber. Damit sind die Ergebnisse des psychphysiologischen Tests offensichtlich bereits durch die periphere Organisation der rezeptiven Felder determiniert und limitiert.

Wahrnehmung von Vibration und lateraler Spannung

Die rezeptiven Felder der FA II- und SA II-Rezeptoren haben eine einzige Zone mit maximaler Sensibilität, die dann zu den Rändern hin allmählich abfällt. Ihre Anzahl macht etwa

30 % der Afferenzen aus der unbehaarten Haut aus. Wie bereits oben dargestellt, liegen diese Rezeptoren in der Tiefe der Haut. Die FA II-Einheiten sind extrem empfindlich gegenüber entfernten mechanischen Ereignissen, da ihre rezeptiven Felder einen ganzen Finger oder einen großen Teil der Handfläche einnehmen. Ihre Reizschwelle ist am geringsten für Vibrationsreize mit einer Frequenz zwischen 100 und 300 Hz. Hier wird ein Aktionspotential bereits bei 1 mμ Bewegung ausgelöst. Damit entsprechen diese Mechanorezeptoren den sogenannten „*Vibrationsrezeptoren*", die als Einzige auf niedrigenergetische hochfrequente Änderungen der Reizintensität ansprechen. Die SA II- Einheiten erzeugen bereits Aktionspotentiale, ohne dass eine Hautverformung von außen vorhanden ist. Sie sind extrem empfindlich auf laterale Hautdehnung. Dabei ist die Richtung, in welcher der Zug in der Haut erfolgt, von Bedeutung. Ein Zug in eine Richtung kann die Frequenz der Aktionspotentiale erhöhen, während Zug in die Gegenrichtung eine bestehende Entladungsaktivität verringern kann. Norrsell und Olausson [11] fanden eine Aktivierung der SA II-Afferenzen bei Bewegung des Reizes zum Rand des rezeptiven Feldes, nicht aber bei Bewegung auf das Zentrum des rezeptiven Feldes zu. So ist also die über die SA II-Einheiten vermittelte Information, die Stärke und die Richtung einer lateralen Spannung in der Haut, wie sie z. B. von Schwerkräften ausgelöst werden. Dies könnte bedeutend für die Kontrolle und Einstellung der Kraft sein, mit der die Hand einen Gegenstand hält. Auf Grund dieser Eigenschaft sind ca. 94 % der SA II-Einheiten auch sensitiv für interne mechanische Ereignisse, d. h., sie werden aktiviert durch die Bewegung in den Hand- und Fingergelenken, ohne direkte Berührung von außen. Die SA II-Einheiten entladen in Abhängigkeit von der Winkelstellung in den Gelenken. Für die Mechanorezeptoren der dorsalen Haut der Hand fanden Edin und Abbs [1] sogar bei 92 % der Afferenzen eine Aktivierung bei aktiver Hand- oder Fingerbewegung, wobei diese Aktivität auch FA I-Rezeptoren aufwiesen. Bis zu einem gewissen Grad werden auch die anderen genannten Typen von Mechanorezeptoren durch Hand- und Fingerbewegungen aktiviert. Es wird somit eine propriozeptive Information vermittelt, allerdings ist deren Bedeutung noch nicht aufgeklärt.

Besonderheiten der Wahrnehmung sich bewegender mechanischer Reize

Ein sich bewegender taktiler Reiz hat mehrere sich überlappende Phasen, bestehend aus Kompression, Verformung und Dehnung der Haut, jeweils unterscheidbar hinsichtlich der Kraft, der Geschwindigkeit und der Richtung der Bewegung. Daraus ergibt sich, dass eine tatsächliche Bewegung eines mechanischen Reizes über die Haut durch mehr als einen peripheren mechanosensitiven Mechanismus erfasst wird:

- die Entladungsmuster einzelner Mechanorezeptoren,
- die Intensität, mit der die gesamte Population der erregten Mechanorezeptoren entläd,
- die räumliche Verteilung der aktivierten Mechanorezeptoren in einem gegebenen Moment sowie im zeitlichen Verlauf,
- die Zeit, in der die rezeptiven Felder sukzessive aktiviert werden.

Die vorliegenden Befunde weisen daraufhin, dass jeweils mehrere unterschiedliche Mechanorezeptortypen an der Charakterisierung eines die Haut kontaktierenden Gegenstandes beteiligt sind. Das heißt, dass die unterschiedlichen taktilen Reize, die das entsprechende Objekt bietet, von unterschiedlichen Rezeptoren aufgenommen werden und erst im Zentralnervensystem die einzelnen Informationen synthetisierend verarbeitet werden. Danach wird jeder Punkt auf der Haut durch eine bestimmte Kombination von unterschiedlichen Mechanorezeptoren repräsentiert [7]. Die Bedeutung dieser Kombination liegt nicht in der Lokalisation eines mechanischen Reizes, sondern in der Ermittlung seiner Kontur, Beschaffenheit und Bewegungsgeschwindigkeit.
Dies wird bekräftigt durch die Ergebnisse von Edin und Essick [2,3]: die Mechanorezeptoren der menschlichen behaarten und unbehaarten Haut antworten auf einen wiederholten, sich bewegenden mechanischen Reiz auf reproduzierbare Art und Weise; hohe Reliabilität der Entladungsintensität einzelner Rezeptoren (FA I und SA I) in Abhängigkeit von der Geschwindigkeit sich bewegender mechanischer Reize; unterschiedliche Bewegungsrichtungen bewirken unterschiedliche Entladungsmuster.
Einige Rezeptoren transformieren sich bewegende Reize mit so hoher Genauigkeit, dass aus den aufgezeichneten Entladungsmustern kleinste Irregularitäten des Reizes erkennbar sind. Allgemein kann also gefolgert werden, dass die zentralen neuronalen Mechanismen alle Reizparameter eines sich bewegenden mechanischen Reizes bereits aus dem zeitlichen und räumlichen Muster der aktivierten Mechanorezeptoren entnehmen können.

Zusammenfassung

Der Tastsinn bezeichnet die Fähigkeit der Haut, durch Betasten die Form eines Gegenstandes zu erkennen [13]. In dieser Definition wird bereits die taktil-haptische Wahrnehmung ersichtlich, die das „Betasten“ also das Aktiv-motorische am „Berührungssinn“ hervorhebt. Erst Untersuchungen in den letzten Jahren widmeten sich Untersuchungen der Wahrnehmung bewegter mechanischer Reize, wie sie beim untersuchenden Betasten eines Gegenstandes entstehen. Von der Motorik der Hand wissen wir, dass sie eine außerordentliche evolutionäre Entwicklung mit der Menschwerdung der Primaten vollzogen hat. Es erscheint offensichtlich,

dass die „zugehörige“ Sensibilität der Hand eine ebensolche Entwicklung zu feinster Differenzierungsfähigkeit hin durchgemacht haben muss.
Für die weitere Aufklärung von Grundlagen der taktil-haptischen Wahrnehmung dürfte es somit von außerordentlicher Bedeutung sein, dass sich hier haptische Wahrnehmung und motorische Kontrollmechanismen gegenseitig aktivieren und offensichtlich, auch miteinander vergleichend, im Zentralnervensystem verarbeitet werden. Bei feinen Fingerbewegungen mit exakten Grifftechniken sind exakte Kräfte für das Ergreifen und Halten von Gegenständen erforderlich („precision grip“) [5]. Die sehr exakte Krafteinstellung erfordert präzise Informationen der Mechanorezeptoren über die Haft- und Reibekräfte zwischen Haut und Objekt. Die Bewegung der Hand und Finger aktiviert die Mechanorezeptoren der Haut; sich bewegende Reize werden durch ganze Populationen von Mechanorezeptoren erfasst. So entsteht im Begriff der taktil-haptischen Wahrnehmung ein wechselseitiges Ursachen-Wirkungsgefüge, welches die Hand zum spezialisierten „taktil-haptischen Organ“ werden ließ.

Literatur

[1] Edin, B.B., Abbs, J.H.: Finger movement responses of cutaneous mechanoreceptors in the dorsal skin of the human hand. J. Neurophysiol. 65:657-670, 1991.

[2] Edin, B.B., Essick, G.K., Trulsson, M., Olsson, K.A.: Receptor encoding of moving tactile stimuli in humans. I. Temporal pattern of discharge of individual low-threshold mechanoreceptors. J. Neurosci. 15(1):830-847, 1995.

[3] Essick, G.K., Edin, B.B.: Receptor encoding of moving tactile stimuli in humans. II. The mean response of individual low-threshold mechanoreceptors to motion across the receptive field. J. Neurosci. 15(1):848-864, 1995.

[4] Gardner, E.P., Palmer, C.I.: Simulation of motion on the skin. I. Receptive fields and temporal frequency coding by cutaneous mechanoreceptors of OPTACON pulses delivered to the hand. J. Neurophysiol. 62:1410-1435, 1989.

[5] Jenmalm, P., Goodwin, A.W., Johansson, R.S.: Control of grasp stability when humans lift objects with different surface curvatures. J. Neurophysiol. 79: 1643-1652, 1998.

[6] Johansson, R.S., Vallbo, A.B.: Tactile sensibility in the human hand: Relative and absolute densities of four types of mechanoreceptive units in the glabrous skin area. J. Physiol.(Lond.) 286:283-300, 1979.

[7] Johansson, R.S., Vallbo, A.B., Westling, G.: Thresholds of mechanosensitive afferents in the human hand as measured with the Frey hairs. Brain Res. 184:343-351, 1980.

[8] Johansson, R.S.,Vallbo, A.B.: Tactile sensory coding in the glabrous skin of the human hand. Trends Neurosci., January 1983.

[9] Martin, J.H.: Coding and processing of sensory information. In: Kandel, E.K., Schwartz, J.H., Jessell, T.M. (Hrsg.): Principles of neural science. London, New Jersey: Prentice-Hall International, 1991a, pp. 329-340.

[10] Martin, J.H., Jessell, T.M.: Modality coding in the somatic sensory system. In: Kandel, E.K., Schwartz, J.H., Jessell, T.M. (Hrsg.): Principles of neural science. London, New Jersey: Prentice-Hall International Inc., 1991b, pp. 341-352.

[11] Norrsell, U., Olausson, H.: Human, tactile, directional sensibility and its peripheral origins. Acta Physiol. Scand. 144:155-161, 1992.

[12] Leonhardt, H., Tillner, B., Töndury, G., Zilles, K. (Hrsg): Rauper/Kopsch Anatomie des Menschen. Bd. III. Nervensystem Sinnesorgane. Stuttgart, New York: G. Thieme, 1987.

[13] Steiner, J.: Grundriss der Physiologie des Menschen für Studierende und Ärzte. Leipzig: Veit und Comp., 1878.

[14] Vallbo, A.B., Johansson, R.S.: Properties of cutaneous mechanoreceptors in the human hand related to touch sensation. Human Neurobiol. 3:3-14, 1984.

[15] Weber, E.H.: Der Tastsinn und das Gemeingefühl. In: Wagner, R. (Hrsg.): Handwörterbuch der Physiologie. Vol. III, Abt. 2, Braunschweig: Vieweg, 1846, pp. 481-588.

NEUROPHYSIOLOGISCHE GRUNDLAGEN DES ZENTRALEN SOMATOSENSORISCHEN SYSTEMS

Thomas Weiss

Das somatosensorische System erlaubt uns, sehr exakt mit unserer Umgebung zu interferieren, wobei Informationen von verschiedenen Rezeptoren verarbeitet werden, deren adäquate Reize Berührung, Vibration, Körperbewegungen, Temperatur bzw. noxische Stimuli darstellen und die unterschiedliche Adaptationsverhalten aufweisen (siehe Beitrag Beyer). Im Folgenden soll nun dargestellt werden, wie die somatosensorischen Informationen im Zentralnervensystem von den verschiedenen Schaltstationen verarbeitet und weitergeleitet werden und welche Leistungen das System auf den verschiedenen Ebenen erbringen kann. *Taktil-haptische Wahrnehmung* wird auf der neurophysiologischen Ebene durch die Elemente des somatosensorischen Systems realisiert. Das somatosensorische System beinhaltet dabei spezielle periphere Rezeptoren, aufsteigende Bahnen zu den verschiedenen Verarbeitungsstationen in Rückenmark, Hirnstamm, Thalamus und einer ganzen Kaskade von 3-6 hierarchisch organisierten Kortexarealen. Dabei soll auf die funktionelle Organisation sowie deren ständige Veränderung besonders eingegangen werden, aber auch auf die Tatsache, dass für höhere Primaten und den Menschen das somatosensorische System mit dem Gebrauch der *Hand als spezialisiertes taktil-haptisches Organ* eine besondere Ausprägung erreicht. Als Ausgangspunkte für taktil-haptische Informationsverarbeitung wurden bereits verschiedene Klassen von Hautrezeptoren charakterisiert, wobei offenbar einigen eine vordergründige Rolle bei der Informationsverarbeitung zukommt [9]. Zusätzlich werden Informationen der Muskelspindeln, der Sehnenorgane und Gelenke mitverarbeitet, sie geben mindestens sekundäre Hinweise auf die Geschwindigkeit aktiv Kontakt suchender Hand-, Arm- oder Mundbewegungen und gelangen ebenfalls über den Thalamus in die somatosensorische Hirnrinde. Es soll im Weiteren neben den Mechanorezeptoren jeweils kurz auf die anderen Anteile des somatosensorischen Systems eingegangen werden, wobei die Signale der genannten Rezeptoren mindestens bis zur Schicht IV des primären somatosensorischen Kortex (S I) weitgehend separat verarbeitet werden. Vom S I gelangt die Information zu weiteren kortikalen Regionen, zu den sekundären somatosensorischen Arealen, Teilen des hinteren Scheitel- (oder Parietal-)lappens und des Schläfen- (oder Temporal-) lappens (Abb. 1,2). Dabei handelt es sich um eine hierarchische Organisation, d.h., die jeweils höheren Areale stehen mit den niederen Arealen in enger Wechselbeziehung, bestimmen diese Wechselbeziehung ganz wesentlich und verarbeiten in der Regel Informationen mit einem höheren Abstraktionsgrad.

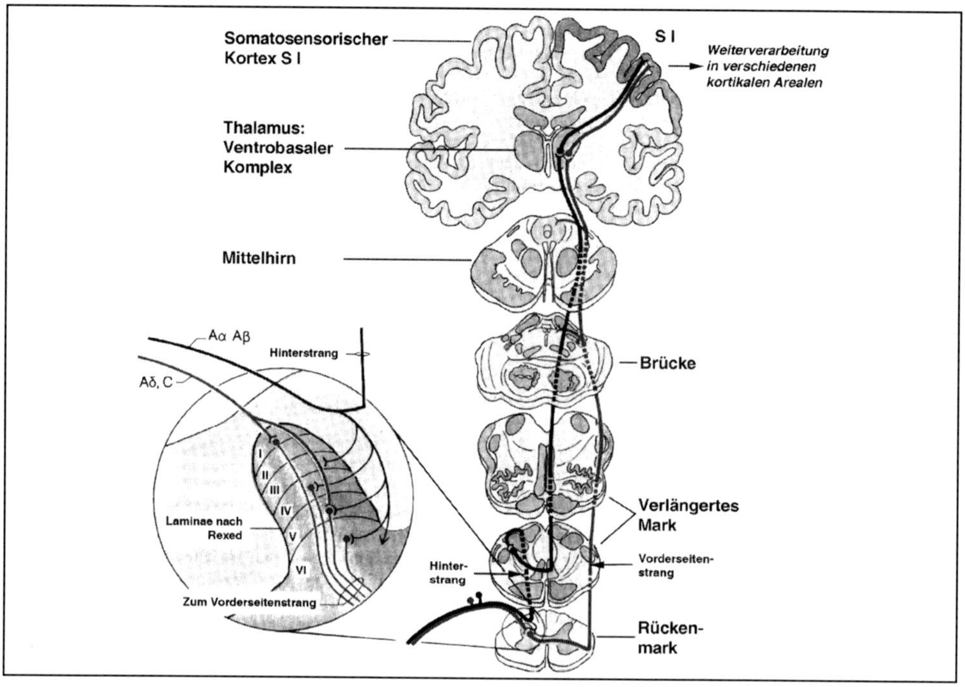

Abb. 1: Schematische Darstellung des primären Informationsflusses im somatosensorischen System (aus [12])

Im Weiteren soll nun zunächst auf einige wichtige Grundbegriffe eingegangen werden, bevor die einzelnen Areale und Schaltstationen des somatosensorischen Systems besprochen werden.

Begriffserklärungen

Neben der Mikroneurographie, die, wie vorn beschrieben (siehe Beitrag Beyer), wesentliche Beiträge zur Klassifizierung und zur Bestimmung funktioneller Zusammenhänge für die einzelnen Nervenfasern leistete und leistet, spielt für die Untersuchung funktioneller Zusammenhänge die *Mikroelektrodentechnik* eine ganz wesentliche Rolle. Hier werden im Tierexperiment (vorwiegend an Primaten) Mikroelektroden in den zu untersuchenden Arealen des Zentralnervensystems (ZNS) platziert, die es dann erlauben, das Verhalten einzelner Neurone bezüglich bestimmter Stimulationen (etwa einem Berührungsreiz auf der Haut) oder von systematischen Wechselbeziehungen zwischen den Neuronen zu untersuchen. Den einzelnen Neuronen im ZNS, die die von den Sinnesrezeptoren der Haut kommenden Informationen verarbeiten, werden sogenannte *„rezeptive Felder"* zugeordnet. Man spricht von einem rezeptiven Feld, wenn das untersuchte Neuron seine Aktivität (Entladungsverhalten) in Beziehung zu einer Stimulation in der Peripherie (d. h. an der Haut oder an einer einzelnen Faser des peripheren Nerven) ändert. Die Größe der rezeptiven Felder ist für einzelne Neurone deutlich unterschiedlich. Rezeptive Felder von Neuronen, die taktile Informationen aus den Fingerspitzen verarbeiten, erweisen sich beispielsweise als deutlich kleiner als jene rezeptiven Felder von Neuronen, die taktile Informationen vom Oberarm erhalten. Für ein gleich großes Gebiet am Oberarm stehen also im Vergleich zur Fingerspitze weniger rezeptive Felder und weniger Neurone zur Informationsverarbeitung zur Verfügung. Als Folge ist die räumliche Auflösung am Oberarm geringer als an der Fingerspitze. Die rezeptiven Felder überlappen recht deutlich. Sehr häufig befinden sich die Neurone, deren rezeptive Felder die gleiche Körperregion versorgen, in enger Nachbarschaft. Man spricht dann von einer *Repräsentation der entsprechenden Körperregion* in der jeweils betrachteten Struktur des Zentralnervensystems. Dies bedeutet, dass sich z. B. im Thalamus oder in der Hirnrinde viele Neurone befinden, die bei Stimulation der Hand ihr Entladungsverhalten verändern, somit also von der Hand mit afferenten Informationen versorgt werden.

Der Grundaufbau des Kortex ist im Prinzip gleichförmig aus sechs Zellschichten (oder Laminae). Man findet in bestimmten Regionen jedoch zytoarchitektonische Besonderheiten, etwa extrem große Pyramidenzellen oder einen spezifischen Transmitter. Der deutsche Anatom Brodmann hat schon 1905 den Kortex in 52 Areale zytoarchitektonisch kartographiert, diese Areale werden heute *Brodmann-Areale* genannt und häufig mit BA abgekürzt. Einige dieser Areale erweisen sich für das somatosensorische System als besonders wichtig: es sind dies vor allem die BA 3 (die heute in die Subareale BA 3a und BA 3b unterteilt werden), BA 2 und BA 1 (siehe Abb. 2).

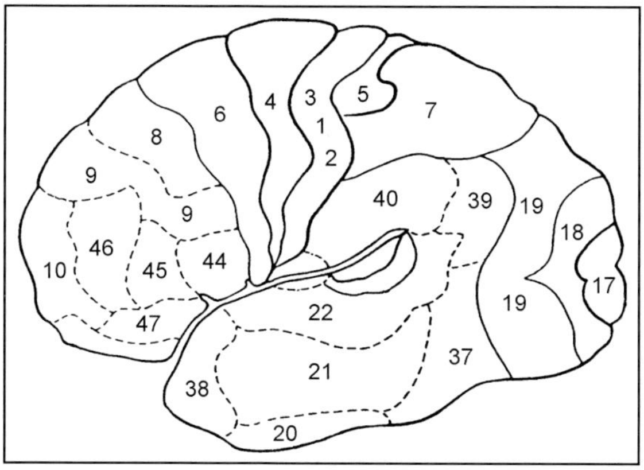

Abb. 2: Die Brodmann-Areale (BA) des Kortex. Die BA 3, 1 und 2 stellen den primären somatosensorischen Kortex (S I) dar, die BA 5 und 7 repräsentieren Teile des posterioren parietalen Kortex (PPC).

Moderne bildgebende Verfahren, etwa die Positronen-Emissions-Tomographie (PET), die funktionelle Kernspintomographie (fMRT), die Magnetoenzephalographie (MEG) mit anschließender Rekonstruktion der neuronalen Quellen u. a., erlauben heute zum Teil nicht invasiv, auch beim Menschen diese Repräsentationen der einzelnen Körperregionen in den kortikalen Arealen zumindest partiell zu untersuchen. Aus diesen Untersuchungen kann man schlussfolgern, dass ein Großteil der im Tierexperiment gewonnenen Erkenntnisse auf den Menschen übertragbar ist.

Die aufsteigenden (afferenten) Bahnen des somatosensorischen Systems

Wie im vorausgehenden Beitrag beschrieben, besitzt das somatosensorische System spezifische Rezeptoren, die auf die Registrierung der zu detektierenden Reize (Druck, Vibration, Temperatur etc.) spezialisiert sind. Von diesen Rezeptoren werden die registrierten Reize als Nervenimpulse dem ZNS zugeführt. Die den Strukturen des ZNS zuleitenden Fasern nennt man *afferente Fasern* oder *Afferenzen*, wobei es auf dem Weg zu den verarbeitenden Hirnstrukturen mehrfach zu Umschaltungen und ersten Verarbeitungen kommt. Die von einer Struktur des ZNS wegleitenden Nervenfasern werden *efferente Fasern* oder *Efferenzen* genannt. Mittels ihrer Wirkung beeinflussen sie die peripheren Strukturen bzw. die mit ihnen verbundenen Hirnstrukturen. In Hinblick auf den Aufbau des somatosensorischen Systems gibt es eine Reihe von Übereinstimmungen zu anderen Sinneskanälen, etwa zum visuellen System, auf die an anderer Stelle kurz eingegangen wird. Dazu gehört auch, dass die hierarchisch höheren Hirnstrukturen die Funktion der ihnen untergeordneten Strukturen deutlich beeinflussen. Daneben wird der gesamte Sinneskanal von solchen Einflüssen wie Motivation, allgemeiner Aktivitätszustand (Vigilanz), von selektiven Aufmerksamkeitsprozessen u. a. moduliert.

Wenn die Rezeptoren des somatosensorischen Systems die Informationen in Nervenimpulse umgewandelt haben, werden sie über die Rückenmarks- und die Hirnnerven zum ZNS fortgeleitet. Die Nervenzellkörper (Somata) der Neurone der Rückenmarksnerven liegen in den Spinalganglien, während sich die Somata der sensiblen Hirnnerven in den Hirnnervenganglien befinden. Es handelt sich um bipolare (pseudounipolare) Ganglienzellen. Ihre peripheren Fortsätze beginnen mit den spezifischen Endkörperchen (siehe Beitrag Beyer), frei im Gewebe (z. B. Nozizeption) oder als Fasern der Tiefensensibilität an Sehnen- und Muskelspindeln. Der zentrale Fortsatz zieht als Hinterwurzel (Radix dorsalis) in das Rückenmark oder in die Medulla oblongata, dem verlängerten Rückenmark. Prinzipiell werden aus anatomischer und funktioneller Sicht zwei Systeme der Fortleitung somatosensorischer Informationen unterschieden (Abb. 1): der Vorderseitenstrang (Funiculus anterolateralis) und der Hinterstrang (Funiculus posterior).

Der Hinterstrang enthält hauptsächlich aufsteigende Bahnen für Berührung, Tastempfindung, Druck und Vibration sowie auch Fasern der Tiefensensibilität. Er läuft als Tractus spinobulbaris zu den beiden Hinterstrangkernen der Medulla oblongata, dem Nucleus gracilis und dem Nucleus cuneatus. Hier endet das erste Neuron, d. h., die Fortsätze der Neuronen, deren Zellkörper sich in den Spinalganglien befinden, verschalten hier auf das sogenannte zweite Neuron. Es sei erwähnt, dass ein riesiger Apparat von Interneuronen an jeder Schaltstelle die Verarbeitung beeinflusst, so dass mit dem zweiten Neuron lediglich der kürzeste Weg zwischen der Peripherie und dem somatosensorischen Kortex beschrieben ist. Von den Neuronen der Hinterstrangkerne wird die Information an den Thalamus (als Tractus bulbothalamicus, der im Lemniscus medialis vollständig kreuzt und durch das Tegmentum zieht) und an das Kleinhirn (als Tractus bulbocerebellaris, der hauptsächlich Informationen der Tiefensensibilität vermittelt) weitergeleitet. Im Thalamus, auf dessen genauere Organisation im Zusammenhang mit der Verarbeitung somatosensorischer Informationen gleich eingegangen wird, erfolgt eine nochmalige Umschaltung, die Information gelangt von hier u. a. (als Tractus thalamocorticalis) in den primär somatosensorischen Kortex im Parietalhirn (Gyrus postcentralis).
Die somatosensorischen Fasern der Hirnnerven schalten zunächst in den zugehörigen sensiblen Nuclei terminationis der Hirnnerven um, um dann ebenfalls gekreuzt zum Thalamus (als Tractus nucleothalamicus unter Anschluss an den Tractus bulbothalamicus) und von dort u. a. zum Gyrus postcentralis zu ziehen.

Der Vorderseitenstrang führt hauptsächlich Informationen über nozizeptive Stimuli, die nach Verarbeitung als Schmerz empfunden werden. Dabei endet das erste Neuron im Hinterhorn des Rückenmarks (bevorzugt in den Laminae I, IV, V und VI). Von hier wird die Information zum Thalamus (als Tractus spinothalamicus, der in der Commisura alba anterior zur Gegenseite des Rückenmarks kreuzt und dann durch das Tegmentum lateralis zieht) und von dort u. a. zum primären somatosensorischen Kortex (als Tractus thalamocorticalis) fortgeleitet. Die Informationen beider Strangsysteme werden in den genannten Schaltstellen vorverarbeitet bzw. an andere Systeme, etwa zur Augenmotorik oder zur Regulation des Vigilanzzustands, insbesondere aber an hierarchisch höhere Strukturen weitergeleitet. Auf diese Strukturen soll nun ausführlicher eingegangen werden.

Die Organisation des somatosensorischen Thalamus

Der Thalamus ist ein Teil des Zwischenhirns, er besteht aus funktionellen Kerngruppen, nämlich den sensorischen und motorischen Relaykernen, den Assoziationskernen, die komplexe Koordinationsaufgaben wahrnehmen, und den sogenannten unspezifischen Kernen, die sich an der Regulation von allgemeiner Aktivierung beteiligen. In den sensorischen Relaykernen werden die Informationen aus den verschiedenen Sinneskanälen auf ihrem Weg zur Großhirnrinde vorverarbeitet und umgeschaltet. Die einzelnen Kerne des Thalamus werden nach ihrer anatomischen Lage bezeichnet. Der somatosensorische Anteil des Thalamus unterteilt sich in vier Kerngebiete, die im Weiteren näher beschrieben werden. Der größte Kern, der auch zytoarchitektonisch von den anderen Anteilen abgrenzbar ist, wird entsprechend seiner Lage als Nucleus ventralis posterior (VP) bezeichnet. Einen zweiten Hauptrelaykern für somatosensorische Afferenzen stellt der kappenartig über dem VP gelegene Nucleus ventralis posterior superior (VPS) dar. Somatosensorische Funktionen erfüllen daneben der Nucleus ventralis posterior inferior (VPI) und das anteriore Pulvinar (PA) (Abb. 3). Die wichtigsten afferenten und efferenten Verbindungen sind in Tabelle 1 dargestellt.

Tab. 1: Die wichtigsten afferenten und efferenten Verbindungen der somatosensorischen thalamischen Kerne

Thalamischer Kern	Afferenter Zufluss	Efferente Projektionen
VP	Hauptsächlich: - SA-I, RA-I - nozizeptive Afferenzen (u. a. wide dynamic range) - Brodmann-Areale BA 3b und BA 1 Vereinzelt: - Temperatur, RA-II	- Brodmann-Areale BA 3b und BA 1 - vereinzelt BA 2
VPS	Hauptsächlich: - Muskelfaserafferenzen Vereinzelt: - Hautrezeptoren	- Brodmann-Areale BA 3a und BA 2 - vereinzelt BA 3b
VPI	- nozizeptive Afferenzen (spezifische und wide dynamic range)	- S II, PPC - vereinzelt BA 3b
PA	- fast ausschließlich S I und S II	- S II, S I

VP - Nucleus ventralis posterior thalami, VPS - Nucleus ventralis posterior superior, VPI - Nucleus ventralis posterior, PA - Pulvinar; S I - primärer somatosensorischer Kortex, S II - sekundärer somatosensorischer Kortex, PPC - posteriorer parietaler Kortex

Aufbau und Funktion des Nucleus ventralis posterior (VP): Untersuchungen mit Mikroelektrodentechnik belegen eine somatotope Organisation des VP, d. h., es existieren geordnete Repräsentationen der Körperoberfläche, bei der sich die Hautareale vom Kopf bis zum Fuß von medial nach lateral abbilden. Eine kleinzellige Scheidewand (Septum) trennt dabei den medialen Anteil des Kerns (VPM), der die Haut des Kopfes einschließlich des Gesichts repräsentiert, vom seitlichen (lateralen) Anteil des Kerns (VPL). In einigen Lehrbüchern findet man diese Unterkerne als eigenständig aufgeführt, aus funktioneller Sicht sollten sie aber als Teile einer Struktur betrachtet werden [12]. Eine weitere, kleinere Scheidewand teilt den VPL in eine mediale und eine seitliche Zone, wobei der mediale Anteil des VPL entsprechend der somatotopen Organisation hauptsächlich die Hand repräsentiert, während der laterale Anteil von der unteren Extremität mit Afferenzen versorgt wird.

Die deutlichen, großzelligen Anteile des VP werden hauptsächlich von der unteren Medulla über den medialen Lemniscus mit Informationen der SA-I- und RA-I-Afferenzen versorgt, wobei die räumliche Anordnung der von den SA-I- bzw. RA-1-Afferenzen innervierten Zellcluster für spezifische Cluster mit einer Ausdehnung von mehreren hundert µm sprechen, ohne dass es eine eigenständige somatotope Organisation für jeden Afferenztyp gäbe. Weiterhin erreichen die Axone spinothalamische Neurone (‚wide dynamic range' – sie vermitteln leichte Berührung bis mechanische nozizeptive Reize, wohl auch spezifische Afferenzen für Temperatur und Noxen) den VP. Letztlich projizieren auch RA-II-Afferenzen zu Anteilen am Rand des VP.

Circa 75 % der Neurone des VP projizieren zu den Brodmann-Arealen BA 3b und 1 des primären somatosensorischen Kortex (siehe unten), wobei afferente Informationen der SA- und RA-Rezeptoren das Areal BA 3b erreichen, während das BA 1 wohl selektiv von RA-Rezeptoren versorgt wird [12]. Etwa 20 % der VP-Neurone, die BA 3b versorgt, besitzt kolaterale Fasern, die in BA 1 terminieren. Diese gehören offenbar alle zum RA-System. Weiterhin versorgt eine kleine Anzahl von Fasern des VP auch die BA 2 des somatosensorischen Kortex. Letztlich projiziert der VP auch in höhere somatosensorische Kortexareale, etwa den sekundär somatosensorischen Kortex, allerdings scheinen diese Verbindungen in höheren Primaten entgegen früheren Annahmen ausschließlich von den kleinzelligen Neuronen der Scheidewände auszugehen. Der VP erhält zahlreiche Feedbackprojektionen aus den beiden genannten primär somatosensorischen Kortexarealen BA 3b und 1.

Aufbau und Funktion des Nucleus ventralis posterior superior (VPS): Der VPS enthält eine eigene somatotope Organisation, die der des VP ähnelt, d. h., dass die Repräsentationen der Körperareale vom Gesicht über die Hand zum Fuß ebenfalls in einer mediolateralen Anordnung nachweisbar liegen. Daneben unterscheiden sich sowohl die afferente als auch die efferente Versorgung des VPS deutlich von der des VP. Der VPS wird hauptsächlich von Afferenzen erreicht, die von den Muskelspindeln stammen. Darüber hinaus erhält der VPS In-

formationen von den Hautrezeptoren, denn eine beträchtliche Anzahl der Neuronen ändert sein Entladungsverhalten, wenn taktil stimuliert wird.
Die Neurone des VPS innervieren die primären somatosensorischen Kortexareale BA 3a und 2 im vorderen Scheitellappen der Großhirnrinde, wobei mehr als 40 % der Neurone, die zur BA 3a projizieren, über kollaterale Fasern auch die BA 2 versorgen. Somit wird ein erheblicher Teil der Information an beide Kortexareale verteilt. Neben dieser Hauptversorgung der BA 3a und 2 gibt es weniger ausgeprägte Projektionen zur BA 3b. Im Normzustand wird diese Projektion durch den mächtigen Einstrom an Afferenzen aus dem VP unterdrückt. Bei längerer Deprivation aus dem VP lässt sich jedoch eine Aktivierung des Areals BA 3b durch Muskelspindelrezeptoren nachweisen.

Aufbau und Funktion des Nucleus ventralis posterior inferior (VPI): In diesem Kern des Thalamus findet man vorwiegend kleinzellige Neurone, wobei sich die Ausläufer dieses Kerngebiets als Scheidewände im VP fortsetzen (siehe Beschreibung des VP) und so die verschiedenen Körperteilrepräsentationen im VP voneinander trennen. Der VPI erhält primär spinothalamische Afferenzen, hauptsächlich nozizeptive und die sogenannten wide-dynamic range Afferenzen (siehe Beitrag Beyer). Der VPI versorgt mit seinen Fasern vorrangig sekundäre somatosensorische Kortexareale im Parietalhirn, in geringerem Maße auch das primär somatosensorische Areal BA 3b, wobei dieser Verbindung jedoch nur eine Modulation der Aktivitäten in BA 3b zugesprochen wird. Insgesamt ist die funktionelle Bedeutung dieses Kerns nicht endgültig geklärt. Am wahrscheinlichsten scheint die These, dass bei schmerzhafter Reizung die Verarbeitung in BA 3b beschleunigt und über die sekundär somatosensiblen Areale eine entsprechende affektive und Verhaltensreaktion eingeleitet bzw. verstärkt wird.

Aufbau und Funktion des anterioren Pulvinar (PA): Dieser Kern des Thalamus befindet sich in dorsomedialer Lage vom VP und besteht hauptsächlich aus kleineren Neuronen. Das PA stellt eine wesentliche Struktur des somatosensorischen Thalamus dar, das sich dadurch auszeichnet, dass es im Gegensatz zu den vorgenannten Kerngebieten kaum Afferenzen von der Peripherie erhält, sondern vielmehr über ausgesprochen reiche reziproke Verbindungen zum somatosensorischen Kortex verfügt. Aus diesem Grund wird der PA auch als Assoziationskern bezeichnet, während die VP, VPS und VPI Relaykerne darstellen. Die Verbindungen des PA beschränken sich dabei nicht, wie lange behauptet, auf die sekundär somatosensorischen Areale, sondern betreffen auch die primären Areale BA 3a, 3b, 1 und 2. Wahrscheinlich dient das PA der Koordinierung der Aktivität zwischen den somatosensorischen Arealen.

Die funktionelle Organisation des somatosensorischen Kortex

Unser Verständnis zur funktionellen Organisation des *primären somatosensorischen Kortex S I* hat sich in den letzten Jahren deutlich verbessert. So ist heute unbestritten, dass vier streifenförmige Repräsentationen von Haut und Muskelrezeptoren existieren, die den Brodmann-Arealen 3a, 3b, 1 und 2 (Abb. 2,3) im anterioren Parietalkortex entsprechen [12]. Im engeren, klassisch definierten Sinne, einschließlich der histologischen Kriterien (auf die hier nicht eingegangen wurde, der interessierte Leser findet diese u. a. bei Jones und Porter [11] oder Kaas [12]), stellt nur die BA 3b den primär somatosensorischen Kortex S I dar, meistens werden jedoch die 4 genannten Areale zusammen als primärer somatosensorischer Kortex S I bezeichnet [10].

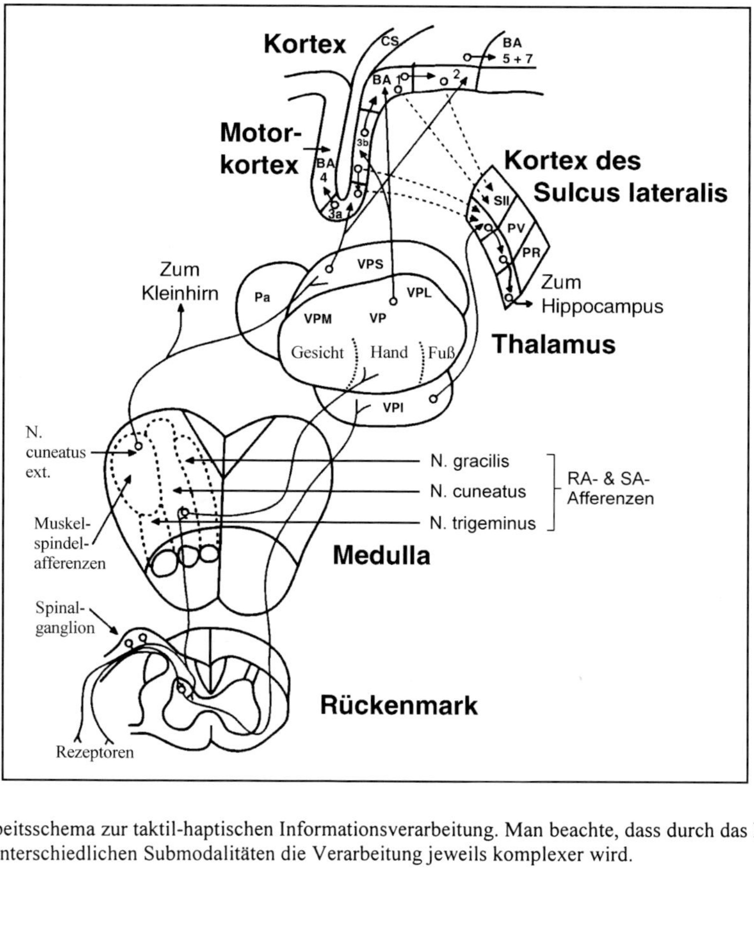

Abb. 3: Arbeitsschema zur taktil-haptischen Informationsverarbeitung. Man beachte, dass durch das Einbeziehen der unterschiedlichen Submodalitäten die Verarbeitung jeweils komplexer wird.

Die Repräsentationen in der somatosensorischen Rinde besitzen eine somatotope Organisation. So findet man die Anordnung der kontralateralen Körperoberfläche vom Fuß über den Körperstamm und den oberen Extremitäten zum Gesicht in mediolateraler Sequenz. Dies trifft auf alle 4 Brodmann-Areale zu. Die somatosensorischen Rindenareale sind in Einheiten von vertikal zur Oberfläche angeordneten Neuronensäulen oder -kolumnen gegliedert. Jede Säule besitzt einen Durchmesser von 0,3-0,5 mm und enthält mehrere tausend Zellkörper. Die Neurone der BA 3b und 1, denen eine hohe funktionellen Bedeutung im Zusammenhang mit taktil-haptischer Wahrnehmung zukommt, besitzen kleine rezeptive Felder und somit einen hohen Verstärkungsfaktor. Dies trifft insbesondere auf die Hand- und Fingerrepräsentation sowie die Repräsentation des Mundes zu. Auch die BA 2 ist, wenngleich weniger streng, in ähnlicher Art wie die Areale BA 3b und 1 somatotop organisiert. Hier ist eine Aktivierung der Neurone sowohl durch taktile Stimulation als auch durch die Stimulation von Tiefenrezeptoren möglich. Dabei ist die Aktivierung durch Hautrezeptoren von der Aktivierung der BA 3b und/oder 1 abhängig, während die Tiefenrezeptoren direkt verschaltet sind und daher nicht von der Aktivität anderer kortikaler Areale abhängen. Für die BA 1 lässt sich eine grobe Somatotopie ebenfalls nachweisen.

Wie bei der Beschreibung der thalamischen Kerne dargestellt, erhalten die Areale BA 3b und 1 Informationen von den Hautrezeptoren über den VP des Thalamus, während die BA 3a und 2 vom VPS mit Informationen versorgt werden, die den Muskelafferenzen entstammen. Darüber hinaus existieren zahlreiche kortiko-kortikale Verbindungen zwischen diesen Arealen. So erhalten die Areale BA 1 und 2 den Großteil aktivierender Zuflüsse aus der Area 3b. Die Verbindungen sind sehr komplex und enthalten sowohl parallele als auch serielle Verschaltungen [16]. Wenigstens teilweise können die Areale 3b, 1 und 2 als aufeinander folgende Schritte eines hierarchisch organisierten Netzwerkes verstanden werden, bei dem jedes Feld das nachfolgende aktiviert (siehe Abb. 3). Im Verlauf dieses Netzwerks ändern die neuronalen rezeptiven Felder ihre Form: man findet nun größere rezeptiven Felder, die nicht mehr nur räumlich-zeitliche Charakteristiken oder Intensitätsaspekte der peripheren Stimulation widergeben, sondern auch komplexere Merkmale, wie etwa Zentrums-Umgebungs-Relationen oder richtungs- und bewegungsrelevante Merkmale, widerspiegeln [2,12]. So konnte gezeigt werden, dass durch spezifische Zentrums-Peripherie-Relationen, die sich unterschiedlicher Zeitkonstanten der Aktivierung und vor allem der lateralen Hemmung bedienen, immer komplexere Muster durch die rezeptiven Felder erkannt werden können, wie etwa Bewegungsrichtung, Kantenformen oder gar bewegte Kanten in eine bevorzugte Richtung [3,18]. Hier zeigt sich wiederum eine Analogie zu anderen Sinneskanälen, etwa dem visuellen System, wo man von komplexen und hyperkomplexen rezeptiven Feldern bei ähnlichen Eigenschaften spricht. Insgesamt erweist sich die Organisation als nicht strikt seriell. So erhalten das Areal BA 1 und Teile des Areals BA 2 direkte Afferenzen aus dem VP, auch projizieren Neurone der BA 3b direkt zur BA 2. Darüber hinaus zeigte sich, dass die Verbindungen alle reziprok existieren, d. h., die BA 2 innerviert rückwirkend die Areale BA 1 und 3b. Mehr noch, die entsprechenden Areale der rechten und der linken Hemisphäre stehen wechselseitig mit dem homologen Areal der Gegenseite, das gleiche Funktionen erfüllt, und meist mit ein bis zwei weiteren Arealen der Gegenseite in Verbindung.

Zusätzlich zu den geschilderten Verbindungen innerhalb der somatosensorischen Areale BA 3b, 1, 2 und 3a projizieren alle vier Felder zu einer großen Anzahl weiterer Strukturen. Die weitere Informationsverarbeitung, die schließlich eine *taktil-haptische Verarbeitung von Objektmerkmalen* realisiert, involviert Regionen um den Sulcus lateralis, insbesondere die sekundär-somatosensorischen Rindenregionen S II sowie die parietale ventrale Area (PV). Diese Kortexgebiete erhalten aktivierenden Zustrom aus den BA 3a, 3b, 1 und 2. S II projiziert ebenfalls auf PV sowie zu rostralen parietalen Arealen, von denen aus Verbindungen zum Hippocampus und zur Amygdala (Mandelkern) existieren, die für die weitere Objekterkennung von Bedeutung sind [9,17].

Es gibt eine Reihe von Regionen, insbesondere im Parietalhirn sowie an seinem Übergang zum Temporallappen, die somatosensorische Funktionen erfüllen, wobei diesen Strukturen eine besondere Rolle für die Verarbeitung taktil-haptischer Reize zukommt, wie Hirndurchblutungsmessungen, aber auch neuropsychologische Untersuchungen zeigen (siehe Beitrag Grunwald). Deshalb soll in den folgenden Abschnitten auf den somatosensorischen Kortex des Sulcus lateralis eingegangen und auf den posterioren parietalen Kortex hingewiesen werden [17]. An der haptischen Formerkennung beteiligen sich aber auch das superiore Parietalhirn sowie das mediale Temporalhirn, wie durch Messungen der regionalen Hirndurchblutung und des Glukoseverbrauchs [6,13] belegt wurde.

Der somatosensorische Kortex des Sulcus lateralis: Ein erheblicher Teil des Kortex der oberen Bank des Sulcus lateralis und der angrenzenden Insula erfüllen somatosensorische Funktionen. Obwohl die Organisation dieser Region durch die Einstülpung des Kortex mit Mikroelektrodentechnik schlechter untersucht werden kann, lassen sich doch einige somatosensorische Felder abgrenzen. Diese Felder besitzen Relevanz für die haptische Objekt- bzw. Formwahrnehmung und -erkennung sowie für begleitende Gedächtnisprozesse [12,13]. Es handelt sich dabei um den sekundären somatosensorischen Kortex, das parietale ventrale

Areal und das ventrale somatosensorische Areal. Auch hier gilt allgemein: die Neurone detektieren aufgrund ihrer rezeptiven Feldstruktur immer komplexere Merkmale, wobei Divergenz und Konvergenz wesentliche Grundmerkmale darstellen. Dadurch ergeben sich rezeptive Felder, die örtlich weniger begrenzt, aber hinsichtlich ihrer Aktivierungseigenschaften immer komplizierter werden.

Der sekundäre somatosensorische Kortex (S II): Diese Struktur ist aus den genannten die bekannteste, sie wurde erstmalig bereits in den vierziger Jahren von Woolsey mit somatosensorischen Aufgaben in Zusammenhang gebracht. Spätere Mikroelektrodenuntersuchungen belegten, dass im S II der Kopf in Verlängerung der analogen Region des Areals 3b repräsentiert ist, während der Körper und schließlich die distalen Extremitäten tiefer im Sulcus lateralis repräsentiert sind. Afferenten Zustrom erhält S II vom anterioren Parietallappen (siehe oben) und vereinzelt vom Thalamus, wobei der Zustrom aus dem anterioren Parietallappen für die Funktion des S II bedeutsamer ist [17]. Er projiziert intensiv zum parietalen ventralen Areal sowie zum parietalen rostroventralen Areal und zu motorischen Regionen (Abb. 3).

Das parietale ventrale Areal (PVA) und das ventrale somatosensorische Areal (VSA): Beide Areale schließen sich an den S II an, wobei das PVA eine somatosensorische Repräsentation rostral zum S II besitzt, die spiegelbildlich zu dieser liegt, während sich das VSA in den Fundus des Sulcus lateralis fortsetzt und dabei bis zur Insula und der unteren Bank des Sulcus reicht. Das PVA und das VSA werden beide von dem S II innerviert. Über die Efferenzen dieser Strukturen ist wenig bekannt.

Der posteriore parietale Kortex (PPC): Obgleich die Organisation des posterioren parietalen Kortex noch viele Geheimnisse birgt, so wurde doch wiederholt gezeigt, dass Neurone der vorderen (rostralen) Anteile des PPC bei der Verarbeitung somatosensorischer Stimuli und/oder Bewegungen ihr Entladungsverhalten ändern. Der PPC (BA 5 und BA 7) erhält kräftigen afferenten Zustrom vom anterioren parietalen Kortex, aber auch von anderen Sinneskanälen, und projiziert zum primär motorischen Kortex, dem supplementär-motorischen Areal sowie prämotorischen Feldern. Man spricht deshalb von einem übergeordneten oder Assoziationsareal. Wenngleich beide Hirnhälften an dieser Verarbeitung beteiligt sind, so scheint der rechte Parietalkortex doch eine führende Rolle inne zu haben, wie neuropsychologische Ausfallerscheinungen bei Läsionen oder ‚Split-brain-Patienten' zeigen (siehe Beitrag Grunwald). Insgesamt spricht die afferente und efferente Innervation zusammen mit den Ergebnissen von Untersuchungen der Hirndurchblutung für eine bedeutende Rolle des

PPC bei der haptischen Objekterkennung sowie für eine herausragende Rolle in der sensomotorischen Koordination.

Plastizität ist eine Grundeigenschaft des ZNS, die auch im *somatosensorischen System* auftritt. So konnte in einer Reihe von Studien [4,8,14,15] plastische Veränderungen auf wiederholte periphere Stimulation oder nach Verletzungen nachgewiesen werden. Dabei kommen verschiedene Mechanismen zum Tragen, von denen hier Disinhibitionsvorgänge, Langzeitpotenzierung und das Aussprossen dendritischer oder axonaler Endigungen nur genannt sein sollen. Eine genauere Beschreibung findet man im nachfolgenden Beitrag von Weiss. Die genannten Phänomene spielen hochwahrscheinlich auch unter pathologischen Bedingungen eine funktionelle Rolle, etwa bei der Entwicklung von Phantomschmerz. So zeigten verschiedene Studien bei Patienten nach Amputation eines Armes, dass die funktionelle Reorganisation im primären somatosensorischen Kortex und die Häufigkeit bzw. Stärke von Phantomschmerz hochsignifikant korrelieren [1,5].

Zusammenfassung

Die taktil-haptische Wahrnehmung wird auf neurophysiologischer Ebene durch die Elemente des somatosensorischen Systems realisiert. Neben spezifischen peripheren Rezeptoren steht dazu ein eigenes System zur Verfügung, das hierarchisch aufgebaut ist. Es umfasst Teile des Rückenmarks, des Hirnstamms, des Thalamus und des Kortex. Auf den einzelnen Verschaltungsebenen wird durch Divergenz und Konvergenz, durch Zentrum-Peripherie-Verschaltungen in den rezeptiven Feldern, durch Nutzung räumlich-zeitlicher Muster, aber auch durch das Einbeziehen von Afferenzen aus den verschiedenen Submodalitäten ein immer komplexeres Abbild rekonstruiert, so dass wir in die Lage versetzt sind, neben Druck oder Vibration einfache, aber auch sehr komplexe Muster, Formen und Gestalt taktil-haptisch wahrzunehmen.

Literatur

[1] Birbaumer, N., Lutzenberger, W., Montoya, P., Larbig, W., Unertl, K., Töpfner, S., Grodd, W., Taub, E., Flor, H.: Effects of regional anesthesia on phantom limb pain are mirrored in changes in cortical reorganization. Journal of Neuroscience 17:5503-5508, 1997.

[2] Burton, H., Sinclair, R.J.: Representation of tactile roughness in thalamus and somatosensory cortex. Canadian Journal of Physiology and Pharmacology 72:546-557, 1994.

[3] DiCarlo, J.J., Johnson, K.O.: Velocity invariance of receptive field structure in somatosensory cortical area 3b of the alert monkey. Journal of Neuroscience 19:401-419, 1999.

[4] Elbert, T., Pantev, C., Wienbruch, C., Rockstroh, B., Taub E.: Increased cortical representation of the fingers of the left hand in string players. Science 270:305-307, 1995.

[5] Flor, H., Elbert, T., Knecht, S., Wienbruch, C., Pantev, C., Birbaumer, N., Larbig, W., Taub, E.: Phantom-limb pain as a perceptual correlate of cortical reorganization following arm amputation. Nature 375:482-

484, 1995.

[6] Frackowiak, R.S.J., Friston, K.J., Frith, C.D., Dolan, R.J., Mazziotta, J.C.: Human brain function. San Diego: Academic Press, 1997.

[7] Hebb, D.O.: The organization of behavior. New York: Wiley, 1949.

[8] Jain, N., Florence, S.L., Kaas, J.H.: Reorganization of somatosensory cortex after nerve and spinal cord injury. News in Physiological Sciences 13:143-149, 1998.

[9] Johnson, K.O., Hsiao, S.S.: Neural mechanisms of tactual form and texture perception. Annual Reviews of Neuroscience 15:227-250, 1992.

[10] Jones, E.G.: Cellular organization in the primate postcentral gyrus. In: Franzen, O., Westman, J. (Hrsg.): Information processing in the somatosensory system. Houndsmills: Macmillan Press, 1991, pp. 95-107.

[11] Jones, E.G., Porter, R.: What is area 3a? Brain Research Reviews 2:1-43, 1980.

[12] Kaas, J.H.: The functional organization of somatosensory cortex in primates. Annals of Anatomy 175:509-518, 1993.

[13] Ledberg, A., O'Sullivan, B.T., Kinomura, R., Roland, P.E.: Somatosensory activations of the parietal operculum of man. European Journal of Neuroscience 7:1934-1941, 1995.

[14] Merzenich, M.M., Kaas, J.H., Wall, J.T., Sur, M., Nelson, R.J., Felleman, D.J.: Progression of change following median nerve section in the cortical representation of the hand in areas 3b and 1 in adult owl and squirrel monkeys. Neuroscience 10:639-665, 1983.

[15] Merzenich, M.M., Racancone, G.H., Jenkins, W.M., Allard, T.T., Nudo, R.J.: Cortical representational changes. Rakic, P., Singer, W. (Hrsg.): Neurobiology of neocortex. New York: Wiley, 1988, pp. 41-67.

[16] Nicolelis, M.A.L., Ghazanfar, A.A., Stambaugh, C.R., Oliveira, L.M.O., Laubach, M., Chapin, J.K., Nelson, R.J., Kaas, J.H.: Simultaneous encoding of tactile information by three primate cortical areas. Nature-Neuroscience 1:621-630, 1998.

[17] Pons, T.P.: A cortical pathway important for tactile object recognition in macaques. In: Franzen, O., Westman, J. (Hrsg.): Information processing in the somatosensory system. Houndsmills: Macmillan Press, 1991.

[18] Whitsel, B.L., Favorov, O.V., Kelly, D.G., Tommerdahl, M.: Mechanisms of dynamic peri- and intra-columnar interactions in somatosensory cortex: Stimulus-specific contrast enhancement by NMDA receptor activation. In: Franzen, O., Westman, J. (Hrsg.): Information processing in the somatosensory system. Houndsmills: Macmillan Press, 1991, pp. 353-369.

Plastizität im somatosensorischen System

Thomas Weiss

Der Begriff der Plastizität wird im Alltag unterschiedlich benutzt. So sind Metalle in einem gewissen Umfang verformbar, bevor sie zerbrechen, eine Eigenschaft, die man Plastizität nennt. Eine ganze Gruppe chemischer Verbindungen wird Plaste genannt, weil sie sich leicht verformen lassen. In diesem Beitrag wird mit Plastizität eine Grundeigenschaft des ZNS bezeichnet, wobei der Begriff für die Fähigkeit des Zentralnervensystems zur Anpassung an veränderte Umweltbedingungen bzw. an Beanspruchung steht. Plastizität ist die Grundlage von Lernprozessen. Als solche wird sie auch im somatosensorischen System nachweisbar.
Der Plastizitätsbegriff wird aber auch in der Neurowissenschaft noch auf wenigstens zwei Ebenen verwendet, die sich nur teilweise überlappen. Die ursprüngliche Bedeutung lag in der Bezeichnung von morphologischen Veränderungen, die bei Lern- und Gedächtnisprozessen nachgewiesen wurden und die in den frühen Entwicklungsphasen besonders ausgeprägt auftreten. Hierzu gehört etwa die Ausbildung neuer synaptischer Verbindungen. Verbunden mit dem Vordringen neurowissenschaftlicher Methoden bis in den subzellulären Bereich, wurde der Begriff Plastizität ausgedehnt und beinhaltet heute auch Veränderungen etwa in einer Synapse, eines Dornfortsatzes usw.. In diesem Zusammenhang findet man oft den Begriff der funktionellen Plastizität.

Bis vor kurzem noch glaubten die meisten Neurowissenschaftler, dass das erwachsene Gehirn sehr streng verdrahtet und daher mit Ausnahme weniger Regionen, die direkt als Speicher fungieren, relativ unfähig zu plastischen Veränderungen sei. Vornehmlich in den letzten zwei Jahrzehnten stellte sich jedoch heraus, dass es sich um einen Irrglauben handelte (Übersicht z. B. bei [9]). So konnte für verschiedene Sinne und unterschiedliche Kortexareale gezeigt werden, dass es im Gehirn zu einer Reihe von Veränderungen kommt, wenn veränderte Umweltbedingungen oder/und wiederholte spezifische Beanspruchungen auftreten. Das somatosensorische System stellt dabei keine Ausnahme dar. Vielmehr wurden viele Befunde zum ersten Mal für dieses System gezeigt, bevor analoge Ergebnisse aus anderen Modalitäten vorlagen. So konnten in einer Reihe von Studien plastische Veränderungen auf wiederholte periphere Stimulation oder nach Verletzungen nachgewiesen werden. Die vorliegenden Ergebnisse sollen im Folgenden unter besonderer Berücksichtigung der haptischen Wahrnehmung kurz wiedergegeben werden.

Plastizität im somatosensorischen System infolge von Lernprozessen

In den vergangenen Jahren wurden einige Belege erbracht, die nachwiesen, dass die funktionelle Organisation innerhalb des primär somatosensorischen Kortex (S I) nicht starr existiert, sondern durch Lernprozesse verändert werden kann. Dabei kamen unterschiedliche Untersuchungsmethoden zum Einsatz: Ableitungen von einzelnen Zellen im Tierexperiment oder an chronisch Kranken, Messungen der Hirndurchblutung und des Hirnstoffwechsels (PET, SPECT, fMRI; siehe Beitrag von Weiss und Beyer), Elektro- und Magnetoenzephalographie mit Analyse der zugrunde liegenden Generatoren und Transkranielle Magnetstimulation (TMS). Die Untersuchungen im Tierexperiment nutzten Einzelzellableitungen, bei denen die Aktivität einzelner Neurone oder von Neuronenpopulationen vor und nach oder während einer Manipulation, etwa somatosensorischen Diskriminationsaufgaben, untersucht wurde. So konnten Merzenich und Mitarbeiter [12] bei Lernexperimenten mit Affen zeigen, dass sich die funktionelle Repräsentation von zwei Fingern, die in einem Konditionierungsexperiment mit hohen taktilen und feinmotorischen Anforderungen einzusetzen waren, zu Lasten der funktionell in S I benachbart liegenden Arealen vergrößerte.

Elbert und Mitarbeiter [5] fanden analoge Befunde bei der magnetoenzephalographischen Untersuchung von einer Gruppe professioneller Violinenspieler, bei denen die Repräsentation der Finger der Greifhand ein deutlich vergrößertes Areal in S I einnimmt, als die Repräsentation der ‚somatosensorisch weniger gebildeten' Streichhand oder aber die mittlere Handrepräsentation von Mitteleuropäern beansprucht. Dieser Befund kann nur damit erklärt werden, dass das jahrelange, intensive Training zu einer lernabhängigen Ausdehnung der funktionellen Repräsentationen in S I führte.

Diese und viele andere Untersuchungen zu Lernprozessen im somatosensorischen System lassen für den primären somatosensorischen Kortex S I einige Ähnlichkeiten erkennen, die man wie folgt zusammenfassen kann:

1. eine häufig wiederholte Stimulation initiiert die Ausdehnung der entsprechenden Repräsentationen;
2. eine wiederholte simultane Stimulation führt zur Vereinigung der entsprechenden Repräsentationen;
3. eine wiederholte asynchrone Stimulation fördert die Seggregation der einzelnen Repräsentationen (also zur Teilung, 3. ist damit das Gegenstück zu 2.) und
4. eine Deafferentation (Verlust der afferenten Innervation) führt zur (mindestens partiellen) Okkupation der Repräsentation durch benachbart liegende Repräsentationen.

Bei somatosensorischen Lernexperimenten zeigte sich jedoch auch, dass nicht nur im primären somatosensorischen Kortex S I lernbedingte Veränderungen auftreten, sondern auch in anderen Regionen des somatosensorischen Systems derartige Veränderungen nachweisbar sind. So ließ sich auch im Rückenmark und Thalamus Plastizität nachweisen [4,7,10]. Durch diese Befunde wurde eine heftige Debatte initiiert, wo die primären Veränderungen zu finden sind. Die Beantwortung dieser Frage kann unter pathophysiologischen Gesichtspunkten neue Therapiemöglichkeiten erschließen (siehe weiter unten). Dies gilt um so mehr, als sich derartige Prozesse in allen Teilen des ZNS nachweisen lassen, wie im Folgenden exemplarisch an einem Beispiel dargestellt wird.

So erweisen sich im Kontext haptischer Verarbeitungs- und Wahrnehmungsprozesse einige neue Befunde als besonders interessant, die an blinden Patienten erhoben wurden, welche die Blindenschrift (Braille) erlernten oder beherrschen. Diese Aufgabe erfordert u. a. eine Diskrimination von Punktmustern mit den Fingerspitzen. Die einzelnen Buchstaben werden durch verschiedene Muster repräsentiert. In einer ganzen Serie von Untersuchungen am National Institute of Health [3,8,13-15] wurde zunächst festgestellt, dass die Handareale im motorischen und sensorischen Kortex bei professionellen Lesern (mehr als 5 Stunden am Tag) vergrößert waren, vergleicht man sie mit einer Kontrollgruppe oder zwischen der „Lese-" und „Nicht-Lesehand". Weiter wurde gezeigt, dass eine Art Dynamik im motorischen Kortex durch das Lesenlernen induziert wird. Die für das Lesen wesentlichen kortikalen Felder nahmen innerhalb einer Lernsitzung zu, um sich dann bis zum nächsten Tag auf ihr vorheriges Maß zu verringern. Nach 3-6 Wochen jedoch bleibt ein Teil der Veränderungen permanent bestehen. Dieser Befund korrelierte mit einer deutlichen Verbesserung der Lesefertigkeiten und mit einem Anstieg der auf taktile bzw. elektrische Reize im somatosensorischen Kortex generierten Hirnströme (SEP).

Im letzten Jahr wurde von einer Konstanzer Arbeitsgruppe mittels magnetoenzephalographischer Quellenlokalisation gezeigt, dass der Art des Lesens eine wesentliche Rolle für die Organisation des primären somatosensorischen Kortex zukommt. Sterr und Mitarbeiter zeigten [16-17], dass nicht nur die kortikalen Repräsentationen der Lesehand vergrößert sind, sondern auch die räumliche Diskriminationsfähigkeit der Fingerspitze zunahm. Interessanterweise zeigte sich bei Blindenschriftlesern, die drei Finger zum Lesen der Schrift nutzten, eine Überlappung der Fingerrepräsentationen verbunden mit einer deutlich erhöhten Fehlerwahrscheinlichkeit in der Diskrimination zwischen den Fingern im Vergleich zu Lesern, die nur einen Finger nutzten. Somit korreliert die funktionelle Organisation in S I mit den entsprechenden Verhaltensmaßen. Letztlich konnte zusätzlich nachgewiesen werden, dass insbesondere Blindenschriftleser, die von früher Kindheit an blind waren, die kortikalen Areale des visuellen Systems in die somatosensorische Informationsverarbeitung einbeziehen [3,14-15]. Hier zeigt sich eine extreme Erweiterung des Netzwerkes für haptische Wahrnehmung durch Übung und Anpassung an die veränderten Bedingungen.

Physiologische Mechanismen der Plastizität

Die physiologischen Mechanismen der Plastizität stellen ein hochinteressantes Forschungsobjekt dar, da man direkt auf die Fragen zur Genese von Lernen und Gedächtnis, aber auch zur Entstehung von Bewusstsein Antworten geben möchte. So erscheinen wöchentlich hochinteressante Arbeiten zu diesem Themenkreis. Es handelt sich also um einen Bereich, in dem der Erkenntniszugewinn derzeit extrem hoch ist. Hier sollen nur einige allgemeine physiologische Mechanismen dargestellt werden. Details zu den angegebenen Mechanismen (etwa zur Langzeitpotenzierung oder zum synaptischen Sprouting) findet man in der jeweils angegebenen Literatur, hier wurde bewusst auf diese Daten verzichtet:

- *Disinhibitionsvorgänge:* Für unmittelbare Veränderungen, die innerhalb von Minuten bis Stunden nur nach Deafferentation (z. B. infolge einer Nervendurchtrennung) auftreten, können Disinhibitionsvorgänge verantwortlich gemacht werden. Eine Deafferentation führt somit zur sofortigen Disinhibition von zuvor durch die Interneurone unterdrückten Afferenzen [9]. Blockt man die Wirkung der Interneurone pharmakologisch, so zeigen sich rezeptive Felder, die größer als unter physiologischen Normbedingungen ausfallen. Vielmehr entspricht die Größe der rezeptiven Felder bei blockierten Interneuronen annähernd der nach Deafferentation. GABA-erge und glycinerge hemmende Interneurone nehmen also unter normalen physiologischen Bedingungen eine Abgrenzung der rezeptiven Felder vor.

- *Potenzierung:* Dieses Phänomen deckt sich ganz mit den Hypothesen von Hebb, wonach sich die synaptische Effizienz, also die Stärke der Verbindung zwischen zwei Neuronen erhöht, wenn diese zeitlich kohärent aktiviert werden. Der am besten untersuchte Mechanismus ist die Langzeitpotenzierung (LTP). Auch wenn es heute mehr als 1000 Kandidaten von Genen, Molekülen u. ä. gibt, die in der zeitlichen Kaskade der LTP eine Rolle spielen, so gilt als sicher, dass für die Manifestation der Potenzierung den NMDA-Rezeptoren, also Bindungsstellen auf der postsynaptischen Membran für den erregenden Neurotransmitter Glutamat, eine entscheidende Rolle zukommt.

- *Aussprossen dendritischer oder axonaler Endigungen (kollaterales oder regeneratives Sprouting):* Verbunden mit einem Anstieg der Anzahl und Konzentration wachstumsassoziierter Gene und Moleküle sprossen Fasern in anregender Umwelt, bei spezifischem Training oder nach Verletzungen aus und bilden neue bzw. ersetzen geschädigte synaptische Verbindungen. Dabei kann die Organisation von Rückkopplungskreisen verändert werden. Zusätzlich werden Hilfsmechanismen in Gliazellen angeregt.

Auch wenn es sich nach Ansicht des Autors bei der kortikalen Reorganisation infolge von Nervenverletzungen oder nach Amputationen um einen funktionellen Artefakt handelt (die funktionell nun viel aktiveren Nachbarfelder breiten sich, im Vergleich zu den oben dargestellten Lernprozessen sogar sehr viel ungehemmter innerhalb des primär somatosensorischen Kortex aus und infiltrieren so die ehemaligen Regionen der nun deafferentierten Extremität), so stellt sie doch ein interessantes klinisches Anwendungsfeld für Plastizität im somatosensorischen System dar und soll deshalb noch besprochen werden.

Kortikale Plastizität im somatosensorischen System wurde wohl zuerst nach Schädigungen peripherer Nerven nachgewiesen [11]. Es konnte gezeigt werden, dass nach Verletzung des Nervus medianus, eines Nerven, der die unbehaarte Haut der ersten 3 Finger der Hand innerviert, die kortikalen Neurone im primären somatosensorischen Kortex, deren Afferenzen dem Innervationsgebiet des Medianus entstammten, nicht vollständig inaktiv waren. Vielmehr antwortete ein Teil der Neurone sehr schnell auf Stimulationen in Regionen der Hand, die eindeutig dem Innervationsgebiet des benachbarten Nerven, dem des Nervus radialis, zuzuordnen waren. Bereits in dieser Studie wurde das allgemeine Prinzip der nach Nervenschädigung ablaufenden Reorganisation sichtbar: die rezeptiven Felder des nun deafferentierten Kortex werden von benachbarten rezeptiven Feldstrukturen okkupiert.

Die verschiedenen Studien lassen die Schlussfolgerung zu, dass der zeitliche Ablauf der Reorganisation nach Nervenschädigung in mindestens drei verschiedene Kategorien geteilt werden kann, die partiell überlappend ablaufen: erstens, unmittelbare Veränderungen innerhalb von Minuten bis Stunden, zweitens, Kurzzeitveränderungen innerhalb von Tagen bis Wochen und, drittens, Langzeitveränderungen, die Monate bis Jahre dauern, um sich zu manifestieren [2,9,18]. Dabei liegen den verschiedenen Kategorien höchstwahrscheinlich auch unterschiedliche physiologische Phänomene zugrunde (siehe unten).

So spielen die genannten Phänomene eine Rolle bei der Entwicklung von *Phantomschmerz* und *Phantomsensationen*, das heißt von Schmerzen oder taktilen und haptischen Wahrnehmungen, die subjektiv an oder in einer amputierten und damit nicht mehr vorhandenen Gliedmaße wahrgenommen werden. Eine Studie von Flor et al. [6] zeigte bei Patienten nach Amputation eines Armes, dass die funktionelle Reorganisation im primär somatosensorischen Kortex (S I) und die Häufigkeit bzw. Stärke von Phantomschmerz hochsignifikant korrelieren. Das Ausmaß der kortikalen Plastizität lässt sich dabei mittels magnetoenzephalographischer Quellenlokalisation bestimmen. Stimuliert man die Patienten an verschiedenen Stellen ihres Körpers, die sich somatotop benachbart zur amputierten Extremität befinden, kann man nachweisen, dass zwischen der betroffenen und der nicht-betroffenen Körperseite hochsignifikante Unterschiede in den Quellenlokalisationen der Stimulationsorte auftreten.
Ein weiterer deutlicher Beleg für den Zusammenhang zwischen Phantomschmerz und kortikaler Reorganisation wurde von Birbaumer und Mitarbeitern [1] erbracht. Deafferentierungen (Blockaden der peripheren Nerven an der Schulter) bei Phantomschmerzpatienten führten bei ca. 50 % der Patienten zur Reduktion des Phantomschmerzes, wobei gleichzeitig eine Abnahme der Reorganisation beobachtet wurde. Bei den verbleibenden 50 % der Patienten war die Blockade ohne nachweisbare Wirkung auf den Phantomschmerz und auf kortikale Reorganisation. Zwar kann die Frage nach der Genese von Phantomschmerz möglicherweise nicht eindeutig beantwortet werden, ein funktioneller Zusammenhang ist aber offensichtlich [1].

Entsprechend der bei den Blindenschriftlesern dargestellten zeitlichen Verläufen scheinen auch beim Phantomschmerz unterschiedliche Prozesse in ganz unterschiedlicher Art und Weise zur Genese von Phantomschmerz beizutragen [18,19]. Völlig unklar ist zudem, ob das motorische System, das nach Amputationen ebenfalls reorganisiert wird, im Wechselspiel zum S I an der Genese oder Aufrechterhaltung von Phantomschmerz beteiligt ist, wie dies nach von uns erhobenen Daten bei Patienten mit unterschiedlichen Typen von Prothesen zu vermuten ist [18].

Zusammenfassung

Es kann festgestellt werden, dass sich wie im gesamten Zentralnervensystem auch im somatosensorischen System Plastizität bei der Anpassung an veränderte Umweltbedingungen und bei Lernprozessen nachweisen lässt. Dabei wurden Kaskaden von zeitlich ineinandergreifenden physiologischen und anatomischen Veränderungen entdeckt, die, wenn auch bei weitem noch nicht vollständig entschlüsselt, zum Verständnis von Lern- und Gedächtnisprozessen, aber auch von deren Störungen und Therapie beitragen.

Literatur

[1] Birbaumer, N., Lutzenberger, W., Montoya, P., Larbig, W., Unertl, K., Töpfner, S., Grodd, W., Taub, E., Flor, H.: Effects of regional anesthesia on phantom limb pain are mirrored in changes in cortical reorganization. The Journal of Neuroscience 17:5503-5508, 1997.

[2] Churchill, J.D., Muja, N., Myers, W.A., Besheer, J., Garraghty, P.E.: Somatotopic consolidation: A third phase of reorganization after peripheral nerve injury in adult squirrel monkeys. Experimental Brain Research 118:189-196, 1998.

[3] Cohen, L.G., Weeks, R.A., Sadato, N., Celnik, P., Ishii, K., Hallett, M.: Period of susceptibility for cross-modal plasticity in the blind. Annals of Neurology 45:451-460, 1999.

[4] Dinse, H.R., Godde, B., Hilger, T., Haupt, S.S., Spengler, F., Zepka, R.: Short-term functional plasticity of cortical and thalamic sensory representations and its implication for information processing. Advances in Neurology 73:159-78, 1997.

[5] Elbert, T., Pantev, C., Wienbruch, C., Rockstroh, B., Taub, E.: Increased cortical representation of the fingers of the left hand in string players. Science 270:305-307, 1995.

[6] Flor, H., Elbert, T., Knecht, S., Wienbruch, C., Pantev, C., Birbaumer, N., Larbig, W., Taub, E.: Phantom-limb pain as a perceptual correlate of cortical reorganization following arm amputation. Nature 375:482-484, 1995.

[7] Garraghty, P.E., Kaas, J.H., Florence, S.L.: Plasticity of sensory and motor maps in adult and developing mammals. In: Casagrande, V.A., Shinkman, P.G. (Hrsg.): Advances in neural and behavioral development. Vol. 4, Ablex, Nordwood, NJ, 1993, pp. 1-36.

[8] Hamilton, R.H., Pascual-Leone, A.: Cortical platicity associated with Braille learning. Trends in Cognitive Science 2:168-174, 1998.

[9] Jain, N., Florence, S.L., Kaas, J.H.: Reorganization of somatosensory cortex after nerve and spinal cord injury. News in Physiological Sciences 13:143-149, 1998.

[10] Jones, E.G., Pons, T.P.: Thalamic and brainstem contributions to large-scale plasticity of primate somatosensory cortex. Science 282:1121-1125, 1998.

[11] Merzenich, M.M., Kaas, J.H., Wall, J.T., Sur, M., Nelson, R.J., Felleman, D.J.: Progression of change following median nerve section in the cortical representation of the hand in areas 3b and 1 in adult owl and squirrel monkeys. Neuroscience 10:639-665, 1983.

[12] Merzenich, M.M., Nelson, R.J., Kaas, J.H., Stryker, M.P., Jenkins, W.M.: Variability in hand surface representations in areas 3b and 1 in adult owl and squirrel monkeys. Journal of Comparative Neurology 258:281-296, 1987.

[13] Pascual Leone, A., Torres, F.: Plasticity of the sensorimotor cortex representation of the reading finger in Braille readers. Brain 116:39-52, 1993.

[14] Sadato, N., Pascual Leone, A., Grafman, J., Ibanez, V., Deiber, M.P., Dold, G., Hallett, M.: Activation of the primary visual cortex by Braille reading in blind subjects. Nature 380:526-8, 1996.

[15] Sadato, N., Pascual Leone, A., Grafman, J., Deiber, M.P., Ibanez, V., Hallett, M.: Neural networks for Braille reading by the blind. Brain 121:1213-1229, 1998.

[16] Sterr, A., Muller, M.M., Elbert, T., Rockstroh, B., Pantev, C., Taub, E.: Changed perceptions in Braille readers. Nature 391:134-135, 1998.

[17] Sterr, A., Muller, M.M., Elbert, T., Rockstroh, B., Pantev, C., Taub, E.: Perceptual correlates of changes in cortical representation of fingers in blind multifinger Braille readers. Journal of Neuroscience 18:4417-4423, 1998.

[18] Weiss, T., Miltner, W.H.R., Adler, T., Brückner, L., Taub, E.: Decrease in phantom limb pain associated with prosthesis-induced increased use of an amputation stump in humans. Neuroscience Letters 272:131-134, 1999.

[19] Weiss, T., Miltner, W.H.R., Dillmann, J., Meissner, W., Huonker, R., Nowak, H.: Reorganization of the somatosensory cortex after amputation of the index finger. Neuroreport 9:213-216, 1998.

Änderungen der hirnelektrischen Aktivität bei haptischer Reizverarbeitung

Martin Grunwald

Die Analyse hirnelektrischer Aktivitätsänderungen während perzeptiv-kognitiver Anforderungen, die durch das EEG (Elektroenzephalogramm) erfassbar sind, erlaubt unter Vorbehalt den Rückschluss auf zugrunde liegende biologische Mechanismen von Wahrnehmung und Denken. Aufgrund dieser Möglichkeit wurden in der Vergangenheit vereinzelt EEG-Studien zur kortikalen Aktivierung während haptischer Reizverarbeitung durchgeführt. EEG-Studien zur Verarbeitung passiv-taktiler Reize erfolgten im Vergleich wesentlich häufiger, was u. a. durch die relativ einfache Gestaltung der experimentellen Anordnungen bedingt ist. Untersuchungen der hirnelektrischen Aktivität während haptischer Anforderungen müssen dagegen eine Reihe von methodischen Problemen bewältigen, wie z. B. die Artefaktkontrolle durch Körperbewegungen oder die Kontrolle systematischer Bedingungsvariation im Experiment. Die Ziele der vorliegenden EEG-Studien zur Beschreibung und Analyse psychophysiologischer Prozesse im Rahmen der haptischen Reizverarbeitung werden somit nicht zuletzt durch die realisierten experimentell-haptischen Settings bestimmt. Darüber hinaus zeigen die Fragestellungen der einzelnen Untersuchungen, dass diese nicht unter einer generellen Zielstellung zusammengefasst werden können. Vielmehr werden Einzelaspekte und Problemstellungen bearbeitet, die jedoch für das Verständnis der Prozesseigenschaften der haptischen Wahrnehmung von Bedeutung sind. Im Folgenden soll hierzu der Forschungsstand referiert und eigene Ergebnisse in die Diskussion eingebracht werden.

Topographische Verteilung der kortikalen Aktivierung

Aufgrund der Möglichkeit, die hirnelektrische Aktivitätsverteilung nach topographischen Gesichtspunkten zu untersuchen, können Fragestellungen nach dem räumlichen Umfang von kortikalen Aktivierungsänderungen während perzeptiv-kognitiver Prozesse beantwortet werden. Hierbei werden aus dem Vergleich der Aktivitätsdifferenzen des EEG zwischen Ruhe- und Anforderungssituationen diejenigen Kortexgebiete bestimmt, die im Rahmen der Reizverarbeitung offenbar eine prominente Stellung einnehmen. Genutzt wird der Umstand, dass perzeptiv-kognitive Prozesse in der Regel von einer deutlichen Veränderung der hirnelektrischen Aktivität begleitet werden. Diese Veränderungen sind u. a. durch Zu- oder Abnahmen der spektralen Leistung (Power=μV^2) des EEG-Signals in definierten Frequenzbereichen – bezogen auf die jeweiligen EEG-Elektroden, die nach einem topographischen Standardverfahren (10-20-System) auf der Kopfoberfläche befestigt wurden – beobachtbar.[1]

So ist aus verschiedenen psychophysiologischen Studien bekannt, dass bei der Verarbeitung visueller Informationen eine verstärkte Desynchronisation des EEG (Abnahme der spektralen Leistung) vorwiegend über okzipitalen Gebieten auftritt [20]. Während motorischer Aktivitäten wurden dagegen verstärkte Abnahmen der spektralen Leistung über den zentralen und postzentralen, aber auch frontalen Kortexgebieten beobachtet [1,2,31]. Studien zur Verarbeitung passiv-taktiler Reize zeigten, dass im Rahmen dieser Reizverarbeitung sowohl parietale [14,15] als auch zentrale [13,21] Kortexgebiete involviert sind. Welche Verhältnisse sind jedoch während haptischer Reizverarbeitung zu erwarten, zeigen sich ähnliche oder völlig gegensätzliche Aktivitätsverteilungen? Vor dem Hintergrund der Diskussion über die mögliche Beteiligung des präfrontalen Kortex bei der Generierung mentaler sensorischer Vorstellungen überprüfte Schupp et al. [30], ob mentale Vorstellungsprozesse über haptische Reizkonfigurationen von einer Veränderung der hirnelektrischen Aktivität über diesen Gebieten begleitet werden.

Die Ergebnisse der Untersuchung bestätigten die Vermutungen und zeigten, dass der präfrontale Kortex während dieser Verarbeitungsprozesse stark aktiviert wird. Ähnliche Ergebnisse erbrachten die Untersuchungen von Rösler et al. [25], die an sehenden, geburtsblinden und späterblindeten Versuchspersonen durchgeführt wurden. Im Rahmen eines haptischen Rotationsparadigmas bestand die Aufgabe darin, einen haptischen Standardreiz (5 Sek.), der durch ein haptisches Display generiert wurde und nur durch den Zeigefinger exploriert werden konnte, mit einem darauffolgenden Testreiz (7 Sek.) zu vergleichen. Die Probanden mussten entscheiden, ob der Testreiz im Vergleich zum Standardreiz an der Hauptachse gespiegelt worden war oder nicht. Ein Feedback informierte über die Richtigkeit der Entscheidung. Währen der verschiedenen Verarbeitungsphasen (Erkennungsphase vs. Rotationsphase) zeigten sich bei den sehenden Probanden starke langsame negative Potentiale über dem frontalen Kortex und bei den zwei blinden Probandengruppen im Verhältnis zu den sehenden Probanden eine deutliche Negativierung über okzipitalen und parietalen Regionen. Die beobachtete frontokortikale Aktivitätsverteilung repräsentiert offenbar notwendige motorische Kontrollprozesse und Prozesse der Aufmerksamkeitsregulierung während der Verar-

[1] Ausführliche Angaben zur Ableitung des EEG, Berechnung und zur funktionalen Bedeutung der verschiedenen EEG-Parameter finden sich bei [3,7,27,33].

beitung von haptischen Informationen innerhalb des gewählten Paradigmas. Aus den beschriebenen Ergebnissen ist jedoch nicht abzuleiten, dass haptische Wahrnehmung ausschließlich von einer frontokortikalen Aktivierung begleitet wird.
Wie Studien von Rescher [23] und eigene Untersuchungen [10] zeigen konnten, finden während haptischer Wahrnehmung, die dem Ziel der Objekterkennung und nachfolgender Reproduktion dient, signifikante, global über dem Kortex verteilte Aktivitätsänderungen statt. Diese Veränderungen wurden in allen analysierten Frequenzbereichen als Abnahmen der spektralen Leistung charakterisiert. Diese und andere Befunde sollen im Folgenden anhand eigener Untersuchungen ausführlich dargestellt werden.

Untersuchungsdesign

In unseren Untersuchungen wurde ein Paradigma genutzt, bei dem die Aufgabe darin bestand, die Struktur von 12 Tiefenreliefs (Abb. 1) durch beidhändige Exploration, bei geschlossenen Augen und freier Zeitwahl zu erkennen und nachfolgend die erkannte Struktur zeichnerisch zu reproduzieren.[1] Die Stimuli wurden nach Vorversuchen [10] aus einem Set von 20 Stimuli hinsichtlich der Stimuluskomplexität ausgewählt. Als Maß für die Stimuluskomplexität wurde der benötigte Zeitaufwand (Explorationszeit) genutzt.

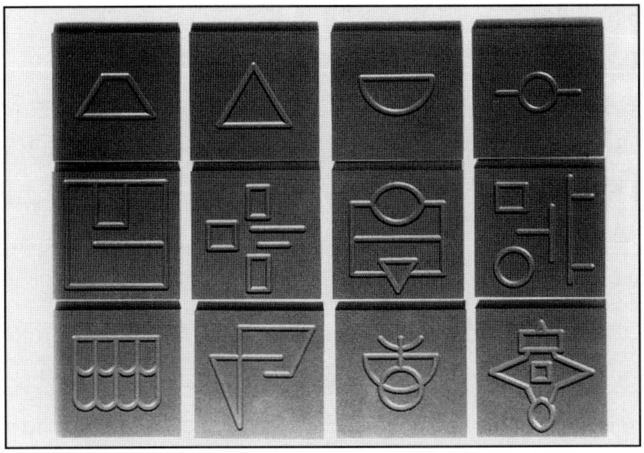

Abb. 1: Fotographische Darstellung der verwendeten 12 haptischen Stimuli (13 x 13 cm). Material: PVC; Tiefenrelief: Spurtiefe 3 mm; Spurbreite 7 mm.

[1] Die Untersuchungen wurden durch ein Forschungsstipendium des Landes Thüringen sowie durch Projektmittel des Psychologischen Instituts und des Neurophysiologischen Instituts der Friedrich-Schiller-Universität Jena unterstützt. Für die umfangreiche Unterstützung der Arbeiten in allen Phasen danke ich ganz besonders Herrn Prof. Werner Krause (Institut für Psychologie, Friedrich-Schiller-Universität Jena) und allen Mitarbeitern des Elektrophysiologischen Labors des Neurophysiologischen Instituts. Frau T. Scheler danke ich für die Unterstützung bei der Durchführung der Vor- und Hauptuntersuchungen.

Bevor die Probanden die erkannte Stimulusstruktur pro Stimulus zeichnen konnten (mit geöffneten Augen), erfolgte eine Behaltensphase von 10 Sekunden. Die Reihenfolge der haptischen Stimuli variierte zwischen den Probanden. Ein Feedback über die Güte der Reproduktionsleistungen wurde nicht gegeben. Der Ablauf der Untersuchung wird in Abb. 2 schematisch dargestellt. Die Stimuli lagerten während der Exploration in einer verstellbaren Halterung, an deren Unterseite Drucksensoren den Beginn und den Abschluss der Exploration registrierten. Dieses Signal wurde als Triggersignal bei der EEG-Analyse genutzt.[1]

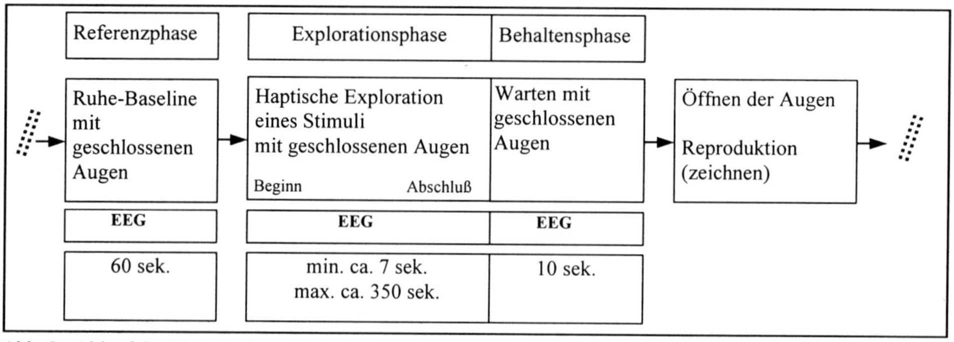

Abb. 2: Ablauf der Untersuchungsphasen

EEG-Aufzeichnung/Parameter/Auswertung

Die Aufzeichnung des 19kanaligen, digitalen EEG erfolgte während der Referenz-, Explorations- und Behaltensphase kontinuierlich mit einer Abtastfrequenz von 333 Hz. Zur EEG-Messung und Archivierung wurde ein rechnergestütztes, papierloses PLEEG-System von Walter verwendet (Walter Graphtek GmbH, Bad Oldesloe). Es wurden Ag/AgCl-Napfelektroden genutzt. Die verbundenen Ohrelektroden dienten als Referenz. Nach der Elektrodenfixierung wurden die Übergangswiderstände jeder Elektrode manuell gemessen. Die Übergangswiderstände betrugen stets weniger als 5 KΩ. Zur Registrierung der Bulbusartefakte wurde das vertikale und horizontale EOG vom linken Auge der Probanden abgeleitet und als Nicht-EEG-Kanäle 20 und 21 aufgezeichnet. Das aufgezeichnete EEG jeder Versuchsperson wurde mit der EEG-Analysesoftware „EEGA" [26] weiter verarbeitet. Die Untersuchungsphasen (Referenzphasen 1-12, Explorationsphasen 1-12, Behaltensphasen 1-12) wurden mittels dieser Software fortlaufend, ohne Überlappungen in EEG-Sweeps segmentiert. Die Seg-

[1] Für die CNC-Programmierung und Fräsung der Stimuli sowie für die Realisierung der mechanischen Anordnung der Versuchsanordnung danke ich Herrn L. Knaupe (Medizinische Zentralwerkstatt des Klinikums der Friedrich-Schiller-Universität). Für die technische Lösung der Signaltriggerung der Drucksensoren danke ich Herrn Dipl. Ing. M. Plietz.

mentlänge pro Messabschnitt betrug bei der gewählten Abtastrate von 333 Hz und einer Stützstellenanzahl von 512, 1.53 Sekunden. Nach vollständiger Segmentierung jeder Versuchsphase wurden die EEG-Abschnitte visuell überprüft. Um die visuelle Artefakterkennung zu verbessern, wurde eine Bandpassfilterung von 2-30 Hz genutzt. EEG-Segmente mit Artefakten wurden von der weiteren Auswertung ausgeschlossen. Die Untersuchung erfolgte mit 10 Probanden (5 weibl./5 männl.). Die EEG-Aufzeichnung von 4 Probanden konnte aufgrund starker Muskelartefakte nicht genutzt werden. Die EEG-Auswertung erfolgte somit nur für 6 Probanden (3 weibl./3 männl.). Für die artefaktfreien EEG-Abschnitte wurde das EEG-Signal kanalweise fouriertransformiert (Wurzel-2-FFT) und die spektrale Leistung (Power) für 5 Frequenzbereiche berechnet (Theta 4-8 Hz, Alpha 8-13 Hz, Alpha1 8-10 Hz, Alpha2 10-13 Hz, Beta1 13-18 Hz, Beta2 18-24 Hz). Entsprechend den Empfehlungen von Oken [18] und Oken et al. (17) erfolgte durch Anwendung der Quadratwurzel auf die Leistungswerte eine Umwandlung von Mikrovolt zum Quadtrat [μV^2] in Mikrovolt [μV]. Zur weiteren Datenauswertung wurden die berechneten Parametersätze pro EEG-Segment in das Datenformat des Programmpakets SPSS für Windows 6.0.1 überführt. Die Anzahl der fehlerfreien EEG-Segmente (oberer Wert) und die Erkennungszeit in Sekunden (unterer Wert) pro Explorationsphase und Person werden in Tab. 1 dargestellt.

Die statistische Prüfung der Aktivierungsdifferenzen zwischen den mittleren z-transformierten Werten der Referenzphase und denen der Explorationsphase erfolgte pro Kanal und Frequenzbereich mit dem nichtparametrischen Prüfverfahren von Wilcoxon unter Verwendung der Hailperin-Rüger-Prozedur (adaptives Signifikanzniveau α=0.02) [28]. Zur vereinfachten Darstellung der statistischen Testergebnisse können die p-Werte der Irrtumswahrscheinlichkeiten pro Frequenzbereich in graphischer Form als „probability map“ zusammenfassend dargestellt werden [6,22]. Bei dieser Darstellung werden offene (□) oder ausgefüllte Quadrate (■) je Einzelvergleich pro Kanal zur Kennzeichnung der signifikanten Verteilungsunterschiede genutzt. Entsprechend der Prüfrichtung wird mit der Quadratfüllung angegeben, welche Ausprägung der Variablen vorliegt. Mit Bezug auf die vorliegenden Daten stellt ein offenes Quadrat eine signifikante Verringerung der spektralen Leistung – bezüglich des dargestellten Kanals – während der Explorationsphase gegenüber der Referenzphase dar. In Abbildung 3a wird das probability map der Einzeltests für den Vergleich zwischen Referenz- und Explorationsphase pro Kanal und Frequenzband dargestellt. Zur komprimierten Darstellung der topographischen Verteilung der Gruppenmittelwerte pro Frequenzbereich (Abbildung 3b) wurde eine Prozedur innerhalb des EEG-Analyseprogramms „EEGA“ von Rost et al. [26] gewählt. Hierbei wird den Parameterwerten pro Kanal ein entsprechender Farb- bzw. Graustufenwert zugeordnet.

Tab. 1: Anzahl der ausgewerteten EEG-Segmente pro Stimuli/Explorationsphase und Proband (obere Zahl) und Erkennungszeit in Sekunden (untere Zahl). In der äußeren rechten Spalte wird die Gesamtanzahl der ausgewerteten EEG-Segmente der Ruhereferenzphasen je Proband angegeben [w=weibl./m=männl.].

Vpn.	Stim-Nr. 1	Stim-Nr. 3	Stim-Nr. 4	Stim-Nr. 5	Stim-Nr. 6	Stim-Nr. 7	Stim-Nr. 9	Stim-Nr.10	Stim-Nr.11	Stim-Nr.12	Stim-Nr.13	Stim-Nr.19	Gesamtanzahl Sweeps
	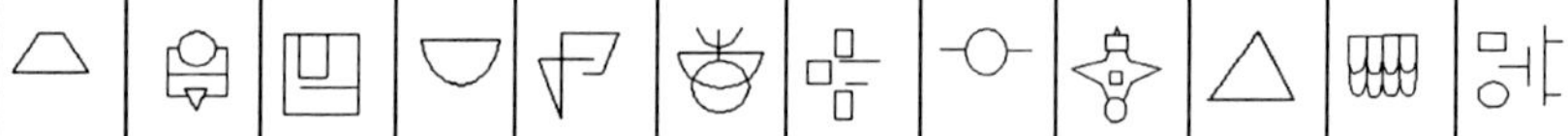												**Ruhe**
Bw	20 51.81	65 237.74	60 183.39	16 39.47	65 232.40	73 231.88	66 262.30	13 53.43	104 397.92	20 57.33	150 420.27	69 261.80	175
Hw	8 18.49	38 154.41	18 109.89	5 24.20	66 221.86	66 187.88	46 153.51	8 35.90	60 186.66	5 16.97	27 87.79	40 129.57	195
Sm	5 29.27	26 120.14	14 96.25	5 30.02	8 120.46	37 245.95	26 152.52	5 29.74	44 387.67	6 40.71	11 101.13	20 150.00	151
Tm	16 46.25	26 101.56	17 71.84	8 23.05	41 146.48	46 175.67	38 124.60	15 50.94	82 267.09	9 37.23	41 145.10	44 181.12	173
Zm	14 42.21	50 121.20	35 99.52	4 10.70	55 143.24	68 217.17	83 217.73	11 17.19	141 343.09	2 7.37	87 238.75	85 215.23	186
Lw	11 55.66	65 214.90	49 170.05	27 66.24	87 237.29	87 270.23	83 289.78	16 74.90	76 278.36	13 31.97	35 73.68	35 149.81	171

Globale Aktivitätsänderungen

Das wesentliche Kennzeichen der beobachteten hirnelektrischen Veränderungen während haptischer Reizverarbeitung ist somit eine starke und vorwiegend global über dem Kortex verteilte Abnahme der spektralen Leistung (Abb. 3). Dies trifft im Besonderen für den Alpha-Bereich und dessen Subbänder (Alpha1 und Alpha2) sowie für das Beta1-Band zu. Das heißt, sowohl frontale als auch zentrale, parietale und okzipitale Gebiete verändern während der haptischen Wahrnehmung ihr hirnelektrisches Aktivierungsniveau. Die Veränderungen im Beta2-Band zeigten deutliche Leistungsabnahmen über zentro-parietalen Gebieten. Im Theta-Band konzentrierten sich die Leistungsabnahmen über zentro-parietalen sowie über parieto-temporalen und okzipitalen Kortexregionen.

Um festzustellen, über welchen Ableitorten die spektrale Leistung im Vergleich zu anderen am deutlichsten abfällt, wurde eine Clusteranalyse der Leistungsdifferenzen über alle EEG-Kanäle und Frequenzbereiche durchgeführt. Dabei zeigte sich, dass die stärksten Leistungsabnahmen im Alpha-Band und in dessen Subbereichen über den okzipitalen Kortexregionen, in den beiden Beta-Bereichen über den zentral-parietalen Gebieten und im Theta-Band über parieto-okzipitalen Regionen auftraten. Die Tabelle 2 zeigt diese Ergebnisse in der Übersicht.

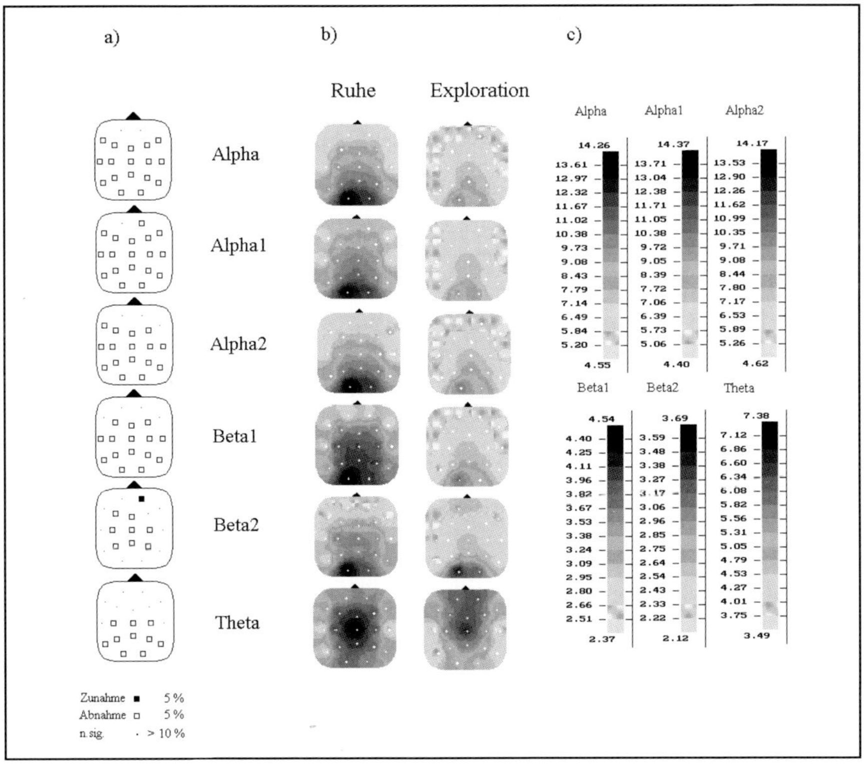

Abb. 3: Es werden a) als probability-map die Irrtumswahrscheinlichkeiten ($p \leq 0.05$) aus Wilcoxon-Test bei zweiseitiger Fragestellung zur Prüfung signifikanter Unterschiede zwischen den Variablen der Versuchsbedingungen Ruhe und haptischer Exploration (R-E), b) als Graustufen-map die Gruppenmittelwerte je Frequenzband (in µV) für die Bedingungen Ruhe (Spalte 1) und haptische Exploration (Spalte 2) sowie c) die Skalenbereiche der Gruppenmittelwerte pro Frequenzband (µV) dargestellt.

Tab. 2: Mittlere Leistungsdifferenz (µV) pro Frequenzbereich zwischen Referenz- und Explorationsphase

EEG-Band	EEG-Elektroden	mittlere Differenz (µV)
Alpha	O1, O2	4.22
Alpha1	O1, O2	4.97
Alpha2	O1, O2, P3	3.49
Beta1	C3, C4, P3, P4, Cz,	1.04
Beta2	C3, C4, P3, P4, Cz,	0.47
Theta	P3, P4, Pz, O1, O2	0.90

EEG-Elektrodenanordnung

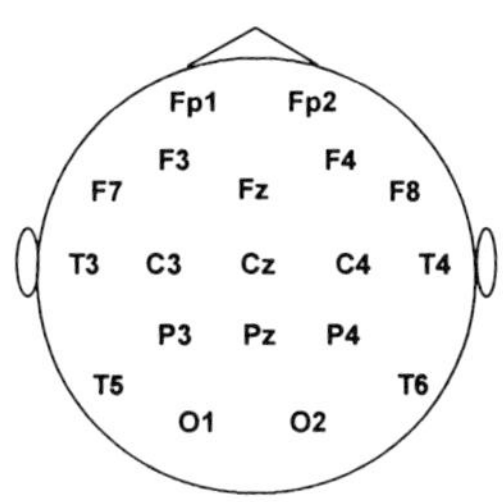

Die EEG-Veränderungen sind somit auf dieser Ebene der Datenanalyse global über dem Kortex verteilt. Sie zeigen, dass haptische Explorationsanforderungen von einer Umverteilung der kortikalen Aktivität begleitet werden, die nicht auf einzelne Kortexregionen beschränkt ist. Hinsichtlich der Änderungsstärke der Aktivierung zeigte sich jedoch, dass offenbar die zentralen, parietalen und okzipitalen Kortexregionen in besonderer Weise während der Aufgabenbewältigung involviert sind. Die Ursachen hierfür sind in der komplexen Natur des Wahrnehmungsprozesses zu suchen. So müssen während der Exploration sowohl die Informationen aus dem somatosensorischen als auch aus dem sensomotorischen System verarbeitet werden. Hierzu zählen u. a. motorische Steuer- und Regelprozesse, Prozesse der Aufmerksamkeitsregulation und des Arbeitsgedächtnisses. Diese Prozesse verlaufen jeweils vor dem Hintergrund der ständigen Integration multisensorischer Einzelinformationen, die ihrerseits von Vergleichs- und Entscheidungsprozessen begleitet werden. Es verwundert somit nicht, dass während der Explorationsanforderungen keine eng umgrenzte funktionale Topographie der kortikalen Erregung zu beobachten ist.

Arbeitsgedächtnis und Theta-Aktivität

Doch welche Aussagen sind darüber hinaus möglich? Wenn wir annehmen, dass sich die o.g. Teilprozesse auch in psychophysiologischen Parameteränderungen wie z. B. im EEG widerspiegeln müssten, wo sind sie zu beobachten? Eine dieser Fragen betrifft den Nachweis der modalitätsunabhängigen Organisation selektiver Aufmerksamkeitsprozesse und des Arbeitsgedächtnisses bei unterschiedlich komplexer Beanspruchung. Hierbei interessiert vor allem, ob sich diese Prozesse in einem spezifischen Frequenzband, dem langsamen Theta-Band (4-8 Hz) auch im Rahmen der haptischen Wahrnehmung abbilden lassen. Verschiedene Studien zur visuellen und auditiven Reizverarbeitung konnten zeigen, dass Veränderungen der hirnelektrischen Aktivität besonders im Theta-Band mit der Verarbeitungsschwierigkeit und Informationskomplexität der Stimuli kovariieren [4,5,8,11,16,32]. Trotz unterschiedlicher Studiendesigns und Anforderungen wurde übereinstimmend beobachtet, dass die Theta-Aktivität über den frontalen Kortexgebieten mit der Komplexität der Stimuli in Zusammenhang steht, d. h., dass sich mit zunehmender Komplexität der Stimuli die Theta-Aktivität erhöht, was sich u. a. in einer Zunahme der spektralen Leistung („Power") zeigte. Dieser Effekt wird u. a. mit der Annahme erklärt, dass die frontal generierte Theta-Aktivität selektive Aufmerksamkeitsprozesse und Beanspruchungsprozesse des Kurzzeitgedächtnisses repräsentiert. Um zu prüfen, ob diese Hypothesen nicht nur für die Verarbeitung visueller oder auditiver, sondern auch haptischer Stimuli gelten, wurde – wie schon beschrieben – in das experimentelle Design eine Behaltensphase von 10 Sekunden eingeführt.

Es wurde angenommen, dass die spektrale Theta-Leistung innerhalb dieser Anforderungsphase je nach Komplexität des Stimulusmaterials variiert. Das aktive Speichern von wenigen Informationen (nach der Exploration einfacher Stimuli) sollte von einer geringeren Theta-

Leistung begleitet werden im Vergleich zu hoch komplexen Stimuli, bei denen eine große Anzahl von Informationen im Arbeitsgedächtnis gespeichert werden muss. Für die Auswertung wurden die z-transformierten Theta-Leistungswerte pro Person der Behaltensphase genutzt. Die Eigenschaft „Stimuluskomplexität" wurde operationalisiert durch die Explorationszeiten pro Stimulus.

Systematische Theta-Variationen[1]

Die regressionsanalytische Betrachtung zeigte, dass zwischen den Variablen Explorationszeit und mittlere z-transformierte Theta-Leistung der Behaltensphase für die Elektroden Fp1, Fp2, F3, F7, F8, Fz, und C3 ein signifikant linearer Zusammenhang beobachtet werden konnte. Die Anpassungsgüte des linearen Modells war für diese Ableitorte jeweils $r^2>0.3$, bei einem Signifikanzniveau von jeweils $p<0.05$ für die Prüfung der Koeffizienten gegen Null. In Abb. 4 werden die Regressionsplots für die signifikanten Koeffizienten dargestellt.

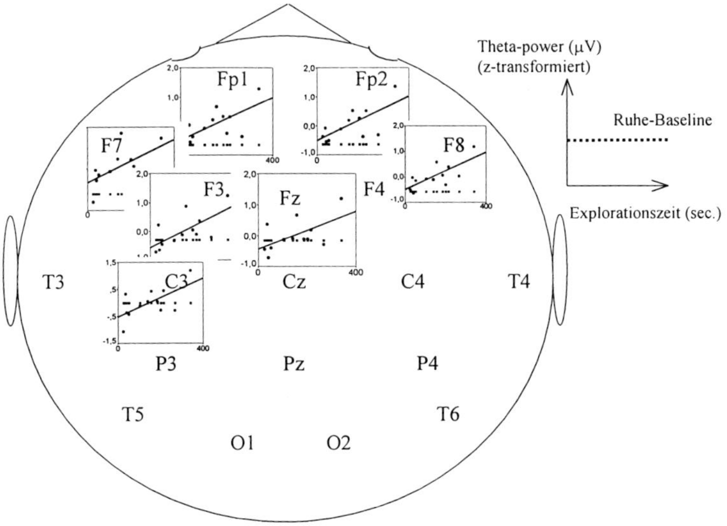

Abb. 4: Regressionsplots für signifikante Koeffizienten des linearen Modells: Verhältnis zwischen Explorationszeit und mittlerer z-transformierter Theta-Leistung während der Behaltensphase

Die Ergebnisse zeigen eine Zunahme der Theta-Leistung in Abhängigkeit von der benötigten Erkennungszeit für unterschiedlich komplexe haptische Stimuli innerhalb derjenigen Versuchsphase, die nicht durch aktives Explorationsverhalten gekennzeichnet ist. Denn zusätzliche haptische oder visuelle Informationen über den Stimulus konnten während dieser Ver-

[1] Diese Ergebnisse wurden in Grunwald et al. [9] veröffentlicht.

suchsphase nicht aufgenommen werden. Weiterhin erfolgten in dieser Phase keine Hand- oder Fingerbewegungen. Somit können die beobachteten Theta-Effekte nicht auf motorische Steuer- und Regelprozesse zurückgeführt werden. Vielmehr ist anzunehmen, dass während der Behaltensphase das Explorationsergebnis – d. h., die Stimulusstruktur – für die nachfolgende zeichnerische Reproduktion aktiv im Arbeitsspeicher gehalten und das Ausmaß der Theta-Aktivität innerhalb der Behaltensphase vom Umfang dieser Speicherprozesse bestimmt wurde. Diese Annahmen erfolgen vor dem Hintergrund, dass sich mit zunehmendem Umfang der Stimulusmerkmale bzw. der Stimulusstruktur der Verarbeitungsaufwand erhöht, der einerseits von einem erhöhten Zeitaufwand für die haptische Exploration und andererseits von einer zunehmenden Beanspruchung des Arbeitsspeichers während der Behaltensphase begleitet wurde. Die Annahme einer abhängigen Beziehung der Theta-Leistung auf Grund von aktiven Speicherprozessen vor der zeichnerischen Wiedergabe wird durch die Beobachtung unterstützt, dass die Theta-Leistung während der haptischen Exploration über dem gesamten Kortex abnimmt (s. o.).

Wie gezeigt wurde, ist die Theta-Leistung innerhalb der Behaltensphase der Ruhe-Baseline bei relativ einfachen und bekannten Stimuli am nächsten bzw. wird der Wertebereich der Baseline unterschritten. Diese schwache Synchronisation der Theta-Aktivität spricht sowohl für eine geringe Beanspruchung von Speicherressourcen innerhalb der Behaltensphase als auch für ein mittleres kortikales Aktivierungsniveau, dass mit automatisierter Informationsverarbeitung in Zusammenhang stehen könnte. So konnte gezeigt werden, dass bei automatisierter Reizdiskrimination und Verarbeitung nur ein geringer Teil des Arbeitsgedächtnisses aktiviert ist und Theta-Aktivität im Bereich der Ruhe-Baseline generiert wird [4]. Auf Grund der relativ bekannten und einfachen haptischen Stimuli (z. B. Dreieck, Trapez) ist ein geringer Umfang des aktivierten Arbeitsgedächtnisses innerhalb der Behaltensphase anzunehmen. Mit zunehmendem Umfang der Stimulusinformationen erhöht sich dagegen der Umfang des aktivierten Gedächtnisses und diese Ressourcenbeanspruchung korrespondiert offenbar mit einer zunehmenden Synchronisation der Theta-Aktivität. Hinsichtlich der funktionellen Charakterisierung der Theta-Aktivität unterstützen die Ergebnisse die Annahme, dass die kortikale Theta-Aktivität unabhängig (!) von der jeweiligen Stimulusmodalität und von konkreten perzeptiv-kognitiven Beanspruchungen im Rahmen handlungsrelevanter Gedächtnisaktivierung auftritt und mit dem Umfang der Stimulusinformationen kovariiert.

Dynamische Prozesse

Bislang wurde bei der Analyse hirnelektrischer Potentialänderungen während haptischer Wahrnehmungsprozesse der zeitliche Verlauf, die Dynamik der kortikalen Aktivitätsänderungen nicht berücksichtigt. Durch die Zusammenfassung der EEG-Daten aus den entsprechenden Versuchsphasen sind nur Aussagen über mittlere Aktivitätszustände möglich. Zeitliche Verlaufsänderungen der EEG-Parameter und deren Zuordnung zu Teilprozessen der haptischen Wahrnehmung können auf dieser Ebene nicht erfolgen. Doch in besonderer Weise ist diese Betrachtung von Bedeutung. Denn nur wenn es gelingt, dynamische Veränderungen des EEG-Signals Teilprozessen der Wahrnehmung zuzuordnen, ist eine Diskussion über die zugrunde liegenden psychophysiologischen Mechanismen und deren physiologische Korrelate sinnvoll.

Vor diesem Hintergrund stellt sich die Frage, ob sich unterschiedliche Beanspruchungsprozesse im Verlauf der haptischen Exploration in Veränderungen von EEG-Parametern widerspiegeln und ob diese nachgewiesen werden können? Oder anders gefragt, kann die von einigen Autoren formulierte, serielle Informationsverarbeitung während haptischer Wahrnehmung [12,24] durch die Charakterisierung von Verlaufsänderungen des EEG während unterschiedlicher Phasen haptischer Explorationsanforderungen belegt werden?

Für die eigenen Untersuchungen ließ sich daher die Hypothese ableiten, dass sich die kortikale Aktivierung zu Beginn der Exploration deutlich von der kurz vor Abschluss unterscheiden sollte. Wenn dem Wahrnehmungsprozess in unserem Experiment eine sukzessive Informationsverarbeitung zugrunde liegen sollte, dann müsste sich u. a. der unterschiedliche Bedarf an Speicherressourcen über den zeitlichen Verlauf in Veränderungen der spektralen Theta-Leistung widerspiegeln. Aus den vorausgehenden Ergebnissen zur Theta-Leistung während der Behaltensphase folgt, dass zu Beginn der Exploration und unabhängig von der Komplexität der Stimuli die Theta-Leistung deutlich unterhalb der Ruhe-Baseline generiert werden sollte. Die Theta-Leistung kurz vor Beendigung der Exploration sollte dagegen in Abhängigkeit von der Stimuluskomplexität erhöht sein. Um diese Annahmen zu prüfen, wurden im Rahmen der o. g. Untersuchung jeweils zwei artefaktfreie EEG-Segmente 500 ms nach Beginn (BI) der Explorationsbewegungen und 500 ms vor Beendigung (EI) der Exploration ausgewählt und die spektrale Leistung für die o. g. Frequenzbereiche berechnet. Das Schema der Datenerhebung verdeutlicht Abb. 5.

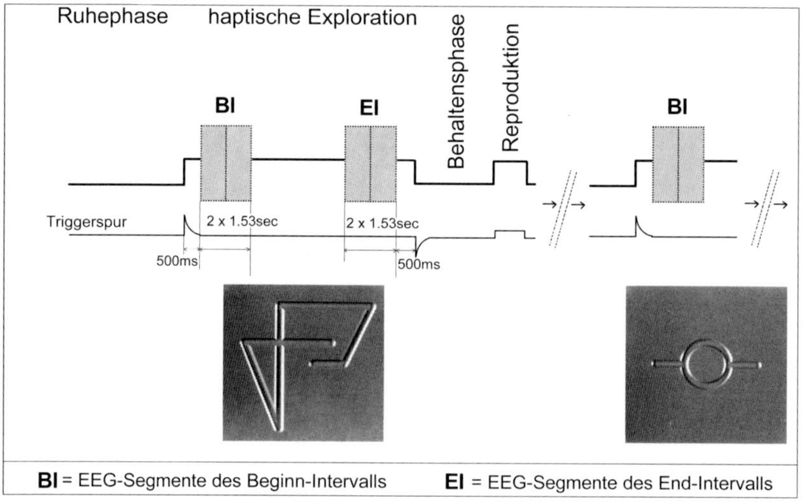

Abb. 5: Schematische Darstellung der EEG-Segmentauswahl zu Beginn (BI) und zum Abschluss (EI) der Exploration bezüglich eines haptischen Stimuli.

Für die weiteren Berechnungen wurden wiederum z-transformierte Leistungswerte genutzt. Ebenso diente die benötigte Explorationszeit zur Einschätzung der Stimuluskomplexität. Mit einem linear regressionsanalytischen Ansatz wurde pro EEG-Kanal das Gütemaß der Anpassung und die Irrtumswahrscheinlichkeit der Gleichungskoeffizienten zwischen der spektralen Theta-Leistung und der Explorationszeit überprüft. Die Einzelergebnisse werden in Tab. 3 dargestellt. Die Ergebnisse bestätigen die vorausgehenden Annahmen und machen deutlich, dass zu Beginn der Exploration offenbar keine lineare Beziehung zwischen der zu diesem Zeitpunkt generierten Theta-Leistung und der Stimuluskomplexität bestand. Das kortikale Aktivierungsniveau zu Beginn der Exploration wird somit charakterisiert durch eine deutliche Abnahme der spektralen Theta-Leistung gegenüber der Ruhe-Baseline, die nicht mit der Stimuluskomplexität korrespondiert.

Es ist anzunehmen, dass diese Verhältnisse einen Zustand höchster Aufmerksamkeitsfokussierung auf den zu explorierenden Stimulus repräsentieren und dass hierbei noch keine Differenzierung des Stimulusmaterials erfolgte. Anders formuliert: Zu Beginn der Exploration haben die Probanden noch keine relevanten, die Komplexität der Stimulusstruktur betreffenden Informationen verarbeiten können, so dass zu diesem Zeitpunkt auch noch keine differentielle Ressourcenbeanspruchung erfolgen kann.

Tab. 3: Ergebnisse der linearen Regressionsanalyse hinsichtlich des Zusammenhangs zwischen den Variablen mittlere z-transformierte Theta-Leistung zu Beginn (BI) und kurz vor Abschluss der Exploration (EI), bezogen jeweils auf die mittlere Explorationszeit. Signifikante Regressionskoeffizienten sind fett hervorgehoben. [Elect.=Elektrode, r²=Anpassungsgüte, d.f.=Freiheitsgrade, F=F-Statistik, Sig. F=Irrtumswahrscheinlichkeit, b0 und b1=Werte der Modellkoeffizienten].[1, 2]

	Beginn-Intervall						End-Intervall					
Elect.	r^2	d.f.	F	Sig. F	b0	b1	r^2	d.f.	F	Sig.	b0	b1
Fp1	.016	10	.17	.692	-.1021	.0007	.086	10	.94	.355	-.1703	.0012
Fp2	.026	10	.27	.617	-.1216	.0009	.056	10	.59	.460	-.1344	.0009
F3	.172	10	2.08	.180	-.2417	.0017	.374	10	5.96	**.035**	-.3881	.0027
F4	.308	10	4.45	.061	-.2905	.0020	.102	10	1.14	.311	-.1699	.0012
C3	.068	10	.73	.414	-.1517	.0011	.579	10	13.7	**.004**	-.6069	.0043
C4	.114	10	1.29	.283	-.1609	.0011	.440	10	7.87	**.019**	-.3973	.0028
P3	.070	10	.75	.407	-.1605	.0011	.549	10	12.2	**.006**	-.5840	.0041
P4	.047	10	.49	.500	-.1146	.0008	.551	10	12.2	**.006**	-.5135	.0036
O1	.022	10	.22	.647	.0732	-	.266	10	3.62	.086	-.3711	.0026
O2	.000	10	.01	.959	-.0087	.0001	.328	10	4.89	**.052**	-.4648	.0033
F7	.176	10	2.13	.175	-.2935	.0021	.095	10	1.05	.330	-.1463	.0010
F8	.144	10	1.68	.224	-.2467	.0017	.015	10	.15	.708	-.0457	.0003
T3	.004	10	.04	.846	-.0378	.0003	.134	10	1.55	.242	-.2199	.0015
T4	.079	10	.86	.376	-.1872	.0013	.124	10	1.41	.262	-.2123	.0015
T5	.015	10	.15	.703	.0883	-	.440	10	7.86	**.019**	-.5247	.0037
T6	.180	10	2.19	.169	-.3415	.0024	.397	10	6.58	**.028**	-.3458	.0024
Fz	.356	10	5.53	**.040**	-.3305	.0023	.253	10	3.39	.095	-.3183	.0022
Cz	.037	10	.39	.549	-.1285	.0009	.709	10	24.3	**.001**	-.5907	.0042
Pz	.164	10	1.97	.191	-.2544	.0018	.517	10	10.7	**.008**	-.5710	.0040

Dieser Zustand ändert sich drastisch kurz vor Abschluss der Exploration. Die Probanden haben zu diesem Zeitpunkt die Stimulusstruktur vollständig erkannt, das Ergebnis der Objekterkennung ist im Arbeitsgedächtnis gespeichert. Wie erwartet, variiert hierbei die Theta-Leistung in deutlicher Abhängigkeit von der Explorationszeit. Das heißt, je größer die zu speichernde Informationsmenge ist, desto höher ist die Theta-Leistung in dieser Untersuchungsphase. Äußerst interessant ist dabei die Beobachtung, dass diese Aktivierungsverhältnisse jeweils unterhalb der Ruhe-Baseline stattfinden. Das folgende Schema (Abb. 6) stellt die bisherigen Ergebnisse zur Theta-Leistung vereinfachend dar.

Die Befunde zeigen, dass zumindest für drei Phasen der haptischen Wahrnehmung im Rahmen der genutzten Anforderungen differenzierte hirnelektrische Aktivierungsmuster zu beobachten sind. Sie unterstützen darüberhinaus die Annahme, dass der haptischen Wahrnehmung serielle Verarbeitungsprozesse zugrunde liegen und sich verschiedene Umfänge der Ressour-

[1] Die Analyse dieses Zusammenhangs für die Frequenzbereiche des Alpha- und Beta-Bandes ergaben keine signifikanten Zusammenhänge.

[2] Die Ergebnisse dieser Studie wurden veröffentlicht in: Grunwald, M., Weiss, T., Krause, W., Beyer, L., Rost, R., Gutberlet, I., Gertz, H.-J.: Theta power in the EEG of humans during ongoing processing in a haptic object recognition task. *Cognitive Brain research* (accepted 8/2000)

cenbeanspruchung in der generierten Theta-Leistung – und nicht in anderen Frequenzbereichen – widerspiegeln.

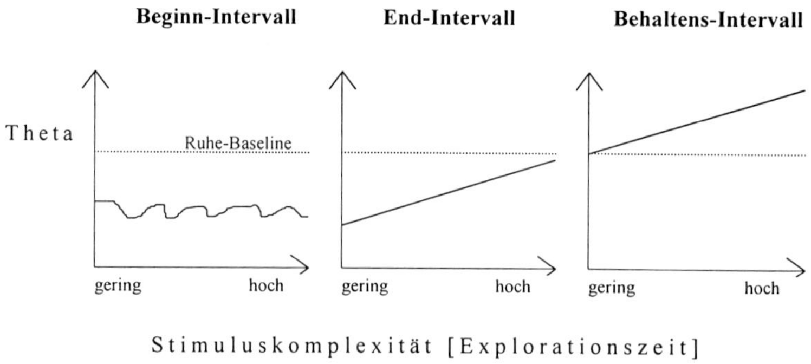

Abb. 6: Schematische Darstellung der Theta-Leistung während der Ruhe-Baseline, zu Beginn und kurz vor Abschluss der haptischen Exploration sowie während des Behaltensintervalls bei unterschiedlich komplexen Stimuli.

Zusammenfassung

Die neurophysiologische Charakterisierung der haptischen Wahrnehmung erfolgte bislang nur teilweise und muss gegenwärtig als deutlich ungenügend eingeschätzt werden. Viele Teilprozesse dieses hoch komplexen perzeptiv-kognitiven Vorgangs wurden noch nicht untersucht und sind somit einem wissenschaftlich-praktischen Verständnis kaum zugänglich. Elektrophysiologische Parameter, wie sie u. a. durch moderne EEG-Analysen erfassbar sind, erlauben Einblicke in grundlegende Mechanismen der Reizverarbeitung und zeigen, dass während haptischer Wahrnehmung beinahe alle Regionen des Kortex in den Wahrnehmungsprozess involviert werden. Darüber hinaus wird ersichtlich, dass haptischer Wahrnehmung offenbar modalitätsunabhängige Prozesse selektiver Aufmerksamkeitsregulierung und Informationsspeicherung zugrunde liegen, die unmittelbar an den Umfang der zu verarbeitenden Informationen gebunden sind.

Die vorliegenden Befunde sind auf Grund ihres deskriptiven Charakters als Hinweise und im besten Falle als Hypothesengenerator zu betrachten. Als vorrangiges Ziel weiterer Forschungen zu dieser Thematik erachte ich die präzise Analyse und wissenschaftliche Extraktion der Prozessdynamik haptischer Wahrnehmung anhand verschiedener psychophysiologischer Parameter. Hierbei sollten verstärkt entwicklungspsychologische Perspektiven beachtet werden. Denn so kann auch verstanden werden, welche funktionale Bedeutung der haptischen

Wahrnehmung im Bereich des gesunden und kranken Denkens sowie der gesunden und gestörten Sprache zukommt. Vor diesem Hintergrund ergibt sich von selbst, dass grundlagenorientierte Studien letztlich nicht umhinkommen, klinische, d. h. neuropsychologische Fragestellungen sowohl in theoretische Konzepte als auch in experimentalpsychologische Settings aufzunehmen. Die konsequente methodische und konzeptionelle Verbindung zwischen klinischen und grundlagenorientierten, experimentellen Fächern kann die Eindimensionalität der Erklärungsansätze verhindern und ein umfassenderes Verständnis der haptischen Wahrnehmung befördern.

Literatur

[1] Autret, A., Auvert, L., Laffont, F., Larmande, P.: Electroencephalographic spectral power and lateralized motor activities. Electroencephalogr. Clin. Neurophysiol. 60:228-236, 1985.

[2] Beyer, L., Grunwald, M., Plietz, M., Rost, R., Weiss, T.: EEG und Modellbewegungen. In: Bartmus, U., Heck, H., Mester, J., Schumann, H., Tidow, G. (Hrsg.): Aspekte der Sinnes- und Neurophysiologie im Sport.). Köln: Strauß, 1996, pp. 119-129.

[3] Birbaumer, N., Schmidt, R.F.: Biologische Psychologie. 3. überarb. Aufl., Springer-Verlag, 1996.

[4] Bösel, R.: Die cerebrale Theta-Rhythmizität unterstützt kontextabhängige Diskriminationsleistungen. Kognitionswissenschaft 3:83-94, 1993.

[5] Daniel, R.S.: Alpha and theta EEG in vigilance. Percept. Motor Skills 25:697-703, 1967.

[6] Duffy, F.H., Bartels, P.H., Burchfiel, J.L.: Significant probability mapping: An said in the topographic analysis of brain electrical activity. Electroencephalography and Clinical Neurophysiology 51:455-462, 1981.

[7] Freund, G., Künkel, H.: Das 10-20-Elektrodensystem der Internationalen Förderation. EEG-Labor 2:143-149, 1980.

[8] Gale, A., Christie, B., Penfold, V.: Stimulus complexity and the occipital EEG. Br. J. Psychol. 62:527-531, 1971.

[9] Grunwald, M., Weiss, T., Krause, W., Beyer, L., Rost, R., Gutberlet, I., Gertz, H.J.: Power of theta waves in the EEG of human subjects increases during recall of haptic information. Neuroscience Letters 260:189-192, 1999.

[10] Grunwald, M.: Haptische Reizverarbeitung und EEG-Veränderungen. Diss. Jena, 1998.

[11] Ishihara, T., Yoshii, N.: Multivariate analytic study of EEG and mental activity in juvenile deliquents. Electroencephalography and Clinical Neurophysiology 33 :71-80, 1972.

[12] Knecht, S., Kunesch, E., Schnitzler, A.: Parallel and serial Processing of haptic information in man: Effects of parietal lesions on sensorimotor hand function. Neuropsychologia 34:669-687, 1996.

[13] Lang, W., Lang, M., Heise, B., Deecke, L., Kornhuber, H.H.: Brain potentials related to voluntary hand tracking, motivation and attention. Human Neurobiol. 3:235-240, 1984.

[14] Lutzenberger, W.: Asymmetry of brain potentials related to sensorimotor tasks. International Journal of Psychophysiology 2:281-291, 1985.

[15] Machinskii, N.O., Machinskaya, R.L., Trush, V.D.: Electrophysiological study of the functional organization of the human brain during selective attention. Human-Physiology May-Jun Vol. 16/3:159-165, 1990.

[16] Mecklinger, A.: Gedächtnissuchprozesse - Eine Analyse ereigniskorrelierter Potentiale und der EEG-Spontanaktivität. Weinheim: Psychologie Verlags-Union, 1992.

[17] Oken, B.S., Chiappa, K.H.: Short-term variability in EEG frequency analysis. Electroencephalography and clinical Neurophysiology 69:191-198, 1988.

[18] Oken, B.S.: Filtering and aliasing of muscle activity in EEG frequency analysis. Electroencephalography and clinical Neurophysiology 64:77-80, 1986.

[19] Pennekamp, P., Bösel, R., Mecklinger, A., Ott, H.: Differences in EEG-theta for responded and omitted targets in a sustained attention task. J. Psychophysiol. 8:131-141, 1994.

[20] Petsche, H., Lacroix, D., Lindner, K., Rappelsberger, P., Schmidt-Henrich, E.: Thinking with images or thinking with language: A pilot EEG probability mapping study. Intern. J. Psychophysiology 12:31-39, 1992.

[21] Pfurtscheller, G., Steffan, J., Maresch, H.: ERD Mapping and functional topography: Temporal und spatial aspects. In: Pfurtscheller, G., Lopes da Silva, F.H. (Hrsg.): Functional brain mapping. Stuttgart, 1988, pp. 117-130.

[22] Rappelsberger, P., Petsche, H.: Probability mapping: Power and coherence analyses of cognitive processes. Brain Topography Vol. 1/1: 46-53, 1988a.

[23] Rescher, B., Rappelsberger, P.: EEG changes in amplitude and coherence during tactile task in females and males. Journal of Psychophysiology 10:161-172, 1996.

[24] Roeder, B., Rosler, F., Hennighausen, E.: Different cortical activation patterns in blind and sighted humans during encoding and transformation of haptic images. Psychophysiology 34:292-307, 1997.

[25] Rösler, F., Röder, B., Heil, M., Henninghausen, E.: Topographic differences of slow event-related brain potentials in blind and sighted adult human subjects during haptic mental rotation. Cognitive Brain Research 1:145-159, 1993.

[26] Rost, R., Hansen, E., Beyer, L., Weiss, T.: EEG topography software for discription of central nervous activation. In: Haschke, W., Speckmann, E.J., Roitbak, A.I. (Hrsg.): Slow brain potentials and magnetic fields. Friedrich Schiller Universität Jena, 1992, pp. 137-145.

[27] Rother, M., Zwiener, U. (Hrsg.): Quantitative EEG analysis - Clinical utility and new methods. Jena: Univ.-Verl. Jena, 1993.

[28] Rüger, B.: Das maximale Signifikanzniveau des Tests: Lehne H_0 ab, wenn k unter n gegebenen Tests zur Ablehnung führen. Metrika 25:171-178, 1978.

[29] Schacter, D.L.: EEG theta waves and psychological phenomena: A review and analysis. Biological Psychology 5:47-82, 1977.

[30] Schupp, H.T., Lutzenberger, W., Birbaumer, N., Miltner, W., Braun, Ch.: Neurophysiological differences between perception and imagery. Cognitive Brain Research 2:77-86, 1994.

[31] Weiss, T., Sust, M., Beyer, L., Hansen, E., Rost, R., Schmalz, T.: Theta power decreases in preparation for voluntary isometric contractions performed with maximal subjective effort. Neurosience Letters 193:153-156, 1995.

[32] Zeller, G., Bente, D.: Veränderungen der hirnelektrischen Organisation bei visuellen Such- und Diskriminationsprozessen unterschiedlichen Schwierigkeitsgrades. Z. EEG- EMG 14: 177-185, 1983.

[33] Zschocke, St., Speckman, E.-J. (Hrsg.): Basic mechanisms of the EEG. Boston: Birkhäuser, 1993.

III. Psychologische Aspekte

Gestaltpsychologische Ansätze zur Analyse der haptischen Wahrnehmung

Alf Zimmer

Der erkenntnistheoretische Ausgangspunkt gestaltpsychologischer Forschungen zum Tastsinn war explizit oder – meist implizit – die These Lockes (1694) und Berkeleys[1] (1709), wonach der Tastsinn das primäre Organ der Wahrnehmung darstelle, auf dem die anderen Formen der Wahrnehmung, speziell die für die Gestaltpsychologen im Vordergrund stehende visuelle Wahrnehmung basieren. Diese Thesen stellten sowohl für die rein empirische wie auch für die idealistischen erkenntnistheoretischen Ansätze der Aufklärungszeit eine, wenn nicht gar die zentrale Frage dar, was besonders deutlich wird bei der Diskussion über „Molyneux' Frage"[2] (1694), ob nämlich Blindgeborene, wenn sie durch Operation sehen würden, die bisher ertasteten Objekte auch visuell erkennen könnten. Während des 19. Jahrhunderts wird allgemein dieser von Condillac[3] (1754) fortentwickelten These des Primats des Tastsinnes im Rahmen

[1] „...Ich glaube, wer auch immer seine eigenen Gedanken genau betrachtet, wenn er sagt, daß er dieses oder jenes in einer Entfernung sähe, mit mir darin übereinstimmen wird, daß was er sieht, sich auf die Annahme stützt, daß es nach Überwinden der Entfernung durch Körperbewegungen gemessen werden kann, die durch Berührung (touch) vermittelt werden; erst dann stellen sich die taktilen Ideen ein, die man üblicherweise den visuellen Ideen zuschreibt." (Georg Berkeley. An Essay towards an New Theory of Vision, section XLV, Dublin 1709).

[2] Molyneux (1694): „Angenommen, ein Blindgeborener lernt zwischen Kubus und Kugel aus dem gleichen Metall und ungefähr der gleichen Größe zu unterscheiden, so daß er sagen kann, was Kugel und was Kubus ist, und dieser Mann wird in dieser Situation sehend gemacht. Frage: Kann er nun wenn er die Gegenstände berührt unterscheiden, was Kugel und was Kubus ist? Darauf antwortet der scharfsinnige und urteilssichere Proponent: nein. Denn obwohl er die Erfahrungen gemacht hat, wie eine Kugel oder ein Kubus seinen Tastsinn beeinflussen, hat er noch nicht die Erfahrung gemacht, wie der Tastsinn dem Gesichtssinn entspricht; speziell daß ein Eckenwinkel des Kubus, der seine Hand ungleichmäßig berührt, dem Auge so erscheint, als gehöre er zu einem Kubus." (Zitiert in Locke. An Essay Concerning Humane Understanding, ed. 2. London: Awnsham, Churchill, and Manship 1694, S. 67).
Die von Molyneux aufgeworfene Frage wie Blindgeborene nach Kataraktoperation sehen, wird konsequenterweise von Berkeley (1709) negativ beantwortet: „... ein Blindgeborener, der sehend gemacht wird, würde beim ersten Öffnen seiner Augen ein ganz anderes Urteil über die Größe wahrgenommener Objekte abgeben, als das andere tun. Er würde die „Ideen" des Sehens nicht in Bezug oder in Verbindung zu den „Ideen" des Tastsinnes betrachten. (Georg Berkeley. An Essay towards a New Theory of Vision, ed.2. Dublin: Pepyat. 1709, S. 93)

[3] Condillac schlägt ein Experiment vor, in dem ein erfolgreich am Katarakt Operierter in einen Raum mit semi-transparenten Wänden gesetzt wird und beurteilen soll, wo sich die hinter diesen semi-transparenten Wänden gezeigten Objekte befinden. Er geht davon aus, dass dieser die Objekte als auf der Wand befindlich wahrnimmt. Er begründet das damit, dass visuelle Form- und Raumwahrnehmung (im Gegensatz zum Hautsinn) gelernt werden müssen. „Aus meiner Sicht ist es vernünftig anzunehmen, daß unsere Augen ohne Lernerfahrung auch bei den einfachsten Objekten analytisch vorgehen müßten, genauso wie wir mit trainiertem Auge bei der Wahrnehmung komplexer Formen vorgehen müssen. Es ist die Hand, die den Gesichtssinn über die verschiedenen Teile einer Form führt und diese ins Gedächtnis einprägt;...[wir] nehmen diese Eigenschaften

assoziationstheoretischer Wahrnehmungsforschung gefolgt: Auf dem Hintergrund dieses theoretischen Kontextes entwickelte sich die klassische Psychophysik, die mit E. H. Webers[1] Arbeiten „De Tactu" von 1834 und „Der Tastsinn und das Gemeingefühl" (1846) beginnt. Das Postulat vom Primat des Tastsinns ist vor allem in der Entwicklungspsychologie erkenntnisleitend gewesen (Piaget 1969).

Man kann Berkeleys Argument als Radikalisierung des Standpunktes der Stoiker (Sextus Empiricus, Pyrrhonische Skepsis I, 228) ansehen, wonach „wahre" Erkenntnis erst durch das Anfassen und Manipulieren eines Gegenstandes erfolgt (was auch die deutsche Sprache mit *begreifen* oder *wahrnehmen* andeutet); dahinter steht die Auffassung, dass in der visuellen Welt sowohl die wahre Form der Gegenstände wie auch ihre wahre Größe durch die Position und Entfernung des Betrachters zum Gegenstand verändert, also durch die Wahrnehmung verfälscht werden. Dem begegnet schon Aristoteles mit der auf die Pythagoras zurückgehende Argumentation, dass es die Invarianzen bei der Bewegung des Betrachters oder der Bewegung der Objekte relativ zum Betrachter seien, die den Realitätsgrad der Wahrnehmung bestimmen.

Aristoteles war auch der Erste, der eine Täuschung im haptischen Bereich nachwies, nämlich das Ertasten eines Gegenstandes mit überkreuzten Zeige- und Mittelfingern, wobei der Eindruck zweier Objekte erscheint; dies ist ein deutlicher Hinweis darauf, dass auch in der haptischen Objektwahrnehmung aktiv vorgegangen wird, d. h., dass die Wahrnehmungen über die Welt auf dem Hintergrund interner Repräsentationen geschehen, also Sinneseindrücke wegen ihrer mangelnden Eindeutigkeit erst durch die internen Repräsentationen zu eindeutigen Wahrnehmungen werden. Diese Beobachtung spricht einerseits gegen die Klassifikation des Tastsinns als eines „niederen" Sinnes im Vergleich zum Sehen und Hören, weil nur diese auf Objekte (auch: Zeichen, Phoneme etc.) ausgerichtet seien, stellt aber anderseits auch das Postulat vom Primat des Tastsinns in Frage. Sprachlichen Beschreibungen und Selbstbeobachtungen zu diesem Problem muss allerdings mit Vorbehalt begegnet werden, denn schon Katz (1924) weist darauf hin, dass in indogermanischen Sprachen Wahrnehmungen den Akkusativ regieren', d. h., wie Handlungen agieren, während z. B. die im Kaukasus gesprochenen khartvelischen Sprachen (wie Georgisch) gerade in diesem Punkt bei ansonsten analoger

(Farbe und Helligkeit) dort wahr, wo die Berührung sie dazu anleitet....sie sehen Objekte, dort wo der Tastsinn diese für sie repräsentieren." (Condillac, Abbé de. Traité des Sensations, Paris 1754, S. 218).

[1] Das Primat des Tastsinnes wird bei Weber dadurch deutlich, dass er die dort gefundene psychophysische Gesetzmäßigkeit gleicher relativer Unterschiede als allgemeine Gesetzmäßigkeit für die Wahrnehmung versteht, was deswegen die Verallgemeinerung auf den Gesichtssinn ermöglicht: „Meine Feststellungen über die Gewichtwahrnehmung durch den Tastsinn gilt auch für den Vergleich von Strecken durch den Gesichtssinn."

Grammatik abweichen. Im Sinne der Sapir-Whorf-These könnte also die Objekthaftigkeit des Wahrnehmens kulturbedingt sein.

Für die Grazer Schule der Gestalttheorie, vor allen Dingen Benussi (1916), konstituieren im direkten Rekurs auf Ehrenfels (1890) Invarianzen[1] als Relationen von Relationen die Wahrnehmungsdinge, dagegen wird in der Berliner Schule der Gestaltpsychologie (vor allem Köhler und Koffka) von Selbstorganisationsprozessen ausgegangen, den Köhler'schen Feldkräften, die, wie es Attneave (1981) einmal ausgedrückt hat, in der Art und Weise funktionieren, wie die Herausbildung einer perfekt sphärischen Seifenblase. Beiden Schulen der Gestaltpsychologie gemeinsam ist die Auffassung von Wahrnehmung als einem aktiven Prozess, der nicht an spezifische Sinnesmodalitäten geknüpft ist, sondern auf eine allgemeine Gegenständlichkeit verweist, die erst sekundär durch die Sinnesorgane eine für diese spezifische Färbung erhält. Dementsprechend beantworteten die Gestaltpsychologen Molyneux' Frage eindeutig positiv.

Seit der von Molyneux aufgeworfenen Frage liegen besser dokumentierte und kontrollierte Fallbeschreibungen von sehend gewordenen Geburtsblinden vor, die darauf hinweisen, dass diese tatsächlich in der Lage sind, bisher nur Getastetes visuell zu identifizieren, wenn auch mit spezifischen Einschränkungen (siehe Gregory 1970; Morgan 1977). Darüber hinaus konnte die Gruppe um Bach y Rita (White, Saunders, Bach y Rita, Scadden & Collins, 1970) nachweisen, dass Blinde Objekte identifizieren können, wenn deren Bild in ein Vibrationsmuster auf dem Rücken übertragen wird (siehe Abb. 1) ähnlich wie bei taktil-haptischen Hilfsinstrumenten für Blinde wie z. B. den Optacon (Bliss, Katcher, Rogers & Shephard, 1970). Dies stützt die gestaltpsychologische These der Wahrnehmung als einem aktiven und integralen, d. h. sinnesmodalitätsübergreifenden Prozess, der auf Objekte gerichtet ist.

---

[1] Ehrenfels bezieht sich direkt auf Mach (1886, Nachdruck 1922 bzw. 1985); allerdings finden sich Überlegungen zur Lösung des Problems in Molyneux' Frage schon früher, so argumentierte Porterfield schon 1759 mit der Annahme von Invarianzen für eine positive Beantwortung von Molyneux' Frage: „...ich habe schon dargestellt, daß die Urteile über Lage und Entfernung visuell wahrnehmbarer Objekte nicht auf Gewohnheit und Erfahrung basieren, sondern auf einem grundsätzlichen angeborenen und unveränderlichen Gesetz, dem unser Geist (mind) unterworfen worden ist seit der Zeit, als Geist und Körper vereinigt worden sind. Daher wird ein Blinder, sobald ihm die Sehkraft gegeben wird, aufgrund dieses Gesetzes, allein mit seinen Augen und ohne Unterstützung durch andere Sinne unmittelbar in der Lage sein, alle Teile eines Kubus oder einer Kugel richtig einzuordnen" (Seite 414-415). Ähnlich argumentiert Kant 1781 in seiner *Kritik der reinen Vernunft* für den visuell wahrnehmbaren Raum, als A-priori-Repräsentation, die allen unseren Wahrnehmungen zugrunde liegt. Die mathematische Formulierung dieses Gesetzes der Invarianz findet sich zuerst bei Vieth (1818) bei der Konstruktion seines Horopters. Müller (1838) entwickelte aus den Analysen Vieths einen konstruktivistischen Ansatz für die Objektwahrnehmung, in dem er argumentierte, dass die Vorstellung eines festen Körpers oder jedes Körpers in drei Dimensionen nur durch die Aktivität des Geistes möglich wird, der diese Vorstellung aus den verschiedenen flächigen Bildern konstruiert, die das Auge aus den verschiedenen Sehwinkeln vom Objekt registriert hat (Seite 1176); diese Konzeption findet sich heute z. B. in Tarr und Bülthoff (1995) wieder.

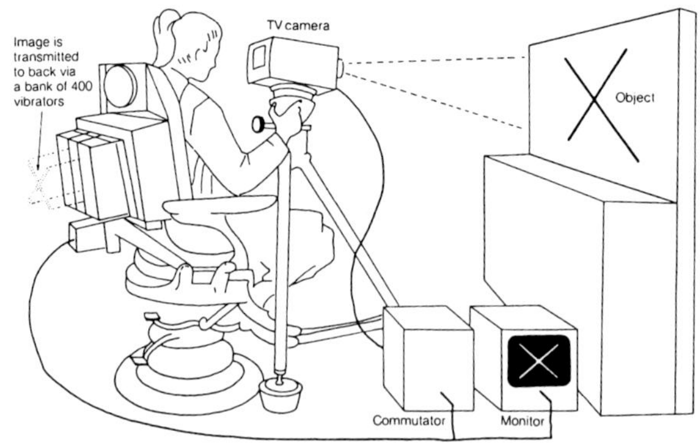

Abb. 1: Die Versuchsanordnung in der Forschergruppe um Bach y Rita

Die erkenntnistheoretisch motivierte Auseinandersetzung mit dem Tastsinn in der Gestaltpsychologie hat forschungspraktisch zur Einengung auf den Nachweis geführt, dass die haptische Wahrnehmung in ähnlicher Weise systematischen Wahrnehmungstäuschungen unterliegt wie auch der Gesichtssinn und aus diesem Grunde nicht als diesem vorgeordnet angesehen werden kann. Diese Fixation auf die erkenntnistheoretischen Auseinandersetzungen hinsichtlich des Tastsinns und das Verständnis des Tastsinnes als einer eher passiven Form der Wahrnehmung haben dazu geführt, dass im Rahmen der früheren gestaltpsychologischen Forschung in der Regel selten über die Untersuchung taktiler oder haptischer Täuschungen hinausgegangen worden ist. Ausnahmen sind: z. B. Metzger (1954) und Witte (1975), aber auch neuerdings Färber (1980) und Jungnitsch (1984), der gezielt die spontan gezeigten aktiven Formen haptischer Wahrnehmung bei Geburtsblinden und Sehenden untersucht.

Ausgangspunkt des gestaltpsychologischen Ansatzes ist „Der Aufbau der Tastwelt" von David Katz (1924), auf den sich auch J. J. Gibson in seinem Artikel „On Active Touch" (1962) bezieht, in dem er hinsichtlich der aktiven, d. h. auf Objekterkennung ausgerichteten Eigenschaften den Tastsinn gemeinsam mit den anderen Sinnen als geschlossenes Wahrnehmungs-*system* ansieht.

Für die erkenntnistheoretisch motivierte Untersuchung des Tastsinnes im Vergleich zum Gesichtssinn waren zunächst die geometrisch-optischen Täuschungen besonders bedeutsam, die im haptischen Bereich eine ähnliche Täuschungswirkung zeigen:

1. Oppel-Kundt-Täuschung: Parrish (1895), Robertson (1902), Volkmann (1858);

2. Müller-Lyer-Täuschung: Over (1968), Patterson und Deffenbacher (1972), Rudel und Teuber (1963), Tsai (1967), Wong (1975a);
3. Senkrecht-Waagerecht-Täuschung: Frey und Craven (1972), Künnapas (1975), Reid (1954), Tedford und Tudor (1969), Wong (1975b), Wong (1977);
4. Poggendorf-Täuschung: Fisher (1966), Pasnak & Ahr (1970);
5. Ponzo-Täuschung: Leibowitz & Pick (1972);
6. Scheinbewegungen: Benussi (1916).

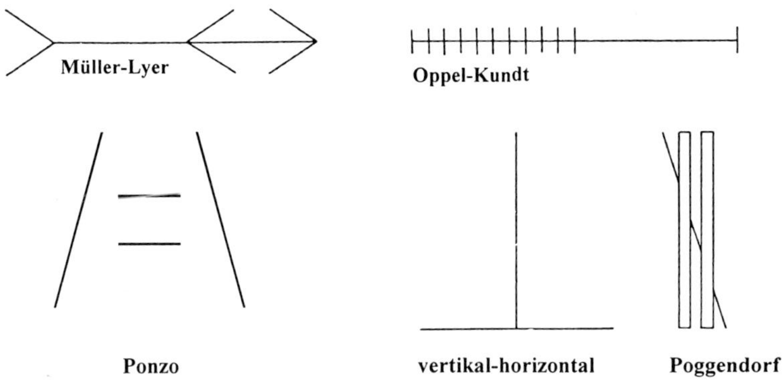

Abb. 2: Geometrisch-optische Täuschungen, die auch haptisch untersucht worden sind. [1]

Speziell die experimentellen Untersuchungen mit Geburtsblinden (s. Jungnitsch, 1984) deuten darauf hin, dass diese geometrisch-optischen Täuschungen nicht, wie z. B. von Gregory (1970) angenommen, auf den Erfahrungsumgang Sehender mit bildlichen Darstellungen räumlicher Gegebenheiten zurückgeführt werden können; auch die Tatsache, dass, wie z. B. Leibowitz und Pick (1972) zeigen konnten, Kulturen ohne bildlich räumliche Vorstellung bei der Ponzo-Täuschung ähnliche, wenn auch etwas geringere Täuschungsbeträge aufweisen, deutet in die gleiche Richtung.

Betrachtet man jedoch den haptischen Wahrnehmungsvorgang als Tiefpassfilterung (Loomis 1990) – und dafür sprechen die physiologischen Daten über die vier beteiligten Sinneszellen – dann lassen sich alle Täuschungsmuster auf diesen physiologisch basierten Verarbeitungsprozess zurückführen und nicht auf die Objektorientiertheit der Wahrnehmung, wie von Gestaltpsychologen postuliert.

[1] Zusammenfassende Darstellungen finden sich speziell in: Fechner (1860), Frey (1975), Hatwell (1960), Hippius (1937), Huntley und Yarus (1973), Jaensch (1906), Katz (1969), Over (1966), Révész (1934), Révész (1938), Révséz (1953), Rieber (1903), Sobeski (1903), Scholtz (1957/58).

Für die gestaltpsychologische Position gegen das Primat des Tastsinnes und die Objektorientierung der Wahrnehmung sprechen daher eher die Arbeiten, die direkt dreidimensionale Objektwahrnehmung bzw. die aktive haptische Erfassung der Welt untersucht haben: Hippius (1937) Metzger, Vukovich-Voth, Koch (1970) und Jungnitsch (1984): Metzger und Mitarbeiter untersuchten die Wahrnehmung relativer Größe von Bestandteilen relativer Größe dreidimensionaler Figuren und stellten dabei stabile Täuschungsbeträge fest. Jungnitsch untersuchte am Paradigma der komplexen Symmetrietäuschung, wie spontan angewendete haptische Explorationsmuster bei Sehenden und Geburtsblinden die Formwahrnehmung beeinflussen. Er findet dabei, dass Geburtsblinde und Sehende in etwa gleich häufig spontan die folgenden vier Explorationsstrategien zeigen: a) globales Tasten, b) Ausnutzen der Fingerbreite, c) Gleiten mit konstanter Geschwindigkeit und d) Ausnutzen des beidhändigen Fingerabstandes. Lediglich hinsichtlich der Ausnutzung der Fingerspanne zeigen sich Unterschiede zwischen diesen beiden Gruppen, diese Strategie wird deutlich häufiger von Geburtsblinden verwendet. Zum Teil stimmen diese Beobachtungen mit der Klassifikation haptischer Explorationsstrategien nach Ledermann und Klatzky (1987) überein.

Tab. 1: Dimensionen der haptischen Exploration von Objekten[1] (nach Lederman & Klatzky, 1987)

Bezeichnung der Explorationsprozedur	**Vorgehensweise**	**Ziel der Exploration**
laterale Bewegung	induzierte Verschiebungen zwischen Haut und Objekt	Textur des Objekts
Druck	Kraft/Drehmoment, ausgeübt vom stabilisierten Objekt auf die Haut	Abschätzung der Härte
statischer Kontakt	Berührung mit einer großen Hautoberfläche, ohne dass Konturen nachgefahren werden	Temperatur
ungestütztes Halten	Anheben des Objekts von einer Stützfläche	Gewicht
Umschließung (von der Gesamtform oder von Einzelteilen)	Umfassen der Hüllfläche eines Objekts oder eines Objektteils	Form und Größe
Kontur nachfahren	Abtasten der Kanten des Objekts	Form und Identifikation von Einzelteilen
Partielle Bewegung	Kraft/Drehmoment, ausgeübt an einem Objektteil, während das Gesamtobjekt stabilisiert ist (üblicherweise im Anschluss an die Explorationsprozeduren 6 und 5 (Objektteil)	Teilbewegung

Insgesamt kann Jungnitsch zeigen, dass speziell die widersprüchlichen Ergebnisse zu Täuschungsbeträgen bei der Oppel-Kundt-Täuschung,[2] darauf zurückzuführen sind, in welcher

[1] Die Explorationsprozeduren 1, 2, 3 und 5 entsprechen dem, was Gibson (1962) „passive touch“ genannt hat, während die Prozeduren 4, 6 und 7 „active touch“ entsprechen.

[2] Angefangen von der ersten Untersuchung von Volkmann (1858) bis zu den entgegengesetzten Ergebnissen bei

Modalität die Muster vorgegeben wurden: Sequentiell versus simultan, passiv versus aktiv. Auf Grund der angesprochenen Filtercharakteristik entspricht dies dem immer wieder berichteten Ergebnis, dass bei aktiver sequentieller Erfassung die Täuschungsbeträge insgesamt eher zurückgehen, aber eine grundsätzliche Übereinstimmung der Täuschungen im visuellen und haptischen System erhalten bleibt.

Fasst man die Ergebnisse zur erkenntnistheoretischen Auseinandersetzung um den Tastsinn aus gestaltpsychologischer Sicht zusammen, dann lässt sich konstatieren, dass Berkeleys Position vom Primat des Tastsinnes genauso wenig zu halten ist wie die Klassifikation des Tastsinnes als „niederen“ Sinn. Er ist in ähnlicher Weise wie der Gesichtssinn bei Restriktion der üblichen Wahrnehmungsmodalitäten täuschungsanfällig, vermag aber ebenso wie dieser bei aktiver Exploration, die dem natürlichen Wahrnehmungsverhalten entspricht, diese Täuschungen aufzulösen. Eine Objektwahrnehmung ist unter diesen Bedingungen mit beiden Sinnen möglich und, wie die von Gregory berichteten Ergebnisse und Bach y Ritas Untersuchungen zeigen, kann die Objektwahrnehmung mittels der einen Sinnesmodalität (Sehen oder Tasten) in die andere Sinnesmodalität (Tasten oder Sehen) übertragen werden, was für die von J. J. Gibson postulierte Betrachtung der Sinne als eines Gesamtsystems spricht.[1]

Die experimentellen Untersuchungen zum Vergleich haptischer und visueller Täuschungen lassen insgesamt den Schluss zu (dazu speziell auch Jungnitsch 1984), dass eine relativ große Vergleichbarkeit des visuellen und haptischen Systems gegeben ist, wofür sowohl die neuroanatomischen wie auch die auf Verhaltensdaten basierenden Befunde sprechen. So lassen sich die anfänglich beobachteten entgegengesetzten Täuschungstendenzen bei der Täuschung darauf zurückführen, dass die dort verwendeten Abtastmethoden dem Vorgehen bei der visuellen Erfassung nicht entsprechen. Passt man dagegen die Vorgabeformen der Muster maximal an, dann entstehen vergleichbare Täuschungswirkungen.

Für die Wahrnehmungsleistungen in komplexen Situationen ist besonders die Entwicklung der Wahrnehmungsleistung in Abhängigkeit von Erfahrung bedeutend. Auch hier zeigen sich deutliche Parallelitäten im visuellen und haptischen System: Je größer die Erfahrung mit dem jeweiligen Muster ist und je freier die Versuchspersonen in ihrem Explorationsverhalten sind, um so schwächer sind die zu beobachteten Täuschungsbeträge. Dies stimmt mit der Interpretation überein, dass Tiefpassfilterung eine zentrale Komponente bei Wahrnehmungstäu-

James (1890) oder den Ergebnissen von Robertson (1902), die Berkeleys These zu stützen schienen.

[1] Dass gerade Gibson zu dieser Position kommt, ist nicht verwunderlich, da er gleichermaßen stark vom Behaviorismus Holts wie auch von der Gestaltpsychologie Koffkas beeinflusst ist.

schungen darstellt; sowohl Erfahrung wie auch gezieltere und in feineren Abtastraten erfolgende Betrachtung wirken diesem Effekt entgegen.

Die Befunde zur Vergleichbarkeit des visuellen und haptischen Systems auf Grund von experimentellen Analysen zu Täuschungsmustern (die Beobachtungen bei Blindgeborenen, die wieder gelernt haben zu sehen, oder bei Blinden, die auf Grund taktiler Muster Gegenstände erkennen können) stützen die in der Gestaltpsychologie vertretene Position, wonach Wahrnehmungen – speziell im visuellen und haptischen Bereich – Handlungen darstellen, die auf Objekte abgestimmt sind, und sprechen insgesamt zu der von J. J. Gibson (1966) vorgeschlagenen Betrachtungsweise der „Sinne als Gesamtsystem der Wahrnehmung". Betrachtet man Leistungsdaten (Präzision des Wiedererkennens) in beiden Modalitäten, dann ergeben sich entsprechende Befunde, wie Loomis (1983) zeigen konnte. Die funktionale Äquivalenz des visuellen und des haptischen Systems wird besonders deutlich, wenn man die gleichen Muster hinsichtlich visueller und haptischer Erkennbarkeit analysiert. In Abbildung 3 sind sechs hinsichtlich Komplexität vergleichbare Symbolsysteme für die haptische Formerkennung dargestellt: Der Symbolsatz 1 (■) entspricht SansSerif Druckgroßbuchstaben der lateinischen Schrift, wie sie durch Nadeldrucker produziert werden. Symbolsatz 2 (▲) zeigt vergleichbare japanische Schriftzeichen. Symbolsatz 3 (●) zeigt technische Symbole. Symbolsatz 4 (□) gibt die Buchstaben der Braille-Blindenschrift wider. Symbolsatz 5 (◇) entspricht Symbolsatz 4, allerdings mit Verbindung benachbarter Punkte. Symbolsatz 6 (Δ) gibt Braille-Schrift in durch Umrandung abgesetzten Kästchen wieder.

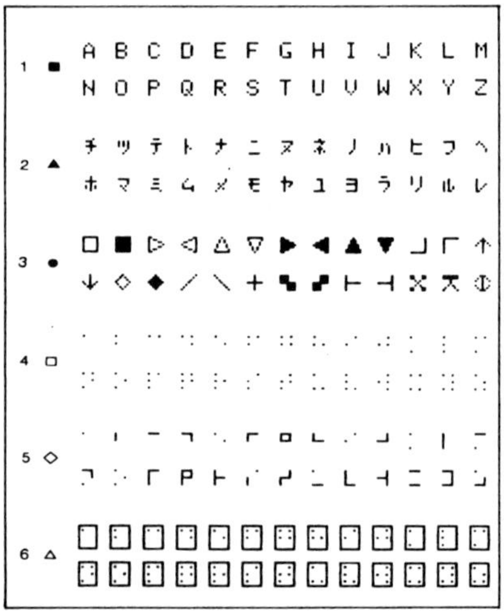

Abb. 3: Muster für haptische und visuelle Formerkennung

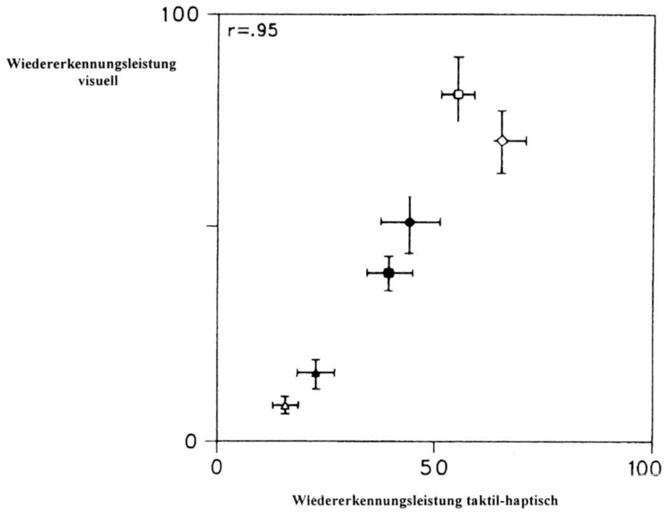

Abb. 4 : Leistungsdaten für die Zeichensysteme in Abb. 3

Diese Systeme hat Loomis (1983) hinsichtlich ihrer Erkennbarkeit sowohl haptisch wie auch visuell vorgegeben. In Abbildung 4 ist der Zusammenhang zwischen haptischer (Abszisse) und visueller Wiedererkennensleistung (Ordinate) für die verschiedenen Symbolgruppen dargestellt. Dabei zeigt sich eindeutig die Überlegenheit der Braille-Muster (offenes Quadrat und offener Rhombus) gegenüber anderen Symbolformen (geschlossene Symbole), wobei die Unterschiede zwischen lateinischen und japanischen Buchstaben wohl primär auf die vorherige Bekanntheit des Systems der lateinischen Buchstaben zurückzuführen sind. Die hohe Korrelation der Leistungen in den beiden Sinnesmodalitäten (r = 0.95) zeigt, dass sie als funktional äquivalent betrachtet werden können, mit einer gewissen Tendenz zur leichteren Lernbarkeit visueller Muster.

Zusammenfassung

Zusammenfassend lässt sich feststellen, dass im Rahmen gestaltpsychologisch motivierter Untersuchungen zum Tastsinn zunächst belegt werden konnte, dass der Tastsinn in ganz ähnlicher Weise Täuschungstendenzen unterliegt wie der Gesichtsinn, es sich also bei diesen Täuschungen um sinnesmodalitätsübergreifende, allgemeine Eigenschaften der Wahrnehmung handelt, soweit diese auf die Objekterkennung ausgerichtet ist (s. dazu auch die Ergebnisse von Deutsch (1997) zu Täuschungen im Hörsinn bei der Erfassung ‚akustischer Objekte'). Im Rahmen der durch Koffka und Luria beeinflussten Tätigkeitspsychologie postulieren auch Zinchenko und Lomov (1960) eine kooperative Funktion von Auge und Hand im Wahrnehmungsprozess. Insgesamt spricht dies alles für das zentrale Postulat Gibsons, wonach es aus Sicht des Wahrnehmenden keine sinnesmodalitätsspezifischen Empfindungen gibt, sondern eine unitäre Wahrnehmung mit Systemcharakter (1979).

Literatur

[1] Attneave, F.: Three approaches to perceptual Organisation: Comments on views of Hochberg, Shepard, Shaw and Turvey. In: Kubovy, M., Pomerantz, J.R. (Hrsg.): Perceptual Organisation. Hillsdale: N.J. Lawrence Erlbaum Ass., 1981, pp. 414-421.

[2] Abravanel, E.: Active detection of solide-shape information by touch and vision. Perception & Psychophysics 10: 358-360, 1971.

[3] Bean, C.H.: The blind have „optical illusions". Journal of Experimental Psychology 22:283-289,1938.

[4] Becker, J.: Über taktilmotorische Figurwahrnehmung. Psychologische Forschung 20:102-158, 1935.

[5] von Békésy, G.: Neuronal inhibitory units of the eye and skin: Qualitative description of contrast phenomena. Journal of the Optical Society of America 50:1060-1070, 1960.

[6] Berkeley, G.: On the role of association in the objective reference of perception. (1709) In: Herrnstein, R., Boring, E.G. (Hrsg.): A source book in the history of psychology. London: Harvard University Press, 1965.

[7] Benussi, V.: Versuche zur Analyse taktil erweckter Scheinbewegungen. Archiv für die Gesamte Psychologie 36:59-135, 1916.

[8] Clayson, D.E.: An investigation of the Poggendorff figure in haptic space and bilateral differences in the perception of the Poggendorff-illusion. Dissertation. Bringhan: Young University, 1976.

[9] Conrad, R.: Short-term memory processes in the deaf. British Journal of Psychology 61:179-195, 1970.

[10] Craig, F.E.: Variations in the illusions of filled and unffilled tactual space. American Journal of Psychology 43:112-114, 1931.

[11] Crall, A.M.: The magnitude of the haptic Ponzo-illusion in congenitally blind and sighted subjects as a function of age. Dissertation. The Pennsylvania State University, 1972.

[12] Davidon, R.S., Cheng, M.F.: Apparent distance in a horizontal plane with tactile-kinesthetic stimuli. Quarterly Journal of Experimental Psychology 16:277-281, 1964.

[13] Davidson, P.W.: The role of exploratory activity in haptic perception: Some issues, data and hypotheses. American Foundation for the Blind Reserarch Bulletin 4: 21-27, 1972b.

[14] Davidson, P.W., Abbott, S. & Gershenfeld, J.: Influence of exploration time on haptic and visual matching of complex shape. Perception & Psychophysics 15:539-543, 1974.

[15] Day, R.H., Avery, G.C.: Absence of the horizontal-vertical illusion in haptic space. Journal of Experimental Psychology 83:172-173, 1970.

[16] Deregowski, J., Ellis, H.D.: Effect of stimulus orientation upon haptic perception of the horizontal-vertical illusion. Journal of Experimental Psychology 95:14-19, 1972.

[17] Deutsch, D.: The Tritone Paradox: A link between music and speech. Journal of the American Psychological Society 6:174-179, 1997.

[18] Fechner, G.T.: Elemente der Psychophysik, Bd. II, Leipzig, 1860.

[19] Fisher, G.H.: A tactile Poggendorff-illusion. Nature 212:105-106, 1966.

[20] Frey, Ch.L.: Tactual illusions. Perceptual & Motor Skills 40: 955-960, 1975.

[21] Frey, Ch.L., Craven, R.B.: A developmental examination of visual and of active and passive tactual horizontal-vertical illusions. The Journal of Genetic Psychology 121:127-132, 1972.

[22] Gibson, J.J.: Observations on active touch. Psychological Review 69:477-491, 1962.

[23] Gibson, J.J.: The ecological approach to visual perception. London: Lawrence Erlbaum Associates, Publishers, 1979.

[24] Gibson, J.J.: The senses considered as perceptual systems. Boston: Houghton Mifflin, 1966.

[25] Gregory, R.L.: The intelligent eye. New York: McGraw-Hill Book, 1970.

[26] Hatwell,Y.: Étude de quelques illusions géométriques tactiles chez les aveugles. L'Année Psychologique 1:11-27, 1960.

[27] Hippius, R.: Erkennendes Tasten als Wahrnehmung und als Erkenntnisvorgang. Neue Psychologische Studien 10:1-163, 1937.

[28] Huntley, C.W.,Yarus, G.J.: Horizontal-vertical illusion in haptic space. Catalog of Selected Documents in Psychology 3:2, 1973.

[29] Jaensch, E.: Über Täuschungen des Tastsinns. (Im Hinblick auf die geometrisch-optischen Täuschungen). Zeitschrift für Psychologie 41:280-294, 382-422, 1906.

[30] Katz, D.: Der Aufbau der Tastwelt. Leipzig: J.A. Barth, 1969.
[31] Klatzky, R.L., Ledermann, S.J.: Stages of manual exploration in haptic object identification. Perception 52:661-670, 1992.
[32] Künnapas, T.M.: The vertical-horizontal illusion and the visual field. Journal of Experimental Psychology 53:405-407, 1957.
[33] Leibowitz, H.W., Pick, H.: Cross-cultural and educational aspects of the Ponzo perspective illusion. Perception & Psychophysics 12:430-432, 1972.
[34] Loomis, J.M.: Tactile and visual legibility of seven character sets. Paper presented at the meeting of the Psychonomic Society, 1983.
[35] Loomis, J.M.: A model of character recognition and legibility. Journal of Experimental Psychology, Human Perception 16:106-120, 1990.
[36] Mach, E.: Analyse der Empfindungen. (1886) Jena 1922, Nachdruck: Fischer, Darmstadt, 1985.
[37] Metzger, W.: Sehen, Hören und Tasten in der Lehre von der Gestalt. Schweizerische Zeitschrift für Psychologie 13:188-198, 1954.
[38] Metzger, W., Vukovich-Voth, O., Koch, I.: Über optisch-haptische Maßtäuschungen an dreidimensionalen Gegenständen. Psychologische Beiträge 12:329-366, 1970.
[39] Morgan, M.J.: Molyneux's Question. New York: Cambridge University Press, 1977.
[40] Oppel, J.J.: Über geometrisch-optische Täuschungen. Jahresbericht des physikalischen Vereins zu Frankfurt a. M., 1854/55, pp. 37-47.
[41] Over, R.: A comparison of haptic and visual judgements of some illusions. American Journal of Psychology 79:590-595, 1966.
[42] Over, R.: The effect of instructions on visual and haptic judgement of the Müller-Lyer-illusion. Australian Journal of Psychology 20:161-164, 1968.
[43] Parrish, C.S.: The cutaneous estimation of open and filled space. The American Journal of Psychology VI:514-522, 1895.
[44] Pasnak, R., Ahr, P.: Tactual Poggendorff-illusion in blind and blindfolded subjects. Perceptual & Motor Skills 31:151-154, 1970.
[45] Patterson, J., Deffenbacher, K.: Haptic perception of the Müller-Lyer-illusion by the blind. Perceptual & Motor Skills 35:819-824, 1972.
[46] Piaget, J.: The mechanism of perception. London: Routledge & Kegan Paul 1969.
[47] Reid, R.L.: An illusion of movement complementary to the horizontal-vertical illusion. Quarterly Journal of Experimental Psychology 6:107-111, 1954.
[48] Révész, G.: System der optischen und haptischen Täuschungen. Zeitschrift für Psychologie 13:296-375, 1934.
[49] Révész, G.: Die Formenwelt des Tastsinnes. Bd.1. Grundlegung der Haptik und der Blindenpsychologie. Haag: Nijhoff, 1938.
[50] Révész, G.: Lassen sich die bekannten geometrisch-optischen Täuschungen auch im haptischen Gebiet nachweisen? Jahrbuch für Psychologie und Psychotherapie 1:464-478, 1953.
[51] Rieber, Ch.: Tactual illusions. The Psychological Review IV:47-99, 1903.
[52] Robertson, A.: ‚Geometric-optical' illusions in touch. The Psychological Review IX:549-569, 1902.
[53] Rudel, R.G., Teuber, H.L.: Decrement of visual and haptic Müller-Lyer-illusion on repeated trials: A study of cross-modal transfer. Quarterly Journal of Experimental Psychology 15:125-131, 1963.
[54] Sobeski, M.: Über Täuschungen des Tastsinns. Dissertation, Breslau, 1903.
[55] Scholtz, D.A.: Die Grundsätze der Gestaltwahrnehmung in der Haptik. Acta Psychologica 13:299-333, 1957/58.
[56] Tarr, M.J., Bülthoff, H.H.: Is human object recognition better described by geon-structural-descriptions or by multiple views? Journal of Experimental Psychology: Human Perception and Performance 21:1494-1505, 1995.
[57] Tedford, W.H., Tudor, L.L.: Tactual and visual illusions in the T-shaped figure. Journal of Experimental Psychology 81:199-201, 1969.
[58] Tsai, L.S. (1967). Müller-Lyer-illusion by the blind. Perceptual and Motor Skills, 25, 641-644.
[59] Volkmann, A.W.: Über den Einfluß der Übung auf das Erkennen der räumlichen Distanz. Bericht der Sächsischen Gesellschaft der Wissenschaften, 1967, pp. 38-69.
[60] Witte, W.: Haptische Täuschungen bei Sehenden und Geburtsblinden. In: G.B. Flores D'Arcais (Hrsg.): Studies in Perception. Milano: Martello, 1975, pp. 312-325.
[61] Wong, T.S.: The respective role of limb and eye movements in the haptic and visual Müller-Lyer-illusion. Quarterly Journal of Experimental Psychology 27: 659-666, 1975.
[62] Wong, T.S.: A further examination of the developmental trend of the tactile horizontal-vertical illusion. The Journal of Gentic Psychology 127:150, 1975.
[63] Wong, T.S.: Dynamic properties of radial and tangential movements as determinants of the haptic horizontal-vertical illusion with an L figure. Journal of Experimental Psychology: Human Perception and Performance 3:151-164, 1977.

[64] Zinchenko, V.P., Lomov, B.F.: The function of hand and eye movements in the process of perception. Problems of Psychology 1:12-26, 1960.

VERGLEICH HAPTISCHER WAHRNEHMUNGSLEISTUNGEN ZWISCHEN BLINDEN UND SEHENDEN PERSONEN

Brigitte Röder und Frank Rösler

Es gibt verschiedene Gründe und Motivationen, haptische Wahrnehmungsleistungen bei blinden Menschen zu untersuchen. Einerseits kann die Leistungsfähigkeit des haptischen Systems unabhängig von visuellen Erfahrungen und Vorstellungen untersucht werden, andererseits wird die Frage gestellt, inwieweit haptische Wahrnehmungen visuelle Informationen ersetzen können. Im Zusammenhang mit der zweiten Fragestellung wird auch untersucht, ob blinde Personen bessere haptische Fertigkeiten erwerben, weil sie stärker auf diese angewiesen sind oder ob haptische Leistungen von visuellen Informationen abhängen. Im ersten Fall würde man bessere, im zweiten Fall schlechtere haptische Leistungen bei blinden im Vergleich zu sehenden Personen erwarten.

Mit taktiler Wahrnehmung werden allgemein Perzepte bezeichnet, die auf eine Stimulation der Hautrezeptoren zurückgehen. Kinästhetische oder propriozeptive Wahrnehmungen liefern dagegen Informationen über die relative Position und Bewegungen von Körperteilen und gehen u. a. auf Signale von Rezeptoren an Muskeln, Sehnen und Gelenken zurück. Haptische Wahrnehmungen umfassen beides, taktile und kinästhetische Perzepte (nach [23]), und die meisten im Alltag als taktil bezeichneten Wahrnehmungen fallen unter diese Kategorie. In diesem Beitrag werden haptische Leistungen blinder und sehender Personen in den Funktionsbereichen Braille-Lesen und Psychophysik, Entwicklung haptischer Objektwahrnehmung und Erfassen haptischer Bilder verglichen.

Braille-Lesen und Psychophysik

Da in unserer Gesellschaft ein großer Teil der Information mit Hilfe des geschriebenen Mediums ausgetauscht wird, wurden für blinde Personen haptisch erfassbare Schriftsysteme geschaffen. Am häufigsten benutzt wird das von Louis Braille eingeführte Punktschriftsystem (siehe z. B. [6,24]; World Braille Usage, UNESCO, Library of Congress, Washington, DC, 1990). Jeder Buchstabe wird durch das Setzen bestimmter Punkte (Höhe ca. 0.4 mm, Durchmesser ca. 1.5 mm) innerhalb einer 3x2 Matrix definiert. Der Abstand zwischen zwei vertikal oder horizontal liegenden Punkten beträgt ca. 2.3 mm. Für Braille wurden Leseraten von 80 bis 90 Wörtern pro Minute berichtet, was im Vergleich zu einer durchschnittlichen Leserate für Sehende von 250 bis 300 Wörtern pro Minute für stilles Lesen von Schwarzschrift relativ langsam ist. Diese langsame Leserate wird auf den sequentiellen Charakter und das kleine perzeptuelle Fenster (Fingerkuppe) beim Abtasten der Punktschriftreihen zurückgeführt. Mit effizienten Lesestrategien können professionelle Brailleleser aber Leseraten um 200 Wörter pro Minute erreichen [7]. Dazu gehört die Verwendung von mehr als einem Finger und ein schnelles, aber mit gleichmäßiger Geschwindigkeit durchgeführtes Abtasten der Punktschriftreihen. Natürlich hängt die Lesegeschwindigkeit für Braille, wie bei Sehenden beim Lesen der Schwarzschrift, auch von den sprachlichen Fähigkeiten der Leser ab [27]. Darüber hinaus ist aber das taktile Auflösungsvermögen der verwendeten Finger beim Braillelesen von Bedeutung [37]. In diesem Zusammenhang wurde die Hypothese formuliert, dass jahrelanges Punktschriftlesen auf Grund perzeptueller Lernprozesse zu einer Verringerung taktiler Schwellen führt.

Röder, Rösler und Neville untersuchten in einer Gruppe von 15 geburtsblinden Personen [8 Frauen, durchschnittliches Alter: 37 Jahre (25-48 Jahre)] und in einer nach Alter, Geschlecht und Händigkeit parallelisierten sehenden Kontrollgruppe [8 Frauen, durchschnittliches Alter: 37 Jahre (23-49 Jahre)] sowie in einer Gruppe von 12 späterblindeten Personen [6 Frauen, durchschnittliches Alter: 50 Jahre (34-70 Jahre)] und einer für diese Gruppe nach Alter, Geschlecht und Händigkeit parallelisierten Kontrollgruppe [6 Frauen, durchschnittliches Alter: 50 Jahre (34-67 Jahre)] die taktilen Absolutschwellen [mit von Frey Haaren (Semmes-Weinstein Monofilament der Firma Sammons Preston Inc., USA)] und die Zweipunktschwellen für den rechten und linken Zeigefinger und kleinen Finger [jeweils für die Fingerspitzen (distale Fingerglieder) und die proximalen Fingerglieder]. Geburtsblinde Teilnehmer hatten mit dem Erwerb der Brailleschrift im Durchschnitt mit 6 Jahren begonnen, späterblindete Personen dagegen mit durchschnittlich 31 Jahren. Die Häufigkeit des Braillelesens stuften die Geburtsblinden auf einer fünfstufigen Skala (1=nie und 5=sehr häufig) mit 4.5 ein, die Späterblindeten dagegen mit 2.8. Alle blinden Teilnehmer waren vollblind oder verfügten maximal über Lichtwahrnehmungen. Sehende wurden mit verbundenen Augen untersucht. Verglichen wurde die Lesehand der blinden Personen mit der dominanten Hand der sehenden Kontrollgruppen. Für die Absolutschwellen ergaben sich keine signifikanten Unterschiede, weder für die Gruppe der Geburtsblinden vs. ihrer Kontrollgruppe noch für die Gruppe der Späterblindeten vs. ihrer Kontrollgruppe. Dagegen hatten die geburtsblinden Teilnehmer geringere Zweipunktschwellen als ihre sehende Kontrollgruppe (Abb. 1, links). Bemerkenswert ist, dass nicht nur der Zeigefinger (als Hauptlesefinger), sondern auch der kleine Finger der Lesehand bei geburtsblinden Personen geringere Zweipunktschwellen als bei sehenden Personen aufwies, obwohl dieser für das Braillelesen bei keinem der Teilnehmer ein Rolle spielte. Taktil-perzeptuelles Lernen scheint also bei Braillelesern auf andere Finger zu generalisieren, ein Befund der in Übereinstimmung mit Ergebnissen von Studien zum taktil-perzeptuellen Lernen bei sehenden Personen steht [35].

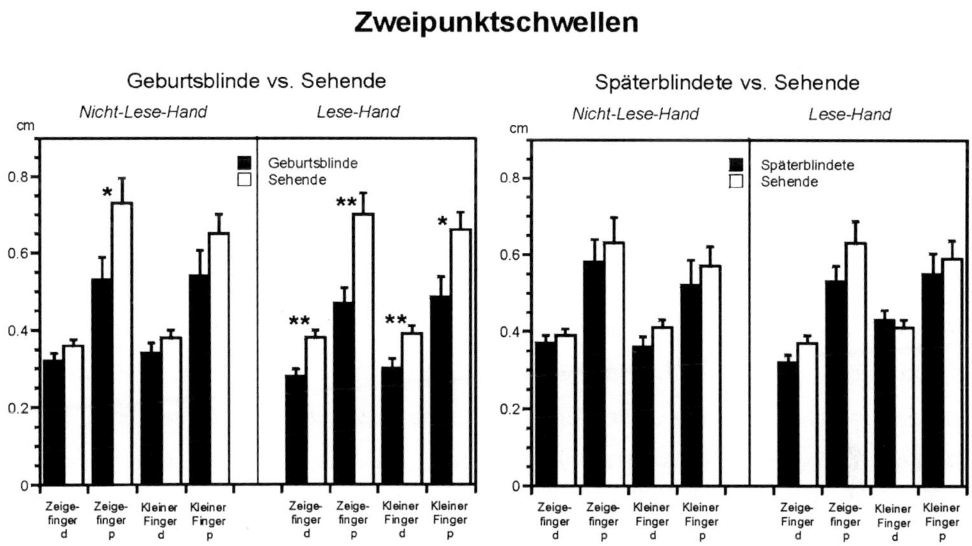

Abb. 1: Zweipunktschwellen für geburtsblinde vs. sehende Kontrollpersonen (links) und späterblindete vs. sehende Kontrollpersonen. * bedeutet, der Gruppenunterschied ist signifikant bei $p<0.05$ und ** der Gruppenunterschied ist signifikant bei $p<0.01$. ‚p'=proximales und ‚d'=distales Fingerglied.

Wie Abbildung 1 (rechts) auch zeigt, liegen die mittleren Schwellenwerte der Späterblindeten fast an allen Messorten leicht unter denen der Kontrollgruppe, diese Unterschiede waren statistisch aber nicht bedeutsam. Unsere Ergebnisse befinden sich in Einklang mit den Resultaten von Axelrod [2], der für eine Gruppe früherblindeter Kinder und Jugendlicher ebenfalls geringere Zweipunktschwellen fand, dagegen wurden keine Unterschiede in den Absolutschwellen entdeckt [2,31]. Die neurophysiologischen Korrelate des Braillelesens untersuchten Pascual-Leone et al. [30,31] und stellten fest, dass die kortikalen Areale, die den Lesefinger repräsentieren, für die Brailleleser vergrößert waren. Auf eine effizientere Verarbeitung taktiler Stimuli weisen darüber hinaus Ergebnisse einer Untersuchung zur taktilen Reizdiskrimination bei sehenden und blinden Personen hin. Hier wurden für blinde Personen kürzere Reaktionszeiten als für sehende beobachtet, die mit kürzeren Latenzen früher Komponenten der elektrischen Gehirnaktivität, die sensorische Verarbeitungsprozesse anzeigen, einhergingen [33].

Zusammenfassend können diese Untersuchungen als Hinweise auf kompensatorische taktile Wahrnehmungsleistungen bei blinden Menschen interpretiert werden, die allem Anschein nach auf spezifischen neuronalen Änderungen basieren. Vergleichbare kompensatorische

Leistungen und Plastizität hat man bei blinden Personen auch in auditorischen [28,33,34] oder olfaktorischen [29] Funktionsbereichen beobachtet.

Entwicklung haptischer Objektwahrnehmung

Menschen sind in der Lage, die meisten Objekte haptisch innerhalb von fünf Sekunden zu identifizieren [18], wobei sich diese Zeit mit etwas Training um 50 Prozent reduzieren lässt. Ähnlich wie wir unsere Augen systematisch über eine Szene bewegen, werden systematische Handbewegungen zur Erfassung bestimmter haptischer Objektmerkmale eingesetzt. Lederman und Klatzky et al. [20,21] postulieren dafür sogenannte ‚Explorationsprozeduren‘ (EPs), das sind stereotype Muster von Handbewegungen, die ein Objekt hinsichtlich bestimmter Merkmale absuchen. So werden seitliche Bewegungen mit der Hand ausgeführt, wenn die Textur eines Merkmales erfasst werden soll; man drückt z. B. mit einem Finger auf einen Gegenstand, wenn dessen Härte interessiert; man hält die Hand statisch auf einem Objekt, wenn dessen Temperatur erforscht wird; ein Gegenstand wird umfasst, um sein Volumen auszumessen; ein Objekt wird frei in der Hand gehalten, um sein Gewicht festzustellen; und die Form eines Objektes wird exploriert, indem die einzelnen Ecken, Kanten etc. Teil für Teil mit den Fingern abgetastet werden. Hieraus ist ersichtlich, dass ein gewisser Grad an feinmotorischen Fähigkeiten Voraussetzung für die Ausführung dieser manuellen Bewegungsmuster ist. Die Entwicklung der haptische Wahrnehmung, d. h. was bzw. welche Merkmale haptisch erfasst werden können, ist deswegen eng an die motorische Entwicklung eines Kindes gekoppelt. Die Entfaltung manueller Fähigkeiten eines Kindes kann grob in drei Phasen unterteilt werden (nach [5]): (1) Bis zum dritten Lebensmonat beobachtet man bei Säuglingen, dass sie ein Objekt fest umgreifen, meist um es, teilweise unter Zuhilfenahme der zweiten Hand, zum Mund zu führen. (2) Die Ausbildung differentieller Fingerbewegungen beginnt mit dem 3. Lebensmonat, und ab dem vierten bis fünften Lebensmonat werden Greifbewegungen teilweise visuell gesteuert. Jetzt werden Manipulationen, z. B. der eigene Hand, durch Kratzen, Stoßen, Schwingen oder Schlagen von Objekten abgelöst. Typisch für diese Phase ist der repetitive und stereotype Charakter der Handbewegungen, die meist auch nur unimanual zu beobachten sind, weil die zweite Hand bei der Stabilisierung der gerade erworbenen Sitzhaltung helfen muss. (3) Erst ab dem neunten bis zehnten Lebensmonat findet man komplementäre bimanuale Aktivitäten, d. h., während eine Hand das Objekt hält, wird es mit der anderen Hand manipuliert. Der repetitive Charakter der Bewegungsabläufe nimmt nun ebenfalls ab. Bushnell und Boudreau [5] postulieren, dass die, für die einzelnen Entwicklungsstufen typischen manuellen Bewegungsabläufe, eine der von Lederman und Klatzky [19,20] identifizierten Explorationsprozeduren (EPs) approximieren. Das Umgriffen-Halten eines Objektes (oder eines eigenen Körperteils) wird als Vorstufe der EPs „statischer Kontakt" und „Umfassen" gesehen, die optimal für die Wahrnehmung der Temperatur bzw. des Umfanges eines Gegenstandes sind. Die EP „Umfassen" ist dabei ein für den Beginn der Entwicklung optimales Bewegungsmuster (und wird auch später noch von Erwachsenen als erste Stufe der Exploration neuer Objekte eingesetzt [17]), da es, wenn auch nicht in optimaler Art und Weise, zusätzlich Informationen über die Textur und Härte eines Gegenstandes liefert. Die stereotypen und repetitiven Bewegungen, die zwischen dem vierten und neunten Lebensmonat auftreten, besitzen Elemente der EPs „freies Halten", „laterale Bewegungen" und „Drücken", die von Erwachsenen zur Erfassung des Gewichtes, der Textur und der Härte von Gegenständen eingesetzt werden. Entsprechend findet man, dass sich die Sensitivität für Textur und Härte erst ab dem fünften bis sechsten Lebensmonat richtig entwickelt. Dagegen werden die Merkmale Gewicht und Form erst ab dem neunten Lebensmonat genutzt, wobei die Formwahrnehmung sich am spätesten entwickelt (12.-15. Lebensmonat). Natürlich hat auch die kognitive Entwicklung einen Einfluss auf die haptische Wahrnehmung, die motorische Entwicklung setzt aber die untere Grenze für die Wahrnehmung bestimmter haptischer Merkmale.

Aus dieser Darstellung geht hervor, dass ungefähr ab dem vierten Lebensmonat visuelle Informationen für die Koordination haptischer Explorationsbewegungen an Bedeutung gewinnen, wobei die visuelle Steuerung allerdings mit zunehmender Automatisierung der manuellen Fertigkeiten wieder abnimmt [4]. Hier stellt sich die Frage, welche Rolle visuelle Informationen für die Entwicklung systematischer Explorationsstrategien spielen bzw. ob auch blinde Kinder diese erwerben können, was ja eine Grundvoraussetzung für eine kompensatorische Nutzung des haptischen Systems auf Seiten blinder Menschen ist. Für neun bis zwölf Monate alte blinde Kinder beobachteten Tröster und Brambring [38] Entwicklungsrückstände in einer Vielzahl motorischer Funktionen, einschließlich feinmotorischer Fähigkeiten. Ein Grund für diesen Rückstand könnte die geringere motorische Stimulation blinder Kinder sein; Tröster und Brambring [38] vermuten außerdem, dass kognitive Faktoren eine Rolle spielen. Um nach einem Objekt greifen zu können, müssen blinde Kinder ein audio-motorisches Koordinatensystem etabliert haben, das Wissen über die Struktur einer externalen Welt voraussetzt, d. h., dass eine Repräsentation des Raumes vorhanden sein muss. Damit blinde Kinder auch nach einem Objekt greifen, wenn kein akustisches Signal mehr von ihm ausgeht, muss die Entwicklungsstufe für Objektpermanenz abgeschlossen sein. Tröster und Brambring [38] vermuten, dass der Erwerb dieser Repräsentationen ohne visuelle Eingänge schwieriger ist, woraus die Entwicklungsrückstände zu erklären wären. Dennoch wurde gezeigt, dass auch blinde Kinder die für einzelne Objektmerkmale angemessenen Explorationsstrategien erwerben, zumindest bei hinreichenden Stimulationsbedingungen, wie z.B. Schellingerhout et al. [36] für die Wahrnehmung von Texturen bei blinden Kindern im Alter von acht bis 24 Monaten zeigten. Morrongiello et al. [26] untersuchten die Entwicklung der haptischen Objekterkennung bei sehenden und blinden Kindern im Alter zwischen drei und acht Jahren. Sie fanden, dass sowohl bei sehenden als auch blinden Kindern die Wahrscheinlichkeit, ein Objekt korrekt zu identifizieren, mit zunehmendem Alter zunahm und positiv mit dem Ausmaß der Exploration korreliert war. Wie sehende Kinder hatten auch blinde Kinder größere Schwierigkeiten Miniatur-Objekte zu identifizieren, als solche in natürlicher Größe. Darüber hinaus sprechen die Ergebnisse der Autoren dafür, dass die zugrunde liegenden Objektrepräsentationen bei blinden und sehenden Kindern vergleichbar sind: Sie verglichen den Teil des Gegenstandes, der als letzter vor der Identifikation abgetastet worden war, und fanden für sehende und blinde Kinder eine hohe Übereinstimmung. Außerdem nahm die Bedeutung dieses kritischen Objektteils mit zunehmendem Alter unabhängig vom Sehstatus zu, was im Sinne einer altersbedingten Umstrukturierung von Objektrepräsentationen interpretiert wurde. Aus den vorgestellten Untersuchungen kann zusammenfassend geschlossen werden, dass das haptische System sehr vielfältige Informationen über Objekte liefert und dass der Erwerb systematischer haptischer Explorationsstrategien nicht an das visuelle System gekoppelt sein muss. Damit sind die Voraussetzungen für eine haptische Kompensation bei der Objekterkennung auf Seiten blinder Personen erfüllt. Die haptische Wahrnehmung von Gegenständen ist allerdings bei blinden Erwachsenen wenig untersucht; in dieser Gruppe stand meist das Erfassen von taktilen Bildern und Graphiken im Vordergrund, das auch Thema des nächsten Abschnitts ist.

Haptische „Bilder"

Zahlreiche Studien haben gezeigt, dass auch blinde Personen haptische „Bilder", die Objekte oder eine dreidimensionale Landschaften abbilden, interpretieren können [8,15,32]. Um ein Bild, hier ein taktiles Bild, verstehen zu können, muss dem Betrachter bekannt sein, nach welchen Regeln dreidimensionale Objekte in eine zweidimensionale Repräsentation überführt werden, z. B. sollte ein Verständnis für Perspektive vorhanden sein. Für diese Fähigkeit hat man aber angenommen, dass sie eng an visuelle Erfahrungen gekoppelt ist [1], und hat deswegen Probleme bei geburtsblinden Personen vorhergesagt. Die Ergebnisse von Heller und Kennedy [12] sprechen aber dafür, dass auch geburtsblinde Personen mental die Perspektive wechseln und eine 3D- zu 2D-Übersetzung verstehen können. Die Autoren verwendeten eine Anordnung aus 3 Objekten (Würfel, Kegel und Kugel), die auf einer flachen Schaumstoffplatte (29.5 x 42 cm) angebracht worden waren. Die sehenden, geburtsblinden und späterblindeten Versuchspersonen sollten die dreidimensionale Anordnung aus der Vogelperspektive und aus verschiedenen Seitenansichten zeichnen. Darüber hinaus wurden den blinden Teilnehmern taktile Zeichnungen der Anordnung aus verschiedenen Perspektiven vorgelegt, und sie mussten angeben, aus welcher Sicht die jeweilige Abbildung erstellt worden war. Die Autoren berichten, dass Geburtsblinde in allen Aufgaben gleich gute Leistungen (gemessen in der Anzahl richtiger Antworten) wie sehende und späterblindete Personen erbrachten. Diese Ergebnisse sprechen dafür, dass bei blinden Personen ein ähnliches Verständnis von Perspektive wie bei sehenden Personen vorliegt (siehe auch [11,14]). Kennedy et al. [15,16] zeigten darüber hinaus, dass sehende und blinde Erwachsene bildliche Metaphern in vergleichbarer Weise interpretieren. Sehende und geburtsblinde Personen ordnen z. B. einer bestimmten Form der Speichen eines Rades einer bestimmten Bewegung zu: So wurde eine schnelle gleichmäßige Drehung bei gleichmäßig gekrümmt gezeichneten Speichen wahrgenommen und eine ungleichmäßig wacklige Bewegung bei mehrfach gekrümmt gezeichneten Speichen. Außerdem verbinden blinde wie sehende Personen mit bestimmten Formen bestimmte Eigenschaften, z. B. wurden einem Kreis die Eigenschaften weich und glücklich zugeschrieben, dagegen wurde ein Quadrat als hart bezeichnet [15,16].

Allgemein scheint jedoch zu gelten, dass das haptische System im Vergleich zum visuellen relativ schlecht im Erfassen zweidimensionaler Darstellungen von Objekten ist. Ein wichtiger Grund hierfür ist, dass haptisch saliente Merkmale (z. B. Substanzeigenschaften) verloren gehen [20]. Dazu kommt, dass die räumliche Auflösung der Haut geringer als die der Retina ist und dass das kleinere haptische „Wahrnehmungsfenster“ (ein oder mehrere Finger) es dem Wahrnehmenden erschweren, sich schnell einen Überblick über die globale Gestaltung des Bildes zu verschaffen [22]. Ein taktiles Bild muss sequentiell abgetastet und mental zu einem Gesamtperzept zusammengefügt werden, während ein visuelles Bild quasi „auf einen Blick“ wahrgenommen wird. Daraus resultiert eine relativ höhere Belastung des Arbeitsgedächtnisses. Dies sind sicher weitere Gründe dafür, dass Bilder weniger häufig bei Blinden, z. B. im Unterricht, eingesetzt werden. Die Folgen sind allerdings Erfahrungsdefizite, die z. B. Heller et al. [8,13] für die schlechteren Leistungen (z. B. längere Bearbeitungszeiten) geburtsblinder im Vergleich zu späterblindeten oder sehenden Personen verantwortlich machen [10-12]. Das heißt, dass geburtsblinde Personen zwar über die kognitiven Fähigkeiten verfügen, zweidimensionale Bilder wahrnehmen zu können, wegen der seltenen Konfrontation mit solchen

Abbildungen scheinen viele von ihnen jedoch darin wenig geübt zu sein. So berichten Heller et al. in den meisten Studien, dass der größte Anteil der geburtsblinden Teilnehmer das erste Mal mit einem 3D- zu 2D-Bild-Übersetzungsproblem konfrontiert worden war. Dadurch ließe sich möglicherweise auch die große interindividuelle Varianz innerhalb der Blindengruppen erklären [13]. Es ist deswegen zu erwarten, dass gezielte Instruktionen und zusätzliche Informationen zu einem besseren, d. h. vor allem schnelleren, Erfassen taktiler Abbildungen bei geburtsblinden Personen führen würde [9-11,13].

In diesem Kontext interpretiert auch Millar [25] ihre Befunde zum Zeichnen taktiler Bilder bei blinden und sehenden Kindern. Zeichnen von Bildern stellt ähnliche Anforderungen an das System wie die Wahrnehmung von Bildern: Es muss bekannt sein, wie ein dreidimensionaler Gegenstand in eine zweidimensionale Repräsentation überführt werden kann. Zur Herstellung taktiler Zeichnungen werden z. B. Plastikfolien verwendet (z. B. ‚Sewell raised line drawing kit'), die auf einer Gummiplatte befestigt werden. Bewegt man einen Griffel oder Kugelschreiber über die Folie, entstehen erhobene Linien, die haptisch leicht erfasst werden können. Millar zeigte, dass blinde Kinder ähnliche Stufen beim Zeichnen komplexer Gegenstände (z.B. eines Hauses) durchlaufen wie sehende Kinder, d. h., dass diese ebenfalls nach und nach lernen, zweidimensionale Symbole für dreidimensionale Formen zu verwenden. Die Tatsache, dass nur wenige blinde Kinder so früh erkennbare Zeichnungen produzieren wie sehende Kinder, führten sie auf die Tatsache zurück, dass erstere mit taktilen Bildern und Zeichenmaterialien in der Regel nicht nur später, sondern auch seltener konfrontiert werden. Darüber hinaus ergab sich aber noch ein für die Autorin zunächst überraschender Befund: Die blinden Kinder waren im Zeichnen von Bildern (z. B. einer Person) besser als im Wiedererkennen von Bildern. Sie erklärt dies mit dem sequentiellen Charakter der haptischen Wahrnehmung (s. o.), d. h., dass die einzelnen Bewegungen beim Abtasten eines Bildes im Gedächtnis gehalten und miteinander in Beziehung gesetzt werden müssen. Die Autorin argumentiert, dass selbst produzierte Bewegungen (wie beim Zeichnen) mental einfacher organisiert und deswegen besser behalten und miteinander in Beziehung gebracht werden können. Ohne Vorwissen darüber, was auf einem Bild dargestellt ist, scheint es verhältnismäßig schwieriger zu sein, gezielte und systematische Handbewegungen für das Abtasten auszuwählen. Auf diese Bewegungsinformation und der damit verbundenen taktilen Perzepte basiert aber die haptische Bilderkennung. Auch diese Befunde sprechen dafür, dass drastische Verbesserungen in der Erkennensleistung haptischer Abbildungen zu erwarten sind, wenn zusätzliche Informationen über den dargestellten Gegenstandes gegeben werden [10] oder wenn eine Schulung in systematischen Abtaststrategien erfolgt [3].

Zusammenfassend sprechen die Befunde dafür, dass auch geburtsblinde Personen taktile Zeichnungen, auch wenn diese perspektivische oder metaphorische Darstellungen enthalten, erfassen und herstellen können. Wenn schlechtere Leistungen für Geburtsblinde beobachtet werden, scheinen sie größtenteils durch Erfahrungsdefizite, d. h. einer seltenen Konfrontation mit Bildern, erklärt werden zu können. Analog scheint die häufig gefundene Überlegenheit späterblindeter Personen (im Vergleich zu sehenden oder geburtsblinden Personen) durch deren doppelten Vorteil, generelle Geübtheit im Umgang mit taktilen Materialien und Vertrautheit mit (visuellen) Bildern, bedingt zu werden.

Zusammenfassung

Zusammenfassend kann festgehalten werden: Blinde Menschen nutzen das haptische System zur Kompensation fehlender Eingänge über das Sehsystems und es gibt darüber hinaus Hinweise darauf, dass sie taktile Informationen effizienter als Sehende auswerten. Blinde Kinder können auch ohne visuelle Rückmeldung lernen, haptische Objekte systematisch zu erfassen. Geburtsblinde Personen verfügen über die notwendigen Konzepte (z. B. Perspektive, zweidimensionale Symbolik für dreidimensionale Objekte), um haptische Bilder verstehen zu können, sie scheinen aber oft wenig Erfahrung mit diesen zu haben.

Literatur

[1] Arditi, A., Holtzman, J.D., Kosslyn, S.M.: Mental imagery and sensory experience in congenital blindness. Neuropsychologia 26:1-12, 1988.

[2] Axelrod, S.: Effects of early blindness: Performance of blind and sighted children on tactile and auditory tasks, New York: American Foundation for the Blind, 1959.

[3] Berlá, E.P.: Strategies in scanning a tactual pseudomap. Education of the Visually Handicapped. 1973, pp. 8-19.

[4] Bushnell, E.W.: The decline of visually guided reaching during infancy. Infant Behavior and Development 8:139-155, 1985.

[5] Bushnell, E.W., Boudreau, J.P.: The development of haptic perception during infancy. In: Heller, M.A., Schiff, W. (Hrsg.): The psychology of touch. Hillsdale: Lawrence Erlbaum Asscociates, Publishers, 1991, pp. 139-161.

[6] Foulke, E.: Braille. In: Heller, M.A., Schiff, W. (Hrsg.): The psychology of touch. Hillsdale: Lawrence Erlbaum Asscociates, Publishers, 1991, pp. 219-233.

[7] Grunwald, A.P.: A braille reading machine. Science 154:144-146, 1966.

[8] Heller, M.A.: Pictures and pattern perception in the sighted and the blind: The advantage to late blind. Perception 18:379-389, 1989.

[9] Heller, M.A., Brabyn, J.: Visual impairment: Ergonomic considerations in blind and low-vision rehabilitation. In: Kumar, S. (Hrsg.): Perspectives in rehabilitation in ergonomics. London: Taylor & Francis, 1997, pp. 69-94.

[10] Heller, M.A., Calacaterra, J.A., Burson, L.L., Tyler, K.A.: Tactual picture identification by blind and sighted people: Effects of providing categorical information. Perception & Psychophysics 58:310-323, 1996.

[11] Heller, M., Calcaterra, J.A., Tyler, L.A., Burson, L.L.: Production and interpretation of perspective drawings by blind and sighted people. Perception 25:321-334, 1996.

[12] Heller, M.A., Kennedy, J.M.: Perspective taking, pictures, and the blind. Perception & Psychophysics 48:459-466, 1990.

[13] Heller, M.A., Kennedy, J.M., Joyner, T.D.: Production and interpretation of pictures of houses by blind people. Perception 24:1049-1058, 1995.

[14] Kennedy, J.M.: Drawing and the blind. New Haven, CT: Yale University Press, 1993.

[15] Kennedy, J.M.: How the blind draw. Scientific American 276:76-81, 1997.

[16] Kennedy, J.M., Gabias, P.: Metaphoric devices in drawing of motion mean the same to the blind and the sighted. Perception 14:189-195, 1985.

[17] Klatzky, R.L., Lederman, S.J.: Stages of manual exploration in haptic object identification. Perception & Psychophysics 52:661-670, 1992.

[18] Klatzky, R.L., Lederman, S.J., Metzger, V.A.: Identifying objects by touch: An „expert system". Perception & Psychophysics 37:299-302, 1985.

[19] Klatzky, R.L., Lederman, S.J., Reed, C.: There is more to touch than meets the eye: The salience of object attributes for haptic with and without vision. Journal of Experimental Psychology: General 116:356-369, 1987.

[20] Lederman, S.J., Klatzky, R.L.: Hand movements: A window into haptic object recognition. Cognitive Psychology 19:342-368, 1987.

[21] Lederman, S.J., Klatzky, R.L.: Action for perception: Manual exploratory movements for haptically processing objects and their features. In: Wing, A.M., Haggard, P., Flanagan, J.R. (Hrsg.): Hand and brain: The neurophysiology and psychology of hand movements. San Diego: Academic Press, 1996, pp. 431-446.

[22] Loomis, J.M., Klatzky, R.L., Lederman, S.J.: Similarity of tactual and visual picture recognition with limited field of view. Perception 20:167-177, 1991.

[23] Loomis, J.M., Lederman, S.J.: Tactual perception. In: Boff, K.R., Kaufman, L., Thomas, J.P. (Hrsg.): Handbook of human perception and human performance. New York: Wiley, 1986, pp. 31-1--31-41.

[24] Meyers, E., Ethington, D., Ashcroft, S.: Readability of braille as a function of three spacing variables. Journal of Applied Psychology 42:163-165, 1958.

[25] Millar, S.: A reversed lag in the recognition and production of tactual drawings: Theoretical implications for haptic coding. In: Heller, M.A., Schiff, W. (Hrsg.): The psychology of touch. Hillsdale: Lawrence Erlbaum Asscociates, Publishers, 1991, pp. 301-325.

[26] Morrongiello, B.A., Humphrey, G.K., Timney, B., Choi, J., Rocca, P.T.: Tactual object exploration and recognition in blind and sighted children. Perception 23:833-848, 1994.

[27] Mousty, P., Bertelson, P.: A study of braille reading: 1. Reading speed as a function of hand usage and context. The Quarterly Journal of Experimental Psychology 37A:217-233, 1985.

[28] Muchnik, C., Efrati, M., Nemeth, E., Malin, M., Hildesheimer, M.: Central auditory skills in blind and sighted subjects. Scandinavian Audiology 20:19-23, 1991.

[29] Murphy, C., Cain, W.: Odor identification: The blind are better. Physiology and Behavior 37:177-180, 1986.

[30] Pascual-Leone, A., Cammarota, A., Wassermann, E.M., Brasil-Neto, J.P., Cohen, L.G., Hallett, M.: Modulation of motor cortical outputs of the reading hand of braille readers. Annals of Neurology 34:33-37, 1993.

[31] Pascual-Leone, A., Torres, F.: Plasticity of the sensorimotor cortex representation of the reading finger in braille readers. Brain 116:39-52, 1993.

[32] Pring, L., Rusted, J.: Pictures for the blind: An investigation of the influence of pictures on recall of text by blind children. British Journal of Psychology 3:41-45, 1985.

[33] Röder, B., Rösler, F., Hennighausen, E., Näcker, F.: Event-related potentials during auditory and somatosensory discrimination in sighted and blind human subjects. Cognitive Brain Research 4:77-93, 1996.

[34] Röder, B., Rösler, F., Neville, H.J.: Effects of interstimulus interval on auditory event-related potentials in congenitally blind and normally sighted humans. Neuroscience Letters 264:1-4, 1999.

[35] Sathian, K., Zangaladze, A.: Tactile learning is task specific but transfers between fingers. Perception & Psychophysics 59:119-128, 1997.

[36] Schellingerhout, R., Smitsman, A.W., van Galen, G.P.: Exploration of surface-texture in congenitally blind infants. Child care, health and development 23:247-264, 1997.

[37] Stevens, J.C.C., Foulke, E., Patterson, M.Q.: Tactile acuity, aging, and braille reading in long-term blindness. Journal of Experimental Psychology: Applied 2:91-106, 1996.

[38] Tröster, H., Brambring, M.: Early motor development in blind infants. Journal of Applied Developmental Psychology 14:83-106, 1993.

Implizite und explizite Gedächtnisleistungen

Werner Wippich

Obwohl beträchtliche Informationsmengen durch unsere Hände gehen und täglich begriffen werden, ist das Wissen über gedächtnismäßige Konsequenzen haptischer Erfahrungen immer noch gering. Dies mag zum einen daran liegen, dass es bereits der haptischen Wahrnehmungsforschung Probleme bereitet, definitive Aussagen zu formulieren. Zum anderen sind relativ heterogene Forschungsparadigmen verwendet worden, um haptische (oder auch nur taktile) Gedächtniseffekte zu prüfen, ein Sachverhalt, der angesichts der komplexen sinnesphysiologischen Grundlagen nicht überrascht. So liegen Untersuchungen vor, bei denen blind ausgeführte Bewegungen reproduziert [13], auf der Unterseite des Arms berührte Hautstellen nach kurzen Behaltensintervallen lokalisiert [4] oder auf die Hand geschriebene Buchstabenfolgen erinnert wurden [7]. Die genannten Untersuchungen zeichnen ein eher ungünstiges Bild der Persistenz taktiler oder haptischer Erfahrungen. Untersuchungen zum Erwerb des Braille-Systems, bei denen die Zeichen mit den Fingern aktiv exploriert werden konnten, zeigen zwar bessere Ergebnisse, doch auch hier wird von einer visuellen Dominanz gesprochen, weil Zuordnungen von Zeichen zu Buchstaben nach visuellen Lernbedingungen besser gelingen [5].

Die zumal aus gedächtnispsychologischer Perspektive eher negative Sicht des Tastsinns ist korrekturbedürftig. Hierfür gibt es mindestens drei Gründe. Erstens zeigen differenziertere Untersuchungen zur haptischen Wahrnehmung, die vor allem von Klatzky angeregt wurden, erstaunlich effiziente Leistungen. Wenn reale Objekte bei verbundenen Augen aktiv betastet werden können, ist schon innerhalb einer Sekunde ein präzises Erkennen möglich [9]. Offenbar beruht die haptische Wahrnehmung auf eigenständigen Kodierungsprozessen, die als explorative Prozeduren beschrieben werden [10]. Damit sollte sich auch die Chance erhöhen, beträchtliche Gedächtniseffekte für haptische Erfahrungen nachweisen zu können. Zweitens ist innerhalb der Gedächtnispsychologie festzustellen, dass motorischen Aktivitäten, die auch für haptische Erfahrungen mit Objekten charakteristisch sind, eine für Behaltensleistungen förderliche Funktion zugeordnet wird [3]. So konnte beispielsweise gezeigt werden, dass nach der Präsentation von Objekten sich die Leistungen bei der Reproduktion der Objekte deutlich verbesserten, wenn im Vergleich zum bloßen Sehen die zusätzliche Möglichkeit gegeben war, die Objekte mit den Händen zu explorieren [14]. Drittens ist festzuhalten, dass traditionelle Gedächtnisuntersuchungen zu haptischen Erfahrungsnachwirkungen möglicherweise auch deshalb ein eher defizitäres Bild zeichnen, weil geeignete Prüfverfahren fehlen. In der Regel sind Reproduktions- und Rekognitionsverfahren verwendet worden, die einen intentionalen, bewussten Abruf voraussetzen, wobei – zumal beim Reproduzieren – sprachliche Steuerungsprozesse eine erhebliche Rolle spielen. Solche Verfahren dürften differenzierten haptischen Erfahrungen häufig nicht angemessen sein, so dass es sinnvoll ist, das Spektrum der Prüfverfahren zu erweitern. Im nächsten Abschnitt soll generell auf diese Ausdehnung eingegangen und zwischen expliziten und impliziten Prüfverfahren unterschieden werden. Nachfolgend wird über einige eigene Untersuchungen mit impliziten und expliziten Prüfverfahren nach haptischen Erfahrungen berichtet. Abschließend wird über andere, neuere Untersuchungen zu diesem Problemfeld hingewiesen und diskutiert, in welchem Maße die Befunde mit eigenen Erkenntnissen übereinstimmen.

Implizite und explizite Gedächtnisprüfungen

Gedächtnisleistungen können auch ohne Erinnerungsinstruktionen in der Testphase erfasst werden. Nach einer vorausgegangenen Lernphase, in der beispielsweise Wörter präsentiert worden sind, sollen die Probanden etwa ohne Verweis auf diese Phase Wortfragmente ergänzen oder Wörter unter erschwerten Wahrnehmungsbedingungen identifizieren. Wenn überzufällig häufig und/oder schnell solche Wörter produziert oder identifiziert werden, die zuvor bearbeitet worden sind, kann auf ein Gedächtnis geschlossen werden, ohne dass Erinnerungen an die Lernphase die Leistungen beeinflusst haben müssen. Wir sprechen von impliziten Erfahrungsnachwirkungen oder Effekten oder auch von einem Wiederholungs-Priming, wenn sich in der Prüfphase Änderungen im Verhalten zu Gunsten schon einmal bearbeiteter Informationen im Vergleich zu neuen Informationen beobachten lassen. Der Begriff „implizites Gedächtnis“ wird also aufgabenbezogen verstanden, und implizite Effekte stehen für bestimmte Ergebnisse bei Aufgaben, die ohne Erinnerungsinstruktion durchgeführt werden. Traditionelle Prüfverfahren wie Reproduzieren oder Wiedererkennen werden als explizite Tests bezeichnet, weil hier in der Testphase ausdrücklich auf Ergebnisse hingewiesen wird, die aus der vorausgegangenen Lernphase erinnert werden sollen.

Die implizite Gedächtnisforschung hat viele neue Befunde vorgelegt [12]. An erster Stelle sind Untersuchungen an klinischen Stichproben mit massiven Gedächtnisstörungen bei expliziten Tests zu nennen (z. B. bei Amnesien), die bei impliziten Tests völlig normale Behaltensleistungen demonstrieren können. Bemerkenswert sind auch funktionale Dissoziationen zwischen implizit und explizit erfassten Testleistungen im Normalbereich. So ist bekannt, dass elaborierte oder „tiefe“ Enkodierungsbedingungen auf implizite Effekte keine oder sogar negative Auswirkungen haben, während einige implizite Tests sehr sensibel auf spezifische

Änderungen sog. Oberflächenmerkmale von der Lern- zur Testphase (z. B. auf Änderungen der Darbietungsmodalität oder des Schriftbildes) reagieren [8,16]. Für explizite Gedächtnisprüfungen ist dagegen ein gegenteiliges Ergebnismuster typisch. Insbesondere die Sensibilität impliziter Tests für spezifische Merkmale von Informationen lässt erwarten, dass mit solchen Verfahren auch haptische Erfahrungen nachgewiesen und analysiert werden können.

Zur Erklärung impliziter Gedächtnisphänomene sind Prozess- und Systemansätze vorgeschlagen worden. Systemansätze ordnen implizite Effekte speziellen Subsystemen zu, wobei vor allem präsemantische perzeptuelle Repräsentationssysteme diskutiert werden [17]. Prozessansätze gehen davon aus, dass Testleistungen in dem Maße von Vorerfahrungen aus der Lernphase profitieren, in dem Informationen oder Prozesse, die bereits bei der Enkodierung in der Lernphase relevant waren (z. B. bestimmte perzeptuelle Prozesse), in der Prüfphase erneut genutzt oder wiederholt werden können [15]. Unsere Untersuchungen sind von Überlegungen geleitet worden, die dem Prozessansatz entsprechen, schließen aber Systeminterpretationen nicht aus.

Implizite und explizite Erinnerungen an haptische Erfahrungen

Unsere Untersuchungen waren primär darauf ausgerichtet, implizite Effekte beim Betasten konkreter Objekte zu überprüfen. Bei allen Untersuchungen wurde zusätzlich als expliziter Test ein Wiedererkennen erfragt. Auf explizite Testleistungen wird jedoch nur kurz eingegangen, da explizite Tests stets impliziten Prüfungen folgten und deshalb nicht auszuschließen ist, dass implizite Prüfungen die Urteile beeinflussten.

Klatzky hat gezeigt, dass die haptische Wahrnehmung bei realen Objekten zielbezogen erfolgt und dass Fragen zu Objekten, die exploriert werden können, je nach erfragten Merkmalen unterscheidbare Bewegungsmuster der Hände oder Finger zur Folge haben [11]. Bei Texturfragen (rauh oder glatt) sind z. B. Rubbelbewegungen mit den Fingern zu beobachten, während bei Härteprüfungen des Objekts Druckbewegungen typisch sind. In einer ersten Untersuchung [21] haben wir uns diesen Umstand zu Nutzen gemacht. In der Enkodierungsphase wurden den Probanden bei verbundenen Augen überwiegend konkrete Objekte (wie Schlüssel oder Dosenöffner) in die nach oben geöffnete dominante Hand gelegt und jeweils eine Frage zum Objekt gestellt (gefragt wurde nach der Textur, Temperatur, Form oder nach dem Gewicht). Zur Beantwortung der Frage sollte das Objekt exploriert werden, wobei auch die andere Hand benutzt werden konnte. Die Probanden sollten sich so genau und so schnell wie möglich entscheiden. Registriert wurden die Antwortzeiten. Ein Hinweis auf nachfolgende Behaltensprüfungen unterblieb (inzidentelles Lernen). Nach einer kurzen Unterbrechung wurde diese Prozedur fortgeführt, wobei alte Objekte (mit den alten Merkmalsfragen) und neue Objekte (ebenfalls mit einer der vier möglichen Merkmalsfragen) präsentiert wurden (Testphase). In der Enkodierungsphase gab es drei Versuchsgruppen, mit denen die Verarbeitungstiefe variiert werden sollte. In einer Gruppe sollten nur Merkmalsfragen beantwortet werden, in einer zweiten Gruppe war zusätzlich noch die Angenehmheit des Objekts zu bewerten und in einer dritten Gruppe war nach Einschätzung der Angenehmheit zusätzlich noch eine Benennung des Objekts notwendig. In der Testphase schließlich war nach der Beantwortung der Merkmalsfragen zusätzlich ein Wiedererkennensurteil abzugeben (schon einmal betastet oder nicht).

Unsere Hypothese war, dass in der Testphase Fragen zu alten Objekten schneller beantwortet werden als solche Fragen zu neuen Objekten, da bei der Bearbeitung alter Objekte auf spezifische haptische Vorerfahrungen zurückgegriffen werden kann. Dieser implizite Effekt sollte – wie bei vergleichbaren Gedächtnisprüfungen in anderen Sinnesmodalitäten – von der Verarbeitungstiefe bei der Enkodierung unbeeinflusst bleiben. Dagegen wurde für das Wiedererkennen ein positiver Effekt der Verarbeitungstiefe erwartet. Die Hypothesen konnten bestätigt werden: Bei alten, wiederholten Objekten wurden die Merkmalsfragen um 160 ms schneller beantwortet als bei neuen Objekten, ein Wiederholungseffekt, der von der Verarbeitungstiefe unbeeinflusst blieb. Das Wiedererkennen profitierte dagegen systematisch von einer tieferen Enkodierung, wobei das Leistungsniveau in der ersten Gruppe (nur Merkmalsfragen) mäßig blieb und in der dritten Gruppe (zusätzliche Fragen zur Angenehmheit und zur Benennung) hervorragend und nahezu perfekt war. Bei expliziten Tests kann somit das Leistungsniveau beträchtlich variieren, was anzeigt, dass das Erinnerungsurteil auf verschiedenen Informationen (wie affektiven Qualitäten, evozierten Vorstellungen oder verbalen Eindrücken) beruhen kann und möglicherweise weniger von haptischen Erfahrungen beeinflusst wird.

Was aber ist die Grundlage des impliziten Effekts beim Beantworten der Merkmalsfragen? In einer zweiten Untersuchung haben wir global zwischen sensorischen und motorischen Nachwirkungen unterschieden [18]. Möglicherweise können bei alten Objekten beim Betasten sensorische Rückmeldungen effizienter ausgewertet werden. Oder es werden weniger sensorische Informationen benötigt, weil spezifische sensorische Vorerfahrungen vorliegen. Um dies zu prüfen, konnten die Probanden in der zweiten Untersuchung die Merkmalsfragen wie in der ersten Untersuchung beantworten oder mussten in der Enkodierungsphase Latex-Handschuhe tragen, mit denen sensorische Vorerfahrungen reduziert werden sollten. Sind sensorische Vorerfahrungen relevant, sollten bei dieser Bedingung in der Testphase geringere oder gar keine impliziten Effekte nachweisbar sein. Andererseits ist nicht auszuschließen, dass der Priming-Effekt darauf zurückgeht, dass bei alten Objekten zur Beantwortung der Frage angemessene Hand- und Fingerbewegungen effizienter ausgeführt werden können, so dass sich die Antwortzeiten verkürzen. Um diese „motorische" Hypothese zu prüfen, wurden in der Testphase bei alten Objekten entweder die alten Fragen (z. B. zur Textur) beibehalten oder aber andere Fragen (z. B. zum Gewicht), die andere motorische Bewegungsmuster implizieren, gestellt. Die Ergebnisse waren eindeutig: Implizite Effekte waren nur dann festzustellen, wenn bei alten Objekten auch die zu prüfenden Objektmerkmale wiederholt wurden (243 ms kürzere Antwortzeiten als bei neuen Objekten) und damit auch ähnliche Explorationsprozeduren in Gang gesetzt wurden. Bei einem Wechsel der Merkmalsfragen blieben dagegen Wiederholungseffekte aus. Die Ergebnisse entsprechen einer „motorischen" Hypothese und geben keine Hinweise auf Einflüsse sensorischer Informationen (Wiederholungseffekte traten unabhängig davon ein, ob in der Lernphase Handschuhe zu tragen waren oder nicht). Interessanterweise ergab sich beim Wiedererkennen ein anderes Ergebnismuster. Hier war nur ein „sensorischer" Effekt festzustellen (schlechtere Leistungen, wenn beim Enkodieren Handschuhe getragen worden waren), und zwar insbesondere bei Objekten, zu denen eher lokale Fragen (Temperatur oder Textur) zu beantworten waren. Die beeinträchtigte Kodierung sensorischer Merkmale beim Betasten hat hier wahrscheinlich dazu geführt, dass beim Wiedererkennen weniger auf Vorstellungen oder sprachliche Informationen zurückgegriffen werden konnte.

Wenn vor allem (und vielleicht ausschließlich) motorische Komponenten beim Betasten unter den gegebenen Bedingungen implizite Effekte bedingen, müsste es möglich sein, entsprechende Effekte selbst dann nachzuweisen, wenn die Objekte in der Enkodierungsphase nicht berührt werden dürfen. Dieser Frage wurde in einer dritten Untersuchung nachgegangen [19]. In der Testphase wurde das bisherige Vorgehen beibehalten (alte und neue Objekte waren zu betasten, um Merkmalsfragen zu beantworten, wobei bei alten Objekten auch die alten Fragen wiederholt wurden). In der Enkodierungsphase durften allerdings bei einigen Probanden die in die Hand gelegten Objekte nicht aktiv exploriert werden. Hier sollte anhand sensorischer Eindrücke die Frage beantwortet werden. In Übereinstimmung mit der motorischen Hypothese blieben hier nachfolgende implizite Effekte aus (um nur 9 ms kürzere Antwortzeiten bei alten Objekten). Nach aktiver Exploration bei der Enkodierung war dagegen der übliche

Priming-Effekt in der Testphase (370 ms) nachweisbar. Hatten die Probanden jedoch in der Lernphase nur den Namen des Objekts gehört oder das Objekt gesehen und waren sie aufgefordert worden, entsprechende explorative Bewegungen symbolisch auszuführen, blieben Effekte aus. Dies scheint eine „motorische“ Hypothese zu belasten, doch gab es zugleich Hinweise darauf, dass bei der Ausführung symbolischer Prüfbewegungen häufig nicht angemessen vorgegangen wurde.

In einer vierten Untersuchung wurde deshalb in der Lernphase eingeübt und strikter kontrolliert, dass beim symbolischen Prüfen angemessene Hand- und Fingerbewegungen bei sichtbaren Objekten und ohne jeden Objektkontakt ausgeführt wurden [20]. Hier waren unter den üblichen Testbedingungen nachfolgend nach symbolischen wie nach realen, aktiven Explorationen vergleichbare Priming-Effekte zu beobachten (um 178 ms kürzere Antwortzeiten bei alten Objekten), was den u. E. stärksten Beleg für die motorische Hypothese darstellt. Die Untersuchung zeigte überdies ein neues Ergebnis: Durfte in der Testphase nur der passive Tastsinn genutzt werden (die Merkmalsfragen waren auf Grund des sensorischen Eindrucks ohne aktive Explorationsmöglichkeiten zu beantworten), blieben implizite Effekte aus, obgleich selbst hier die expliziten Wiedererkennensleistungen das Zufallsniveau übertrafen. Der ausbleibende Priming-Effekt unter sensorischen Prüfbedingungen (passiver Tastsinn) bestätigt ebenfalls die motorische Hypothese.

Folgt daraus, dass bei einem sensorischen impliziten Test generell implizite Erfahrungsnachwirkungen ausbleiben? In einer fünften Untersuchung konnte diese Frage beantwortet werden [20]. Wurde bereits bei der Enkodierung in der Lernphase zur Beantwortung der Fragen nur der passive Tastsinn zugelassen (keine aktive Exploration der in die Hand gelegten Objekte), konnten nachfolgend in der Testphase relativ geringe, aber signifikante implizite Effekte beim sensorischen Test beobachtet werden (53 ms kürzere Antwortzeiten bei alten Objekten). Dies zeigt an, dass unter bestimmten eingeschränkten Bedingungen auch sensorische Informationen beim Betasten implizite Effekte nach sich ziehen können, doch scheinen diese sensorischen Nachwirkungen bei aktiven Explorationsmöglichkeiten von motorischen Nachwirkungen überlagert zu werden.

Zusammenfassung und neuere Untersuchungen

Unsere Untersuchungen zeigen, dass es mit impliziten Prüfverfahren möglich ist, spezifische Nachwirkungen haptischer Erfahrungen nachzuweisen und solche Nachwirkungen zu analysieren. Bei dem gewählten Standardparadigma – zu realen Objekten bei verbundenen Augen Merkmalsfragen beantworten, wobei die Objekte aktiv exploriert werden – konnte demonstriert werden, dass motorische Komponenten des Betastens impliziten Effekten zugrunde liegen. Zwar ist davon auszugehen, dass beim aktiven Explorieren sensomotorische Gedächtniseintragungen erfolgen, die in der Testphase beim erneuten Betasten des Objekts genutzt werden können, doch ist es vor allem die motorische Komponente, die sich in den Wiederholungseffekten niederschlägt. Dies wird vor allem dadurch nahegelegt, dass ein Priming selbst dann zu beobachten ist, wenn in der Lernphase symbolisch und ohne Objektberührung exploriert wird. Die Dominanz des motorischen Einflusses geht wahrscheinlich darauf zurück, dass die Probanden möglichst zügig auf Merkmalsfragen antworten sollen. Der „Zugriff" auf das Objekt ist die bemerkenswertere Komponente beim Betasten als die zeitlich verzögerte und wahrscheinlich auch weniger informative sensorische Rückmeldung. Allerdings war auch zu beobachten, dass sich sensorische Informationen beim Priming nachweisen lassen, wenn die Merkmalsfragen ohne aktives Explorieren in Lern- und Testphase beantwortet werden müssen. Hier ist eine Sensibilisierung für sensorische Informationen wahrscheinlich, doch deren Informationswert ist geringer einzuschätzen (die Wiederholungseffekte sind schwächer), weil sich die Rückmeldungen bei verschiedenen Objekten stärker überlappen.

Den vorgestellten Untersuchungen könnte vorgeworfen werden, dass die Daten auf subjektiven Eindrücken der Probanden beruhen, wobei die Antworten häufig nicht eindeutig und objektiv als richtig oder falsch bewertet werden können. Diesem Einwand halten wir entgegen, dass der Tastsinn subjektive Bewusstseinsinformationen liefert und die gewählte Forschungsstrategie deshalb angemessen ist. Empirisch bleibt überdies festzuhalten, dass sich an den beschriebenen Ergebnissen nichts ändert, wenn bei jedem Probanden nur solche Antworten berücksichtigt werden, die bei der wiederholten Präsentation des Objekts konsistent mit der ersten Antwort sind. Hier kann unterstellt werden, dass solche Antworten zumindest subjektiv richtig sind.

Bei impliziten Gedächtnisprüfungen wird häufig diskutiert, ob die beobachteten Effekte nicht durch explizite Erinnerungsbemühungen zustande gekommen sein könnten. Kürzere Antwortzeiten bei alten Objekten wären etwa einem expliziten Wiedererkennen des Objekts und einem Erinnern der ersten Antwort zuzuordnen. Obwohl solche Einwände nie vollständig ausgeräumt werden können, sind sie für die vorliegenden Untersuchungen wenig plausibel und überdies durch die berichteten Ergebnisse in Frage zu stellen. Die geringe Plausibilität gilt deshalb, weil die Probanden in der Testphase teilweise bis zu 80 Objekte zu bearbeiten hatten. Der Versuch einer Rückerinnerung an frühere Antworten wäre hier sehr aufwendig und überdies bei den ständig wechselnden vier Merkmalsfragen keineswegs einfach. Empirisch konnten überdies mehrfach zwischen impliziten und expliziten Testleistungen (Wiedererkennen) Dissoziationen beobachtet werden. So blieben Manipulationen der Verarbeitungstiefe bei impliziter Testung folgenlos, während diese Variable das Wiedererkennen beeinflusste. Ähnlich konnte gezeigt werden, dass Manipulationen der motorischen Komponente nur die impliziten Effekte beeinflussten, während sich Manipulationen der sensorischen Komponente beim Wiedererkennen auswirkten. Unveröffentlichte Untersuchungen zeigen überdies, dass Priming-Effekte bei längeren Behaltensintervallen stabil bleiben, während die Wiedererkennensleistungen sinken.

Warum plädieren wir dafür, bei der Überprüfung von Nachwirkungen haptischer Erfahrungen zumindest auch implizite Messinstrumente einzusetzen? Der wichtigste Grund besteht darin, dass solche Gedächtnisprüfungen indirekt sehr spezifische und manchmal kaum zu beschreibende Nachwirkungen registrieren können. Bei expliziten Gedächtnisprüfungen ist dagegen damit zu rechnen, dass viele zusätzliche Informationen (vor allem sprachliche Komponenten) auf das Erinnern Einfluss nehmen und Nachwirkungen haptischer Erfahrungen überdecken.

Natürlich sollte es möglich sein, haptische Erfahrungen auch mit anderen impliziten Prüfverfahren nachzuweisen. Wir haben beispielsweise gezeigt, dass beim aktiven wie beim passiven Tastsinn auch dann implizite Effekte zu beobachten sind, wenn die Probanden wählen müssen, ob sie das alte oder ein neues Objekt präferieren [20]. Hier wird überzufällig häufig das alte Objekt präferiert, ein Ergebnis, das auch in anderen Sinnesmodalitäten beobachtet wird. Wahrscheinlich hat dieses Phänomen mit affektiven Qualitäten von Tasterfahrungen zu tun. Schon einmal Begriffenes oder Berührtes fühlt sich besser an. Hier besteht natürlich weiterer Forschungsbedarf.

Wie passen unsere Untersuchungen zu anderen Resultaten, die haptische Erfahrungen mit impliziten Gedächtnisprüfungen erfasst haben? Leider sind uns nur drei publizierte Arbeiten bekannt geworden, die mit impliziten Tests Nachwirkungen geprüft haben. Hamann hat in mehreren Experimenten bei blinden Probanden die Braille-Schrift verwendet und Wortstammergänzungstests als implizite Prüfverfahren eingesetzt [6]. In Übereinstimmung mit unseren Ergebnissen findet auch er keine Effekte der Verarbeitungstiefe beim Betasten und

Ergänzen der Wortstämme. Allerdings ergaben sich bei einem Modalitätswechsel (nach akustischer Präsentation der Wörter in der Lernphase wurden die Wortstämme in Braille-Schrift präsentiert) immer noch Wiederholungseffekte. Easton et al. [1] haben in mehreren Untersuchungen ebenfalls mit Wortstammergänzungstests gearbeitet und dabei visuelle und haptische Lern- und Testbedingungen miteinander verglichen. Sie stellten vergleichbare Wiederholungseffekte bei intramodalen (z. B. haptisch - haptisch) wie bei intermodalen (z. B. visuell - haptisch) Versuchsbedingungen in Lern- und Testphase fest. Das gleiche Ergebnismuster war festzustellen, wenn in der Testphase Objekte visuell oder haptisch zu identifizieren waren [2]. Mit unseren Untersuchungsergebnissen stimmt lediglich überein, dass auch bei den hier verwendeten impliziten Testverfahren Effekte der Verarbeitungstiefe ausbleiben. Dass Modalitätswechsel nur geringe oder gar keine Einflüsse auf Wiederholungseffekte haben, scheint zunächst gegen eine eigenständige Funktion und Repräsentation haptischer Erfahrungen und damit zumindest indirekt auch gegen unsere Auffassungen zu sprechen. Allerdings gilt für alle hier nur kurz besprochenen Untersuchungen, dass Materialien, Aufgaben und/oder Versuchsbedingungen gewählt worden sind, die im hohen Maße sprachliche Anteile aufweisen. Der Verdacht kann nicht ausgeräumt werden, dass dadurch haptische Erfahrungen überlagert und von sprachlichen Repräsentationen und Prozessen dominiert worden sind. Die Chancen, genuine und spezifisch haptische Erfahrungsnachwirkungen aufdecken zu können, waren somit von vornherein gering.

Literatur

[1] Easton, R.D., Srinivas, K., Greene, A.J.: Do vision and haptics share common representations? Implicit and explicit memory within and between modalities. Journal of Experimental Psychology: Learning, Memory, and Cognition 23:153-163, 1997.

[2] Easton, R.D., Greene, A.J., Srinivas, K.: Transfer between vision and haptics: Memory for 2-D patterns and 3-D objects. Psychonomic Bulletin & Review 4:403-410, 1997.

[3] Engelkamp, J.: Das menschliche Gedächtnis. Göttingen: Hogrefe, 1990.

[4] Gilson, E.Q., Baddeley, A.D.: Tactile short-term memory. Quarterly Journal of Experimental Psychology 21:180-184, 1969.

[5] Hall, A.D., Newman, S.E.: Braille learning: Relative importance of seven variables. Applied Cognitive Psychology 1:133-141, 1987.

[6] Hamann, S.B.: Implicit memory in the tactile modality. Psychological Science 7:284-288, 1996.

[7] Heller, M.A.: Tactile retention: Reading with the skin. Perception & Psychophysics 27:125-130, 1980.

[8] Jacoby, L.L.: Remembering the data: Analyzing the interactive processes in reading. Journal of Verbal Learning and Verbal Behavior 22:485-508, 1983.

[9] Klatzky, R.L., Lederman, S.J., Metzger, V.A.: Identifying objects by touch: An „expert system". Perception & Psychophysics 37:299-302, 1985.

[10] Klatzky, R.L., Lederman, S., Reed, C.: There is more to touch than meets the eye: The salience of objects attributes for haptics with and without vision. Journal of Experimental Psychology: General 116:356-369, 1987.

[11] Lederman, S., Klatzky, R.L.: Hand movements: A window into haptic object recognition. Cognitive Psychology 19:342-368, 1987.
[12] Perrig, W.J., Wippich, W., Perrig-Chiello, P.: Unbewußte Informationsverarbeitung. Bern: Huber, 1993.
[13] Posner, M.I.: Characteristics of visual and kinesthetic memory codes. Journal of Experimental Psychology 75:103-107, 1967.
[14] Richardson, J.T.E., Ainsley, H.M., Copsey, S., Watkins, S.A.: The role of tactual information in the recall of concrete objects. Bulletin of the Psychonomic Society 16:57-58, 1980.
[15] Roediger, H.L.: Implicit memory. American Psychologist 45:1043-1056, 1990.
[16] Roediger, H.L., Blaxton, T.A.: Effects of varying modalities, surface features, and retention interval on priming in word fragment completion. Memory & Cognition 15:379-388, 1987.
[17] Schacter, D.L.: Understanding implicit memory: A cognitive neuro-science approach. American Psychologist 47:559-569, 1992.
[18] Wippich, W.: Begreifen oder Fühlen? Motorische und sensorische Prozesse bei Erinnerungen an haptische Erfahrungen. Archiv für Psychologie 142:181-193, 1990.
[19] Wippich, W.: Haptic information processing in direct and indirect memory tests. Psychological Research 53:162-168, 1991.
[20] Wippich, W., Mecklenbräuker, S., Norbert-Wurm, J.: Motorische und sensorische Effekte haptischer Erfahrungen bei impliziten und expliziten Gedächtnisprüfungen. Zeitschrift für experimentelle und angewandte Psychologie 41:500-522, 1994.
[21] Wippich, W., Wagner, V.: Auch Hände haben ein Gedächtnis: Implizite und explizite Erinnerungen an haptische Erfahrungen. Sprache & Kognition 8:166-177, 1989.

IV. Klinisch-neuropsychologische Aspekte

Sprachentwicklung und haptische Wahrnehmung

Christiane Kiese-Himmel

Spracherwerb und Sprachnutzung des Menschen basieren auf der Ausbildung einer Symbolisierungsfunktion. Symbole sind die Grundlage für Begriffe, hinter denen das Konstrukt des Konzepterwerbs steht. *Wortbedeutungs-/Begriffsbildung* setzen sensomotorische Erfahrungen mit Objekten, insbesondere verschiedenen Objektmerkmalen, Personen, Ereignissen sowie situationsbezogenen Handlungen voraus, die von anderen unterschieden, als ähnlich oder kontextuell zusammengehörig kategorisiert und für das jeweilige Repräsentationsformat definiert werden. Ein Begriff stellt eine komplexe kognitive Einheit dar, der aus der Verarbeitung von Informationen entsteht und im Wort seine äußere Form erhält. In neueren Säuglingsexperimenten konnte gezeigt werden, dass bereits sehr junge Kinder ein Konzept von einem Objekt haben, noch bevor sie das Wort dafür lernen [z. B. 5,58]. Das Herzstück einer Sprache ist ihre Symbolfunktion, die in der verbalen Sprache durch das Wort, in einer Gebärdensprache[1] durch die Gebärde/Geste ausgedrückt wird. Die spezielle Anordnung von Symbolen kennzeichnet die Beziehungen zwischen den jeweiligen Konzepten.

Die Lautsprache der Umgebung („Muttersprache") wird in den ersten Lebensjahren im Rahmen der Sprachentwicklung („primärer Spracherwerb") erworben, die in ihrer Sequenz bei gesunden Kindern aller Sprachen und Kulturen beachtliche Gemeinsamkeiten aufweist. So geht bspw. der präverbale Entwicklungsabschnitt der linguistischen Entwicklung voraus. In der Sprachentwicklung lernen Kinder ein Lexikon mit Wörtern, Konzepten, für die sie stehen und Regeln, nach denen die Wörter flektiert und miteinander zu Sätzen kombiniert werden. Die Ausdifferenzierung morpho-syntaktischer Formen sowie grammatikalischer Ordnungs- und Verknüpfungsregeln geschieht insbesondere im aktiven Sprachgebrauch. Dazu müssen

---

[1]Darunter wird ein aus natürlichen und konventionellen Gebärden bestehendes Zeichensystem verstanden, wie es von Gehörlosen bzw. Gehörlosendolmetschern benutzt wird. Es gibt keine Universalgebärdensprache, doch Hunderte verschiedene (nationale) Gebärdensprachen, die als vollständige Sprachen gelten und über die Hände ausgedrückt werden. Die Zeichensprache wird bei gehörlos geborenen Menschen, die von Anfang an Gebärden benutzen, zerebral im Temporallappen verarbeitet, also dort, wo hörende Personen die verbo-akustischen Signale verarbeiten. Symbolische Gebärdenzeichen (Verständigungsgesten) sind auch bei Naturvölkern anzutreffen. Das wird darauf zurückgeführt, dass sich die menschliche Hand evolutionstheoretisch viel früher entwickelte als die Lautsprache.

Kinder über einen bestimmten Grundstock an Wörtern einschließlich ihrer Bedeutungen verfügen.

Die Sprachentwicklung ist ein äußerst komplexer Prozess, der vorwiegend aus Reifung, Differenzierung und Lernen resultiert. Damit ein Kind seine genetische Option für Sprachfähigkeit ausbilden kann, sind bestimmte individuelle Voraussetzungen und Umweltfaktoren erforderlich. Neben peripher- und zentral-somatischen Bedingungen sind auf endogener Seite kognitive Entwicklungsprozesse, insbesondere Wahrnehmung nötig, deren Entfaltung wiederum von äußeren Einflüssen wie Reizangebot, Stimulation und liebevoller Interaktion durch primäre Bezugspersonen abhängig ist.

Der neuguinesische Stamm der *Fore people*, eine kleine neolithische kulturelle Enklave, die bis in die Mitte der 50er Jahre von der Außenwelt isoliert war, ist *ein* Beispiel für die präverbale kommunikative Interaktion des Menschen. Sorenson (S. 297 [57]) beschreibt die überaus reichhaltige, kontinuierliche taktile Interaktion in der frühen Kindheit: „... Fore children were able to communicative needs, desires and feelings to a number of responsive caretakers by physical movement even before they could talk". Mit zunehmendem Bewusstsein richtet sich das Interesse des *Fore*-Kindes mehr auf Objekte und Materialien. Sie werden zur Exploration und zum Spiel gebraucht, was durchaus auch gefährliche Objekte wie Messer, Macheten, Äxte, Feuer einschließt. „This early tactile communicative experience fostered cooperative interactions between infants and their caretakers and provides the basis of the Fore kinesthetic way of learning" (S. 300).

Die der Sprache unterliegenden neurophysiologischen Prozesse sind nicht auf kortikale Areale beschränkt und auch nicht an eine einzige Sinnesmodalität gebunden. Nehmen wir das Beispiel von Helen Keller[1], die selbst bei Ausfall zweier Sinne (Sehen und Hören) durch „taktiles Lippenlesen" und einen auf Tast- und Bewegungsempfinden gegründeten Unterricht die Sprache erlernte, wodurch ihr eine entsprechende höhere geistige Bildung zuteil wurde. In ihrer Anamnese ist allerdings als wesentlich festzuhalten, dass sie *nach* dem 18. Lebensmonat ertaubte und erblindete. Das bedeutet, dass sie die sog. „sensomotorische Entwicklungsphase"[2], in der durch spielerisches Hantieren und Experimentieren Objekt- und Materialerfahrungen gemacht sowie erste mentale Repräsentationen geschaffen werden, relativ normal durchlief.

---

[1] Amerikanische Schriftstellerin (1880 - 1968), Sozialreformerin für Taubblinde.

[2] Piaget [52] hat diese Phase für die ersten 18 bis 24 Lebensmonate der kognitiven Entwicklung postuliert.

Sprach- und Kognitionsentwicklung stehen miteinander in Beziehung. Kontrovers wird diskutiert, ob Sprache für die Kognitionsentwicklung erforderlich oder ob sie deren Ergebnis ist, wie z. B. Cromer [11] oder Piaget [51] annehmen. Piaget beschreibt eine funktionelle Kontinuität, die von der allmählichen Loslösung eines Objekts aus der Handlung bzw. des Handlungsablaufs zu Vorstellungsbildern („mentale image“) als rudimentäre Form von Symbolik und hiernach zu sprachlichen Zeichen führt [50]. Ein Verbindungsstück zwischen Sprache und Kognition ist die Hand bzw. deren Gebrauch oder gezielter Einsatz.

Haptik verbindet taktile und kinästhetische Informationen, indem aktiv-exploratives und manipulatives Berühren (insbesondere durch die Hand) instrumentell zum Erkennen von Objekten eingesetzt werden („dynamic touch“). Haptische Wahrnehmung scheint für die Erstellung symbolischer Repräsentationen bedeutsam zu sein. Nach Kennedy [23] ist Haptik „... imagined to be active in obtaining information and giving an experience of an object ...“ (S. 290). Wenngleich die Sprachentwicklung zunächst ein Phänomen der Hirnreifung ist, wird zunehmend die Bildung synaptischer Kontakte durch äußere Stimulation wichtig („experience-dependent plasticity“). Diese geschieht u. a. durch *haptische Objektexploration,* die es ermöglicht, Objekte voneinander zu unterscheiden wie auch zu identifizieren. Sie steigt etwa ab einem Alter von 2½ Monaten mit der Neuigkeit eines Gegenstandes an.

Als Träger bedeutungsvermittelnder, nicht-linguistischer kognitiver Informationen sind haptische *cues* (Spuren) anzunehmen, die multidimensionale Qualität haben können. Im direkten Modell zur haptischen Verarbeitung von Klatzky und Lederman [32] werden eigenständige Repräsentationen im Gedächtnis angenommen (Tastgedächtnis), die zusammen mit anderen (z. B. visuellen) Wahrnehmungsinformationen den Grundstock für das erste Wissen des Kindes über seine Umwelt bilden. Um ein Objekt mental zu organisieren, müssen zuerst Repräsentationen von seiner Beschaffenheit, d. h. seiner elementaren Merkmale wie Größe, Form, Oberfächenbeschaffenheit (Textur), Gewicht, Konsistenz, Temperatur vorliegen, bevor Begriffs- und semantische Klassenbildung einsetzen können. Komplexe Merkmale können später zur klassifizierenden Kategorisierung hinzukommen.

Kaum untersucht in der Spracherwerbsforschung ist der Stellenwert des somatosensorischen Systems, das meint, wie und in welchem Außmaß er den Zusammenhang von Sprache und Kognition während der frühen Kindheit modelliert. Voraussetzung hierfür sind allerdings entwicklungspsychologische, prospektive Longitudinalstudien, die die Tastarten der Hand in ihrem Verlauf und in ihrer Effektivität zur Ausbildung von Tastvorstellungen dokumentieren und analysieren.

Mögliche Bedeutung der taktil-kinästhetischen/haptischen[1] Wahrnehmung für den primären Spracherwerb: Die entwicklungspsychologische Perspektive

Nach Affolter [1] oder Ayres [4][2] erlangen alle Sinnessysteme ihre Bedeutung für die allgemeine Entwicklung wie auch für die Entwicklung spezieller Leistungen erst in Verbindung mit dem taktil-kinästhetischen System; ohne dieses System ist der Mensch nicht handlungsfähig. Taktile, taktil-kinästhetische und vestibuläre Sinnesinformationen bilden die Basis kognitiver wie aber auch affektiver Erfahrungen [2].

Zentraler Bestandteil des primären Spracherwerbs ist die lexikalisch-semantische Entwicklung. Zwischen dem 16. und 20. Lebensmonat werden ca. 50 Wörter beherrscht: allgemeine und spezifische Nomen, Handlungswörter, Modifikatoren; in den ersten 50 bis 100 Wörtern dominieren Objektwörter. Mit 24 Monaten verfügen Kinder über ca. 250 bis 400 und mit 3 Jahren über ungefähr 1.000 Wörter. Dabei eilt die Entwicklung des passiven oder rezeptiven Wortschatzes der des aktiven bzw. expressiven voraus.[3]

Nach Rescorla und Mirak [53] gründet das Wortlernen von Kindern erstens auf dem Wissen über Objekte und deren Merkmale, zweitens auf Handlungen, die an/mit ihnen vollzogen werden sowie drittens auf lokalen Ortsbestimmungen als ein Ergebnis der sensomotorischen Entwicklung. Sprache wird nach dem o. g. kognitiv-strukturalistischen Ansatz von Piaget aus sensomotorischen Operationen abgeleitet, die das Kind in Interaktion mit seiner physikalischen Umwelt aufbaut. Hierbei „hantiert“ es nicht nur mit sozialen Partnern als „Objekten“, sondern auch mit den von ihnen bereitgestellten materiellen Gegenständen. Sobald es etwas mit der Hand halten kann, führt es dieses zum Körper, insbesondere zum Mund. Die Verbindung von Hand und Handlung ist naheliegend [54].[4] Révész (S. 21/22 [54]) sieht im Grei-

[1] Das haptische System umfasst sowohl Berührungssinn als auch Bewegungs- und Lagesinn und die damit verbundenen Wahrnehmungen. Daher ist es ein Spezialfall der somatosensorischen (taktil-kinästhetischen) Modalität, die in der ontogenetischen Entwicklung am frühesten arbeitet.

[2] Die Modellvorstellungen beider Forscherinnen zum Stellenwert der taktil-kinästhetischen Wahrnehmung für die Entwicklung finden sich in den primären Quellen [1,4] bzw. u. a. in dem Übersichtsbeitrag von Kiese-Himmel und Schiebusch-Reiter [29].

[3] Schätzungen des aktiven Wortschatzumfangs eines normalgesunden erwachsenen Sprachteilnehmers bewegen sich zwischen 5.000 und 20.000 Wörtern.

[4] Evolutionstheoretisch ist die Hand das bemerkenswerteste Organinstrument, das die Primaten, aber insbesondere den Menschen auszeichnet [10]. Die Rezeptorendichte an den Fingerkuppen ist (neben der der Lippen) im Vergleich zu anderen Körperregionen am höchsten. Dem Daumen (seine Opposition erlaubt die sichernde Fixierung von Objekten in der Hand, seine Beweglichkeit ermöglicht Objekten im Handinneren eine beliebige Stellung zu geben) kommt eine besondere arbeitstechnische Bedeutung zu.

fen des Säuglings eine Vorstufe des Handelns, bevor grundlegende manuelle Aktivitäten wie Zureichen, Drehen, Wenden, Öffnen, Schließen, Loslassen usw. ausgebildet werden.

Die Hand enthält zwei Subsysteme: das sensorische, um die Dingwelt zu erfahren und wahrzunehmen sowie das motorische, um Objekte zu greifen und zu explorieren. Objektgröße und Fingerspannweite (insbesondere Daumen-Zeigefingerabstand) kovariieren, da das Greifen von Objekten verschiedener Größe Änderungen im Ausmaß der Fingerspannweite impliziert. Das kognitive System verarbeitet die Informationen des sensorischen und des motorischen Systems, um ein Objekt zu identifizieren. Exploration ist ein zentrales Entwicklungsprinzip, eine für das junge Kind typische Form des aktiven Lernens [z. B. 14]. Nach J. J. Gibson [15] fordern Gegenstände auf Grund ihrer Beschaffenheit („affordance")[1] zum Berühren und zum Tasten auf. Sequentielles Berühren („sequential touching") gilt bspw. als eine frühe Form des Objektsortierens und wurde an 12 bis 30 Monate alten Kindern nachgewiesen, um ihre Fähigkeit zum Kategorisieren zu messen [z. B. 43-45]. Wurde ihnen eine gemischte Reihe von Objekten aus zwei verschiedenen Kategorien angeboten, so berührten sie die derselben Kategorie nacheinander [45].

Die Identifikation eines Objektes variiert mit der Explorationsmethode. Bereits 1935 hat Becker [6] an 9- bis 11-jährigen Schulkindern festgestellt, dass die Art und Folge der Handgriffe beim Tasten eine Rolle spielt. „Es gibt anscheinend für jedes Tastgebilde mehr und weniger ‚natürliche', ‚passende', ‚sinngemäße' Arten des Tastens. [...] denn die sinngemäße Art des Tastens wird bei natürlichem Verhalten von der Form des Tastgebildes herausgefordert" (S. 158). Sowohl Erwachsene als auch Kinder setzen verschiedene *manuelle Explorationsprozeduren* (Abtastbewegungen) ein. Explorationsprozeduren sind durch ihre invarianten und typischen Bewegungsmuster festgelegt (wie Halten, Drücken, Konturennachfahren). Nicht von ungefähr beansprucht die Handmotorik etwa ein Drittel der motorischen Hirnrinde. Die Explorationsprozeduren ermöglichen substanzbezogene (Textur, Härte, Temperatur, Gewicht bestimmt durch Dichte), strukturbezogene (Form, Größe, Gewicht bestimmt durch Volumen) und funktionsbezogene (z. B. partielle Beweglichkeit) Objektmerkmale zu erfassen. In Abhängigkeit von dem zu erfahrenden Objektmerkmal sind Explorationsprozeduren bei Erwachsenen unterschiedlich effektiv (Tabelle 1), und die Art der Abtastbewegungen wiederum hängt von den Merkmalen des Objekts ab, die es zu erfassen gilt.

[1] Einzelheiten zur frühkindlichen haptischen Exploration sind u. a. dem Review-Beitrag von Kiese-Himmel und Kruse [27] zu entnehmen.

Tab. 1: Beziehung zwischen haptischen Explorationsprozeduren und Objektmerkmalen (nach Lederman und Klatzky [36])

Explorationsprozedur	**Objektmerkmal**
Passiv ruhende Hand („static contact")	Temperatur
Umfassen („enclosure")	Größe/Volumen
Hin- und Herbewegungen („lateral motions")	Textur
Drücken („pressure")	Härte
Freies Halten/Abwägen („unsupported holding")	Gewicht
Konturennachfahren („contour following")	Form/Umriss
Teilbewegungstest („part motion test")	die Art der teilweisen Beweglichkeit
Funktionstest („functioning test")	spezifische Funktionen

Die einzelnen Objektmerkmale besitzen eine unterschiedliche Anziehungskraft für das visuelle und für das haptische Sinnessystem. Während mit dem haptischen Sinnessystem leichter substanzbezogene Merkmale verarbeitet und erkannt werden, richtet sich das visuelle System eher auf strukturbezogene, vor allem die Form, sowie auf das Erfassen von Lage- und räumlichen Relationen. Die Überlegenheit des haptischen Systems ist vor allem bei dreidimensionalen Objekten gegeben, sie werden schneller und genauer erkannt [33], aber auch bei der Wahrnehmung von Textur. Die Möglichkeit zu greifen sowie der Gebrauch mehrerer bis aller Finger verschaffen hier zusätzliche Hinweise, indem kinästhetische Informationen über die jeweilige Fingerposition, Richtung und Geschwindigkeit der Bewegung integriert werden. Hinzukommen können taktile Empfindungen durch Variation in der Druckstärke der explorierenden Fingerspitzen. Während Objekte über die Augen holistisch erfasst werden, sind zur haptischen Wahrnehmung mehrere Zugriffe und Tastbewegungen nötig. Becker [6] spricht vom „Simultancharakter der optischen Figurwahrnehmung" bzw. dem „Sukzessivcharakter der taktilmotorischen Figurwahrnehmung". Selbst kleine Objekte, die von der Hand ganz umschlossen werden können, werden sequentiell betastet. Die Informationen des sukzessiv-analytischen Tastvorgangs werden schließlich zu einem Erkennen synthetisiert.

Bushnell und Boudreau [9] haben die von Säuglings- und Kleinkindforschern in experimentellen Querschnittsstudien gewonnenen haptischen Wahrnehmungsleistungen mit der Hand für einzelne Objektmerkmale gesichtet. Auf dieser Grundlage entwerfen sie ihre Theorie des „Doppel-Filter-Modells", das eine Erklärung für das zeitlich versetzte Auftreten der haptischen Wahrnehmung von Objektmerkmalen im frühen Kindesalter liefert (Tabelle 2). Die beiden Filter der zeitlichen Determination der haptischen Wahrnehmungsentwicklung sind Begrenzungen, die sich einerseits aus der motorischen, andererseits aus der kognitiven Entwicklung des Kindes ergeben. Erst wenn ein Kind diesbezüglich einen gewissen Entwicklungsstand erreicht hat, ist es zur umfassenden haptischen Objektwahrnehmung in der Lage. Motorisch ist insbesondere die Entwicklung der Bewegungsfertigkeit von Arm, Hand, Fingern von Bedeutung. Daher werden manche Objektmerkmale erst ab einem bestimmtem Alter haptisch wahrnehmbar („greif-bar"). Spezifische Explorationsprozeduren sind dann möglich, wenn die Greifentwicklung diese funktional erlauben. Sehr junge Säuglinge können Tasteindrücke zur Temperatur und Größe kleiner Objekte erfahren, weil hierfür nur grobe Explorationsprozeduren wie „statischer Kontakt" oder „Umfassen" (umschließendes Tasten, indem sich die Hand durch Beugung dem Objekt anschmiegt) nötig sind – im Gegensatz zum gleitenden Tasten oder zu den differenzierten, bimanuellen Aktivitäten, die die haptische Wahrnehmung von Umrissen erfordert. Grundsätzlich besteht eine natürliche Tendenz, sich von Objekten zunächst einmal einen allgemeinen Eindruck zu verschaffen, was durch Umgreifen bzw. Umfassen geschieht. Vorläufiges Ergebnis kann die Entdeckung sein, dass das Objekt allseits geschlossen ist. Aus kognitiver Sicht wird der Einfluss der Aufmerksamkeitsentwicklung (limitierte Informationsverarbeitung; Umweltinteresse) auf die haptische Wahrnehmung bestimmter Objektmerkmale herausgestellt. Wahrnehmung ist ein aktiver Such- und Konstruktionsprozess. So widmen Säuglinge ihre Aufmerksamkeit zuerst solchen Merkmalen, die ein direktes sensorisches Feedback geben; wenn sie in der Lage sind, Objekte in ihren unterschiedlichen Mittel-Zweck-Verbindungen zu untersuchen, wird ein funktionales Feedback handlungsleitend. Temperatur, Härte, Textur sind unter dem Aspekt des sensorischen Feedbacks attraktiv („ästhetische Relevanz"), Gewicht und Umriss hingegen eher funktional relevant. Die Untersuchung von Stack und Tsonis [59] belegt, dass Texturen entgegen früherer Studienergebnisse doch später, erst ab einem Alter von 7 Monaten, haptisch diskriminiert werden, da hierzu feinere Explorationsprozeduren erforderlich sind.

Tab. 2: Entwicklung der haptischen Wahrnehmung für Objektmerkmale (nach Bushnell und Boudreau [9])

Erstes Auftreten	**Objektmerkmal**
Erste 3 Lebensmonate	Temperatur,Volumen/Größe
Etwa ab 6. Lebensmonat	Härte, Textur
Etwa ab 9. Lebensmonat	Gewicht
Ab 12. bis 15. Lebensmonat	Form/Umriss

Vor Einsetzen der manuellen Exploration und temporär ergänzend bietet die orale Objektexploration („mouthing") die Möglichkeit, haptische Erfahrungen zu machen – etwa bis in die zweite Hälfte des zweiten Lebensjahres – und mit visuellen zu kombinieren [16,46,55,56]. Nach Affolter [1] koordiniert die Mundexploration zudem Aktivitäten von Lippen, Kiefer, Gaumen, Zunge (aber auch von Hand und Fingern); dies ist eine wichtige Voraussetzung zum Sprechenlernen. Tastvorstellungen werden aber auch durch die Füße sowie andere Körperteile angeregt.

In der „sensomotorischen Entwicklungsphase", sensu Piaget, sammelt das Kind unimodale sensorische, intersensorische und sensomotorische Erfahrungen, die mental organisiert (repräsentiert) werden und aus denen Begriffsvorläufer, „sensomotorische Schemata" entstehen. Die Repräsentationen sind kein Abbild der Realität, sondern werden konstruiert und verdichten sich zur semantischen Basis von Wörtern. Durch das allmähliche Loslösen eines Gegenstandes aus dem Handlungsschema wird etwa um den 18. Lebensmonat als erste Invariante die „Objektpermanenz" (Objektkonstanz) erreicht, was den eigentlichen Objektbegriff ermöglicht. Dafür benötigt das Kind ein Vorstellungsbild von einem (nicht vorhandenem) Objekt, das aus sensomotorischer, aufgeschobener und schließlich internalisierter Nachahmung abgeleitet wird. Objektpermanenz wird als Voraussetzung für den Beginn der Benennungsexplosion des Kindes um das 2. Altersjahr interpretiert.

Bruner et al. [8] unterscheiden ontogenetisch drei Formen von Repräsentation:

- **enaktive** (Darstellung der äußeren Welt durch motorische Aktivitäten),
- **ikonische** (Darstellung der äußeren Welt durch konkrete Vorstellungsbilder) und
- **symbolische** (Darstellung durch Zeichen, z. B. verbale Etiketten, die besondere Attribute identifizieren und somit die Basis von Klassenbildung sind).

Sie treten in genau dieser Abfolge auf und setzen jeweils die vorhergehende Repräsentation voraus. Ob das haptische System inferiore Informationen bietet, die zur Erzeugung eines visuellen Bildes übersetzt werden und zur Objektrepräsentation führen („Image-Mediation Model"), oder ob es gleichermaßen reichhaltige Informationen ähnlich dem visuellen System liefert („Direct Haptic Apprehension Model"), hängt nach Klatzky und Lederman [32,37] von der jeweiligen Wahrnehmungsanforderung (etwa zwei- vs. dreidimensional) ab.

Nach Mandler [41,42] sind Vorstellungsbilder (Image-Schemata) Vorläufer der Konzeptbildung. Sie werden durch einen angeborenen aktiven Prozess geformt: der Wahrnehmungsanalyse. Dabei werden sensomotorische Schemata in ein Zwischenformat transformiert, das Bedeutung ermöglicht. „Perceptual analysis involves a redescription of spatial structure and of the structure of motion that is abstracted primarily from vision, touch and one's own movements" (S. 591 [41]). Entgegen Piagets Ansicht sind Image-Schemata keine Kopie des perzeptiven Inputs. Entwicklungspsychologisch betrachtet sind sie das Repräsentationsformat für Wahrgenommenes, solange ein anderes Symbolsystem wie Sprache fehlt. „Image-schemas can be defined as dynamic analog representations of spatial relations and movements in space" (S. 591 [41]). Mandler macht aber keine Aussage über die Natur des Übergangs der Image-Schemata in die Sprache.

Bereits vor 25 Jahren hat Edwards [12] sensomotorische Operationen auf die Sprachentwicklung bezogen und die Konstruktion von Wortbedeutungen wie auch die der semantischen Struktur von Äußerungen auf sensomotorische Pläne zurückgeführt. Fillmore [13] sieht eine Entsprechung von Handlungsschemata und Handlungsgrammatik hinsichtlich Subjekt, Prädikat und Objekt. Intakte sensomotorische Schemata sind also ein Ausgangspunkt, um Wörter, sprich Symbole, zu konstituieren [z. B. 48].

Mögliche Bedeutung der taktil-kinästhetischen/haptischen Wahrnehmung für die Sprachentwicklung: Die klinische Perspektive

Eine *spezifische Sprachentwicklungsstörung* oder *Entwicklungsdysphasie* („specific language impairment", „developmental language disorder", „developmental dysphasia")[1] ist dadurch gekennzeichnet, dass qualitative und quantitative Abweichungen von der altersspezifischen Sprech-/Sprachnorm vorliegen, ohne dass hierfür zentrale bzw. periphere Organschädigungen, neurologisch-psychiatrische Erkrankungen oder eine Intelligenzminderung maßgeblich sind. Ohne große Bedeutung sind auch sozio-psychische Ursachen (z. B. bilinguales Aufwachsen, inadäquates Sprachmodell, Deprivation, Beziehungsstörung, emotionale Störung). Sprachdefizite können in unterschiedlicher Ausprägung und Kombination auf phonetisch-phonologischer, lexikalisch-semantischer, morpho-syntaktischer und pragmatischer Ebene vorhanden sein. Die Muster des Spracherwerbs sind in der Entwicklung von Anfang an gestört. Es werden eine (eher seltene) rezeptive, eine expressive sowie eine globale Form unterschieden. Die Diskussion über zusätzliche bzw. zugrunde liegende Störungen ist kontrovers. Die Prävalenz beträgt in Abhängigkeit von den benutzten Diagnosekriterien 3 bis 12 % [z. B. 35]. Die spezifische Sprachentwicklungsstörung zieht teilweise Störungen des Schriftspracherwerbs nach sich und ist nicht selten noch im Jugend- und Erwachsenenalter vorhanden [z. B.

[1] Zum Störungsbild der spezifischen Sprachentwicklungsstörung wird u. a. auf die Übersichten von Leonard [39] oder Kiese-Himmel [26] verwiesen.

3,7]. Bereits 1979 äußerte Leonard (S. 229 [38]), dass die Sprachentwicklungsstörung nicht länger als linguistisches Defizit betrachtet werden soll, vielmehr sei sie mit einer Entwicklungsverzögerung repräsentationaler Fähigkeiten assoziiert. An der Bildung früher mentaler Repräsentationen sind somatische und sensorische Erfahrungen beteiligt und damit die somatosensorische (taktil-kinästhetische) Modalität, wie im vorherigen Abschnitt ausgeführt wurde. Inzwischen belegen verschiedene Studien, dass sprachentwicklungsgestörte Kinder in der Verarbeitung taktiler und taktil-kinästhetischer/haptischer Reize beeinträchtigt sind und dass die Schwächen besonders im Bereich des symbolischen Erkennens hervortreten [19-22,28,30,31,60]. Allerdings wurden vorwiegend Kinder ab dem Kindergartenalter aufwärts untersucht.

Stark und Tallal [60] vermuten einen Zusammenhang von sensorischen, perzeptuellen und kognitiven Fähigkeiten mit dem Ausmaß linguistischer Defizite. Sie registrierten bei sprachentwicklungsgestörten Kindern überzufällig mehr Fehler in der simultanen Berührungslokalisation (Gesicht und Hand) links wie auch rechts, in der Fingeridentifikation von 2 simultan berührten Fingern (ebenfalls links- wie auch rechtslateral), in der Graphästhesie sowie in der crossmodalen Integration. Variablen zur auditiven Wahrnehmung korrelierten mit rezeptiven Sprachfunktionen, Variablen zur taktilen Wahrnehmung und zur Häufigkeit von Handbewegungen (neben der Artikulationsfähigkeit sowie Variablen zur visuellen und auditiven Wahrnehmung) hingegen mit expressiven Sprachfunktionen.[1]

In einer Studie von Kamhi [21] hatten 5-jährige entwicklungsdysphasische Kinder im Mittel eine signifikant schlechtere Leistung in der haptischen Wahrnehmung (geprüft über den Wiedererkennens-Modus) als die gleichaltrige, sprachgesunde und im mentalen Entwicklungsalter äquivalente Kontrollgruppe. Allerdings waren ihre Leistungen besser als die einer zweiten Kontrollgruppe sprachgesunder, doch jüngerer Kinder mit vergleichbarer durchschnittlicher sprachlicher Äußerungslänge (gemessen in Morphemen, „MLU“). Das Ergebnis replizierten Kamhi et al. [22] an 6jährigen spezifisch sprachentwicklungsgestörten Kindern. Sie fanden eine bedeutsame, hohe statistische Korrelation zwischen passiver Wortschatzleistung und haptischem Erkennen – sowohl bei den spezifisch sprachentwicklungsgestörten (0.74) als auch bei den sprachunauffälligen Kindern (0.52). Diese werde durch die den Anforderungen gemeinsame symbolische Vorstellung begründet. Taktiles und taktil-kinästhetisches/haptisches Erkennen als Beispiel für sprachfreie symbolische Repräsentationen gelingen spezifisch

[1] Zum neuropsychologisch-funktionalistischen Ansatz in der Sprachentwicklungsforschung (in Abgrenzung zum linguistischen) sei der Übersichtsbeitrag von Tallal und Curtiss [61] genannt.

sprachentwicklungsgestörten Kindern signifikant schlechter als gleichaltrigen sprachunauffälligen Kindern [30]. 25 drei- bis fünfjährige sprachentwicklungsgestörte Kinder wurden in einem kontrollierten Gruppenvergleich (57 altersgleiche hör-, sprach- und intelligenzunauffällige Kinder) mit einem aktiven Wortschatztest (Benennleistung Inhaltswörter, Schwerpunkt: Objektbegriffe und Verben, [24]) sowie mit taktil-kinästhetischen Wahrnehmungsaufgaben ohne Zeitbegrenzung untersucht (Graphästhesie von einfachen geometrischen Gebilden und Stereognosie konkreter Objekte aus dem Alltag). Beide Gruppen unterschieden sich überzufällig in ihrer mittleren taktil-kinästhetischen Gesamtleistung sowie im mittleren aktiven Wortschatzumfang zu Lasten der klinischen Gruppe, die damit nicht nur Defizite in ihrer nonverbalen, sondern auch in ihrer verbalen Symbolisierungsfähigkeit offenbarte.

Ehemals spezifisch sprech-/sprachentwicklungsgestörte Kinder (n=25) zeigten im Grundschulalter in 32 % der Fälle eine unterdurchschnittliche und im Mittel signifikant schwächere, speed-unabhängige taktil-kinästhetische Gesamtleistung im Vergleich mit 25 alters- und geschlechtsparallelen, anamnestisch und aktuell sprachunauffälligen Grundschülern vergleichbarer sprachfreier Begabung [28]. Die taktil-kinästhetische Gesamtleistung setzte sich zusammen aus Druckempfindlichkeit, Zwei-Punkte-Diskrimination, Bewegungswahrnehmung „auf/abwärts“, Berührungslokalisation, taktile Diskrimination „stumpf“ vs. „spitz“, Graphästhesie von geometrischen Formen und Zahlen, Objektstereognosie [49]. Keine Probleme hatten die ehemals sprech-/sprachentwicklungsgestörten Kinder bei elementaren Leistungen (Druckempfindlichkeit, Zwei-Punkte-Diskrimination, Bewegungswahrnehmung). Anders war es bei komplexen Fähigkeiten, die verschiedene kognitive Eigenschaften einschließlich taktilem Gedächtnis voraussetzen: Diskrimination von Berührungsqualitäten, Berührungslokalisation, Graphästhesie. Gemäß Leistung in einem standardisierten Sprachentwicklungstest [17] waren 40 % der ehemals klinischen Gruppe immer noch sprachauffällig (Abweichung>1 SD vom Normmittel T=50). Von ihnen wiederum hatten 80 % eine eingeschränkte taktil-kinästhetische Gesamtleistung (Centil<2 im entsprechenden Subtest der Neuropsychologischen Untersuchung für Kinder [49])[1]. Die beiden Kinder mit der niedrigsten Sprachtestleistung wiesen die geringste taktil-kinästhetische Gesamtleistung auf. Mittlere aktuelle Sprachtestleistung und taktil-kinästhetische Gesamtleistung korrelierten bei den ehemals sprachent-

[1] an Lurias Modell der kortikalen Informationsverarbeitung [40] angelehnt. Die primären Rindenfelder (Projektionsareale) werden durch modalitätsspezifische Reize aktiviert. Ihre Synthese erfolgt hiernach in den sekundären Rindenfeldern (gnostische Areale). Schließlich integrieren die tertiären Rindenfelder (Überlappungsareale) die supramodalen Stimuli und übertragen sie auf Symbolebene.

wicklungsgestörten Kindern überzufällig ($r=0.45$, $p<0.05$), hingegen nicht bei den sprachgesunden ($r=0.08$).

Diese im Vorschulalter an einer spezifischen Sprachentwicklungsstörung leidenden Kinder erzielten im Grundschulalter auch bei der haptischen Diskrimination von 10 geometrischen Formen aus Holz („Seguin Formboard") eine im Mittel schlechtere quantitative Leistung gegenüber den sprachunauffälligen Grundschülern vergleichbaren Alters und Geschlechts [30]. Eine qualitative Analyse zeigte bedeutsame Unterschiede zwischen beiden Untersuchungsgruppen in der haptischen Diskrimination spitzer Formen, was auf unzureichende Explorationsprozeduren und/oder kognitive Repräsentationsdefizite bei den ehemals sprachentwicklungsgestörten Kindern verweist. Letztere können aus einer Beeinträchtigung in der sequentiellen Verarbeitung von Objektmerkmalen resultieren.

5- bis 13-jährige Kinder mit einer spezifischen Sprachentwicklungsstörung waren „dyspraktisch" bei der Ausführung bedeutungsvoller Gesten („Repräsentationsgesten"). Mit der Attribution „dyspraktisch" sind eher Reifungsdefizite beim gestikalischen Handlungsvollzug und nicht neurologische Auffälligkeiten gemeint. Dies zeigte sich vor allem bei transitiven Gesten, also solchen, die Objektgebrauch voraussetzen wie kämmen, schreiben, schneiden oder Zähne putzen, und weniger bei intransitiven Gesten wie küssen oder grüßen. Die Leistung ähnelte der jüngerer (5- bis 6-jähriger), sich unauffällig entwickelnder Kinder [18].

Ausblick

Aus der klinischen Arbeit muss nicht zuletzt auch der Gedanke einer präventiven Diagnostik und Förderung dazu führen, den Zusammenhang von haptischer Wahrnehmung und spezifisch gestörter Sprachentwicklung näher zu untersuchen [25]. Die Diagnostik von Sprachentwicklungsstörungen orientiert sich bislang traditionell an der Spontansprache des Kindes mit entsprechend spätem Beginn der sich daraus indizierenden logopädischen Therapie. Sprache ist aber keine isolierte Leistung, sondern ein entwicklungsabhängiges funktionales Endprodukt, das auf bestimmten kritischen Vorbedingungen basiert, z. B. der Wortschatzentwicklung, innerhalb der dem Erwerb von Objektbegriffen eine wichtige Rolle zukommt. Wortschatzentwicklung ist eine notwendige, doch nicht hinreichende Bedingung für Sprachkompetenz und -performanz und gründet ihrerseits *auch* auf der haptischen Wahrnehmungsentwicklung. Der zunehmend „strategische" Einsatz von Explorationsprozeduren erlaubt eine höhere Informationsverarbeitung und ist damit ein wesentlicher Bestandteil zur Ausbildung mentaler

Repräsentationen. Abbildung 1 zeigt einen theorienintegrativen Entwurf der Voraussetzungen hinsichtlich des frühen Erwerbs von Objektwörtern. Es ist davon auszugehen, dass aus ungenügender Verarbeitung von Tast- und Berührungsreizen der Hand (Frühindikator: haptische Objektexploration) eine defizitäre Entwicklung konzeptueller Leistungen resultiert, die mit Defiziten in der lexikalisch-semantischen Entwicklung einhergeht (Schwerpunkt: Objektbegriffe, Verben, Adjektive). Damit fehlt das Rohmaterial, um Sätze zu bilden und Sprechakte zu gestalten.

Dass Kinder mit einer angeborenen Dysmelie nicht zwangsläufig sprachliche oder andere kognitive Minderleistungen zeigen, liegt daran, dass sie eine periphere Körperbehinderung bzw. somatogene Wahrnehmungsstörung und keine zentralen Wahrnehmungs- und Verarbeitungsdefizite haben. Aktive Tasterfahrungen können bei fehlenden Händen durch andere Tastorgane (Füße, Lippen, Zunge) ersetzt werden, so dass durchaus Inputs zum Aufbau von Handlungs- und anderen präverbalen Schemata gegeben sind. Studien an blinden und sehenden Kindern lassen vermuten, dass vorhergehende visuelle Erfahrungen nicht die haptischen Explorationsstrategien bestimmen und somit wesentlich für das Erkennen von Objekten sind [47].

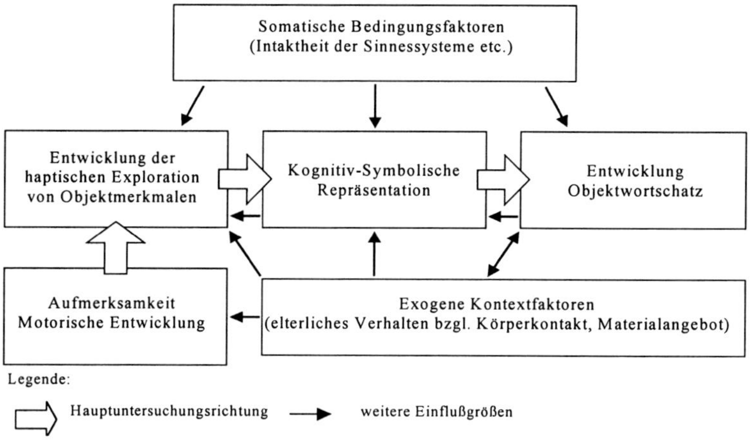

Abb. 1: Hypothetisches Arbeitsmodell zum Zusammenhang der Entwicklung haptischer Objektexploration und frühkindlicher Sprachentwicklung

Mit herkömmlichen Entwicklungstests sind gesicherte Aussagen zum Entwicklungsstand in der haptischen Wahrnehmung vor allem im präverbalen Abschnitt, d.h. im 1. Lebensjahr des Kindes, nicht möglich. Es bedarf daher der Anwendung experimenteller Verfahren (z. B. Präferenzmethode, Überraschungsparadigma oder Habituations-/Dishabituationsmethode). Verhaltensbeobachtung sollte ergänzend hinzutreten, weil der Säugling nicht zur Wahrnehmung spezieller Unterschiede befragt werden kann.

Literatur

[1] Affolter, F.: Wahrnehmung, Wirklichkeit und Sprache. 7. Auflage. Villingen-Schwenningen: Neckar 1995 (Original 1987).
[2] Alberts, J.R., Deesy, G.J.: Terms of endearment. Developmental Psychobiology 23:569-584, 1990.
[3] Aram, D.M., Ekelman, B.L., Nation, J.E.: Preschoolers with language disorders: Ten years later. Journal of Speech and Hearing Research 27:232-244, 1984.
[4] Ayres, A.J.: Bausteine der kindlichen Entwicklung. Die Bedeutung der Integration der Sinne für die Entwicklung des Kindes. Berlin, Heidelberg, New York, Tokyo: Springer, 1984 (Original 1979).
[5] Baillargeon, R.: The object concept revisited: New directions in the investigations of infants' physical knowledge. In: Grangrud, C.E. (Hrsg.): Visual perception and cognition in infancy. Hillsdale/NJ: Erlbaum 1993, pp. 265-315.
[6] Becker, J.: Über taktilmotorische Figurwahrnehmung. Versuche mit 9- bis 11jährigen Schulkindern. Psychologische Forschungen 20:102-158, 1935.
[7] Beitchman, J.H., Wilson, B., Brownlie, E.B., Walters, H., Lancee, W.: Longterm consistency in speech/language profiles. I: Developmental and academic outcomes. Journal of the American Academy of Child and Adolescent Psychiatry 35:1-11, 1996.
[8] Bruner, J.S., Olver, R.O., Greenfield, P.M.: Studien zur kognitiven Entwicklung. Stuttgart: Klett, 1971 (Original 1966).
[9] Bushnell, E.W., Boudreau, J.P.: The development of haptic perception during infancy. In: Heller, M.A., Schiff, W. (Hrsg.): The psychology of touch. Hillsdale/NJ: Erlbaum, 1991, pp. 139-161.
[10] Conolly, K.J. (Hrsg.): The psychobiology of the hand. London: Mac Keith Press, 1998.
[11] Cromer, R.F.: The cognitive hypothesis of language acquisition and its implications for child language deficiency. In: Morehead, D.M., Morehead, A.E. (Hrsg.): Normal and deficient child language. Baltimore/MD: Universal Park Press, pp. 283-334.
[12] Edwards, D.: Sensory-motor intelligence and sematic relations in early child grammar. Cognition 2:395-434, 1974.
[13] Fillmore, C.J.: The case for case. In: Bach, E., Harms, R.T. (Hrsg.): Universals in linguistic theory. New York: Rinehart & Winston, 1968, pp. 1-88.
[14] Gibson, E.J.: Principles of perceptual learning and development. New York: Appleton-Century-Crofts, 1969.
[15] Gibson, J.J.: Wahrnehmung und Umwelt. Der ökologische Ansatz in der visuellen Wahrnehmung. München, Wien, Baltimore: Urban & Schwarzenberg, 1982 (Original 1979).
[16] Gibson, E., Walker, A.: Development of knowledge of visual-tactual affordances of substance. Child Development 55:453-460, 1984.
[17] Grimm, H., Schöler, H.: Heidelberger Sprachentwicklungstest (H-S-E-T). 2. Auflage, Göttingen: Hogrefe, 1991.
[18] Hill, E.L.: A dyspraxic deficit in specific language impairment and developmental coordination disorder? Evidence from hand and arm movements. Developmental Medicine & Child Neurology 40:388-395, 1998.
[19] Johnston, J.R., Ramstad, V.: Cognitive development in pre-adolescent language-impaired children. British Journal of Disorders of Communication 18:49-55, 1983.
[20] Johnston, R.B., Stark, R.E., Mellits, E., Tallal, P.: Neurological status of language-impaired and normal children. Annals of Neurology 10:159-163, 1981.
[21] Kamhi, A.G.: Nonlinguistic symbolic and conceptual abilities of language-impaired and normally developing children. Journal of Speech and Hearing Research 24:446-453, 1981.
[22] Kamhi, A.G., Catts, H.W., Koenig, L.A., Lewis, B.A.: Hypothesis-testing and non-linguistic symbolic abilities in language impaired children. Journal of Speech and Hearing Disorders 49:169-176, 1984.
[23] Kennedy, J.M.: Haptics. In: Carterette, E.C., Friedman, M.P. (Hrsg.): Handbook of perception. Vol. III: Perceptual coding. New York, San Francisco, London: Academic Press, 1978, pp. 298-318.
[24] Kiese, C., Kozielski, P.M.: Aktiver Wortschatztest für 3-6jährige Kinder (AWST 3 - 6). 2. überarb. u. erg. Auflage, Weinheim: Beltz, 1996.
[25] Kiese-Himmel, C.: Psychologische Frühdiagnostik von Sprachentwicklungsstörungen. Kindheit und Entwicklung - Zeitschrift für Verhaltensmedizin und Entwicklungspsychopathologie 8:92-99, 1999.
[26] Kiese-Himmel, C.: Ein Jahrhundert Forschung zur gestörten Sprachentwicklung. Sprache-Stimme-Gehör 23:128-137, 1999.

[27] Kiese-Himmel, C., Kruse, E.: Haptische Exploration im ersten Lebensjahr. Ein Schlüssel zum Verständnis abweichender Sprachentwicklung im frühen Kindesalter? Kindheit und Entwicklung - Zeitschrift für Verhaltensmedizin und Entwicklungspsychopathologie 3:94-100, 1994.
[28] Kiese-Himmel, C., Kruse, E.: Höhere taktile und kinästhetische Funktionen bei ehemals sprech-/sprachentwicklungsgestörten Kindern: Eine neuropsychologische Studie. Folia Phoniatrica et Logopaedica 50:195-204, 1998.
[29] Kiese-Himmel, C., Schiebusch-Reiter, U.: Hat die taktil-kinästhetische Wahrnehmung Bedeutung für die psychologische Sprachentwicklungsforschung? Schweizerische Zeitschrift für Psychologie 52:181-192, 1993.
[30] Kiese-Himmel, C., Schiebusch-Reiter, U.: Taktil-kinästhetisches Erkennen bei sprachentwicklungsgestörten Kindern - Erste empirische Ergebnisse. Sprache & Kognition 14:126-137, 1995.
[31] Kiese-Himmel, C., Schiebusch-Reiter, U.: Haptische Formdiskrimination. Gruppenvergleich von sprachunauffälligen und ehemals sprachentwicklungsgestörten Kindern. HNO 47:45-50, 1999.
[32] Klatzky, R.L., Lederman, S.J.: The intelligent hand. In: Bower, G. (Hrsg.): The psychology of learning and motivation. Vol. 21. New York: Academic Press, 1988, pp. 121-151.
[33] Klatzky, R.L., Lederman, S.J., Metzger, V.A.: Identifying objects by touch: An „expert system". Perception & Psychophysics 37:299-302, 1985.
[34] Klatzky, R.L., Lederman, S.J., Reed, C.: There's more to touch than meets the eye: The salience of object attributes for haptics with and without vision. Journal of Experimental Psychology: General 116:356-369, 1987.
[35] Lahey, M.: Language disorders and language development. New York: Macmillan, 1988.
[36] Lederman, S.J., Klatzky, R.L.: Hand movements: A window into haptic object recognition. Cognitive Psychology 19:342-368, 1987.
[37] Lederman, S.J., Klatzky, R.L., Chataway, C., Summers, C.D.: Visual mediation and the haptic recognition of two-dimensional pictures of common objects. Perception & Psychophysics 47:54-64, 1990.
[38] Leonard, L.B.: Language impairment in children. Merrill-Palmer Quarterly 25:205-232, 1979.
[39] Leonard, L.B.: Children with specific language impairment. Cambridge/Massachusetts: MIT Press, 1998.
[40] Luria, A.R.: The working brain. New York: Penguin Books, 1976.
[41] Mandler, J.M.: How to build a baby: II. Conceptual primitives. Psychological Review 99:587-604, 1992.
[42] Mandler, J.M.: On concepts. Cognitive Development 8:141-148, 1993.
[43] Mandler, J.M., Bauer, P.J.: The cradle of categorization: Is the basic level basic? Cognitive Development 3:247-264, 1988.
[44] Mandler, J.M., Bauer, P.J., McDonough, L.: Separating the sheep from the goats: Differentiating global categories. Cognitive Psychology 23:263-298, 1991.
[45] Mandler, J.M., Fivush, R., Reznick, J.S.: The development of contextual categories. Cognitive Development 2:339-354, 1987.
[46] Meltzoff, A.N., Borton, R.W.: Intermodal matching by human neonates. Nature 282:403-404, 1979.
[47] Morrongiello, B.A., Humphrey, G.K., Timney, B., Choi, J., Rocca, P.T.: Tactual object exploration and recognition in blind and sighted children. Perception 23:833-848, 1994.
[48] Mounoud, P., Hauert, C.A.: Developmental of sensorimotor organization in young children: Grasping and lifting objects. In: Forman, G.E. (Hrsg.): Action and thought: From sensorimotor schemes to symbolic operations. New York: Academic Press, 1982, pp. 3-35.
[49] Neumärker, K.-J., Bzufka, M.W.: Berliner-Luria-Neuropsychologisches Verfahren für Kinder (BLN-K). Berlin: Psychodiagnostisches Zentrum der Humboldt-Universität, 1988.
[50] Piaget, J.: Nachahmung, Spiel und Traum. Die Entwicklung der Symbolfunktion beim Kinde. Stuttgart: Klett, 1969 (Original 1959).
[51] Piaget, J.: Sprechen und Denken des Kindes. Düsseldorf: Schwann, 1972 (Original 1925).
[52] Piaget, J.: Das Erwachen der Intelligenz beim Kinde. Gesammelte Werke. Stuttgart: Klett, 1975 (Original 1936).
[53] Rescorla, L., Mirak, J.: Normal language acquisition. Seminars in Pediatric Neurology 4:70-76, 1997.
[54] Révész, G.: Die menschliche Hand. Eine psychologische Studie. Basel: Karger, 1944.
[55] Ruff, H.A.: Infants' manipulative exploration of objects: Effects of age and object characteristics. Developmental Psychology 20:9-20, 1984.
[56] Ruff, H.A., Saltarelli, L.M., Capozzoli, M., Dubiner, K.: The differentiation of activity in infants' exploration of objects. Developmental Psychology 28:851-861, 1992.
[57] Sorenson, E.R.: Early tactile communication and the patterning of human organization: A New Guinea case study. In: Bullowa, M. (Hrsg.): Before speech. The beginning of interpersonal communication. Cambridge: Cambridge University Press, 1979, pp. 289-305.
[58] Spelke, E.S., Breinlinger, K., Macomber, L., Jakobson, K.: Origins of knowledge. Psychological Review 99:605-632, 1992.
[59] Stack, D.M., Tsonis, M.: Infants' haptic perception of texture in the presence and absence of visual cues. British Journal of Developmental Psychology 17:97-110, 1999.

[60] Stark, R.E., Tallal, P.: Perceptual and motor deficits in language-impaired children. In: Keith, R.W. (Hrsg.): Central auditory and language disorders. Houston/Texas: College Hill Press, 1981 pp. 121-144.
[61] Tallal, P., Curtiss, S.: Neurological basis of developmental language disorders. In: Rothenberger, A. (Hrsg.): Brain and behavior in child psychiatry. Berlin, Heidelberg: Springer, 1990, pp. 205-213.

HAPTISCHE WAHRNEHMUNG IM KONTEXT DER SENSORISCHEN INTEGRATIONSTHERAPIE

Christine Ettrich

Was ist sensorische Integration?

Die Erklärung und Analyse von Entwicklungs- und Lernstörungen mit neuropsychologischen Theorien und Methoden führte bereits in den siebziger Jahren zu der Vermutung [6], dass diese nicht vordringlich durch motivationale Einstellungen oder erlebnisbedingte Fehlentwicklungen, sondern vor allem durch Störungen im Zusammenwirken sensorischer und neuronaler Funktionsbereiche herbeigeführt werden. Im Verlaufe der prä- und postnatalen Entwicklung kommt es zur Herausbildung der spezifischen Sensorik (Hautsinn, Auge usw.), der afferenten und efferenten Bahnen zum und vom Gehirn und zur Spezifizierung entsprechender Hirnareale zur Verarbeitung sensorischer Informationen. Dabei stehen die einzelnen Areale für die Verarbeitung spezifischer Informationen nicht isoliert nebeneinander, sondern sie sind im Interesse der Informationsverarbeitung zu einem handlungsleitenden Gesamtbild [2,3] in vielfacher und beständiger Interaktion. Den Prozess der Herausbildung solcher Interaktionsbeziehungen, des Austausches, des Abgleiches, des Zusammenführens und der Bewertung von Informationen bezeichnet man als *sensorische Integration.* Es handelt sich um ein äußerst sensibles Entwicklungsgeschehen, so dass selbst minimale hirnorganische Beeinträchtigungen und/oder sensorische Deprivationen Störungen der Informationsverarbeitung hervorrufen können, die uns dann als Entwicklungs- oder Lernstörung oder beides deutlich werden.

Durch das beständige Zusammenwirken sensorischer Systeme mit bestimmten (evolutiv vorbestimmten) Funktionsbereichen des Zentralnervensystems und dieser untereinander kommt es nach Leontjew [23,24] und Luria [27,28] zur Ausbildung sogenannter funktioneller Hirnorgane oder funktioneller neuronaler Systeme. Es handelt sich hier um komplexe dynamische Strukturen, die entstehen, wenn bestimmte wiederkehrende Anforderungen vorliegen, die die Hirnareale zu einer Interaktion evozieren, so dass sich letztendlich ein „Funktionsteam" herausbilden kann, das am zweckmäßigsten zur Erfüllung einer bestimmten Funktion beitragen kann, wobei man annehmen darf, dass die Selbstregulation hirnorganischer Prozesse bei ungestörten Voraussetzungen einem Optimum zustrebt.

Ist ein solches funktionelles System gebildet, so vollzieht sich seine Ausdifferenzierung und weitere Funktion als einheitliches Organ, welches a) eine relativ hohe Beständigkeit aufweist und b) durch die Möglichkeit des Ersatzes von Einzelelementen über große Plastizität und Kompensationsfähigkeit verfügt. Spiel [36] betont, dass, wenn die Ausdifferenzierung der einzelnen funktionellen Organe nicht in der „richtigen", also von der Natur geplanten Ordnung erfolgen kann, sich statt dessen sogenannte Ersatzsysteme (Surrogate) herausbilden. Diese Surrogate funktionieren im Alltag gut und können die eigentliche Funktion weitgehend ersetzen. Sie sind allerdings in hohem Maße belastungsanfällig. Unter Stress kommt es zum Zerfall der Ersatzsysteme und damit zum Ausbleiben von Handlungen bzw. zu Fehlhandlungen [13].

Wesentlich ist, dass solche funktionellen Organe, die morphologisch weit auseinanderliegende Areale im Interesse der Anpassung und Bewältigung von Anforderungen miteinander verknüpfen, sich durch die Ausübung von Tätigkeiten bilden und entwickeln [1]. Dies führte bereits bei Luria [25,26] zur Annahme einer Polyvalenz der Kortexstrukturen und förderte die Hoffnung auf umfassende Hilfe für die Betroffenen. Ruf-Bächtiger [31] schränkt diese Annahme jedoch ein und meint, dass diese Polyvalenz so unbegrenzt nicht sein könne, denn sonst gäbe es keine Teilleistungsstörungen.

Vorgenannte Autoren sind sich jedoch dahingehend einig, dass die Störung der Integration sinnlicher Wahrnehmungen eine schwere Last für jeden ist, der sie zu tragen hat.

Da sich ganz offensichtlich auch optimale funktionelle Systeme nur unter wiederholter Ausführung bilden und die Möglichkeit der Surrogatbildung ebenfalls bestens belegt ist, fördert dies die Hoffnung auf eine entsprechende Therapie. Das effektive Zusammenspiel der einzelnen Sinne und damit das optimale Funktionieren des Wahrnehmungsprozesses, also der sensorischen Integration, ist nach Ayres [6,9] Voraussetzung für Lernen, Denken und Sprache. Daraus folgert die Autorin, dass ein optimales Funktionsniveau der basalen Sinnessysteme die Voraussetzung für die Entfaltung der vollen Funktionsfähigkeit übergeordneter Systeme ist.

Liegen bereits bei der Bildung und Ausdifferenzierung basaler Systeme Störungen vor, so sind die darauf basierenden Funktionen schwerer automatisierbar und damit energetisch aufwendiger für die betroffene Person. Das heißt, wenn ein Kind viel Energie für Anforderungen braucht, die bei anderen Kindern gleichen Alters automatisiert ablaufen, so fehlt ihm diese Energie für höhere Anforderungen und damit letztlich für eine erfolgreiche Anpassung und Anforderungsbewältigung [31]. Erinnert sei daran, dass die entstehenden Funktionen nicht nur energetisch aufwendiger ablaufen, sondern es sich ja darüber hinaus häufig um die oben erwähnten Surrogatbildungen und ihre spezifische Störbarkeit handelt. Dies bedeutet, dass ein gestörter Prozess der Wahrnehmung und Wahrnehmungsverarbeitung bei einem oder mehreren Sinnessystemen je spezifische (und durchaus individuelle) Probleme für das Gesamtsystem in seinen Vollzügen in sich birgt. Die von Ayres aufgeführten Sinnessysteme sind:

- auditives System (Hören)
- vestibuläres System (Schwerkraft und Bewegung)
- propriozeptives System (Muskeln und Gelenke)
- taktiles System (Tastsinn, Berührung)
- visuelles System (Sehen).

Ayres unterscheidet verschiedene Symptomkomplexe der sensorisch-integrativen Dysfunktionen. Diese sind:

1. Störungen der okularen, posturalen und bilateralen Integration (unterentwickelte Gleichgewichtsreaktionen, mangelhaft integrierte primitive Lagereflexe, schlechte Okularkontrolle, schlechte Integration beider Körperhälften)
2. Entwicklungsapraxie (Schwierigkeiten der Bewegungsplanung und -ausführung und der taktil-differenzierenden Fähigkeit)
3. Störungen der Form- und Raumwahrnehmung (Schwierigkeiten der kinästhetischen Wahrnehmung der Raumlage, der visuellen Figur-Grund-Wahrnehmung, der Stereognosis von Formen mit der Hand)
4. taktile Störungen (taktile Abwehr oder Überempfindlichkeit)
5. Hör- und Sprachprobleme

Haptische Wahrnehmung und ihre Entwicklung

Ontogenetisch entwickeln sich Haut und Zentralnervensystem gemeinsam aus dem äußeren Keimblatt, dem Ektoderm. Bereits diese Tatsache erklärt die lebenslang enge Beziehung zwischen dem Hautorgan und dem Zentralnervensystem. Während die Haut zugleich Abgrenzung und Verbindung zur Umwelt ist, also Reize aus der Umwelt aufnimmt oder abwehrt, ist das ZNS für die Verarbeitung dieser Informationen zuständig. Die Haut ist das sensorische Organ für das taktil-haptische System. In ihr befinden sich spezifische Rezeptoren (z. B. Pacini-Lammellenkörperchen für Druck und Vibration, Ruffini-Körperchen und Meißner'sche Tastkörperchen für Berührung, Krause'sche Endkolben für Kälte, freie Nervenendigungen für Schmerz und Temperatur). Das Empfinden von Berührtwerden wird als taktile Wahrnehmung bezeichnet, während das aktive Berühren, das Umschließen mit der Hand etc. als haptische Wahrnehmung bezeichnet wird. Haptische Wahrnehmung bedeutet also aktive Berührung und ist mit dem absichtsvollen Einsatz der Hände oder des Körpers verbunden. Taktile und haptische Wahrnehmung leisten damit unterschiedliche Beiträge zum Erfassen der Außenwelt. Die haptische Wahrnehmung führt zu einem genaueren und differenzierteren Abbild. In sie gehen aber auch Informationen aus anderen Sinnesbereichen wie z. B. propriozeptive oder vestibuläre Wahrnehmungen ein, sie sind also nicht nur an die Informationen des Sinnesorganes Haut gebunden.

Die Fähigkeit, auf taktile Reize zu reagieren, ist eine der ersten Möglichkeiten des Embryos und des Fötus in seiner Reaktion auf Umwelteinflüsse. Dies setzt funktionsfähige Rezeptoren in der Haut voraus und lässt auch entsprechende Folgerungen auf afferente Bahnen zum Kortex und auf efferente Bahnen hin zu den Extremitäten zu. Die Verteilung der Rezeptoren für taktile Wahrnehmungen auf der Haut ist mit unterschiedlicher Dichte über die ganze Körperoberfläche gestreut und vermutlich im oralen und perioralen Bereich am dichtesten, wie Beobachtungen aus der 8. Schwangerschaftswoche (Abwendereaktion) sowie intrauterine Saugbewegungen und Daumenlutschen (16.Woche) erkennen lassen. Die Entwicklung der Hautsinne ist in der 21. bis 24. Schwangerschaftswoche soweit fortgeschritten, dass eine Differenzierung von taktilen Reizen und Schmerzreizen möglich wird.

Aus Experimenten zur intrauterinen taktilen Wahrnehmung wissen wir, dass die Antworten auf taktile Reizungen in der Embryonalzeit zunächst globale, ganzkörperliche Reaktionen sind und gezielte Reaktionen erst in der Fetalzeit möglich werden [14,20].

„Berührung", schreiben Royeen und Lane [30], „ist unsere erste Sprache. Sie ist das erste funktionsfähige System im Uterus, über sie machen wir unsere ersten Erfahrungen in dieser Welt. Mit Hilfe von Berührungen werden wir ernährt und beruhigt; über Berührungen entstehen unsere ersten emotionalen Bindungen". Berührung ist sozusagen das „älteste und primitivste Ausdrucksmittel" [10]. Sie stellt eines der ursprünglichsten Systeme dar, die dem Menschen den Kontakt zur Außenwelt ermöglichen. Wir sind solange in hohem Maße von Berührungen abhängig, bis wir eine Sprache und motorische Fähigkeiten erlernt und bis sich kognitive Prozesse entwickelt haben, die uns dabei lenken, wenn wir Erfahrungen mit der Umwelt sammeln und mit ihr interagieren.

Mund (Saug- und Suchreflex) und Hand (Handgreifreflex) ermöglichen es bereits dem Neugeborenen, haptische Sinneseindrücke wahrzunehmen, wobei dem Mund im Suchen nach der Brustwarze zunächst eine aktivere Funktion zukommt. Diese Form der aktiven Kontaktaufnahme von Säuglingen zur Umwelt bestimmt noch mehrere Monate sein Explorationsverhalten. Die orale Exploration („mouthing") dient dazu, die Beschaffenheit (die Eigenschaften) der Dinge und des eigenen Körpers (soweit ein unmittelbarer Kontakt mit dem Mund möglich ist) zu erforschen. Kravitz et al. [21] weisen auf eine „taktil-haptische Erkundungsreihe" im frühen Säuglingsalter hin: Finger 12. Woche; Körper 15. Woche; Beine 16. Woche und Füße 19. Woche. Absichtsvolles haptisch-orales Erkundungsverhalten wird bereits bei Säuglingen im Alter vor 6 Monaten berichtet, während das vorwiegend manuelle haptische Erkundungsverhalten mit etwa 9 Monaten beginnt [20].

Über die haptischen Wahrnehmungen von Mund und Hand werden die Objekteigenschaften (Textureigenschaften) erkannt und differenziert. Sie bilden die Grundlage der Schemata im Sinne von Piaget. Im Allgemeinen erfolgen solche frühen haptischen Wahrnehmungen unter gleichzeitiger Stimulierung des visuellen, des auditiven, vestibulären und des propriozeptiven Systems [12]. Es ist also anzunehmen, dass haptischen Wahrnehmungen bei der Bildung von Begriffen und für die Entwicklung von Sprache und Denken eine grundlegende Bedeutung zukommt.

Taktil-haptische Dysfunktionen

Mittels klinischer Erfahrungen und Forschungsergebnissen ließen sich zwei wesentliche Erscheinungsbilder taktil-haptischer Dysfunktionen bestimmen:

- die taktil-haptische Abwehr oder Defensivität und
- das mangelhafte taktil-haptische Diskriminationsvermögen.

Unter *taktil-haptischer Defensivität* wird das negative und abwehrende Verhalten auf bestimmte Hautreize verstanden, die von den meisten Menschen als angenehm oder neutral erlebt werden. Hierbei spielt die emotionale Bedeutung von Berührungen in einem bestimmten Kontext gegenüber der perzeptiven Bedeutung eine untergeordnete Rolle. Das heißt, dass auch bei „richtiger“ Perzeption die Interpretation für die betreffende Person „falsch“ ist. Dies wiederum führt zu emotionalen Umbewertungen von Wahrnehmungen und damit zu für die individuelle Interpretation passenden, für den Kontext (z. B. Erwartungen der Umgebung) jedoch unpassenden Handlungen. Nach Fisher, Murray und Bundy [15] sind folgende Verhaltensweisen Kennzeichen einer taktilen Defensivität:

- Vermeiden von Berührungen,
- Abwehrreaktionen auf „ungefährliche“ Berührungen,
- atypische Reaktionen auf „ungefährliche“ taktile Reize.

Ayres konnte durch die Ergebnisse ihrer empirischen Arbeit verdeutlichen, dass es bei lerngestörten Kindern Zusammenhänge zwischen taktiler Defensivität, Ablenkbarkeit, erhöhter Aktivität und perzeptuomotorischen Defiziten gibt. Wenn die taktilen Dysfunktionen die kognitiven Aspekte beeinträchtigen, liegt es nahe, dass auch das Sozialverhalten des Menschen (auf direktem oder indirektem Wege) beeinflusst wird [11]. Deshalb stellte Scardina [32] die These auf, dass Menschen mit taktil-haptischer Defensivität im Aufbau und der Aufrechterhaltung enger Beziehungen zu anderen Personen beeinträchtigt sind. Das heißt, dass auf dieser sehr basalen Funktionsstörung eine Vielzahl weiterer Störungen aufbauen können [22]. Die Bedeutung von Berührungen für Interaktion und Kommunikation kennzeichnet Huss [19] sehr treffend: „Berührungen bergen Risiken. Eine Berührung ist eine nonverbale Form der Kommunikation und kann deshalb von einem oder beiden beteiligten Partnern mißverstanden werden. Mit einer Berührung dringt ein Mensch in die Intimsphäre eines anderen Menschen ein, der diese Berührung als eine Bedrohung erleben kann. Wenn wir mit uns selbst oder der Person, die wir berühren, nicht im Einklang sind, kann eine Berührung unpassend sein. Allerdings kann ein Verzicht auf Berührungen ebenfalls verheerende Folgen haben, z. B. in Situationen, in denen Worte allein nicht genügen oder nicht angemessen verarbeitet werden können, weil das Individuum nicht zur Integration fähig ist".

Unter mangelhafter *taktil-haptischer Diskriminationsfähigkeit* verstehen wir eine Beeinträchtigung taktil-haptischer Sinneseindrücke. Eine solche Störung kann sich nach Royeen und Lane [30] in folgenden Symptomen ausdrücken:

- Schwierigkeiten bei der Unterscheidung, wo und wie oft man berührt wurde (Lokalisation taktiler Stimuli; Zwei-Punkte-Diskrimination; Finger-Identifikation) [35];
- Schwierigkeiten beim Versuch, die Form eines Objektes durch Ertasten zu erkennen (haptische Wahrnehmung oder Stereognosie) [17];
- Unsicherheit bezüglich der Art und Weise, wie man ein Objekt oder eine Umgebung taktil erforschen kann (aktives Berühren), um mehr Anhaltspunkte zu erhalten, durch die der Gegenstand oder die Umgebung eine Bedeutung bekommen [16,18];
- Beeinträchtigtes Bewusstsein der eigenen Person, d. h. mangelhaftes Körperschema [4,7].

Es besteht die begründete Annahme, dass die mangelnde taktil-haptische Diskriminationsfähigkeit zur Beeinträchtigung der motorischen Planung und damit zur Somatodyspraxie (Beeinträchtigung der somatosensorischen Verarbeitung) beiträgt. Nach Ayres [4] kann ein mangelhaftes taktil-haptisches Diskriminationsvermögen zu unzureichenden feinmotorischen Fähigkeiten führen, da es sich als störend auf die Fähigkeit auswirkt, Gegenstände mit den Händen zu erforschen. Man nimmt heute an, dass taktil-haptische Wahrnehmungen in Verbindung mit propriozeptiven Sinneseindrücken in hohem Maße an der Entwicklung eines Körperschemas beteiligt sind. Dieses Körperschema bildet zusammen mit somatosensorischen Reizen die Grundlage von Praxien.
Zusammenfassend kann also gesagt werden, dass die taktil-haptische Wahrnehmung eine sehr grundlegende Bedeutung für die sensorische Integration besitzt und die Verarbeitung von Informationen aus anderen Sinnesbereichen in positiver oder negativer Weise moderiert.

Sensorische Integrationstherapie

Sensorische Integrationstherapie ist ein Geschehen, das die verzögerte oder gestörte Entwicklung funktioneller Organe optimieren will. Dies erfolgt durch spezielle Übungsangebote, die, im Schwierigkeitsgrad der Anforderungen abgewogen, die Motivation des Patienten fördern, sich mit ihnen auseinanderzusetzen. Das Ziel der Therapie besteht in einer verbesserten funktionellen Integration. Es werden Verhaltensweisen entwickelt, die zur aktiven, eigenständigen Bewältigung von Umweltanforderungen beitragen. Schaefgen [33,34] führt hierzu aus: „Das Konzept beinhaltet die Grundauffassung, daß sich das Nervensystem selbst organisiert und integriert. Das Individuum benötigt dazu genügend innere Lebensantriebskräfte (inner drive), Motivation (volition), Umfeldangebote (environment) und respondierende Begleitung seines sozialen Umfeldes für die optimale Entwicklung der sensorischen Integration. Daraus ergibt sich ein konzeptuales Prinzip, das keine festgelegten Methoden oder Techniken umfaßt." Das Zitat verdeutlicht allerdings auch, dass bei allen praktischen Erfolgen die Sensorische Integrationstherapie durch ihr eigenes konzeptionelles Verständnis die Evaluation dieser Methode und damit ihre wissenschaftliche Anerkennung eher behindert als fördert. Aus diesem Grunde sei hier auf die erkennbaren Gemeinsamkeiten der Sensorischen Integrationstherapie hingewiesen.

Diagnostik

Jean Ayres, die als Begründerin der Sensorischen Integrationstherapie gilt, entwickelte für die Indikationsstellung und Evaluation der von ihr inaugurierten Methode spezifische Diagnostikverfahren, so 1972 den Southern California Sensory Integrations Test (SCSIT) und 1989 den Sensory Integration and Praxie Test (SIPT) [7,8]. Diese bilden zusammen mit anderen neuropsychologischen Verfahren die diagnostische Grundlage für die Sensorische Integrationstherapie. Für die Indikationsstellung werden, ausgehend von Ayres [5], weitere Verfahren der neuropsychologischen Diagnostik genutzt. Die Diagnostik bezieht sich dabei vordringlich auf visuelle und auditive Wahrnehmungsleistungen, somatosensorische und vestibuläre Wahrnehmung, Sensomotorik und taktile Wahrnehmung, Gedächtnis, aktives Sprechen und Sprachverstehen.

Zur speziellen Diagnostik taktil-haptischer Dysfunktionen

Für die Diagnostik der genannten basalen Symptomkomplexe (taktile Defensivität und taktil-haptisches Diskriminationsvermögen) sind neben Informationen vom Patienten und seinen Bezugspersonen sowie Verhaltensbeobachtungen eine Reihe spezifischer diagnostischer Verfahren entwickelt worden, wie die bereits oben erwähnte SCSIT und SIPT von Ayres mit ihren spezifischen Untertests „Fingeridentifikation", „Lokalisation taktiler Stimuli", „Manuelle (haptische) Formwahrnehmung", „Graphästhesie". Royeen [29] entwickelte darüber hinaus eine Skala speziell zur Diagnostik der taktilen Defensivität bei Kindern im Vorschul- und Schulalter, das sogenannte Touch Inventory for Elementary School-Aged Children (TIE). Weiterhin gibt es Fragebögen zur taktilen Verarbeitung von Wilbarger und Oetter [37].

Außerdem werden Aufgaben zur Prüfung des haptischen Diskriminationsvermögens von Formen und Oberflächen eingesetzt.

Behandlung

Die Sensorische Integrationstherapie bezieht sich auf die Behandlung von Entwicklungsstörungen und -diskrepanzen, auf alle Arten von Störungen der Grob- und Feinmotorik, der Haltung und des Gleichgewichts sowie auf Sprach- und Sprechprobleme und Teilleistungsstörungen. Sie kann damit auch als basale Therapieform für alle anderen kinder- und jugendpsychiatrischen Störungsbilder gelten, sofern diese eine hirnfunktionelle Komponente in ihrem multikausalen Entstehungsgefüge aufweisen. Die Grundprinzipien der Sensorischen Integrationstherapie seien nachfolgend genannt:

1. Im Mittelpunkt steht der Patient als aktive, autonome Persönlichkeit.
2. Die Veränderungen im Anforderungsniveau bestimmt der Patient mit seinen Erfolgen und Bedürfnissen.
3. Zielführend veränderte oder zielführend neue Verhaltens- und Handlungsmuster sind Ausdruck gelungener sensorischer Integration.
4. Das Vehikel der Sensorischen Integrationstherapie ist die sensorische Verhaltens- oder Handlungsaufforderung.
5. Die Wirkung der Sinnessysteme aufeinander wird zur Förderung der sensorischen Integration gezielt genutzt.

Zur Durchführung der Therapie werden zahlreiche ergotherapeutische Hilfsmittel herangezogen. Bei der Gestaltung der einzelnen sensorischen Anforderungen verlassen sich die Therapeuten auf Erfahrungen und Kreativität.

Zur speziellen Therapie taktil-haptischer Dysfunktionen

Die beiden unterschiedlichen Dysfunktionen machen auch unterschiedliche Behandlungsformen erforderlich. Bei der taktil-haptischen Defensivität sind drei Punkte in der Therapie von besonderer Bedeutung:

1. Erkennen der Art der Dysfunktion und ihrer Auswirkungen auf das Leben des Patienten,
2. Veränderungen des Umfeldes zur Begrenzung der Abwehrverhalten provozierenden Stimuli und
3. direkte Behandlung durch gezielte, unter Beteiligung des Patienten individuell abgestimmte Übungen.

Da die Störung der taktil-haptischen Wahrnehmung, wie bereits gesagt, eine sehr basale Störung ist, tritt sie kaum einmal isoliert auf, sondern sie ist Teil der oben beschriebenen Integrationsstörungen. Von daher kann bei der Behandlung letztendlich auf das Gesamtrepertoire der Sensorischen Integrationstherapie, in individuell zugeschnittener Form, zurückgegriffen werden. Wichtig ist, bei der Therapie zu wissen, dass die Behandlung des einen Teils der Störung nicht automatisch den anderen Teil mit behebt. Hier ist ein sensibles Aufeinander-Eingehen zwischen Patient und Therapeut besonders wichtig.

Zusammenfassung

Der vorliegende Beitrag hatte zum Ziel, die Einbettung der taktil-haptischen Fähigkeiten in das Gesamtsystem der sensorischen Integration zu verdeutlichen und aus den bestehenden Zusammenhängen Wege der komplexen therapeutischen Einflussnahme im Rahmen der Sensorischen Integrationstherapie abzuleiten.

Literatur

[1] Akert, K.: Probleme der Hirnreifung. In: Lempp, R. (Hrsg.): Teilleistungsstörungen im Kindesalter. Huber: Bern, 1979.
[2] Anochin, P.K.: Systemogenesis as a general regulator of brain development. Progress in Brain Research 9:54, 1964.
[3] Anochin, P.K.: Das funktionelle System als Grundlage der physiologischen Architektur des Verhaltensaktes. Fischer: Jena, 1967.
[4] Ayres, A.J.: Sensory integration and learning disorders. Los Angeles: Western Psychological Services, 1972b.
[5] Ayres, A.J.: Sensory integration and the child. Los Angeles: Western Psychological Services, 1979.
[6] Ayres, A.J.: Lernstörungen. Sensorisch-integrative Dysfunktion. Springer: Berlin, 1979.
[7] Ayres, A.J.: Interpreting the Southern California Sensory Integration Tests. Western Psychological Services: Los Angeles, 1980.
[8] Ayres, A.J.: Southern California Sensory Integration Tests. Manual Revised. Western Psychological Services: Los Angeles, 1980.
[9] Ayres, A.J.: Bausteine der kindlichen Entwicklung. Springer: Berlin, 1984.
[10] Collier, G.: Emotional expression. Hillsdale, NJ: Lawrence Erlbaum Associates. DeGangi, G., Greenspan, S. 1.(1989). Test of Sensory Functions in Infants. Los Angeles: Western Psychological Services, 1985.
[11] Doering, W. u. W.: Sinn und Sinne im Dialog, Borgmann: Dortmund, 1996
[12] Esser, M.: Beweg-Gründe, Reinhardt: München, 1995
[13] Ettrich, C.: Entwicklungsneurologische Längsschnittdaten im Rahmen einer komplexen Entwicklungsdiagnostik als Basis für Schuleingangsuntersuchung und Schulbewährung. Peter Lang, 1994
[14] Fedor-Freybergh, P.G. (Hrsg.): Pränatale und perinatale Psychologie und Medizin. Saphir: Älvsjö, 1987.
[15] Fisher, A.G. et al: Sensorische Integrationstherapie. Springer, 1998
[16] Gibson, J.J.: Observations of active touch. Psychological Review 69:477-491, 1962.
[17] Grunwald, M., Weiss, T., Ettrich, C., Krause, W., Assmann, B., Gertz, H.-J.: Haptische Wahrnehmung und EEG Veränderungen bei Anorexia nervosa. Zeitschrift für Kinder- und Jugendpsychiatrie 27(4):241-250, 1999c.
[18] Haron, M., Henderson, A.: Active and passive touch in developmentally dyspraxic and normal boys. Occupational Therapy Journal of Research 5:102-112, 1985.
[19] Huss, A.J.: Touch with care or a caring touch. American Journal of Occupational Therapy 31:295-309, 1977.
[20] Klix, F.: Erwachendes Denken. Eine Entwicklungsgeschichte der Intelligenz. Verlag der Wissenschaften, Berlin, 1989.
[21] Kravitz, H., Goldenberg, D., Neyhaus, A.: Tactual exploration by normal infants. Developmental Medicine and Child Neurology 20:720-726, 1978.

[22] Lehmann, A.: Beiträge zur Entwicklung körperorientierter Behandlungsansätze im Rahmen eines integrativen Therapiemodells für Patienten mit Anorexia nervosa - Eine Einzelfallstudie. unv. Diplomarbeit, Univ. Potsdam, 1998.
[23] Leontjew, A.N.: Probleme der Entwicklung des Psychischen. Verlag der Wissenschaften: Berlin/Fischer Athenäum: Frankfurt, 1964/1973.
[24] Leontjew, A.N.: Tätigkeit, Bewußtsein, Persönlichkeit. Klett: Stuttgart, 1977.
[25] Luria, A.R.: Probleme der höheren Nerventätigkeit bei normalen und anormalen Kindern (russ.). Moskau, 1958.
[26] Luria, A.R.: Die höheren kortikalen Funktionen des Menschen und ihre Störung bei örtlicher Hirnschädigung. Volk und Wissen: Berlin, 1979.
[27] Luria, A.R.: The working brain. Penguin Books: New York, 1973.
[28] Luria, A.R.: The making of mind - A personal account of Soviet Psychology. Harvard Univ. Press Cambridge, 1979.
[29] Royeen, C.B., Fortune, J.C. (TIE): Touch inventory for school aged children. American Journal of Occupational Therapy 44:155-160, 1990.
[30] Royeen, Ch.B., Lane, S.J.: Verarbeitung taktiler Sinneseindrücke und sensorische Defensivität. In: Fisher, A.G., Murray, E.A., Bundy, A.C.: Sensorische Integrationstherapie. Springer, 1998.
[31] Ruf-Bächtiger, L.: Das frühkindliche psycho-organische Syndrom. Thieme Verlag, 1987.
[32] Scardina, V.: A. Jean Ayres Lectureship. Sensory Integration Newsletter 14(3):2-10, 1986.
[33] Schaefgen, R.: Sensorische Integrationstherapie. In: Scheepers, C., Steding-Albrecht, U., Jahn, P.(Hrsg.): Ergotherapie - Vom Behandeln zum Handeln. Thieme, 1999.
[34] Scheepes, C., Steding-Albrecht, U., Jahn, P. (Hrsg.): Ergotherapie - Vom Behandeln zum Handeln. Thieme Verlag, 1999.
[35] Sinclair, D.: Mechanisms of cutaneous sensation. New York: Oxford University Press, 1981.
[36] Spiel, W., Spiel, G.: Kompendium der Kinder- und Jugendneuropsychiatrie. Reinhardt, 1987.
[37] Wilbarger, P., Oetter, P.: Sensory processing disorders. Paper presented at the American Occupational Therapy Association Practice Symposium, St. Louis, MO, 1989.

Störung der haptischen Wahrnehmung bei Anorexia nervosa

Martin Grunwald und Hermann-Joseph Gertz

Zufällige Beobachtungen als Ausgangspunkt

Im Rahmen einer EEG-Studie [16] zur Untersuchung der hirnelektrischen Aktivitätsänderungen bei haptischer Wahrnehmung wurde ein experimentelles Design entwickelt, bei dem unterschiedlich komplexe Tiefenreliefmuster durch beidhändiges Ertasten, ohne visuelle Kontrolle erkannt werden mussten. Wie angenommen, bereiteten diese Anforderungen den gesunden Probanden (Studenten) keine nennenswerten Schwierigkeiten. Eine Probandin (Frau „D“) zeigte jedoch völlig unerwartet verzerrte zeichnerische Wiedergaben der Reliefstruktur. Es ergab sich die Frage, weshalb ihr offensichtlich die Verarbeitung der multisensorischen Informationen Schwierigkeiten bereitete. Nachdem als Ursachen mögliche neurologische Störungen sicher ausgeschlossen werden konnten, deuteten einige äußere Erscheinungsmerkmale der Probandin auf eine Erkrankung hin, die als Anorexia nervosa (Magersucht) bezeichnet wird. Auf Grund ethischer Fragen konnte diese Vermutung im konkreten Fall nicht näher untersucht werden. Sie führte jedoch dazu, die bekannten Symptome dieser Erkrankung näher zu betrachten und nach möglichen Zusammenhängen zwischen den experimentellen Untersuchungsbefunden zu suchen.

Anorexia nervosa

Nach Köhle und Simons [20] kennzeichnet die Bezeichnung „Anorexia nervosa“ (AN) eine schwere psychische Erkrankung, die mit einer zentralen Störung des Essverhaltens verbunden ist und oft zu einem bedrohlichen Zustand von Unterernährung führt. Die Erkrankung betrifft fast ausschließlich Mädchen und tritt sehr häufig im Verlauf der Adoleszenz erstmalig auf. Sie führt zu chronischen körperlichen und psychosozialen Leiden und nicht selten zum Tode der Erkrankten. Im Mittelpunkt dieser Störung des Essverhaltens steht die geringe Aufnahme von Kalorien, das Weglassen von Mahlzeiten sowie selbstinduziertes Erbrechen. Die Folge ist ein starker Gewichtsverlust, so dass ein Körpergewicht zwischen 25-30 kg erreicht wird. Dieser Verhaltenskomplex geht einher mit der völligen Verleugnung eines bestehenden Krankheitszustandes. Erst körperliche Erschöpfungzustände, verringerte Schulleistungen oder eines der schwerwiegenden Begleitsymptome führen in der Regel zur Konsultation eines Arztes [25]. Therapeutische Interventionen gestalten sich auf Grund der fehlenden Krankheitseinsicht der Anorexia nervosa Patienten als äußerst schwierig, und in der Regel bedarf es einer mehrjährigen Behandlung.

Neben dem veränderten Essverhalten wird von allen Autoren übereinstimmend ein verändertes Körperschema bzw. Körperbild[1] bei AN beschrieben [8,17,33]. Es handelt sich hierbei um eine gestörte Körperwahrnehmung, die u. a. von deutlichen Fehleinschätzungen der räumlichen Dimensionen des eigenen Körpers begleitet wird. Die Patienten erleben die räumliche Ausdehnung ihres Körpers bzw. einiger Teile davon (z. B. Oberschenkel, Bauch) inadäquat. Sie beschreiben ihren Körper trotz offensichtlicher Abmagerungserscheinungen als dick, fett und aufgedunsen. Durch Untersuchungen mit projektiven- und Selbsteinschätzungsverfahren konnte festgestellt werden, dass die affektiven Bedeutungen des eigenen Körpers im Gegensatz zu gesunden Personen ebenfalls deutlich verändert sind. Das heißt, dass anorektische Patienten gegenüber ihrem Körper deutlich veränderte Einstellungen und Wertmaßstäbe haben, die sich von denen gesunder Personen unterscheiden [6]. Die Ursachen der Körperschemastörung bei AN-Patienten sind weitgehend unbekannt.

Fragestellung

Für die Erstellung des mentalen Körpermodells müssen ständig eine Vielzahl sensorischer und motorischer Informationen im Kortex verarbeitet und sinnvoll integriert werden. Hierbei erfüllt der rechte posteriore Parietallappen – wie neuropsychologische Studien nachgewiesen haben [21] – wesentliche Funktionen. Aufgabe dieses Kortexareals ist es, die Flut von sensorischen Informationen aus dem Körper und jene Informationen, die aus der Wechselwirkung zwischen Körper und Umwelt generiert werden, zu einem einheitlichen Perzept zu integrieren. Hierzu gehört auch, die eintreffenden sensorischen Informationen über die räumliche Ausdehnung des Körpers zu analysieren und innerhalb eines mentalen Modells, ein adäquates Körperschema als kortikale Repräsentation des gesamten Körpers zu kodieren. Ein Großteil dieser Informationen entstammt dem somatosensorischen und sensomotorischen System (s. Beitrag Beyer und Weiss in diesem Band). Daraus kann geschlussfolgert werden, dass der rechte parietale Kortex (rPK) im Rahmen der Körperschemakodierung auch jene Informationen integriert, die zur haptischen Wahrnehmung zählen. Dieser kann somit als ein entscheidender Analysator und Integrator bei der Verarbeitung sensorischer und motorischer Informationen verstanden werden. Das Resultat im Rahmen der haptischen Wahrnehmung ist demnach unmittelbar an die Verarbeitungsfunktionen des rPK gebunden. Somit kann auf kortikaler Ebene ein Zusammenhang zwischen dem Körperschema und der haptischen Wahr-

[1] Der Begriff Körperbild („body image") umfasst nach Meerman [24] das mentale Abbild der physischen Erscheinung des eigenen Körpers sowie „...die Einstellungen und Gefühle des Individuums bezüglich des eigenen Körpers..." (S. 70 [24]). Dieser Begriff schließt damit den Begriff „Körperschema" ein, welcher sich nur auf die perzeptiv-kognitive Repräsentation der physischen Dimensionen des Körpers bezieht. Das Körperschema ist demnach das mentale Modell des Körpers hinsichtlich seiner räumlichen Ausdehnung und Lage im Raum.

nehmung angenommen werden. Mit Bezug zu den Wahrnehmungsleistungen der Probandin „D“ stellte sich die Frage, ob bei anorektischen Patientinnen die haptische Wahrnehmung auf Grund einer rechts parietalen Fehlfunktion gestört ist.

Störungen rechtshemisphärischer Funktionen bei Anorexia nervosa

Eine generelle Störung rechtshemisphärischer kognitiver Funktionen bei anorektischen Patientinnen wurde bereits von Kinsbourne und Bemporad [18] angenommen. Die Autoren nehmen an, dass diese Störung an der veränderten Körperwahrnehmung („anorexic's neglect“) anorektischer Patienten beteiligt ist. Ausgehend von dieser Annahme wurden von unterschiedlichen Arbeitsgruppen neuropsychologische Studien zu perzeptiv-kognitiven Beeinträchtigungen, insbesondere rechtshemisphärischer Leistungsdefizite bei Anorexia nervosa durchgeführt [5,27,30]. Der Nachweis einer rechtshemisphärischen Störung konnte jedoch auf der Verhaltensebene mittels neuropsychologischer Testverfahren nicht in allen Untersuchungen bestätigt werden. Sowohl Bradley et al. [5] als auch Schmidt et al. [34] konnten keine kognitiven Defizite nachweisen. Small et al. [38], Brouwers et al. [7], Pendleton-Jones et al. [26], Laessle et al. [22] und Szmukler et al. [39] fanden in ihren Untersuchungen Einschränkungen der perzeptiv-kognitiven Leistungsfähigkeit bei AN-Patienten, die nicht nur auf funktionale Defizite der rechten Hemisphäre zurückzuführen sind. Somit ist gegenwärtig nicht entschieden, ob rechtshemisphärische Defizite bei Anorexia nervosa in perzeptiv-kognitiven Leistungsbereichen nachzuweisen sind. Die Ergebnisse von Bradley et al. [5] machen deutlich, dass möglicherweise die verwendeten neuropsychologischen Testverfahren zum Nachweis einer rechtshemisphärischen Störung bei AN-Patienten nicht hinreichend sensitiv sind. So ist denkbar, dass die in der Regel überdurchschnittlichen bis durchschnittlich guten Intelligenzleistungen anorektischer Patienten [3,11,28,40] Störungen der perzeptiv-kognitiven Funktionen überlagern und deshalb mögliche Einschränkungen im Rahmen der verwendeten Testbatterien nicht beobachtet werden konnten. Die elektrophysiologischen Befunde (ERPs, „event related potentials“) der Untersuchungen von Bradley et al. [5] unterstützen jedoch die Annahme einer rechts-parietalen Dysfunktion bei Anorexia nervosa. Wenn also die Körperschemastörung bei anorektischen Patienten mit einer Verarbeitungsstörung im rechten parietalen Kortex in Zusammenhang stehen sollte und dieses Kortexareal auch für die haptische Wahrnehmung von entscheidender Bedeutung ist, so sollten deutliche Einschränkungen der haptischen Wahrnehmung bei Anorexia nervosa Patienten zu beobachten sein. Veränderte haptische Wahrnehmungsleistungen müssten sich demnach einerseits auf der Verhaltensebene

– im Sinne schlechter Reproduktionsleistungen – widerspiegeln und andererseits auch in elektrophysiologischen Korrelaten nachzuweisen sein.
Studien der hirnelektrischen Aktivität konnten zeigen, dass während haptischer Explorationsanforderungen u. a. der frontale und parietale Kortex in verstärktem Maße aktiviert wird [15,29]. Über diesen Kortexgebieten wurden insbesondere im langsamen Theta-Band anforderungsabhängige Veränderungen der hirnelektrischen Aktivität beobachtet. Ebenso konnte im Rahmen verschiedener kognitiver Studien gezeigt werden, dass Veränderungen der spektralen Theta-Aktivität sowohl mit spezifischen Verarbeitungs- und Speicherprozessen als auch mit Prozessen der Ressourcenbereitstellung kovariieren [4,10,23,32]. Es ist daher anzunehmen, dass Veränderungen auf der perzeptiv-kognitiven Ebene mit Veränderungen im elektrophysiologischen Korrelat der spektralen Theta-Leistung in Zusammenhang stehen und deshalb auch bei anorektischen Patienten zu beobachten sein sollten.

1. Untersuchung (Tiefenrelief)[1]

Zur Prüfung dieser Annahmen wurden 13 anorektische Patientinnen (AN) zu Beginn der stationären Behandlung mit der im Beitrag von Grunwald (in diesem Band) beschriebenen haptischen Testbatterie untersucht (unter Verwendung von 6 statt 12 Stimuli). Während der Testdurchführung wurde das 19kanalige, digitale EEG aufgezeichnet und spektrale Leistungsparameter berechnet. Vor jeder Testsitzung wurde das Körpergewicht sowie die Körpergröße der Probanden ermittelt. Die untersuchten Patientinnen wurden im Untersuchungszeitraum (1995-1998) in der Kinder- und Jugendpsychiatrie der Universität Leipzig stationär behandelt.[2] Alle Patientinnen erfüllten die ICD-10 Kriterien für Anorexia nervosa. Zu Beginn der stationären Behandlung betrug das Alter der Patientinnen im Durchschnitt 15.84 Jahre (sd: 1.67). Der mittlere BMI betrug bei Aufnahme 14.64 (sd: 1.18) und zum Zeitpunkt der Testdurchführung (ca. 4 Wochen nach Aufnahme) 14.67 (sd: 1.18), wobei kein signifikanter Unterschied zwischen den Messwerten beobachtet werden konnte (Wilcoxon, 2-seitig $p=0.152$). Die mittlere Dauer der Erkrankung betrug bis zum Zeitpunkt der Untersuchung 6.46 Monate (sd: 4.15). Alle Patientinnen besuchten das Gymnasium. Der mittlere IQ-Bereich (HAWIK, Tewes 1983) lag bei 110.68 (sd: 13.63).

[1] Die Untersuchung und ihre Ergebnisse wird ausführlich in Grunwald et al. [14] vorgestellt.
[2] Ich möchte mich bei den Mitarbeiterinnen der Kinder-und Jugendpsychiatrie der Universität Leipzig, Frau Dipl.-Sozialpädagogin Bianka Assmann und Frau Dipl.-Psychologin Angelika Dähne, für die außerordentliche Unterstützung bei der Durchführung der Untersuchungen bedanken. Die Untersuchungen wurden durch Bereitstellung von technisch-personellen Mitteln der Universitätsklinik für Psychiatrie (Leipzig) gefördert, wofür ich Herrn Direktor Prof. M.C. Angermeyer danken möchte.

Als Kontrollgruppe (KO) nahmen 13 gesunde, weibliche Probandinnen mit einem mittleren Alter von 16.10 Jahren (sd: 0.76) an der Untersuchung teil. Der mittlere BMI der Kontrollgruppe lag bei 21.80 (sd: 2.82). Der mittlere IQ (HAWIK) betrug 114.69 (sd: 13.51). Bei allen Personen (AN und KO) konnte eine dominante Rechtshändigkeit festgestellt werden. Technische Details dieser Untersuchung, einschließlich der EEG-Ableitung und Parameterberechnung, werden in Grunwald [16] beschrieben.

Die Testaufgabe bestand darin, sechs einzelne Tiefenreliefs jeweils nacheinander mit beiden Händen und geschlossenen Augen bei freier Zeitwahl abzutasten und die entsprechende Reliefstruktur zu erkennen. Jeweils im Anschluss an die Stimulusexploration sollte die erkannte Struktur mit geöffneten Augen auf vorbereitete Unterlagen gezeichnet werden. Es wurde die schriftliche Instruktion gegeben, die Reliefstruktur so genau und präzise wie möglich zu erfassen und wiederzugeben. Die einzelnen Tiefenreliefs werden in Abb. 1 dcs Beitrages von Grunwald (Änderungen der hirnelektrischen Aktivität) in diesem Band graphisch dargestellt.

Um Reihenfolgeeffekte auszuschließen, wurde die Darbietungsfolge der Stimuli für jede Person zufällig bestimmt. Die haptischen Stimuli lagerten während der Exploration in einer frei verstellbaren Halterung und die zufällige Aufnahme visueller Informationen über die Struktur der Stimuli wurde durch einen Sichtschirm verhindert. Ein Feedback über die Güte der Reproduktionsleistungen wurde nicht gegeben. Über ein PC gesteuertes Sensorsystem wurde die Explorationszeit pro Stimulus erfasst. Um Bewegungsartefakte zu verhindern, lagerten die Unterarme der Probandinnen auf einer breiten Polsterung. Vor Untersuchungsbeginn konnten die Probandinnen anhand eines Probestimulus, den sie auch visuell explorieren konnten, die Aufgabe üben (1 min) und die Struktur des haptischen Materials kennenlernen.

Reproduktionsleistungen: Ergebnisse

Der Vergleich der haptischen Reproduktionsleistungen zwischen der Patienten- und Kontrollgruppe ergab einen signifikanten Prüfunterschied von $p = 0.005$ (Mann-Whitney, zweiseitig). Die Reproduktionsgüte der Patientengruppe war jeweils deutlich schlechter im Vergleich zur Kontrollgruppe. Die Reproduktionen der Kontrollgruppe werden in Abb. 1a, die der Kontrollgruppe in Abb. 1b dargestellt.

Die Güte der Reproduktionen der anorektischen Patienten war unabhängig vom BMI. Ebenso konnte keine lineare Beziehung zwischen der Erkrankungsdauer und der Reproduktionsgüte beobachtet werden. Weiterhin konnte gezeigt werden, dass zwischen der Explorationszeit und der Reproduktionsgüte sowie zwischen dem IQ und der Reproduktionsgüte kein linearer Zusammenhang besteht.

Abb. 1a: Reproduktionsleistungen der Kontrollgruppe

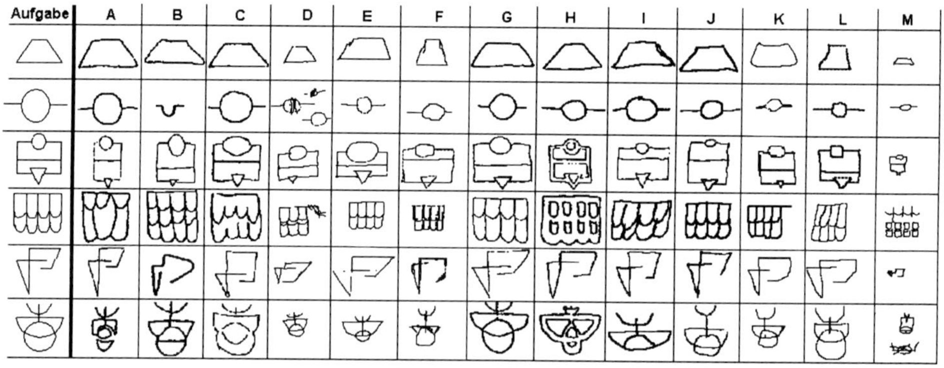

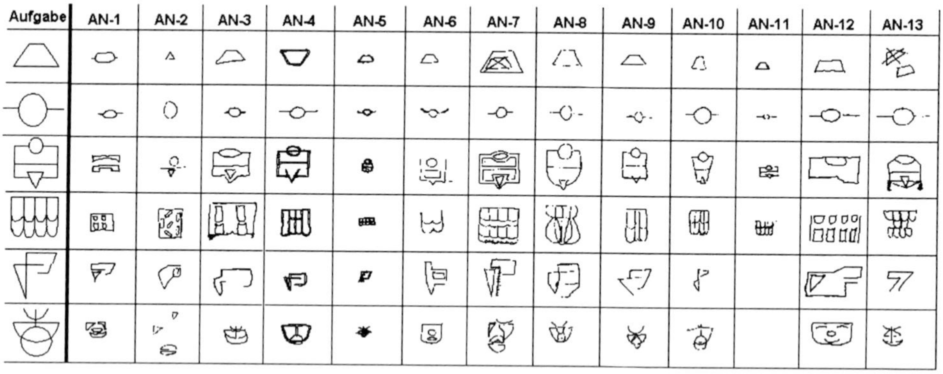

Abb. 1b: Reproduktionsleistungen der Patientengruppe

Hirnelektrische Aktivität: Ergebnisse

Der Vergleich der spektralen Leistung erfolgte im Theta-Frequenzbereich für die Versuchsphasen „Ruhe, geschlossene Augen“ sowie für „haptische Exploration, geschlossene Augen“. Es wird deutlich, dass im Gegensatz zur Kontrollgruppe die Theta-Leistung während haptischer Explorationsanforderungen bei der Patientengruppe über dem gesamten Kortex – mit Ausnahme des frontalen Kortex – deutlich abfällt. Einen signifikanten Abfall der spektralen Leistung während der haptischen Exploration konnte in der Kontrollgruppe nur über dem okzipitalen Ableitpunkt O1 beobachtet werden. Der Vergleich der Untersuchungsgruppen hinsichtlich der beiden Versuchsphasen (Ruhe und Haptik) zeigte eine erhöhte spektrale Theta-Leistung der Patientengruppe während der Ruhephase über parieto-zentralen und temporo-parietalen (Pz, T6) Gebieten. Während der haptischen Exploration zeigten die anorektischen Patientinnen eine deutlich geringere Theta-Leistung über parieto-okzipitalen Gebieten mit verstärkter Ausprägung über dem rechten parietalen Kortex. Zieht man zur deskriptiven Bewertung dieser Ergebnisse die Einzeltests des Ruhevergleichs zwischen den Untersuchungsgruppen hinzu, wird deutlich, dass sich die geringere spektrale Leistung während der haptischen Exploration auch über zentro-parietale Gebiete erstreckt. Es konnte somit gezeigt werden, dass anorektische Patienten während haptischer Explorationsanforderungen eine deutlich geringere Theta-Aktivität über dem rechten parietalen Kortex generierten.

Wiederholungsmessung nach Gewichtszunahme

Dieses Ergebnisse bestätigen sowohl auf der Verhaltensebene als auch hinsichtlich psychophysiologischer Maße die experimentelle Hypothese. Um zu prüfen, ob diese deutlichen Einschränkungen im Bereich der haptischen Wahrnehmung auch nach Gewichtszunahme zu beobachten sind, wurde an einigen Patientinnen eine Wiederholungsmessung unter gleichen Bedingungen nach ca. 1½ Jahren durchgeführt. Die Ergebnisse der Reproduktionsleistungen werden vollständig in Grunwald [13] dargestellt und zeigen, dass auch nach einer Gewichtszunahme die gleichen Effekte zu beobachten sind. Somit kann eine Verarbeitungsstörung im Bereich der haptischen Wahrnehmung bei AN-Patientinnen unabhängig vom Körpergewicht berechtigt angenommen werden.

Neue Fragen

Doch kann man aus diesen Befunden auf eine Beeinträchtigung der Verarbeitungsfunktionen des rechten parietalen Kortex schließen? So deutlich die Ergebnisse auch in diese Richtung weisen ist die Forderung nicht aufgehoben, experimentelle Settings mit stärker kontrollierten Bedingungsvariablen zu entwickeln. Um dieser Forderung zu folgen, wurde ein Experiment entwickelt, dass sich in seiner ersten Ausführung auf Verhaltensdaten und aus technischen Gründen noch nicht auf parallele EEG-Daten stützen konnte. Mit der experimentellen Anordnung sollte gewährleistet sein, dass unterschiedliche Qualitäten von Körper-Raum-Lage-Informationen, in einem Aufgabentyp direkt der rechten Hemisphäre und in einem anderen Aufgabentyp direkt der linken Hemisphäre zugeführt werden. Sollte ein Verarbeitungsdefizit des rechten parietalen Kortex bzw. generell der rechten Hemisphäre bestehen, wäre zu erwarten, dass bei der entsprechenden Anforderung (rechtshemisphärische Darbietung) die Fehlerrate bei anorektischen Patientinnen erhöht ist.

2. Untersuchung (Winkelexperiment)

Die Anordnung des Experiments wurde bisher noch nicht vorgestellt und wird deshalb etwas ausführlicher behandelt.[1] Der prinzipielle Versuchsaufbau wird in Abb. 2 und die Aufgabentypen werden schematisch in Abb. 3 dargestellt.

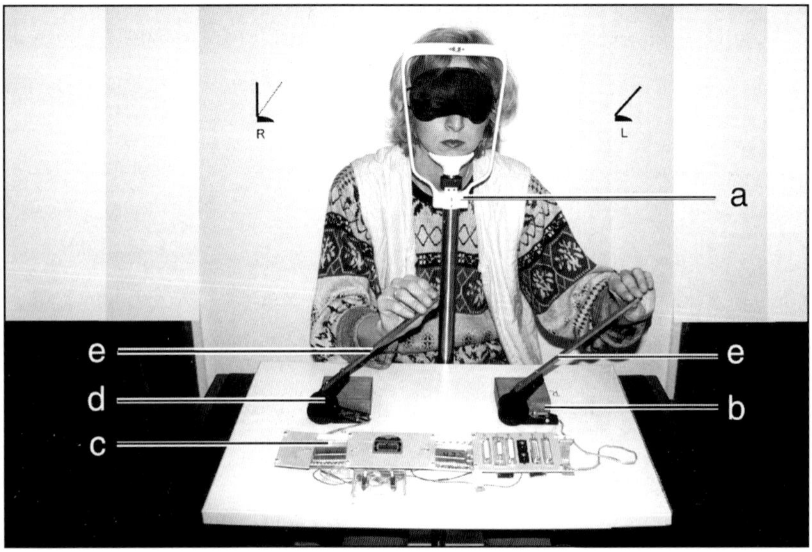

Abb. 2: Aufbau der Versuchsanordnung (Beispiel: Rechts-Parallel) mit a) Kopfhalterung, b) Kontaktschalter, c) Messwertausgabe, d) digitaler Messaufnehmer der Winkelstellung, e) Winkelschenkel

Die Probanden wurden gebeten, die vorgegebene Winkelstellung – entweder rechte oder linke Seite – auf der jeweils anderen Seite ohne Zeitbegrenzung und ohne visuelle oder Ergebniskontrolle nachzuvollziehen. Zu Beginn der Untersuchung wurde jeweils ein Beispiel aller Aufgaben (2x Parallel, 2x Spiegel) mit geöffneten Augen durchgeführt. Die Probanden wurden dann über das Ergebniss der eingestellten Winkelstellungen (Abweichung in Grad) informiert. Visuelle Informationen über die Winkelstellungen konnten aufgrund einer Schwarzbrille während der Testreihe nicht aufgenommen werden. Die senkrechte Lage des Kopfes wurde durch eine entsprechend höhenverstellbare Halterung gewährleistet (Abb. 2a). Die Zeitmessung erfolgte durch einen Kontaktschalter (Abb. 2b) dessen Ergebnis auf einem separaten Display der Messwertausgabe (Abb. 2c) dargestellt wurde. Die Winkelstellung wurde für jeden Winkel über einen digitalen Messaufnehmer (Abb. 2d) der Firma NESTLE (Dornstetten) erfasst und an die Messwertausgabe (Abb. 2c) auf jeweils einem separaten Display dargestellt. Die Genauigkeit der Messwerterfassung erfolgte im Bereich von 100stel Grad.

[1]Für die Unterstützung beim Bau der Versuchsanordnung danke ich Herrn Dipl.-Ing. Peter Rentsch (Leipzig).

Beide Winkel sind in der Ebene auf einer Linie ausgerichtet. Als Winkelschenkel wurden zwei Kupfervollprofile mit den Maßen 5 mm x 10 mm x 240 mm genutzt (Abb. 2e). Bei einer Winkelstellung von 90° betrug die Höhe der Winkelschenkel in Bezug zur Arbeitsplatte 28.7 cm. Der Abstand der Winkelachsen zueinander betrug 28 cm. Die Anordnung der Winkel zur Versuchsperson erfolgte mittig. Die Einstellung der Aufgaben (Winkeleinstellung) erfolgte manuell durch den Versuchsleiter, ebenso die Aufzeichnung der Messwerte auf einem Protokollbogen.

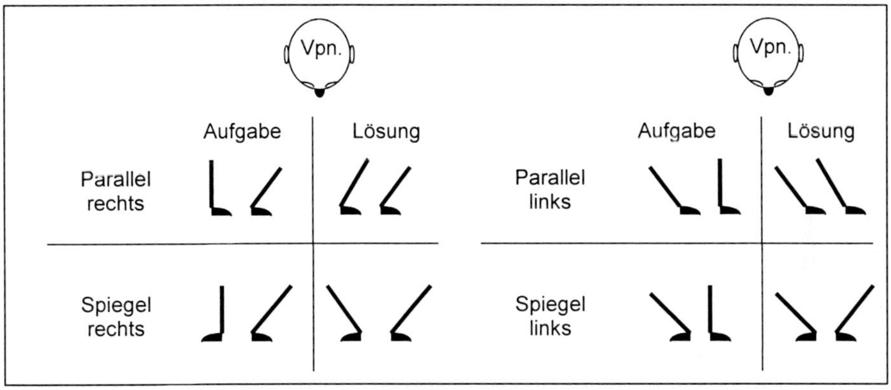

Abb. 3: Schema der Aufgaben. Oberer Reihe: Voreingestellter Winkel muss parallel nachgestellt werden. Untere Reihe: Voreingestellter Winkel muss spiegelbildlich nachgestellt werden. Im Vorgabefeld wird die Winkelstellung der Aufgabe und im Lösungsfeld, die Winkelstellung nach erfolgreicher Aufgabenbewältigung dargestellt. Die Bezeichnung „rechts" oder „links" bezieht sich aus der Sicht der Versuchsperson (Vpn.) auf diejenige Hand, die den Vorgabereiz reproduzieren soll.

Am Beispiel der Abb. 2 (RECHTS-PARALLELE-Aufgabe) soll der Versuchsablauf beschrieben werden. Nach Abschluss der Beispielaufgaben wurde die Schwarzbrille aufgesetzt und die Hände ruhten auf den Kontaktschaltern. Der Versuchsleiter stellte nun die erste Aufgabe ein. Im Beispiel der Abb. 2 wurde – aus der Sicht der Probanden – der linke Winkel (Aufgabenwinkel) um einem bestimmten Betrag ausgelenkt. Der rechte Winkel verblieb in seiner Ausgangsstellung bei 90°. Nach der Winkeleinstellung durch den Versuchsleiter erfolgte die Aufforderung, nun mit der rechten Hand den rechten Winkel entsprechend einzustellen. Es durfte hierbei die rechte Hand nur den rechten und die linke Hand nur den linken Winkelschenkel berühren. Überkreuzungen oder beidhändige Exploration der Winkelschenkel waren nicht gestattet, ebenso durfte die Hand nicht gleichzeitig den Winkelschenkel und die Arbeitsplatte berühren. Die dominanten und vorbestimmten Explorationsbewegungen beider Hände (oder nur einer Hand) bestanden im Abfahren der Winkelschenkel mit einem oder mehreren Fingern. Sobald die Probanden die Winkeleinstellung abgeschlossen hatten, sollten die Hände wieder auf die Kontaktschalter gelegt werden und die nächste Aufgabe wurde durch den Versuchsleiter eingestellt.

Je nach Aufgabentyp (rechts oder links), wurde stets um die Beträge (rechts-Aufgabe: 135°, 158°, 125°, 165°, 145° bzw. links-Aufgabe: 45°, 22°, 65°, 15°, 35°) ausgelenkt. Pro Aufgabentyp mussten somit fünf Winkelstellungen reproduziert werden. Die Reihenfolge der Aufgaben innerhalb eines Aufgabentyps variierte nicht zwischen den Probanden, jedoch die Abfolge der Aufgabentypen. Weiterhin sollten beide Hände gleichzeitig die Kontaktschalter verlassen und die Winkelschenkel zur Exploration ihrer Lage berühren. Die Zeitmessung begann mit dem Ablösen der Hände von den Kontaktschaltern und endete mit der Berührung beider Schalter. Durch manuelle Feststeller konnte der Aufgabenwinkel (im Beispiel linke Hand) durch die Probanden nicht verstellt werden, der rechte Winkel war jedoch frei beweglich. Für die Auswertung der Daten wurden die Explorationszeiten (Zeit, die zur Einstellung der Winkel benötigt wurde) sowie die absoluten Winkeldifferenzen, ohne Beachtung der Abweichungsrichtung, genutzt.

Es wurden insgesamt 16 anorektische Patientinnen mit einem durchschnittlichen Alter von 15.31 (sd: 1.79) und einem mittleren BMI von 14.81 (sd: 1.05) sowie 16 gesunde Mädchen/Frauen im Alter von 16.31 (sd: 1.04) und einem mittleren BMI von 19.24 (sd: 1.67) untersucht. Der mittlere IQ betrug in der Patientengruppe 113.5 (sd: 12.35) und in der Kontrollgruppe 111.0 (sd: 10.48). Signifikante Gruppenunterschiede hinsichtlich dieser Parameter ergaben sich nur für die BMI-Werte (t-test zweiseitig; t=-8.66, p=0.000). Die Patientinnen waren zum Zeitpunkt der Untersuchung in stationärer Behandlung der Klinik für Kinder- und Jugendpsychiatrie der Universität Leipzig. Der Gewichtsverlust wurde bei allen Patientinnen durch restriktives Fasten herbeigeführt. Alle Probanden waren dominante Rechshänder. Die deskriptive Statistik zu den Daten der Winkeldifferenzen und der Explorationszeit erfolgt in Tab. 1.

Tab. 1: Mittelwert und Standardabweichung pro Gruppe und Aufgabentyp des Betrages der Winkeldifferenzen (|Δ|) in Grad und Explorationszeit (Mittelwert, Standardabweichung) in Sekunden.

	Kontrollen		**Anorexia**	
	Differenz |Δ|	Zeit (s)	Differenz |Δ|	Zeit (s)
Parallel (re u. li)	4.61 (4.13)	27.00 (18.93)	5.89 (4.74)	30.01 (19.04)
Spiegel (re u. li)	3.96 (3.94)	24.48 (13.61)	4.38 (3.59)	26.45 (17.55)
Gesamt (re u. li)	4.29 (4.04)	25.74 (16.51)	5.13 (4.27)	28.23 (18.38)
Rechts (Pa u. Sp)	4.17 (3.92)	23.47 (14.29)	5.38 (4.49)	27.19 (17.83)
Links (Pa u. Sp)	4.41 (4.18)	28.02 (18.22)	4.87 (4.03)	29.27 (18.89)
Rechts Parallel	5.00 (4.33)	24.42 (15.38)	7.76 (4.98)	24.68 (15.59)
Links Parallel	4.23 (3.91)	29.59 (21.71)	5.39 (4.51)	30.79 (21.86)
Rechts Spiegel	3.34 (3.28)	22.51 (13.14)	4.41 (3.49)	27.69 (20.13)
Links Spiegel	4.59 (4.45)	26.46 (13.87)	4.73 (3.96)	25.16 (17.13)

Ergebnisse

Die statistische Prüfung der Gruppendifferenzen erfolgte multivariat mit ANOVA (Regressionsmodell). Die post-hoc Analysen wurden mit dem t-test für unabhängige Stichproben (zweiseitig) durchgeführt. Die Analyse der Haupteffekte hinsichtlich der Winkeldifferenzen ergab für den Faktor GRUPPE: $F(1,633)=15.37$, $p=0.000$, LINKS/RECHTS-AUFGABE: $F(1,633)=1.46$, $p=0.226$, PARALLEL/SPIEGEL-AUFGABE: $F(1.633)=16.44$, $p=0.000$. Somit zeigte sich ein deutlicher Unterschied zwischen der Patienten- und Kontrollgruppe, wobei die Winkelabweichungen der Patientengruppe generell größer waren. Bezogen auf alle Aufgabentypen (RECHTS/LINKS) und unabhängig von der jeweiligen Gruppenleistung konnten keine signifikanten Differenzen beobachtet werden. Im Gegensatz dazu zeigte sich, dass zwischen den Aufgabentypen PARALLEL und SPIEGEL deutliche Differenzen hinsichtlich der Winkelabweichungen auftraten. Bei der Bearbeitung der Parallel-Aufgaben ergaben sich in der Tendenz höhere Winkelabweichungen im Vergleich zur Spiegel-Aufgabe.

Die Interaktionseffekte der Parameter (GRUPPE x LINKS/RECHTS): $F(1,633)=3.75$, $p=0.053$ zeigten relativ deutliche Differenzen zwischen den Untersuchungsgruppen bezogen auf den Vergleich zwischen den LINKS/RECHTS-Aufgabentypen. Die post-hoc Analyse ergab, dass die Winkelabweichung der anorektischen Patientinnen offensichtlich nur bei den RECHTS-Aufgaben signifikant höher war gegenüber der Kontrollgruppe ($t_{re}=4.016$, $p=0.000$) und dieser Effekt bei den LINKS-Aufgaben nicht beobachtet werden konnte ($t_{li}=1.381$, $p=0.168$). In beiden Fällen zeigten sich keine Gruppeneffekte hinsichtlich der Explorationszeit. Die signifikanten Interaktionseffekte der Parameter (GRUPPE x PARALLEL/SPIEGEL): $F(1,633)=4.28$, $p=0.039$ deuten auf Unterschiede zwischen den Untersuchungsgruppen hin. Die post-hoc Analyse ergab deutliche Gruppeneffekte für die PARALLEL-Aufgabe ($t_{Pa}=3.882$, $p=0.000$) jedoch nicht für die SPIEGEL-Aufgabe ($t_{Sp}=1.414$, $p=0.158$). Für die Explorationszeiten konnten in beiden Aufgabentypen keine Gruppeneffekte beobachtet werden. Das heißt, dass bei gleichem Zeitbedarf für die Aufgabenbewältigung anorektische Patientinnen nur bei der Parallel-Aufgabe eine signifikant größere Winkelabweichung gegenüber der Kontrollgruppe zeigten. Der signifikante Interaktionseffekt (LINKS/RECHTS x PARALLEL/SPIEGEL): $F(1,633)=12.93$, $p=0.000$ macht deutlich, dass die Winkelabweichungen vom jeweiligen Aufgabentyp abhängig sind. Die post-hoc Analyse der Effekte LINKS/RECHTS-Aufgaben bezogen auf die PARALLEL/SPIEGEL-Aufgaben zeigte, dass sowohl bei der links-Parallelen als auch bei der links-Spiegel Anforderung keine signifikanten Gruppeneffekte auftraten [($t_{liPa}=1.742$, $p=0.083$), ($t_{liSp}=0.207$, $p=0.837$)]. Dazu im Gegensatz war sowohl bei der rechts-Parallel als auch bei der rechts-Spiegel Anforderung ein deutlicher Gruppeneffekt zu beobachten [(t_{rePa}=3.745, p=0.000), (t_{reSp}=2.009, p=0.043)].

Die Ergebnisse zeigen, dass die RECHTS-Aufgaben von den anorektischen Patientinnen schlechter bewältigt wurden. Das heißt, dass anorektische Patientinnen deutliche Schwierigkeiten hatten, einen definierten Stellungsreiz (Soll-Wert), der nur mit der linken Hand erfasst wird und mittels der rechten Hand reproduziert werden soll, adäquat zu verarbeiten.

Wie kann dieser Befund erklärt werden und unterstützt er die Annahme, eines rechts parietalen Defizits bei Anorexia nervosa? Hierzu ist es notwendig, auf den Informationsverlauf und die Verarbeitungsschritte der eintreffenden sensorischen Informationen im Kortext und in den subkortikalen Gebieten einzugehen. Dabei ist hinreichend bekannt [1,36,37], dass die sensorischen und motorischen Informationen der rechten und der linken Hand, einschließlich der Gelenk- und Muskelinformationen auf das ipsilaterale jedoch dominant auf das kontralaterale Feld der motorischen und sensomotorischen Kortexareale gebahnt werden [31,35]. Somit werden die Bewegungs- und Stellungsinformationen der linken Hand unter Beteiligung thalamischer Kerne den motorischen und sensorischen Kortexarealen der rechten Hemisphäre dominant zugeführt und dort kodiert. Für die Informationen aus der rechten Hand/Arm gilt das umgekehrt entsprechende. Weiterhin ist bekannt, dass die eintreffenden Informationen sowohl durch die primär motorischen als auch durch die somatosensorischen Gebiete des anterioren und des posterioren Parietallappens verarbeitet werden. Zwischen diesen Regionen bestehen inter- und intrahemisphärische Verbindungen, so dass ein afferenter und efferenter Informationsaustausch realisiert werden kann. Der posteriore Teil des Parietalkortex (PK) hat darüber hinaus u. a. die Aufgabe, den frontalen Kortex mit sensorischen Informationen zu versorgen. Weiterhin bestehen Verbindungen zwischen dem posterioren PK und dem Hippocampus, dem Thalamus, dem Rückenmark und den Basalganglien. Darüberhinaus ist bekannt, dass insbesondere der rechte posteriore PK multisensorische Integrationsleistungen organisiert und wesentlich für die Erstellung von räumlichen Perzepten verantwortlich ist [21]. Es ist somit berechtigt anzunehmen, dass diesem Teil des PK bei den Vergleichsoperationen (Soll-Wert vs. Einstellwerte) eine zentrale Rolle zukommt. Weiterhin kann als bekannt vorausgesetzt werden, dass Informationen des PK über die Basalganglien über weitere Schaltstellen dem Thalamus zugeführt werden [19]. Ausgehend von diesen vereinfachten Erörterungen der grundlegenden funktionalen Zusammenhänge zwischen den beteiligten subkortikalen und kortikalen Gebieten soll nun versucht werden, die vorstehenden Daten des Winkelexperiments zu interpretieren.

Nach dem Modell des direkten Zugriffs („direct access model") wird davon ausgegangen, dass Informationen in derjenigen Hemisphäre dominant kodiert werden, in die sie zuerst gelangen. Für die Kodierung der Soll-Werte bei den RECHTS-Aufgaben bedeutet dies, dass die Soll-Wert-Informationen der linken Hand in der rechten Hemisphäre repräsentiert werden. Gleichzeitig erfolgen im Zusammenspiel zwischen dem rechten sensomotorischen und parietalen Kortex die Vergleichs- und Entscheidungsprozesse hinsichtlich der Informationen des relativ statischen Soll-Wertes und den dynamischen Einstellwerten der rechten Hand. Innerhalb dieses Aufgabentyps werden somit zwei Prozesse *gleichzeitig* rechtshemisphärisch repräsentiert (siehe Abb. 4).

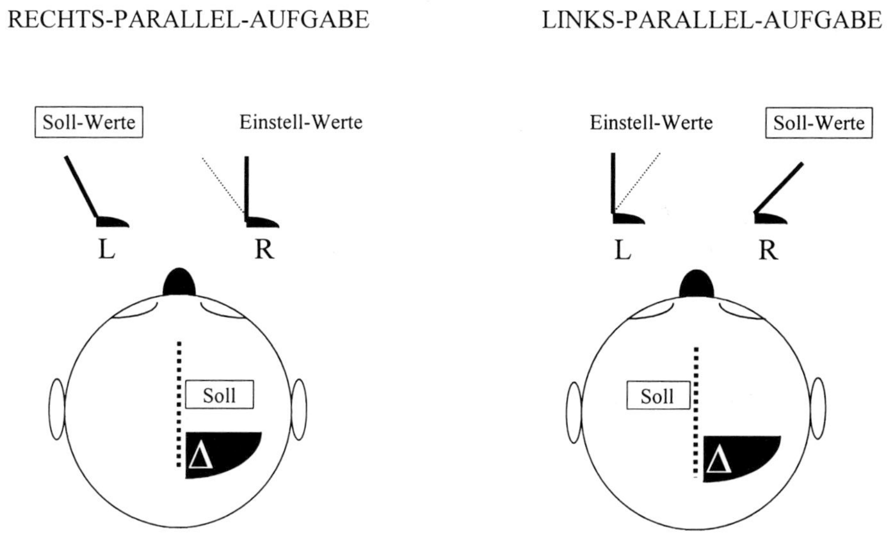

Abb. 4: Repräsentation der Soll-Wert-Informationen in der rechten oder linken Hemisphäre – je nach Aufgabentyp – und Integrationsprozessor des rechten parietalen Kortex (Δ) als Entscheidungsinstanz der Vergleichsprozesse. Weitere Erläuterungen im Text.

Im Gegensatz hierzu erfolgt beim LINKS-Aufgabentyp die Kodierung der Soll-Werte in der linken Hemisphäre und die Vergleichsoperationen sowie die Bewegungssteuerung für Einstellbewegungen der linken Hand erfolgt in der rechten Hemisphäre, wobei die Soll-Werte über zerebrale Kommissuren in die rechte Hemisphäre gelangen.[1] Beide Aufgaben unterscheiden sich somit wesentlich hinsichtlich der kapazitiven Beanspruchung des rechten parietalen Kortex für die notwendigen multisensorisch integrativen Prozesse. Der RECHTS-Aufgabentyp erfordert vom parietalen Kortex die geordnete Analyse sowohl der Soll-Werte als auch der Vergleichsdaten, einschließlich der Entscheidungsprozeduren, die in Kooperation mit dem frontalen Kortex reguliert werden. Werden für diese Teilprozesse auf Grund einer funktionalen Störung im rechten PK nicht genügend Ressourcen bereitgestellt, verläuft die gleichzeitige Kodierung der eintreffenden Einstellinformationen und der nachfolgende Vergleich mit den Soll-Werten fehlerhaft. Die Folge hiervon sind erhebliche Winkeldifferenzen zwischen gefordertem Soll- und erreichtem Einstellwert, wie sie bei der anorektischen Patientinnengruppe zu beobachten waren.

Dagegen erlaubt die Anforderungsstruktur der LINKS-Aufgabe eine verteilte Nutzung der vorhandenen Ressourcen im rechten PK, wobei dieser vorwiegend die Vergleichsoperationen zwischen Soll- und Einstellwerten realisieren und nicht noch zusätzlich die Soll-Wert-Kodierung regulieren muss. Letzterer wird bei anorektischen Patientinnen in der linken Hemisphäre verarbeitet und wird dem integrativen Prozessor des rechten PK über die zerebralen Kommissuren sowie über die Verbindungen der posterioren parietalen Gebiete zur Verfügung gestellt. Auf Grund fehlender biologischer Daten muss diese Erklärung für die deutlichen Fehlleistungen der anorektischen Patientinnen beim RECHTS-Aufgabentyp spekulativen Charakter tragen. Folgeuntersuchungen z. B. mit funktionell bildgebenden Verfahren werden aufdecken können, ob Aktivierungsverteilungen im Kortex bei der Lösung dieser oder entsprechender Aufgaben die Interpretation der vorstehenden Daten stützt oder andere bzw. zusätzliche Prozesse für die beobachteten Fehlleistungen verantwortlich sind.

Zusammenfassung

In beiden vorgestellten Untersuchungen wurde ein experimentell haptisches Design verwendet. Die Ergebnisse deuten darauf hin, dass bei Anorexia nervosa Patientinnen Grundfunktionen der multisensorischen Integration gestört sind. Auf Grund der topographischen Analyse der hirnelektrischen Parameteränderungen während haptischer Explorations-

[1]Im Zusammenspiel mit den verhaltensregulierenden Arealen des frontalen Kortex, insbesondere dem Gyrus cinguli und dem limbischen System erfährt dieser Soll-Wert gleichzeitig die Bedeutungszuweisung als orientierende Verhaltensvariable, dem die Winkeleinstellungen mit der rechten Hand folgen sollte. Die Informationen über die Bedeutung dieser Reizkonfiguration werden nach erfolgter Analyse über efferente Bahnen u. a. dem Striatum der Basalganglien und nachfolgend dem Thalamus zugeführt. Es ist davon auszugehen, dass diese Operationen noch im Rahmen einer vorbewussten Verarbeitung und Aufmerksamkeitsregulierung stattfinden (Birbaumer und Schmidt [2]).

anforderungen und mit Bezug zu neuropsychologischen Läsionsstudien wird die Annahme vertreten, dass die Grundlage dieser Störung durch eine Fehlfunktion des rechten parietalen Kortex bestimmt wird. Es wird vermutet, dass das biologisch-funktionale Defizit des rechten parietalen Kortex (rPK) sowohl für die schlechten Reproduktionsleistungen der ersten Untersuchung (Tiefenrelief) als auch für die erhöhten Winkeldifferenzen – insbesondere bei den RECHTS-Aufgaben – der zweiten Untersuchung (Winkelexperiment) verantwortlich ist. Auf Grund der prominenten Rolle des rPK im Rahmen multisensorischer Integrationsprozesse und der vorliegenden Befunde liegt somit die Annahme nahe, dass dem verzerrten Körperschema bei anorektischen Patienten ein funktionales Defizit des rechten parietalen Kortex zugrunde liegt. Eine Konsequenz dieser Annahme sollte es sein, nach alternativen Therapieformen zu suchen, in deren Mittelpunkt die Reorganisation fehlerhafter kortikaler Integrationsprozesse mit dem Ziel des Erlernens und Festigens adäquater Reizverarbeitungsprozesse steht.[1,2]

Literatur

[1] Baraldi, P., Porro, C.A., Serafini, M., Pagnoni, G., Murari, C., Corazza, R., Nichelli, P.: Bilateral representation of sequential finger movements in human cortical areas. Neurosci Lett 269:95-98, 1999.

[2] Birbaumer, N., Schmidt, R.F. (Hrsg.): Biologische Psychologie. 3. berarb. Aufl., Berlin, Heidelberg, New York: Springer, 1996.

[3] Blanz, B.J., Detzner, U., Lay, B., Rose, F., Schmidt, M.H.: The intellectual functioning of adolescents with anorexia nervosa and bulimia nervosa. European Child and Adolescent Psychiatry 3:129-135, 1996.

[4] Bösel, R.: Die cerebrale Theta-Rhytmizität unterstützt kontextabhängige Diskriminationsleistungen. Kognitionswissenschaft 3:83-94, 1993.

[5] Bradley, S.J., Taylor, M.J., Rovet, J.F., Goldberg, E., Hood, J., Wachsmuth, R., Azcue, M.P., Pencharz, P.B.: Assessment of brain function in adolescent anorexia nervosa before and after weight gain. Journal of Clinical and Experimental Neuropsychology 19/1:20-33, 1997.

[6] Brähler, E.: Körpererleben. Berlin: Springer-Verlag, 1986.

[7] Brouwers, P., Duncan, C.C., Mirsky, A.F.: Cognitive and personality concomitants of eating disorders. Journal of Clinical and Experimental Neuropsychology 8:135, 1986.

[8] Bruch, H.: Eßstörungen. Zur Psychologie und Therapie von Übergewicht und Magersucht. Frankfurt: Fischer-Verlag, 1991.

[9] Fox, N.A. Davidson, R.J. (Hrsg.): The Psychobiology of affective development. London: LEA, 259-287, 1984.

[10] Gevins, A.S., Zeitlin, G.M., Doyle, J.C., Yingling, C.D., Schaffer, R.E., Callaway, E., Yeager, C.L.: Electroencephalogram correlates of higher cortical functions. Science 203:665-667, 1979.

[11] Gordon, D.P., Halmi, K.A., Ippolito, P.M.: A comparison of the psychological evaluation of adolescents with anorexia nervosa and of adolescents with conduct disorders. Journal of Adolescence 7:245-266, 1984.

[12] Grunwald, M., Ettrich, C., Assmann, B., Busse, F., Krause, W., Gertz, H.-J.: Deficits in haptic perception and right parietal theta-power changes in patients with anorexia nervosa before and after weight gain. International Journal of Eating Disorders (in press 2000).

[13] Grunwald, M., Ettrich, C., Krause, W., Assmann, B., Rost, R., Gertz, H.-J.: Haptic perception in anorexia nervosa before and after weight gain. Journal of Clinical and Experimental Neuropsychology (in press 2000).

[1]Über Folgeuntersuchungen wird auf dem Internet-Server **www.anorexia.de** informiert.

[2]Für die kritische Diskussion der Ergebnisse zum Winkelexperiment danke ich Timm Rosburg und Thomas Weiss.

[14] Grunwald, M., Weiss, T., Ettrich, C., Krause, W., Assmann, B., Gertz, H.-J.: Haptische Wahrnehmung und EEG-Veränderungen bei Anorexia nervosa. Zeitschrift für Kinder- und Jugendpsychiatrie, 27(4):241-250, 1999.

[15] Grunwald, M., Weiss, T., Krause, W., Beyer, L., Rost, R., Gutberlet, I., Gertz, H.-J.: Power of the theta waves in the EEG of human subjects increases during recall of haptic information. Neuroscience Letters. 260/3:189-192, 1999.

[16] Grunwald, M.: Haptische Reizverarbeitung und EEG-Veränderungen. Diss. Friedrich-Schiller-Universität Jena, 1998.

[17] Head, H.: Studies in neurology. London: Hodder Stoughton, 1920.

[18] Kinsbourne, M., Bemporad, B.: Lateralization of emotion: A model and the evidence. In: Kischka, U., Spitzer, M., Kammer, T.: Frontal-subkortikale neuronale Schaltkreise. Fortschr. Neurol. Psychiat. 65:221-231, 1997.

[19] Köhle, K., Simons, C.: Anorexia nervosa. In: v. Uexküll, T., Adler, R. et al. (Hrsg.): Psychosomatische Medizin. 4. Aufl., München, Wien, Baltimore: Urban u. Schwarzenberg-Verlag, 1990, pp. 582-612.

[20] Kolb, B., Whishaw, I.Q.: Neuropsychologie. Heidelberg, Oxford, Berlin: Spektrum Akademie Verlag, 1993.

[21] Laessle, R.G., Fischer, M., Fichter, M.M., Pirke, K.M., Krieg, J.C.: Cortisol levels and vigilance in eating disorder patients. Psychoneuroendocrinology 17:475-484, 1992.

[22] Mecklinger, A.: Gedächtnissuchprozesse - Eine Analyse ereigniskorrelierter Potentiale und der EEG-Spontanaktivität. Weinheim: Psychologie Verlags-Union, 1992.

[23] Meerman, R.: Body-image Störungen bei Anorexia und Bulimia nervosa und ihre Relevanz für die Therapie. In: Jacobi, C., Paul, T. (Hrsg.): Bulimia und Anorexia nervosa. Ursachen und Therapie. Berlin: Springer-Verlag 1991, pp. 69-85.

[24] Meermann, R., Vandereycken, W.: Therapie der Magersucht und Bulimia nervosa. Berlin: De Gryter, 1987.

[25] Pendleton-Jones, B., Duncan, C.C., Brouwers, P., Mirsky, A.F.: Cognition in eating disorders. Journal of Clinical and Experimental Neuropsychology 76:711-728, 1991.

[26] Pendleton-Jones, B., Duncan, C.C., Brouwers, P., Mirsky, A.F.: Cognition in eating disorders. J. Clin. exp. Neuropsychology 76:711-728, 1991.

[27] Ranseen, J.D., Humphries, M.D.: The intellectual functioning of the eating disorder patients. Journal of the American Academy of Child and Adolescent Psychiatry 31:844-846, 1992.

[28] Rescher, B., Rappelsberger, P.: EEG changes in amplitude and coherence during a tactile task in females and males. Journal of Psychophysiology 10:161-172, 1996.

[29] Rovet, J.F., Bradley, S.J., Goldberg, E., Wachsmuth, J.R.: Hemispheric laterality in anorexia nervosa. Journal of Clinical and Experimental Neuropsychology 10:24, 1988.

[30] Salmelin, R., Forss, N., Knuutila, J., Hari, R.: Bilateral activation of the human somatomotor cortex by distal hand movements. Electroencephalogr Clin Neurophysiol 95:444-452, 1995.

[31] Schacter, D.L.: EEG theta waves and psychological phenomena: A review and analysis. Biological Psychology 5:47-82, 1977.

[32] Schilder, P.: Das Körperschema. Ein Beitrag zur Lehre vom Bewußtsein des eigenen Körpers. Berlin: Springer, 1923.

[33] Schmidt, M.H., Lay, B., Blanz, B.: Verändern sich kognitive Leistungen Jugendlicher mit Anorexia nervosa unter der Behandlung? Zeitschrift für Kinder- und Jugendpsychiatrie 25:17-26, 1997.

[34] Schnitzler, A., Salmelin, R., Salenius, S., Jousmaki, V., Hari, R.: Tactile information from the human hand reaches the ipsilateral primary somatosensory cortex. Neurosci Lett 200:25-28, 1995.

[35] Singh, L.N., Higano, S., Takahashi, S., Abe, Y., Sakamoto, M., Kurihara, N., Furuta, S., Tamura, H., Yanagawa, I., Fujii, T., Ishibashi, T., Maruoka, S., Yamada, S.: Functional MR imaging of cortical activation of the cerebral hemispheres during motor tasks. AJNR.Am J Neuroradiol. 19:275-280, 1998.

[36] Singh, L.N., Higano, S., Takahashi, S., Kurihara, N., Furuta, S., Tamura, H., Shimanuki, Y., Mugikura, S., Fujii, T., Yamadori, A., Sakamoto, M., Yamada, S.: Comparison of ipsilateral activation between right and left handers: A functional MR imaging study. Neuroreport. 9:1861-1866, 1998.

[37] Small, A., Madero, J., Teagno, L., Ebert, M.: Intellect, perceptual characteristics and weight gain in anorexia nervosa. Journal of Clinical Psychology 39:780-782, 1983.

[38] Szmukler, G.I., Andrewes, D., Kingston, K., Chen, L., Stargatt, R., Stanley, R.: Neuropsychological impairment in anorexia nervosa: Before and after refeeding. Journal of Clinical and Experimental Neuropsychology 14:347-352, 1992.

[39] Witt, E.D., Ryan, C., Hsu, L.K.: Learning deficits in adolescents with anorexia nervosa. Journal of Nervous and Mental Disease 173:182-184, 1985.

V. ANWENDUNGSASPEKTE

HAPTISCHE WAHRNEHMUNG UND DESIGN

Rainer Schönhammer

Schöner Schein und Anfassen

„Design" steht, wie es etwa vor ein paar Jahren im Titel eines „Spiegel Spezial" [4] hieß, für den „schönen Schein", für die Ästhetisierung der Gegenstände. Ganz selbstverständlich denkt man dabei an die sichtbare Gestalt der Sachen. In der Zunft der Gestalter belächelt man dieses Bild von Design. Ist Designern doch die Gewissheit der eigenen Zuständigkeit fürs Funktionale zur zweiten Natur geworden. Und auch wenn ein Designer sich jener Doktrin, gemäß der die Frage nach der Form sich mit jener nach der Funktion beantworte, nicht anschließen mag, wird doch jeder, der eine Design-Ausbildung hinter sich hat, den Satz unterschreiben: Design formt nicht minder den Umgang mit den Dingen als ihre Gefälligkeit. Und Umgang heißt nicht zuletzt: Anfassen.

Design kommt also am Haptischen, dem Spüren der Materialien und dem Handhaben der Formen, nicht vorbei. Über die Qualität der haptischen Gestaltung und die entsprechende Qualifikation der Designer ist mit der abstrakten Eingemeindung von Tasten und Greifen ins Design natürlich noch nichts beschlossen. In beiden Hinsichten fehlt es nicht an professioneller Selbstkritik, die sich mit kulturkritischen Feststellungen zur sinnlichen Verarmung unserer technisierten (Produkt-)Welt trifft.

Etwa: „Solange der Mensch hand-werklich tätig blieb, verlor sein Tastsinn [...] wenig an Bedeutung. [...] Der sogenannte technische Fortschritt bedeutet eine Entwertung aller sinnlichen Wahrnehmungen mit Ausnahme des Sehens." (S. 265 [3]) Oder: „Was die visuellen Aspekte des Design betrifft, leisten Designer ganze Arbeit [...]. [...] Selbstverständlich hat jedes unserer Produkte auch akustische, taktile, olfaktorische und gustatorische Eigenschaften, jedoch treten diese lediglich als zufällige Konsequenz ästhetisch oder mechanisch-funktional begründeter Entscheidungen auf." (S. 68/70 [9]) Und: „Es ist heute für einen Designer möglich, von der ersten Idee zu einem Produkt über die endgültige Formgebung und Konstruktion bis zum Prototypenbau ausschließlich am Computer zu arbeiten. [...] Reine Computerdesignarbeit

birgt aber die Gefahr, dass nur für den visuellen Sinn gestaltet wird. Produkte, die so entstehen, weisen nur zufällig haptische Qualitäten auf.“ (S. 33 [8])
Ganz schief liegen die Laien also nicht, wenn sie in Designern in erster Linie Blickfänger sehen. Doch selbst die Konzentration auf das Visuelle schließt nicht aus, dass Tasten und Greifen mitreden. Das Zusammenspiel von Sehen und Haptik werde ich anschließend im Kontext von Hinweisen auf Tradition und Gegenwart der gestalterischen (Grund-)Ausbildung ansprechen. Außerdem wird das Kapitel die Dreiecksbeziehung des herausragenden modernen Werkstoffs Plastik mit Design und Haptik streifen und schließlich eine Facette des Themas am Beispiel eines handlichen Trendprodukts, des Mobiltelefons, beleuchten.

Haptische Wahrnehmung in der Produktion von Designern

Der Beruf des Designers verdankt sich der arbeitsteiligen Trennung des Entwerfens vom Herstellen. Während in der handwerklichen Tradition bei der Ausbildung die Vertrautheit mit dem Werkstoff im Vordergrund stand und steht, entwerfen Designer im Dienste der Industrie in erster Linie Formen und Funktionen, deren Herstellung spezialisierte Ingenieure konzipieren (vgl. [11]). Zugespitzt: Design ist blind für das Material.
So pointiert hat die Charakterisierung der veränderten Beziehung zum Werkstoff offenkundig die Grenze zum Absurden überschritten. Ohne Zweifel holt das Material das Entwerfen auf die eine oder andere Weise ein. Betrachtet man allerdings die Designer-Ausbildung, ist die Trennung vom Material kaum zu übersehen. Formgebung und (funktionale) Problemlösung haben sich von der Handhabung eines Werkstoffes gelöst. Idealtypisch für den sozusagen substanzlosen Entwurfsuniversalismus ist das „Industriedesign“. Spezialisierungen wie Keramik- oder Textil-Design sind den Herstellungsprozessen und besonderen Werkstoffen näher, gewissermaßen die Handwerker unter den Designern. Jenseits der unterschiedlichen Nähe zu Substanz und Bearbeitung der Werkstoffe in den verschiedenen Ausbildungsrichtungen des Designs (man denke z. B. auch an Mode und Innenarchitektur) bildet die Schulung der visuellen Darstellung das Zentrum der gestalterischen Grundausbildung („Grundlehre“) aller Fachrichtungen.
In die visuelle Grundausbildung von Designern mengt sich das Haptische allerdings traditionell ein. Teils hat es einen Eigenwert, teils ist es Mittel der visuellen Schulung. Ungeachtet der Eigentümlichkeiten der Ausformung und des Umfanges dieser Einmengung an den verschiedenen Ausbildungsstätten, die der näheren Erforschung harren, möchte ich hier mögliche Ziele dieses Aspektes der Designer-Ausbildung ansprechen. Es liegt nahe, dazu die folgenreiche Lehre am Bauhaus in Weimar und Dessau ins Spiel zu bringen.

Allen voran hatte Johannes Itten dem Tastsinn einen Platz in der „Gestaltungs- und Formenlehre“ [14] eingeräumt. Seine rückblickenden Überlegungen machen Theorie und Praxis des handfesten Umgangs mit Stoffen anschaulich: „Zur Einleitung wurden lange Listen der verschiedenen Materialien aufgeschrieben wie Holz, Glas, Gespinste, Rinden, Felle, Metalle und Steine. Dann ließ ich die optisch und taktil erfaßbaren Eigenschaften dieser Materialien dazuschreiben. Es genügte aber nicht, die Wörter der Eigenschaften zu kennen, die Charaktere der Materialien mußten erlebt und dargestellt werden. Kontraste wie glatt-rauh, hart-weich, leicht-schwer, mußten nicht nur gesehen, sie mußten auch erfühlt werden.“ (S. 34 [14])

Einer der Gründe, die Itten für die Einbeziehung des Anfassens in die ästhetische Schulung nennt, ist das Erfahren von individuellen Neigungen und damit Hilfe bei der Festlegung auf einen spezifischen Ausbildungsgang (als „Vorkurs“ war zu Ittens Zeit die Grundausbildung der Entscheidung für eine der relativ handwerksnah konzipierten Fachrichtungen vorgelagert) [26]. Schule haben die Tastübungen jedoch eher im Gegenteil wegen ihrer Abstraktion vom bestimmten Material gemacht. Ein Moment dieser Verselbständigung der Tastschulung von der unausgesprochenen handwerklichen Vertrautheit mit dem Stoff ist die Systematisierung der Erfahrung.

Die Materialstudien sollten also eine Art Crash-Kurs in Fingerspitzen-Gefühl bilden: „Am Bauhaus ließ ich zur taktilen Beurteilung von Texturen lange chromatische Reihen von realen Materialien anfertigen. Die Schüler mußten diese Texturfolgen mit den Fingerspitzen bei geschlossenen Augen erfühlen.“ (S. 34 [14]) Itten vermerkt eine geschwinde Verbesserung des Tastgefühls durch solche Übungen. Sein Nachfolger Moholy-Nagy ließ seine Studenten die Materialen zu „Tastorgeln“ kombinieren, Materialreihungen, die teils durch Kurbelmechanismen etc. an den ruhenden Fühlorganen entlang bewegt werden konnten. Bei ihm wurden zudem die entsprechenden Tastempfindungen in Diagrammen festgehalten [17]. Die (abstrakte) Tastschulung erhielt so einen wissenschaftlichen Gestus, womit der paradoxe Charakter dieser Sinnesschulung – Spürübungen als Folge und Mittel der Lösung von der im Handwerk selbstverständlichen Material-Erfahrung – unterstrichen wurde (vgl. [26]). Die spätere Einbeziehung von Wahrnehmungspsychologie in die Designerausbildung ist wohl in dieser Logik zu verstehen.

Jenseits der Ausbildung der Spezialisten fürs Ästhetische haben übrigens Museums- bzw. Erlebnispädagogische Veranstaltungen, etwa in Form speziell für den Tastsinn ausgerichteter Ausstellungen, die Idee der gesonderten Fühl-Sensibilisierung aufgegriffen. Erklärtes Ziel ist hier die Kompensation der sinnlichen Verarmung in der technischen Zivilisation im Allgemeinen und der Sterilität der üblichen Museumsangebote im Besonderen. – Demontage naturwüchsiger Sinneserfahrung und Kompensation der resultierenden Ausdünnung in Sonderveranstaltungen sind die zwei Seiten derselben Medaille.

Itten persönlich war der Schein des Wissenschaftlichen als Symbol des Dienstes der ästhetischen Ausbildung an der Industriellen Produktion nicht angelegen. Die Abstraktion der Tasterfahrung mündete bei ihm nicht in Sinnbildern der Wissenschaft, sondern im künstlerischen Aufmischen der Materialien: „Darauf ließ ich Texturmontagen machen. Es entstanden phantastische Gebilde von damals völlig neueartiger Wirkung" (S. 34 [14]). Itten spricht von einem regelrechten „Gestaltungsfieber" seiner Studenten. Begeisternd war offenbar schon das Aufstöbern von Materialien: „Sie begannen die Schubladen der sparsamen Großmütter, Küchen und Keller zu durchstöbern, sie durchsuchten die Werkstätten der Handwerker und die Abfallhaufen der Fabriken und Bauplätze. Die ganze Umwelt wurde neu entdeckt, rohe Hölzer und Hobelspäne, Stahlwolle, Drähte, Schnüre, poliertes Holz und Schafwolle, Federn, Glas und Staniolpapier, Gitter und Geflechte aller Art, Leder, Pelze und glänzende Konservenbüchsen." (S. 34 [14]) Diese Schätze wurden dann in einer „tollen Bastelei" kollagiert. Die Vergleichbarkeit dieser Studienarbeiten mit Dadaistischen Kunstwerken [18] brachte nicht nur ein bleibendes Interesse von Kunstpädagogen, sondern auch Irritation und Distanzierung mit sich [6,18]. Gerade in der Ausbildung von Designern standen die Verantwortlichen später – schon am Bauhaus selbst – solchen Freiräumen des schöpferischen Chaos eher skeptisch gegenüber. So kam Ordnung in die Materialübungen, etwa in Gestalt der von den Itten-Nachfolgern Moholy-Nagy und Albers zur Aufgabe gemachten systematischen Tastreihen zu Polaritäten wie glatt-rau oder hart-weich. [17,26] In der 1990 zusammenfassend publizierten „Grundlehre" der vorangegangenen Jahrzehnte an der „Hochschule für industrielle Formgestaltung" in Halle/Saale findet sich unter der Rubrik „Gestaltungsübungen mit echten Körpern aus verschiedenen Materialien" eine Ermahnung, die den Ordnungssinn der Gestalter mit einem übergreifenden weltanschaulichen Biedersinn zur Deckung bringt: „Das skurrile Bild sogenannter ‚Klamotten' liegt dabei ebensowenig in der Absicht unserer Materialstudien wie der dekadente Reiz gerümpelhafter Zusammenstellungen. Damit soll nicht gesagt sein, dass wir nicht auch Fragmente materieller Gegenstände für unsere Studien benutzen können. Wesentlich ist nur, dass diese Teile in der Gestaltung ihren Fragmentcharakter verlieren und zum Bestandteil einer neuen Ganzheit werden." (S. 43 [13]) Heute heißt es in Halle schlicht, die Materialstudien fänden sich im „Spannungsfeld zwischen exaktem Untersuchen und freiem Fabulieren" (S. 41 [10]).

Jenseits der Frage nach dem rechten Maß an Disziplin im Umgang mit den Materialien, liegt eine Kritik, die den freischwebenden Charakter solcher Übungen, d. h. den fehlenden Zusammenhang zur Materialität des wirklichen Produzierens und Bauens beklagt [26]. Tatsächlich ist das Anliegen, Materialien nicht nur zur ästhetischen Schulung, sondern auch im Hinblick auf seine Verarbeitungsmöglichkeiten zum Gegenstand der Ausbildung zu machen, wohl immer präsent gewesen [10,13,26]. Die Realisierung dieses Ziels steht allerdings unausweichlich im Konflikt mit dem Generalismus des Gestalterberufs.

Die wesentliche Leistung des handfesten Umgangs mit Materialen sollte schon bei den Bauhaus-Lehrern denn auch gar nicht in einer eigenständigen Verfeinerung des Tastsinnes oder im Erfahren von konstruktiven Möglichkeiten liegen, sondern im Ertrag für das zentrale Anliegen der Grundausbildung: Der Schulung des Sehens im Dienste des Darstellens bzw. des Entwerfens von sichtbaren Gestalten [14,26]. In der bereits zitierten Halleschen Gestaltungslehre liest sich dieses Ausbildungsziel so: „Letzten Endes liegt auch der Sinn unserer Materialstudien darin, die visuell-gestalterischen Fähigkeiten disponibel zu entwickeln, das heißt, nicht nur für alle visuell gestaltungsmöglichen Bereiche, sondern auch für beliebige materielle Bedingungen ansprechbar zu machen.“ (S. 43 [13]). Erst in der jüngeren Vergangenheit wird im Kontext des Siegeszuges der elektronischen Bildmedien und dem komplementären Anschwellen der Klagen über die Entsinnlichung der Kultur auch in der Designer-Ausbildung die Intensivierung der Tasterfahrung wieder zum potentiellen Selbstwert; zumindest als Desiderat [8,10]. Die traditionelle Unterordnung der Materialübungen unter die visuelle Schulung trägt Gesetzen des Zusammenspiels von Sehen und Tásten Rechnung.

Exkurs: Intermodale Wahrnehmung und Synästhesie

„Der ganze Raum wird ständig vor allem mit Hilfe der Augen ertastet“ (S. 54 [21]): „Ziegelstein, Marmor, Sandstein, Rauputz, Beton, Stahl, Glas, Plastik, Holz oder Textil unterscheiden sich als schon bei der inneren Vorerfahrung im visuellen Bereich durch die Art ihrer Tast-Lebendigkeit, durch die Vielseitigkeit und Abwechslung in der Tastqualität [...]“. (S. 54 [21]) – Mit diesen Feststellungen plädiert der Gestalter Wulf Schneider für die „bewußte Tastgestaltung des Raumes durch Materialwahl und plastische Durchgestaltung“ (S. 54 [21]). – Es mag paradox klingen, wenn das Plädoyer für die Berücksichtigung des Tastsinnes in der Gestaltung mit dem Sehen argumentiert. Der angesprochene Sachverhalt – die Gegenwart von Tastqualitäten im bloßen Sehen – ist jedoch unschwer nachvollziehbar. Das Sehen nimmt die Tasterfahrung in sich auf, mit visuellen Eindrücken werden (eine entsprechende Lerngeschichte des Individuums vorausgesetzt [7]) haptische Qualitäten assoziiert.

Im Laufe des Aufwachsens nimmt bekanntlich die Neigung, alles Erreichbare anzufassen, ab. Das dürfte nicht nur Ergebnis sinnenfeindlicher Zivilisierung sein, sondern sich schlicht der

Ökonomie der Wahrnehmung verdanken. Der Impuls zum Hinlangen bleibt dann uneindeutigen visuellen Eindrücken vorbehalten oder emotional besonders ansprechenden Materialien und Formen, die man eben wirklich spüren will, weil sie so vielversprechend aussehen. Angehende Gestalter in den Wahrnehmungsmodus des umfassenden Befingerns regredieren zu lassen, dient, vereinfachend gesprochen, dem Aufbrechen der Selbstverständlichkeit des Zusammenspiels von Haptik und Sehen mit dem Ziel, an die prägnante Darstellung heranzuführen. Im Jargon der Kognitionspsychologie könnte man von einer Rekonstruktion bzw. Reflexion von Wahrnehmungsschemata sprechen. In diesem Sinn ist es stimmig, dass Itten das letzte Ziel der Tastübungen im auswendigen Darstellen sah: „Eine solche Art des Naturstudiums, das Beobachtete und Erlebte auswendig darzustellen, ist kein imitierendes, sondern ein interpretierendes Vorgehen. Das so Gestaltete wirkt unmittelbar lebendig und überzeugend." (S. 35 [14])

Das Sehen von haptischen Qualitäten wird auch als „Synästhesie" angesprochen [2]. Wie man die verschiedenen Ebenen des Wechselspiels der Sinnesmodalitäten auch immer terminologisch differenzieren will, sollte man sich jedenfalls bewusst machen, dass z. B. das Sehen der Rauhigkeit einer Oberfläche eine intermodale Verweisung ist, die hinsichtlich Erscheinung und Entstehung weder ohne weiteres in eins zu setzten ist mit den sogenannten „intermodalen Qualitäten" wie Helligkeit oder Voluminosität (ein heller, voller Klang ist keine erlernte Vorwegnahme etwa der aufgehenden Sonne), noch mit den Durchbrüchen zwischen den Sinneskanälen, wie sie die Synästhetiker erleiden. Synästhesien mit haptischen Empfindungen im zuletzt genannten Sinn zeigte beispielsweise ein von Lurija beschriebener Gedächtniskünstler: „Die synästhetischen Empfindungen S.'s traten auch dann auf, wenn er aufmerksam einer Stimme lauschte. ‚Was für eine gelbe, mürbe Stimme Sie haben', sagte er einmal zu Lew S. Wygotski, der sich mit ihm unterhielt." (S. 163 [15]) Und weiter: „'Gewöhnlich spüre ich sowohl den Geschmack als auch das Gewicht eines Wortes [...]. Ich habe ein Gefühl in der Hand, als ob etwas Öliges an ihr wäre, das aus einer Menge kleinster, aber sehr leichter Punkte besteht – oder ich spüre ein leichtes Kitzeln in der linken Hand.'" (S. 166 [15])

Wenn etwa die Lichtgestaltung von Räumen „weich" oder „hart" genannt werden kann, haben wir es offenbar nicht lediglich mit einer intermodalen Verweisung zu tun, sondern mit einer jenseits des auslösenden Reizes analogen Empfindung. Das Subjekt erkennt hier einen affektiven Zustand wieder. Vielleicht sind die eben durch die unterschiedlichen Sinnesqualitäten gleichermaßen evozierbaren „Vitalqualitäten" der Schlüssel für die erwähnten „intermodalen Qualitäten" [25]. Jedenfalls ist damit ein Tor für gestalterischen ‚Trug' bezeichnet: Licht,

Farbe, Geräusche und Gerüche können ganz unabhängig vom Anblick und schon gar dem Fühlen weicher Materialien Menschen sanft einwickeln.

Plastik, Design und Haptik

„Plastik ist weniger eine Substanz als vielmehr die Idee ihrer endlosen Umwandlung" (S. 79 [1]). Das heißt auch: Plastik ist der Stoff, der der Abstraktion des Designs vom Stoff materielle Gestalt gibt. Plastik verkörpert die Allmacht der Formgebung. Das hat seinen Preis. In Roland Barthes' Worten: „In der poetischen Ordnung der Substanzen ist es ein zu kurz gekommenes Material." (S.80 [1]) Designer beschwören „Haltbarkeit, Leichtigkeit, Vielseitigkeit und Ökonomie" [19] von Kunststoffen und klagen: „Gegen Produkte aus Kunststoff bestehen große Vorurteile – wo doch das einzig Schäbige am Kunststoff der billige Entwurf ist" [5].

Die Berührung von Plastik ist nicht angenehm [12]. Diese Haut der Dinge und die menschliche Haut stoßen sich ab, mag seine Formbarkeit auch dazu führen, dass es mit noch so organisch anmutenden Rundungen lockt. Auch und gerade weil unsere eigene Feuchtigkeit die Berührung mit Plastik klebrig machen kann, stößt es uns ab [24]. Wenn schon nicht die Fremdheit des Materials, so kann doch das Klebrige durch Aufrauhen der Oberfläche relativiert werden. Und matte Oberflächen wirken fürs Auge ohnehin weich und fordern auch jenseits des Plastik eher zum Hinfassen auf als glänzende, zu denen man mit einer gewissen Ehrfurcht Distanz wahrt [20]. Der Siegeszug des Plastiks mit aufgerauter Oberfläche, der sich derzeit konstatieren lässt [23], ist ein Tribut an die menschliche Haut. Nebenbei schlägt die Mattierung dem auch von Apologeten des Plastiks beklagten Problem, dass es nicht in Würde altert [5], ein Schnippchen: Noch nagelneu sieht es schon patiniert aus [16].

Griffiger Körper: Das Handy

Die in Deutschland übliche Bezeichnung für die gegenwärtige Generation von Mobiltelefonen führt unser Thema im Namen: Waren Mobiltelefone in den 80er Jahren noch kleine Hängetaschen und mag die Zukunft Implantate zum Fernsprechen mit sich bringen – heute schmiegen sie sich der Hand an. Diesen Aspekt des haptischen Designs hatten wir bislang ausgeklammert. Wir sprachen von fühlbaren Oberflächenstrukturen und ließen beiseite, dass jenseits des Materials die Form ein Angebot für die Haptik darstellt. In dieser Hinsicht tritt die Hand gegenüber der Haut hervor: Berühren als Moment des Greifens. (Die Füße sollen nicht unterschlagen werden; auch sie erfahren Bodenformen und ein Hundertwasser verkauft wie von Wurzelwerk aufgeworfene Böden erfolgreich als sinnenanregende Gestaltung.)

Die Handlichkeit von Dingen kann man nach zwei Seiten hin betrachten. Einmal ist da die Frage Handhabbarkeit: Lässt sich das Ding gut greifen und bedienen. Im Falle unseres Beispiels betrifft das die Gesamtgröße und die Form des Gerätekörpers, aber auch die Frage, ob die Form eine bestimmte Art, das Gerät in den Griff zu nehmen, nahe legen soll. Auch die Frage nach Größe und Form der einzelnen Bedienelemente gehört zu dieser Seite des Designs von Handlichkeit. Es ist bekannt, dass die verschiedenen Ebenen der Greifbarkeit im Konflikt liegen können: Die Verkleinerung des Gesamtkörpers macht ihn handlicher, zwingt aber zur übermäßigen Verkleinerung von Knöpfen usw..

Nach den Regeln der Kunst ziehen Designer in solchen Fragen Ergonomen zu Rate (eine Wissenschaft, der Designer ja auch in ihrer Ausbildung schon begegnen; der Kalauer, dass man auf ‚Designer-Stühlen' nicht sitzen könne, zeigt, dass der Kooperation in der Praxis gewisse Grenzen gesetzt sind). Der Traum des Designers ist es, innovative Lösungen jenseits der bekannten Optimierungsprobleme zu finden. Etwa Ersatz der Tastatur durch ein Rad, das der haltende Daumen verstellen und drücken kann oder durch Oberflächen, die sensibel auf feinmotorische Nuancen reagieren („Touchpad" [3]); beides selbstverständlich im Zusammenspiel mit Anzeigen auf (Mini-)Bildschirmen gedacht. Als Zukunftsvision spinnt man sich etwa Sensoren aus, die sich in den Benutzer einfühlen: „Unsere Produkte unterscheiden gewöhnlich nicht zwischen ‚freundlicher' oder ‚unfreundlicher' Tastenbetätigung. Manche Artefakte, z.B. Musikinstrumente, reagieren zwar unterschiedlich auf die Kraft, mit der eine Taste gedrückt oder eine Saite angeschlagen wird. Dennoch ist keines dieser Produkte in der Lage, durch intelligente Interpretation eines taktilen Ereignisses die Stimmung, Laune oder Absichten des Benutzers zu erkennen, obwohl diese Information in Veränderungen der Körpertemperatur, Hautfeuchtigkeit, Betätigungskraft- und Geschwindigkeit jederzeit zur Verfügung steht. Was wäre, wenn unsere Artefakte be‚seelt', wenn ‚Hi Touch'-Produkte wirklich (be)„rührend um ihre Besitzer besorgt wären, ein wirkliches Innen‚leben' enthielten?..." (S. 76 [9]).

Wie ernst Designer solche Schöpferphantasien nehmen, bleibe dahingestellt. Gewiss ist, dass der zur absurden demiurgischen Konsequenz getriebene konstruktive Animismus einen Aspekt der Greifbarkeit der Form berührt, der auch heute schon wichtig ist: die Anschmiegsamkeit der Form. Die Ästhetik der Handlichkeit als Komplement zur Ergonomie ist ein Unterkapitel der Ästhetik der organischen Form, deren visueller Reiz immer schon von der implizierten körperlichen Beziehung des Menschen zu den Dingen lebt. Handlichkeit in diesem Sinne geht ins Erotische (in einem weiten Sinn), ob der Gerätekörper nun als Gegenüber oder als Erweiterung der eigenen Physis erlebt wird [22]. Dass die heikle Sozialpsychologie des öffentlichen Telefonierens zur (wahlweisen) Substitution des Klingelns durch Vibration geführt hat, unterstreicht beim Handy die phänomenale Lebendigkeit jenseits der anschmiegsamen, zum Greifen auffordernden Form.

Zusammenfassung

Auch wenn Design – gewissermaßen seiner Natur nach – ein gebrochenes Verhältnis zur Haptik hat, spricht es doch gerade vermöge seiner visuellen Kunstfertigkeit unsere Tasterfahrung und unsere Lust am Berühren und Berührtwerden an. Dass es uns dabei, etwa durch entsprechende Bearbeitungen des ihm wesensverwandten Werkstoffes Plastik, oft genug täuscht, gehört zum Spiel.

Literatur

[1] Barthes, R.: Mythen des Alltags. Frankfurt/M.: Suhrkamp 1964.
[2] Böhme, G.: Der Glanz des Materials - Zur Kritik der ästhetischen Ökonomie. In: Langenmaier, A.-V. (Hrsg.): Der Stoff der Dinge. Material und Design. München: Design Zentrum München, 1994, pp. 76-96.
[3] Çakir, A.E.: Ein Sinn verliert seinen Sinn und findet ihn wieder. Der Tastsinn im Spiegel des Technikwandels. Kunst- und Ausstellungshalle der Bundesrepublik Deutschland (Hrsg.): Tasten. Göttingen: Steidel 1996, pp. 262-275.
[4] Der Schöne Schein. Das Jahrhundert des Design. [Hefttitel] Spiegel Spezial 6, 1995.
[5] Dietz, M.: Stellungnahme. Design Report 9:33, 1995.
[6] Duderstadt, M.: Ästhetik und Stofflichkeit. Weinheim: Dt. Studien Verlag, 1997
[7] Fischer, H.: Entwicklung der visuellen Wahrnehmung. Weinheim: PVU, 1995.
[8] Fröber, J.: Haptik im Design. Kunsthochschule Berlin-Weißensee/Hochschule für Gestaltung (Hrsg.): Visuelle Sollbruchstelle. 3 Diplomarbeiten und eine Meisterschülerarbeit der KHB. Berlin 1995, pp. 9-40.
[9] Ginnow-Merkert, H.: Beyond the Visual. Die Kommunikation Produkt-Mensch-Produkt und der unsinnliche Designer. formdiskurs Vol.1/Heft 1:66-81, 1995.
[10] Grahl, K.: Material ist mehr als seine Oberfläche. Burg Giebichenstein, Hochschule für Kunst und Design Halle/S. (Hrsg): Wahrnehmen, Erkennen, Gestalten. Grundlagen für Design an der Burg Giebichenstein. Halle: Aries 1998, p. 40f.
[11] Groner, S.: Re: Die neue Geschichte der alten Materialien. In: Langenmaier, A.-V. (Hrsg.): Der Stoff der Dinge. Material und Design. München: Design Zentrum München 1994, pp. 64-76.
[12] Heubach, F.W.: Das bedingte Leben. München: Fink, 1987.
[13] Hochschule für industrielle Formgestaltung Halle Burg Giebichenstein: Dokumente zur visuell-gestalterischen Grundlagen-Ausbildung. Halle, 1990.
[14] Itten, J.: Gestaltungs- und Formenlehre. Vorkurs am Bauhaus und später. Ravensburg: Otto Maier, 1963/1975.
[15] Lurija, A.R.: Der Mann dessen Welt in Scherben ging. Zwei neurologische Geschichten. Reinbek: Rowohlt, 1992.
[16] Maier-Aichen, H.: Gesten beruhigen das Gewissen des Designers, des Konsumenten und des Produzenten. In: Sturm, H. (Hrsg.): Geste & Gewissen im Design. Köln: Dumont, 1998, pp. 124-131.
[17] Moholy-Nagy, L.: Vom Material zur Architektur. Mainz Florian Kupferberg, 1968 (Orig. 1929)
[18] Neu, T.: Von der Gestaltungslehre zu den Grundlagen der Gestaltung. Ravensburg: Otto Meier, 1978
[19] Rausulo, P.: Stellungnahme in Design Report 9:31, 1995.
[20] Schmitz-Maibauer, H.H.: Der Stoff als Mittel anmutungshafter Produktgestaltung. Köln: Hanstein, 1976.
[21] Schneider, W.: Sinn und Un-Sinn. 2. Aufl., Leinfelden-Echterdingen: Konradin, 1995.
[22] Schönhammer, R.: Psyche, Körper, Dinge – Eine existentielle Beziehung. In: Fuhrer, U., Josephs, I.E. (Hrsg.): Persönliche Objekte, Identität und Entwicklung. Göttingen: Vandenhoeck & Ruprecht, 1999, pp. 170-189.
[23] Schwab, P.: Kunst-Stoff. Design Report 9:24-29, 1995.

[24] Soentgen, J.: Das Unscheinbare: Phänomenologische Beschreibung von Stoffen; Dingen und fraktalen Gebilden. Berlin: Akademie Verlag, 1997.
[25] Werner, H.: Intermodale Qualitäten (Synästhesien). In: Metzger, W. (Hrsg.): Handbuch der Psychologie. Bd. 1/1. Wahrnehmung und Bewußtsein. Göttingen: Hogrefe, 1966, pp. 278-303.
[26] Wick, R.K.: Bauhaus Pädagogik. 4. Aufl., Köln: Dumont, 1994.

HAPTISCHE WAHRNEHMUNG IN DER MENSCH-MASCHINE-INTERAKTION

Rainer Zwisler

Gestaltungsprinzipien von Mensch-Maschine-Schnittstellen

Unser Leben wird immer mehr von technischen Geräten geprägt, mit denen der Benutzer über eine vorgegebene Schnittstelle („Interface") interagiert. Solche Schnittstellen sind beispielsweise Steuerelemente wie Lenkrad, Blinkhebel oder Bremspedal in Kraftfahrzeugen, Leitstände von Kraftwerken oder auch graphische Benutzeroberflächen von Computerprogrammen. Der Benutzer beeinflusst einerseits durch das Betätigen von Bedienelementen die Maschine, andererseits melden Anzeigeinstrumente den jeweiligen Zustand des technischen Systems rück. Die Schnittstelle soll so gestaltet werden, dass sie den Bedürfnissen des Benutzers entspricht und leicht interpretiert sowie manipuliert werden kann. Besonders geeignet sind solche Bedienelemente, deren Funktion sich bereits im Design widerspiegelt, und die den Benutzer geradezu „auffordern", sie auf die richtige Weise zu bedienen.

In der Literatur zur Mensch-Maschine-Interaktion findet man über die Gestaltung der entsprechenden Schnittstellen eine Vielzahl von Arbeiten, welche üblicherweise die Anordnung und das Aussehen einzelner Bedienelemente untersuchen (siehe beispielsweise den Sammelband von Salvendy [12]). Überlegungen zur Ergonomie von Schnittstellen betreffen insbesondere deren visuelles Erscheinungsbild. Dabei muss die Informationsübermittlung nicht ausschließlich über den visuellen Kanal ablaufen: Son et al. [13] betrachten Sehen und Berühren als komplementäre Mechanismen und empfehlen daher für die Bearbeitung komplexerer Aufgaben eine Kombination aus beiden Modalitäten. Nach Wickens et al. [19] fallen Aufgaben leichter, in deren Erledigung Informationen aus unterschiedlichen Modalitäten eingehen, so dass die Kombination von visuellem und taktilem Feedback besonders effizient sein müsste.

Deshalb sollte man bei der Entwicklung von Maschinen auch die haptische Wahrnehmung berücksichtigen, bei der sich grundsätzlich zwei Arten unterscheiden lassen: *Kinästhetische Empfindungen* werden über afferente Informationen aus Muskeln und Gelenken sowie durch die efferente Kopie von Bewegungsmustern aus dem Kleinhirn ausgelöst und informieren über die Körperhaltung durch Parameter wie Winkel von Gelenken oder Muskelanspannung. *Taktile Empfindungen* werden dagegen direkt von Sensoren in der Haut übermittelt und informieren über Druck, Temperatur, Vibrationen oder Schmerz. Zum haptischen Wahrnehmen von Objekten werden die von Lederman et al. [8] beschriebenen *explorativen Prozeduren* eingesetzt, die beispielsweise im Umfassen oder Heben, dem Ausüben von Druck, dem Ver-

folgen von Konturen usw. bestehen. Mit ihnen kann man unterschiedliche Eigenschaften eines Objekts feststellen wie etwa dessen globale Gestalt, Gewicht, Härte oder exakte Form.
Die folgenden Abschnitte zeigen, wie der Einsatz von haptischen Informationen Mensch-Maschine-Schnittstellen verbessern kann, welche Aspekte dabei berücksichtigt werden müssen und wie konkrete Anwendungen aussehen können.

Die Rolle der Haptik beim Erlernen von Mensch-Maschine-Schnittstellen

Haptische Information kann in der Mensch-Maschine-Interaktion gezielt dazu eingesetzt werden, das Erlernen des Umgangs mit einem Gerät und den Erwerb eines effizienten *mentalen Modells* zu beschleunigen. Ein mentales Modell ist ein dynamisches Modell, das die Realität vereinfacht abbildet und aus der Wahrnehmung des Systems entsteht. Nach Rasmussen [11] sollte die zur Entstehung eines mentalen Modells notwendige Information über das System und seine Zustände möglichst über verschiedene Sinneskanäle dargeboten werden.
Die Bedienung moderner Maschinen erfordert oft komplexe Bewegungsabläufe, z. B. bei der Beschickung von Maschinen mit Werkstücken oder beim Auswechseln der Tonerpatrone eines Laserdruckers. Beim Erwerb von derartigen motorischen Fertigkeiten verliert das anfangs sehr wichtige visuelle Feedback mit zunehmender Übung an Bedeutung, während taktile Reize eine immer bedeutendere Rolle spielen. Ein Zusammenwirken beider Modalitäten ist aber am effizientesten, da undeutliche Information aus einem Kanal durch zusätzliche Information aus dem anderen Kanal kompensiert werden kann. England [1] bezeichnet diesen Zusammenhang als *intermodale Verstärkung* („*intermodal enhancement*"). Visuelle und taktile Informationen können zudem parallel wahrgenommen und verarbeitet werden, so dass sich über die verschiedenen Kanäle auch unterschiedliche Aspekte des Systemzustands an den Benutzer weiterleiten lassen.
England [1] weist darauf hin, dass bei unzureichendem haptischen Feedback – was oft bei Simulationen in virtuellen Realitäten der Fall ist – das Erlernen von motorischen Fertigkeiten schwerfällt. Kozak et al. [7] zeigen außerdem, dass sich durch motorisches Training in einer virtuellen Umgebung kein dem in der natürlichen Umgebung entsprechender Lernfortschritt erreichen lässt, unter anderem weil das haptische Feedback fehlt. Auch Wickens et al. [18] betonen, dass für die Manipulation von Objekten in einer virtuellen Umgebung die Integration von visueller und haptischer Information wichtig ist. Insbesondere für das Erlernen von Bewegungsabläufen, das sogenannte *prozedurale Lernen*, sei haptisches Feedback wichtig. Die Autoren weisen aber darauf hin, dass die einzelnen Kanäle synchronisiert sein müssen: Ist

beispielsweise das haptische Feedback gegenüber dem visuellen verzögert, vermindert sich dessen Wirksamkeit.
Bei der Implementierung von Bedienelementen sollte deshalb auch auf haptische Information Wert gelegt werden. Dabei müssen aber die Besonderheiten der Psychophysik dieses Sinnes berücksichtigt werden, die im Kapitel II dieses Bandes dargestellt sind. Auf dieser Grundlage lässt sich entscheiden, an welchen Körperregionen und auf welche Weise haptisches Feedback dargeboten werden soll. Der nächste Abschnitt zeigt, wie man die Eigenheiten der Haptik bei der Entwicklung von Bedienelementen berücksichtigen kann.

Entwicklung haptischer Bedienelemente

Bereits beim Entwurf von Mensch-Maschine-Schnittstellen sollten für den effizienten Einsatz von haptischen Informationen folgende Fragestellungen berücksichtigt werden:
Welche haptischen Informationen sollen oder können dargeboten werden? Insbesondere ist zu klären, welche Art von haptischer Empfindung ausgelöst werden soll, ob Druckempfindungen, vibrotaktile, elektrotaktile oder thermische Empfindungen. Außerdem muss eine auf die Art der Reizung abgestimmte Intensität und Dauer festgelegt werden.
An welcher Körperstelle sollen diese Informationen dargeboten werden? Häufig werden die für haptische Reize sehr empfindlichen Fingerspitzen angesprochen, mit großflächigen Reizen lassen sich aber auch Stirn oder Rücken stimulieren.
Wie lassen sich diese Informationen *am besten erzeugen?* Die technische Realisierbarkeit der geplanten Reize, beispielsweise auf elektromagnetischem oder pneumatischem Wege, muss ebenfalls berücksichtigt werden.
Welche *zusätzlichen kognitiven Faktoren* können neben den sensorischen Mechanismen eine Rolle spielen? Das System soll sich dem Benutzer so präsentieren, dass er möglichst leicht ein passendes mentales Modell davon erwerben kann. Neben der Erlernbarkeit und Bedienbarkeit der Systeme soll die haptische Gestaltung der Bedienelemente aber auch zu einem angenehmen und hochwertigen Eindruck führen, der durch Materialeigenschaften, wie z. B. Gewicht oder Oberflächenbeschaffenheit, hervorgerufen wird.
Vor der Implementierung einer Bedienoberfläche kann zudem eine Aufgabenanalyse klären, welche Art von haptischem Feedback einzelne Elemente der Aufgabe charakterisiert. Es sollten möglichst spezifische und diagnostische Reize eingesetzt werden, da der Benutzer ungenaues Feedback durch erhöhte kognitive Leistungen ausgleichen muss. Dadurch würde das Arbeitsgedächtnis stärker belastet werden, was wiederum zu hohem Lernaufwand, Ermüdung,

Stress oder Fehleranfälligkeit führen kann. Die Eignung der unter diesen Gesichtspunkten entworfenen Bedienelemente lässt sich dann durch empirische Untersuchungen überprüfen.
Der Einsatz von haptischen Reizen in der Mensch-Maschine-Interaktion sollte also nicht nur von den technischen Möglichkeiten bestimmt werden, sondern auch von ergonomischen Überlegungen. Vogel [15] untersucht hierzu den Einfluss der haptischen Gestaltung eines Drehknopfes zur Steuerung eines Informationssystems in einem Fahrzeug-Simulator, in dem Versuchspersonen einen einfachen Autobahnabschnitt befahren und gleichzeitig unter Verwendung des Drehknopfes in Menühierarchien navigieren sollen. Die haptischen Eigenschaften des Drehknopfes wirken sich dabei nicht nachweisbar auf das Fahrverhalten der Versuchspersonen aus, allerdings ergeben sich bei kleinerem Drehknopf, bei größerer Schrittweite der Drehung und bei härterer Rasterung weniger Fehler bei der Bearbeitung der Zusatzaufgaben. Diese nur schwer vorhersehbaren Ergebnisse unterstreichen die Notwendigkeit, die Auswirkungen der haptischen Eigenschaften von Bedienelementen empirisch zu untersuchen.

Techniken zum Erzeugen von haptischem Feedback

Mittlerweile existieren unterschiedliche technische Möglichkeiten für die Erzeugung von haptischem Feedback. Bevor ich einige Geräte darstelle, die aktiv haptische Information produzieren können, möchte ich aber zuerst die haptische Wahrnehmung von herkömmlichen „passiven" Bedienelementen erörtern.
Auch das Betätigen solcher Bedienelemente, die sich passiv verhalten und selbst keine Kräfte auf den Benutzer ausüben, führt zu haptischen Empfindungen: Druckknöpfe, Kippschalter oder Hebel erzeugen beispielsweise beim Betätigen charakteristische Vibrationen und leisten beim Drücken oder Umlegen einen definierten mechanischen Widerstand. Bewegungen entlang der dafür vorgesehenen Achsen und innerhalb der vorgegebenen Regelstrecken können wesentlich leichter ausgeführt werden. Verhindert der mechanische Aufbau der Mensch-Maschine-Schnittstelle vollständig, dass unzulässige Arten der Bedienung überhaupt ausgeführt werden können, spricht man von *forcing function.* Sinnvoll eingesetzte (passive) haptische Merkmale können es dem Benutzer einer Maschine erleichtern, davon ein geeignetes mentales Modell zu entwickeln.
Für aktive haptische Bedienelemente gelten die im letzten Abschnitt genannten Überlegungen natürlich ebenfalls. Sogenannte *haptische* oder *taktile Displays*, die beispielsweise von Kaczmarek et al. [5] beschrieben werden, bieten dem Benutzer die Möglichkeit, virtuelle oder reale Oberflächen zu berühren, zu spüren oder zu manipulieren, ohne sie zu sehen. Bei den haptischen Displays unterscheidet man solche, die gerichtete Kräfte übermitteln und so-

genannte *taktile Displays*, die Kräfteverteilungen simulieren. Solche taktilen Displays bestehen aus einem Feld von einzeln ansteuerbaren Stiften, sogenannten *Aktuatoren* („*actuators*"), die bei Kontakt mit der Haut statischen Druck oder Vibrationen auf die angrenzenden Hautareale ausüben können. Liegt der Abstand zwischen den einzelnen Stiften unterhalb der räumlichen Unterscheidbarkeitsschwelle, können damit beliebige Druckmuster erzeugt werden. Bringt man ein taktiles Display an der Stirn an, entsteht dadurch keine weitere Behinderung motorischer oder sensorischer Funktionen. Kaczmarek et al. [5] beschreiben eine zweidimensionale Matrix von vibrotaktilen Stimulatoren, deren Auslenkung durch die von einer Videokamera aufgezeichneten Pixel gesteuert wird. Damit lassen sich sofort Linien identifizieren und mit etwas Übung auch vertraute Objekte und Gesichter.

Die Bewegung der einzelnen Aktuatoren kann hydraulisch, pneumatisch oder elektrisch ausgelöst werden oder auch durch Legierungen, die ihre Form beim Erwärmen auf Grund einer elektrischen Spannung auf definierte Weise verändern (sog. „*shape memory alloys*"). Bereits Loomis et al. [9] beschreiben aufblasbare Kammern, Drahtstifte, Kontaktelemente oder Kolben, mit denen sich taktile Displays realisieren lassen. Neuere Arbeiten zur technischen Realisierung von haptischen Displays finden sich beispielsweise bei Tsai [14], Howe et al. [3] oder bei Wellman et al. [17]. Wegen der Hautoberfläche von ca. 2 m^2 lassen sich mit relativ geringem technischen Aufwand große Informationsmengen gleichzeitig darbieten. Auf Grund des niedrigeren Energieverbrauchs und der geringeren Adaptationseffekte werden die vibrotaktilen Displays, die Vibrationsreize generieren, gegenüber den statischen bevorzugt.

Kinästhetische Displays, die beispielsweise Hannaford et al. [2] beschreiben, sind ein anderes Anwendungsgebiet für haptische Reize. Durch ein sogenanntes Exoskelett oder andere Vorrichtungen zum Führen von Gliedmaßen werden Extremitäten – meist eine Hand oder ein Arm – des Benutzers in eine bestimmte Haltung gebracht. Ein Beispiel für ein derartiges Gerät ist das unten näher beschriebene *PHANToM Haptic Interface* [24]. Eine einfache Variante von kinästhetischen Displays stellen *aktive Joysticks* dar, die sogenanntes *force feedback* produzieren: Sie können durch Vibrieren und Ausüben von Rückstellkräften Informationen über den Zustand des zu steuernden Systems vermitteln und werden meist für Computerspiele, wie z. B. Flugsimulationen, eingesetzt.

Neben solchen haptischen Displays existieren weitere Vorrichtungen zur Erzeugung von haptischen Informationen: Mit einem sog. *thermalen Display* kann man die Temperatur, Temperaturleitfähigkeit und Temperaturspeicherung von Materialien simulieren, indem man thermoelektrische Kühler einsetzt, die nach dem Peltier-Prinzip funktionieren und die auch zur Kühlung moderner Computerprozessoren eingesetzt werden. Ottensmeyer [10,23] arbeitet an einer Erweiterung des *PHANToM Haptic Interface* um solche Reize. Schließlich wurde noch eine Reihe weiterer haptischer Schnittstellen entwickelt, beispielsweise rotierende Scheiben zur Erzeugung eines rutschigen Eindrucks, auf die ich hier nicht näher eingehen möchte, da diese Geräte noch kaum verbreitet sind. Eine Zusammenstellung unterschiedlicher haptischer Displays findet sich im WWW (z. B. [20,21]).

Anwendungsmöglichkeiten

Derzeit wird haptische Wahrnehmung in der Mensch-Maschine-Interaktion nur selten gezielt eingesetzt, einzig Joysticks mit *force feedback* und die Verwendung von „Vibrationsalarm" in der Mobilkommunikation sind bereits weiter verbreitet. Allerdings wurden in den letzten Jahren einige interessante Einsatzmöglichkeiten für haptische Schnittstellen gefunden: Eine sinnvolle, aber noch kaum praktizierte Anwendung ist etwa die Darbietung haptischer Reize als Gefahrensignal. England [1] diskutiert das Zufügen von leicht schmerzhaften Reizen, beispielsweise durch starkes Erwärmen kleiner Hautpartien, als nicht ignorierbares Notsignal bei drohender Gefährdung. Howe et al. [4] beschreiben, wie haptisches Feedback die erfolgreiche Beendigung von Teilprozeduren signalisiert: Ein Arzt kann die spezifischen Vibrationen erkennen, die auftreten, wenn eine Spritze eine Arterienwand durchstochen hat; diese Vibrationen können die Autoren auch erfolgreich simulieren.

Ein weiteres Gebiet, in dem die Anwendung von haptischer Wahrnehmung untersucht wird, ist die Identifikation von Materialeigenschaften anhand von Vibrationsinformationen. Kontarinis et al. [6] beschreiben die Möglichkeit, defekte Kugellager durch die beim Drehen ausgelösten Vibrationen zu identifizieren. Wellman et al. [16] demonstrieren, dass haptische Informationen sogar dann erfolgreich zur Identifikation von Materialien herangezogen werden können, wenn die zu untersuchenden Objekte gar nicht real berührt werden: Es reicht aus, mit Hilfe eines vibrotaktilen Displays die Vibrationsinformationen zu simulieren, die entstehen, wenn man mit einem Aluminiumstift auf die entsprechenden Objekte klopft. Howe et al. [4] beschreiben schließlich ein System, mit dem sich versteckte Arterien auffinden lassen, da pulsierendes Blut Druckwellen erzeugt. Solche Druckschwankungen lassen sich durch ein haptisches Interface noch verstärken.

Eine wichtige Anwendung von haptischen Schnittstellen ist die *Teleoperation*, d. h. die Steuerung von Roboteraktionen aus der Ferne, wobei der Maßstab der Bewegungen so verändert werden kann, dass beispielsweise eine Baggerschaufel oder eine mikroskopisch kleine Roboterhand gesteuert werden kann. Neben der Skalierung von Bewegungen ermöglicht Teleoperation auch, Maschinen, wie z. B. Fahrzeuge, an weit entfernten Orten (beispielsweise eine Raumfähre) oder auch in unzugänglichen Umgebungen (etwa im Inneren eines Kernreaktors) zu bedienen. Howe et al. [3] nennen minimal invasive chirurgische Praktiken als weiteres Einsatzgebiet für Teleoperation. Haptisches Feedback ist in der Teleoperation insbesondere zur Steuerung von Greifbewegungen sehr hilfreich, um die Greifkräfte so dosieren zu können, dass die ergriffenen Objekte weder aus der Greifhand herausrutschen noch von ihr durch zu kräftiges Halten beschädigt werden.

Nun sollen als prototypische Anwendungen zwei Systeme näher beschrieben werden, bei denen die Erzeugung von haptischen Reizen eine zentrale Rolle spielt: Das *PHANToM Haptic Interface* und ein taktiler Sessel. Das bereits erwähnte *PHANToM Haptic Interface* [24], das am Massachusetts Institute for Technology entwickelt wurde und von der Firma *Sensable* kommerziell vertrieben wird, kann unter anderem für Anwendungen in der Teleoperation eingesetzt werden. Um dieses Gerät zu benutzen, steckt man einen oder mehrere Finger in kleine Manschetten, die mit Hilfe von Elektromotoren in jede Richtung bewegt werden können und dadurch die Finger des Benutzers in beinahe beliebige Richtungen führen, wobei sie unterschiedlich starke Kräfte darauf ausüben. Der Hersteller schildert neben Teleoperation weitere Einsatzmöglichkeiten [24]:

Produktentwicklung: Man kann virtuelle Prototypen von Geräten wie etwa von Mobiltelefonen auf natürliche Weise manipulieren und dabei deren Design evaluieren, ohne reale Modelle produzieren zu müssen. Dadurch verkürzen sich die Entwicklungszyklen.

Medizin: Das *PHANToM Haptic Interface* lässt sich in der Ausbildung von Chirurgen zur Simulation von Operationen einsetzen, um Lernzeiten und Fehlerraten zu reduzieren. Es kann auch die Interpretation komplexer dreidimensionaler Bilder wie Ultraschallaufzeichnungen, MRI- oder CT-Scans erleichtern, indem beispielsweise Tumore fühlbar werden. Auch Anwendungen in der minimal invasiven Chirurgie und Mikrochirurgie sind denkbar.

Computeranimation: Die Animation dreidimensionaler Objekte ist mit herkömmlichen Eingabegeräten schwierig und zeitaufwendig, mit einem haptischen Interface ist sie dagegen auf eine natürliche und intuitiv verständliche Weise möglich, indem virtuelle dreidimensionale Objekte ergriffen und einfach auf die gewünschte Weise bewegt werden.

3D-Modellierung: Wegen der umständlichen Eingabe am Computer werden bisher die ersten Prototypen neuer Produkte meist aus Ton oder Schaumstoff hergestellt. Sie lassen sich aber nur schwer in CAD-Programme integrieren. Das *PHANToM Haptic Interface* erlaubt dagegen die Anwendung simulierter Werkzeuge, die Materialien formen und schnitzen sowie deren simulierte Oberfläche bearbeiten können. Außerdem sind verschiedene Texturen und Bemalungen mit unterschiedlichen simulierten Pinseln möglich.

Molekulare und Nanomanipulation: Mit Hilfe des *PHANToM Haptic Interface* lässt sich der Maßstab von Bewegungen so stark verkleinern, dass sogar einzelne Moleküle oder organische Zellen manipuliert werden können.

Von der Firma *Touch Technology Inc.* [22] wird der Prototyp eines taktilen Sessels vorgestellt, der mit 72 von Druckluft angetriebenen Stiften Fußsohlen, Beine, Gesäß, Rücken und Hinterkopf der in diesem Sessel sitzenden Personen gezielt stimuliert. Die Stifte, deren Amplitude zwischen 2.5 und 3.8 cm beträgt, können einzeln angesteuert werden. Ihre Kraft lässt sich so regulieren, dass Anwendungen von leichter Massage bis hin zu kräftiger Stimulierung von tiefem Muskelgewebe möglich sind. Der Hersteller [22] schlägt unterschiedliche Einsatzgebiete vor:

Medizinische Anwendungen: Spezielle Berührungsprogramme sollen durch beruhigende Berührungs- und Bewegungsmuster Stress abbauen. Zur Verhinderung von plötzlichem Kindstod könnten unter verdächtigen Umständen Berührungsmuster ausgelöst werden, die das Kind aufwecken. Schließlich soll eine regelmäßige Stimulation der Beine die Gefahr einer Entzündung der Venenwand (Thrombophlebitis) bei längerem Sitzen in Flugzeugen oder Kraftfahrzeugen verringern.

Unterhaltung: Der taktile Sessel kann Musik in Berührungsmuster umsetzen, deren Intensität sich nach Belieben regeln lässt. Dadurch erhält die Erfahrung von Musik ein neue Dimension.

Militärische Anwendungen: Informationen über den Zustand von Kampfflugzeugen, wie beispielsweise deren Treibstoffvorrat, die Bereitschaft der Bewaffnung, die Richtung von angreifenden Flugkörpern oder Fehlfunktionen von Geräten könnten sich über taktile Information aus dem Sitz des Piloten so übermitteln lassen, dass sie auch bei völliger Dunkelheit oder unter großem Lärm eindeutig wahrnehmbar wären.

Lernunterstützung: Beim Lernen zusätzlich dargebotene taktile Reize bewirken eine reichhaltigere Kodierung des Lernmaterials und damit auch bessere Behaltensleistungen.

Transportwesen: Den wichtigsten Verwendungszweck für den taktilen Sessel sieht der Hersteller als Fahrersitz in LKWs. Durch die Möglichkeit der Massage sollen Wohlbefinden und Gesundheit des Fahrers erhalten werden und die Übertragung von Musik in Berührungsmuster könnte dessen Unterhaltung dienen. Schließlich besteht die Möglichkeit, den Fahrer beispielsweise durch einen simulierten Schlag auf den Rücken aufzuwecken, wenn physiologische Maße auf Schläfrigkeit hindeuten. Taktile Stimulation kann nach Angaben der Hersteller [22] auch die Telekommunikation durch ein Feld taktiler Stimulatoren bereichern: Ein entsprechendes Gerät könnte beim Sender Handbewegungen aufzeichnen, die beim Empfänger Berührungsmuster an den Körperstellen induzieren, an denen es anliegt (siehe [22]).

Auch wenn die verschiedenen Möglichkeiten, haptische Wahrnehmung in der Mensch-Maschine-Interaktion einzusetzen, bisher kaum genutzt werden, zeigen die beschriebenen Anwendungen bereits vielversprechende Ansätze und belegen die prinzipielle technische Realisierbarkeit des Einsatzes der Haptik. Wie sich aber beispielsweise in der Studie von Vogel [15] zeigt, dürfen auch bei dieser neuen Technologie die grundsätzlichen Überlegungen zum Design von Mensch-Maschine-Schnittstellen und deren empirische Evaluation in Benutzerstudien nicht vergessen werden. Richtig angewandt kann haptische Information nämlich die Bedienung von Maschinen erheblich erleichtern.

Literatur

[1] England, R.: Sensory-motor systems in virtual manipulation. In: Carr, K., England, R. (Hrsg.): Simulated and virtual realities: Elements of perception. London: Taylor & Francis, 1995, pp. 131-177.

[2] Hannaford, B., Venema, S.: Kinesthetic displays for remote and virtual environments. In: Barfield, W., Furness, T.A. (Hrsg.): Virtual environments and advanced interface design. New York: Oxford University Press, 1995, pp. 415-436.

[3] Howe, R.D., Kontarinis, D.A., Peine, W.J.: Shape memory alloy actuator controller design for tactile displays. In: Proceedings of the 34th IEEE Conference on Decision and Control. New Orleans, 1995.

[4] Howe, R.D., Peine, W.J., Kontarinis, D.A., Son, J.S.: Remote palpation technology for surgical applications. IEEE Engineering in Medicine and Biology Magazine 14:318-323, 1995.

[5] Kaczmarek, K.A., Bach-y-Rita, P.: Tactile displays. In: Barfield, W., Furness, T.A. (Hrsg.): Virtual environments and advanced interface design. New York: Oxford University Press, 1995, pp. 349-414.

[6] Kontarinis, D.A., Howe, R.D.: Tactile display of vibratory information in teleoperation and virtual environments. Presence 4:387-402, 1995.

[7] Kozak, J.J., Hancock, P.A., Arthur, E.J., Chrysler, S.T.: Transfer of training from virtual reality. Ergonomics 36:777-784, 1993.

[8] Lederman, S.J., Klatzky, R.L.: Haptic Aspects in motor control. In: Boller, F., Grafman, J. (series eds.), Jeannerod, M., Grafman, J. (section eds.): Handbook of Neuropsychology. Vol. 11, Amsterdam: Elsevier, 1997, chapter 7, pp. 131-147.
[9] Loomis, J.M., Lederman, S.J.: Tactual perception. In: Boff, K.R., Kaufman, L., Thomas J.P. (Hrsg.): Handbook of perception and human performance. Vol. II: Cognitive processes and performance. New York et al.: Wiley, 1986, pp. 33-1—33-41.
[10] Ottesmeyer, M.P., Salisbury, J.K.: Hot and cold running vr: adding thermal stimuli to the haptic experience. In: Proceedings of the Second PHANToM User's Group Workshop. Endicott House, Dedham, MA, 1997.
[11] Rasmussen, J.: Mental models and the control of action in complex environments. In: Ackermann, D., Tauber, M.J. (Hrsg.): Mental models and human-computer interaction 1. Amsterdam et al.: North Holland, 1990, pp. 41-69.
[12] Salvendy, G. (Hrsg.): Handbook of human factors and ergonomics. 2. Aufl., New York et al.: Wiley, 1997.
[13] Son, J.S., Howe, R.D., Wang, J., Hager, G.D.: Preliminary results on grasping with vision and touch. IEEE/RSJ International Conference on Intelligent Robots and Systems, IROS 96, 1996.
[14] Tsai, J.-C.: Toward guaranteed stability in the haptic display of virtual environments. Ph.D. Dissertation, Northwestern University, 1996.
[15] Vogel, K.: Evaluation der taktilen Eigenschaften von Bedienelementen. Regensburg, unveröffentlichte Diplomarbeit, 1998.
[16] Wellman, P.S., Howe, R.D.: Towards realistic vibrotactile display in virtual environments. In: Alberts, T.E. (Hrsg.): Proceedings of the ASME Dynamic Systems and Control Division. Symposium on Haptic Interfaces for Virtual Environments and Teleoperator Systems. San Francisco, 1995, pp. 713-718.
[17] Wellman, P.S., Peine, W.J., Favarola, G., Howe, R.D.: Mechanical design and control of a high-bandwidth shape memory alloy tactile display. In: Proceedings of the 1997 International Symposium on Experimental Robotics. Barcelona, Spain, 1997.
[18] Wickens, C.D., Baker, P.: Cognitive issues in virtual reality. In: Barfield, W., Furness, T.A. (Hrsg.): Virtual environments and advanced interface design. New York: Oxford University Press, 1995, pp. 514-541.
[19] Wickens, C.D., Carswell, C.M.: Information processing. In: Salvendy, G. (Hrsg.): Handbook of human factors and ergonomics. 2. Aufl, New York et al.: Wiley, 1997, pp. 89-129.
[20] http://cuiwww.unige.ch/~saubai98/TP_thalmann.html
[21] http://dewww.epfl.ch/~ponder/vr_home/haptic/haptic.htm
[22] http://fox.nstn.ca/~touch
[23] http://www.mit.edu/people/markott/haptics.html
[24] http://www.sensable.com/

Haptik-Design im Fahrzeugbau

Martin Grunwald und Frank Krause

Aus gutem Grund wird dem Tastsinn und insbesondere der haptischen Wahrnehmung auch im Bereich der Fahrzeugentwicklung zunehmend Beachtung geschenkt. Aus der Sicht der Fahrzeugnutzer ist die aktive Berührung des Fahrzeuges und seiner Systemelemente der direkte Kontakt mit den funktionalen und sensorischen Eigenschaften des Fahrzeuges. Durch haptische Wahrnehmung werden wesentliche Fahrzeugeigenschaften – im doppelten Sinne – erfassbar und deren Beurteilung bestimmt grundsätzlich ebenso die Qualität eines Fahrzeuges wie technische Leistungsparameter. Interne Konzepte, die als „Fahrgefühl“ und „Fahrsicherheit“ bezeichnet werden, umschreiben dabei nur einige der möglichen Beurteilungsdimensionen der Fahrzeugnutzer hinsichtlich der Fahrzeugeigenschaften.

Über Prozesse der haptischen Wahrnehmung werden grundlegende sensorische Eigenschaften des Fahrzeuges wie Stabilität, Festigkeit, Wärme, Kälte, Vibration, Druck und Lage im Raum erfahrbar. So vermittelt der Griff in den Türrahmen oder an das Lenkrad einen Eindruck von der Festigkeit und Stabilität des verarbeiteten Materials. Die Berührung der verschiedenen Oberflächen, die im und am Fahrzeug gestaltet wurden, geben einen Eindruck davon, wie diese Oberflächen beschaffen sind und ob sie Wärme oder Kälte abstrahlen bzw. aufnehmen. Über Vibrationen des Lenkrades oder der gesamten Karosserie werden die Fahrzeuginsassen über verschiedene situative Eigenschaften des Fahrzeuges informiert und sie können auf diese Signale reagieren. Die unterschiedlichen Druckpunkte der Pedale, Schalter, Hebel und des Lenkrades dienen der gesamten Bewegungssteuerung während des Fahrens. Ebenso vermittelt die haptische Wahrnehmung Informationen über die jeweilige Sitzposition und über die sonstigen Eigenschaften des Sitzes (z. B. Wärme- und Schweißaufnahme des Materials). Dabei werden nicht nur sensorischen Eigenschaften verarbeitet, die über das Hautorgan wahrgenommen werden können. Die haptische Wahrnehmung ist auch dafür verantwortlich, dass ohne Augenkontakt die Pedale, der Blinkschalter, das Radio und die Warnblinkleuchte schnell bedient werden können. Kurzum, alle Bewegungen des Körpers im „Fahrzeug-Raum“ werden durch die haptische Wahrnehmung kontrolliert und gesteuert und sind erst durch diese Wahrnehmungsqualität überhaupt möglich. Im Prozess der haptischen Wahrnehmung werden Distanzen zu Objekten in unmittelbarer Nähe zum Körper und im „Fern-Raum“ intern verrechnet. Insbesondere der „Nah-Raum“, also das Gebiet im Fahrzeug, das durch aktive Körperbewegungen erreicht und erfasst werden kann, wird sowohl durch die Verarbeitung visueller als auch haptischer Informationen kontrolliert. Weiterhin werden die Raum-Lage-Veränderungen des Körpers, die infolge bestimmter Fahrsituationen auftreten, über die haptische Wahrnehmung analysiert. So wird die Stärke von Erschütterungen des Fahrzeuges, die beim Durchfahren von Schlaglöchern entstehen, genutzt, um das Ausmaß möglicher Schäden abzuschätzen. Ebenso dient die Analyse der Fliehkraftwirkung und Auslenkung des Oberkörpers während der Kurvenfahrt dazu, das Fahrverhalten bzw. das Festhalten der Insassen zu organisieren.

Im Fazit dieser kurzen Erörterungen wird deutlich, dass insbesondere der Fahrzeugführer während der Fahrt ständig eine unzählige Menge haptischer Informationen effizient verarbeiten und das Fahrverhalten anhand dieser Informationen orientieren muss. Zum Großteil werden diese Verarbeitungsschritte nicht bewusst wahrgenommen, sondern bilden im Kontext der zusätzlich zu verarbeitenden sensorischen Eigenschaften des Fahrzeuges und der Fahrzeugumgebung ein fließendes Kontinuum von Informationsaufnahme und Informationsverarbeitung. Haptische Wahrnehmung ist somit eine zentrale Orientierungs- und Kontrollinstanz während der aktiven und passiven Fahrzeugnutzung und grundsätzlich die wesentlichste Voraussetzung für die Realisierung von Fahrverhalten überhaupt.

Aufgaben und Ziele von Haptik-Design

Aus der Perspektive der Fahrzeugnutzer und Fahrzeughersteller leiten sich aus den vorangehenden Überlegungen mindestens zwei zentrale Wirkungsaspekte der haptischen Wahrnehmung ab:

1) Bedienungs- und Fahrsicherheit,
2) Bedienungs- und Fahrkomfort.

Die Güte dieser Wirkungsaspekte ist jeweils subjektiv durch das Urteil der Fahrzeugnutzer und auch objektiv durch geeignete Messverfahren bestimmbar. Für die Fahrzeughersteller bedeutet dies zunehmend, dass sie die sensorischen und insbesondere die haptischen Eigenschaften ihrer Fahrzeuge an den härtesten Kriterien überprüfen und nach neuen, besseren Gestaltungslösungen suchen müssen. Warum sich diese Forderung insbesondere im Hinblick auf die Bedienungs- und Fahrsicherheit dringend stellt, soll an einigen Beispielen illustriert werden.

A) Was leistet die beste Geschwindigkeitsanzeige (leuchtend rot bis blau), wenn bei einer 30 km/h Zone die Augen unablässig auf das Display starren, um das aktuelle Tempo des Fahrzeuges exakt zu erfassen und dabei das Kind übersehen wird, das plötzlich auf der Straße steht?

In entsprechenden Situationen, gerade dann wenn das visuelle System die Verrechnung der Relativbewegung nicht präzise genug vornehmen kann und man als Fahrzeuginsasse nicht genau weiß, wie schnell sich das Fahrzeug bewegt, wird durch fehlende haptische Informationen das visuelle System überlastet und die Aufmerksamkeit vom Verkehr unnötig abgelenkt.

B) Was leistet die beste Farbgebung eines Schaltersystems, wenn die Schalteroberflächen keine hinreichende Griffigkeit aufweisen oder sich das Material bei extremen Temperaturschwankungen verändert?

Bei der Gestaltung von Systemelementen des Fahrzeuges (Schalter, Hebel usw.) wird zu oft der Schwerpunkt auf die „visuellen Wirkungsaspekte" gelegt, ohne zu beachten, dass hinsichtlich der Bedien- und Fahrsicherheit funktionell-haptische Aspekte von weitaus größerer Bedeutung sind.

C) Was leistet die beste Griffigkeit eines Schaltersystems, wenn die Schalter so ungünstig angeordnet sind, dass sie nur unter strenger visueller Kontrolle bedient werden können? (Im extremen Fall muss bei Nachtfahrt erst das Leselicht eingeschaltet, womöglich noch angehalten werden, um den entsprechenden Schalter zu finden und seine Funktionsweise zu begreifen.)

Ähnlich wie beim ersten Beispiel folgt die Anordnung von Systemelementen noch zu wenig der Forderung, den visuellen Sinn zu entlasten und die haptischen Eigenschaften zu optimieren. Somit ist es eine Forderung der Bedien- und Fahrsicherheit, die Systemelemente so anzuordnen, dass sie mühelos und jederzeit nur auf der Grundlage der haptischen Wahrnehmung und ohne visuelle Zusatzinformationen schnell und fehlerfrei bedient werden können.

D) Was leistet die schrillste Hupe, wenn sich deren Druckschalter an den drei Innenstreben des Lenkrades befindet und somit der Fahrer dieses Bedienteil just an jenem Ort findet, das sicherlich im Fahrzeug das beweglichste Steuerelement darstellt. Und was leistet diese Anordnung in schwierigen Verkehrssituationen, in denen man lenken und steuern muss, somit denkbar wenig Zeit zur Verfügung steht, um den Druckschalter in einer der drei oder zwei Innenstreben des Lenkrades zu finden?

Auch hier sind die haptischen Eigenschaften der Elemente auf Grund ihrer ungünstigen Anordnung einer optimalen Bedien- und Fahrsicherheit wenig zuträglich.

E) Was leistet der eleganteste Lederbezug eines Sitzes, wenn die Druckflächenverteilung beim Sitzen unregelmäßig oder instabil ist, der Schweiß nicht genügend aufgenommen wird oder nach einstündiger Fahrt der Sitzende vor dem Lenkrad drei Zentimeter „kleiner" geworden ist?
Anpassungsfähigkeit unter Gewährleistung der dauerhaften Stabilität der Sitzstruktur ist ein grundlegender Aspekt des Fahrkomforts. Diese Eigenschaften bestimmen darüber hinaus wesentlich die Aufmerksamkeit der Fahrzeuginsassen und dienen somit auch der Fahrsicherheit.
F) Was leisten die Einstellräder der Lüftungsklappen im Cockpit, wenn man mit feuchten Händen daran abrutscht und sie mit kalten Händen erst gar nicht in die gewünschte Position bringen kann und überdies die Breite der Berührungsflächen des Stellrades gerade mal für Kinderhände geeignet ist?
Der ungenügende Bedienkomfort dieser Systemelemente bedeutet in der jeweiligen Situation, dass der Fahrzeugführer seine Aufmerksamkeit vom Verkehrsgeschehen mitunter vollständig abwenden muss, um die gewünschten Effekte der Lüftungseinrichtung in seinem Fahrzeug zu erzielen.

Diese Beispiele sollen verdeutlichen, in welcher Weise selbst scheinbar kleine Details die haptischen und funktionellen Eigenschaften der Bedien- und Steuerelemente in einem Fahrzeug beeinflussen. Sie bestimmen auf direktem Wege wesentliche Aspekte der Fahrsicherheit sowie des Fahrkomforts, wobei zwischen beiden ein direkter Zusammenhang besteht. Die Bemühungen der verschiedenen Fahrzeughersteller, diese Wechselwirkungen zu beachten und gestalterisch umzusetzen, sind zahlreich und können unter dem Begriff Haptik-Design zusammengefasst werden. Im Folgenden soll eine Arbeitsdefinition vorgeschlagen und deren mögliche Konsequenzen beschrieben werden.

Arbeitsdefinition: Haptik-Design

Ziel und Aufgabe von Haptik-Design im Fahrzeugbau ist die gestalterische Umsetzung von grundlegenden Wirkungsaspekten der haptischen Wahrnehmung zur Optimierung von Bedien-, Fahr- und Steuereigenschaften unter Beachtung differentieller Anforderungsmerkmale der Systemelemente eines Fahrzeuges.

Diese Arbeitsdefinition meint, dass bei der Gestaltung von Systemelementen des Fahrzeuges die Eigenschaften des Tastsinnes und insbesondere der haptischen Wahrnehmung beachtet werden.[1] Etwas vereinfacht werden mit diesem Begriff alle Wahrnehmungen und Empfindungen bezeichnet, die über den Tastsinn bei *aktiver* Bewegung des Körpers bzw. seiner Teile entstehen. Mit taktiler Wahrnehmung werden diejenigen Wahrnehmungsinhalte bzw. Umweltreize bezeichnet, die *passiv* auf den nicht bewegten, ruhenden Körper eintreffen.

Mit der gestalterischen Umsetzung von grundlegenden Wirkungsaspekten der haptischen Wahrnehmung wird der Prozess der geplanten und wissenschaftlich überprüfbaren Veränderung von Fahrzeugeigenschaften bestimmt. Der Gestaltung gehen entsprechende inhaltliche Analysen des Gegenstandes und experimentelle Prüfungen der Veränderungen voraus. Das Ziel der Veränderungen ist es, eine Optimierung von Bedien-, Fahr- und Steuereigenschaften des Fahrzeuges zu erreichen. Optimierung meint in diesem Falle, dass vor allem ungenutzte Ressourcen der haptischen Informationsverarbeitung, die zu einer Verbesserung der genannten Eigenschaften führen, effizient ausgeschöpft werden.

Dabei ist aber zu beachten, dass für die verschiedenen Systemelemente des Fahrzeuges (z. B. Sitz, Lenkrad, Schalthebel usw.) unterschiedliche Aspekte der haptischen Wahrnehmung von Bedeutung sind und somit differentielle Anforderungsmerkmale die möglichen Veränderungen bestimmen. Denn nicht alle Systemelemente im und am Fahrzeug können in gleicher Weise, nach den gleichen Prinzipien verändert werden. Die Oberfläche eines Lenkrades muss anders optimiert werden als Schalter oder Steuerhebel. Ebenso muss unterschieden werden, ob das Ziel der Optimierung in einer schnelleren oder in einer absolut sicheren und fehlerfreien Bedienung bestehen soll und ob hierfür eine höhere Bedienungszeit in Kauf genommen werden kann. Weiterhin muss differenziert werden, ob spezifische Informationen (z. B. über die aktuelle Geschwindigkeit) sowohl visuell als auch haptisch oder nur haptisch den Fahrzeuginsassen zur Verfügung gestellt werden sollen. Und wenn das Ziel der Veränderungen darin bestehen soll, das visuelle System des Menschen zu entlasten, genügt es dann, die entsprechenden Informationen nur haptisch darzubieten, oder sollte eine akustische Kopplung zusätzlich angeboten werden.

Konsequenzen

Haptik-Design im Fahrzeugbau beschränkt sich somit nicht auf die Analyse und Veränderungen von Oberflächenstrukturen der Systemelemente, sondern bezieht in den Analyse- und Veränderungsprozess das gesamte Spektrum der haptischen Wahrnehmungsfähigkeit des Menschen ein. Bei der zielbewussten Analyse und Veränderung bisheriger Gestaltungslösungen sollte die wechselseitige Abhängigkeit von Bedienkomfort und Fahrsicherheit im

[1] Der Begriff „haptische Wahrnehmung" wird ausführlich im ersten Abschnitt des Bandes erläutert.

Zentrum der Aufmerksamkeit der Fahrzeughersteller stehen. Nicht zusätzlicher und unnötiger Bedienungsballast, Oberflächenschnörkel und verspielte Zusatzfunktionen sind Gegenstand von Haptik-Design, sondern Optimierung der bestehenden und zentralen Grundfunktionen, die den Fahrzeugführern und Insassen zur Verfügung stehen. Wenn allein die vorhandenen Systemelemente konsequent einem Haptik-Design unterworfen werden, ist hinsichtlich der Bedien- und Fahrsicherheit schon vieles gewonnen. Grundsätzlich gilt, dass sich die technischen Lösungen im Fahrzeugbau nicht an der puren Machbarkeit, sondern vor allem an den Fähigkeiten des Menschen orientieren sollten.

In diesem Sinne bedeutet die konsequente Umsetzung von Haptik-Design auch, dass den besonderen Wahrnehmungsbedingungen älterer Menschen bei der Fahrzeugentwicklung Rechnung getragen wird. Auch wenn für einige Autohersteller die „Subgruppen-Produktion" nicht einsichtig erscheint, zeigen verschiedene Studien, dass entsprechende Angebote der Hersteller äußerst dankbar angenommen werden. Schlussendlich wirkt sich Haptik-Design im besten Sinne auch auf die Kaufentscheidung der potentiellen Kunden aus. Unüberlegtes, oberflächliches und ungeprüftes Haptik-Design, das Technik an den Wahrnehmungsfähigkeiten des Menschen vorbei entwickelt, wird ohne Zweifel von den Kunden anders bewertet als Konzepte, bei denen der Kunde sofort die Aufmerksamkeit und Kompetenz des Herstellers, sein Bemühen um die bestmögliche Gestaltung des technischen Raumes und seiner Sicherheitsaspekte erfährt.

Realisierungen

Einige Fahrzeughersteller versuchen bereits seit längerer Zeit die hohen Ansprüche von Haptik-Design praktisch umzusetzen. Psychologen, Designer und Ingenieure untersuchen hierbei verschiedene Aspekte der haptischen Wahrnehmung, die für die Fahrzeuggestaltung und schließlich für die sichere Fahrzeugführung von Bedeutung sind. Vor entsprechenden Veränderungen relevanter Systemelemente ist eine große Anzahl von Fragen zum Teil in langwierigen und aufwendigen Prüfungen zu klären. Wie das im Einzelnen geschieht, wie Haptik-Design im Fahrzeugbau erprobt und umgesetzt wird, soll in den folgenden Abschnitten an Beispielen aus der Fahrzeugentwicklung bei AUDI und BMW beschrieben und erläutert werden.

Haptische Auslegung der Fahrzeuginnenausstattung bei AUDI

Werner Tietz

Der haptischen Auslegung von Fahrzeugen wird bei AUDI ein hoher Stellenwert eingeräumt. Dies ist Voraussetzung, um den hohen Ansprüchen der AUDI-Kunden gerecht zu werden. Zur Beurteilung von haptischen Eindrücken in Fahrzeugen wurde ein Team installiert. Dieses Team ist besetzt mit Vertretern aus technischen Bereichen, welche die Schnittstelle zu den Entwicklungsabteilungen sicher stellen. Dazu kommen Vertreter aus sämtlichen Unternehmensbereichen, die bewusst keinen direkten Bezug zu technischen Randbedingungen haben. Dieses Team stellt durch eigene Bewertung und mit Hilfe von repräsentativen Kundenbefragungen eine breite und objektive Spiegelung der haptischen Wahrnehmung durch die Fahrzeugnutzer sicher.

Die Aufgabe der Fachbereiche ist es, durch die Entwicklung von Messverfahren und Prüfabläufen, den Einsatz von speziellen Werkstoffen, wie z. B. der Umspritzung der Ausströmer-Bedienräder mit einem gummiartigen Material um ein Abrutschen zu vermeiden, die Bauteil- und Funktionsgestaltung und die Anordnung der Bauteile auf Basis eigener und gespiegelter Erfahrungen die Bewertungen in Design und Technik, das heißt im Wesentlichen Oberflächenkonturen und „haptische“ Werkstoffkennwerte zu überführen. Nachfolgend ist dies an drei praktischen Beispielfeldern aus dem Bereich Innenausstattung dargestellt.

Sitzkomfort

Das Komfortempfinden eines Fahrzeugsitzes wird durch eine Vielzahl von Parametern beeinflusst [1] (Abb. 1). Neben einem rein subjektiven Faktor, der häufig auch von optischen Eindrücken (Design) mit geprägt wird, finden sich messbare Größen. Die arbeitsmedizinischen Gegebenheiten zur optimalen Sitzgestaltung sind inzwischen weitgehend bekannt und definieren wesentliche Größen wie die Formgebung der Rückenlehne oder beispielsweise die Lordosenstützfunktion. Die Ergonomie wird über die optimale Sitzposition im vorhandenen Package definiert. Hier sind häufig dem Design Grenzen gesetzt, um ein der Fahrzeugklasse entsprechendes Komfortniveau zu erreichen. Die Dauergebrauchseigenschaften ergeben sich wiederum aus den Langzeiteigenschaften der verwendeten Materialien. Hier wird ein Grundstein für eine langfristige Zufriedenheit mit dem Fahrzeug und damit für zukünftige Kaufentscheidungen gelegt. Das Sitzklima ist eine im Vergleich messbare Größe, welche vor allem den Sitzkomfort bei langen Fahrstrecken mitbestimmt. Hier wurden in der Vergangenheit durch neue Materialien erhebliche Fortschritte bezüglich Permeabilität und Luftaustausch gemacht.

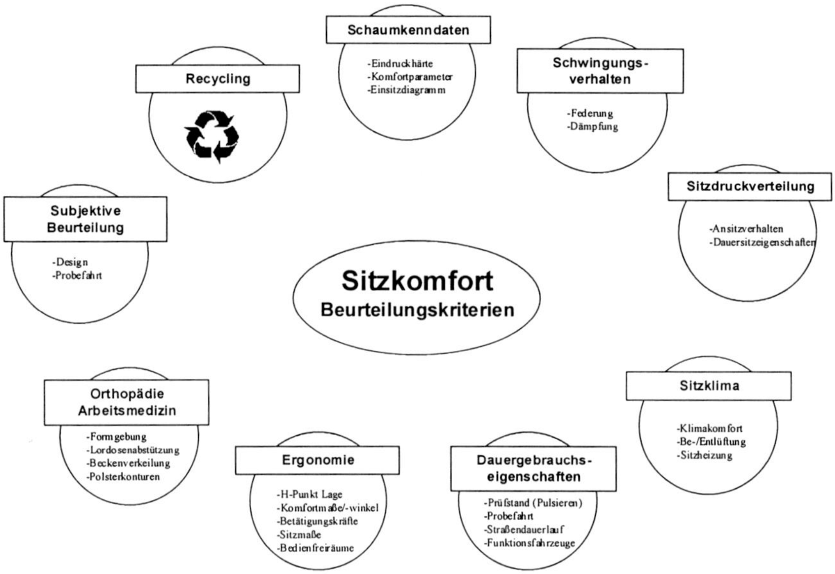

Abb. 1: Einflüsse auf den Sitzkomfort

Die wesentlichen Sitzkomforteigenschaften werden jedoch über die Härte bzw. Härteverteilung des Sitzkissens definiert. Hierzu gehört die Sitzdruckverteilung, das Schwingungsverhalten sowie die dazugehörigen physikalischen Schaumkenndaten. Die „optimale" Sitzkissenhärte wird durch entwicklungs- und fertigungstechnische Randbedingungen sowie durch individuelle Beurteilungskriterien beeinflusst (Abb. 2).

Es gibt dabei Kriterien, die stark durch das zugehörige Fahrzeug und die entsprechenden Vorgaben des Fahrzeugherstellers geprägt sind und in Form von Messwerten direkt oder indirekt beschrieben werden können. Die Parameter ändern sich hierbei insbesondere in Abhängigkeit von dem Fahrzeugkonzept. Ein „sportlicher" Sitz ist anders auszulegen als ein „komfortabler" Sitz. Des Weiteren werden durch den Fertigungsstandort und die verfügbaren Anlagen Randbedingungen vorgegeben. Da die Sitzfertigung bei AUDI in der Regel durch Systemlieferanten vorgenommen wird, sind diese Parameter damit vom ausgewählten Lieferanten abhängig. Hinzu kommen individuelle Aspekte. Diese Parameter lassen sich nur durch die bereits eingangs beschriebenen Befragungen und Vergleichstests beurteilen.

Abb. 2: Einflussfaktoren Sitzkissenhärte

Die Abhängigkeit der Parameter untereinander sowie deren teilweise gegenläufige Auswirkung auf die hier betrachtete Eigenschaft „Sitzkissenhärte" ist nachfolgend an einem Beispiel dargestellt (Abb. 3):

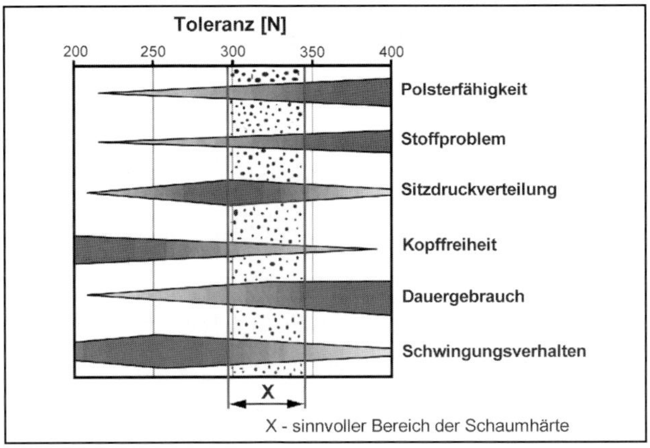

Abb. 3: Toleranzfelder Sitzkissenhärte

- Um eine gute Polsterfähigkeit zu erzielen, ist eine hohe Schaumhärte von Vorteil. Ein harter Körper lässt sich leichter mit Polstermaterial beziehen.
- Kritische Stoffe mit unterschiedlichen Dehnungswerten in die einzelnen Raumrichtungen erfordern ebenfalls eine hohe Schaumhärte. Durch die geringere Deformation beim Polstern wird damit eine anisotrope Verstreckung des Stoffes vermieden.

- Eine optimale Sitzdruckverteilung hingegen bedingt eine spezielle Schaumhärte, bei der die ideale Unterstützung des Gesäß- und Rückenbereichs erreicht werden kann (Abb. 4).

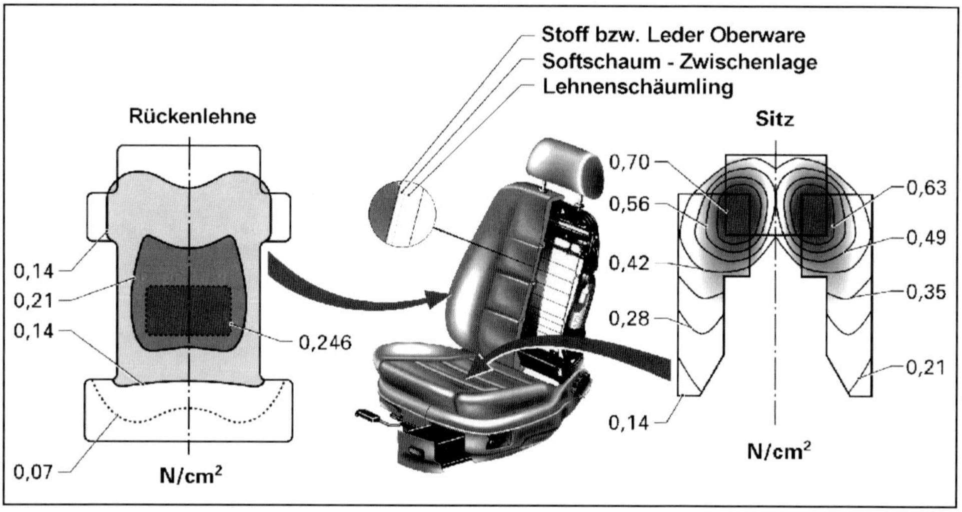

Abb. 4: Sitzdruckverteilung (Beispiel)

- Bezüglich der Kopffreiheit ist ein hartes Sitzkissen von Nachteil. Durch das geringe Einsinken des Insassen in den Sitz wird die Kopffreiheit negativ beeinflusst.
- Die Dauergebrauchseigenschaft, das heißt die Erhaltung der Anfangseigenschaften des Sitzschaumes, hängt ebenfalls unmittelbar mit der Schaumhärte zusammen. Ein vergleichsweise harter Schaum hat prinzipiell eine höhere Dauerfestigkeit.
- Das Schwingungsverhalten des Insassen im Fahrzeugsitz bedingt wiederum eine spezifische Sitzkissenhärte, bei der die vom Fahrzeug auf den Sitz übertragenen Schwingungen optimal gedämpft werden und gleichzeitig keine Eigenschwingung des Insassen erzeugt wird.

Die Kunst des Entwicklers ist es, aus der Vielzahl der genannten Parameter einen für das auszurüstende Fahrzeug optimalen Sitz zu kreieren.

Funktionsteile

Unter Funktionsteilen versteht man bei AUDI bewegliche Einbauten wie Handschuhkasten, Ascher, Cupholder, Ablagefächer etc.. In modernen Fahrzeugen findet der Kunde eine zunehmende Zahl solcher Funktionsteile vor. Das Fahrzeug wird zum Wohnraum mit entsprechendem Ambiente. Dies bedingt eine hochwertige Ausführung der entsprechenden Bauteile. So werden bei AUDI beispielsweise Ascher, Cupholder, Ablagen, etc. in Fächern mit einer speziellen Öffnungsdämpfung versehen. Diese Ausführung gewährleistet eine geräuscharme und gleichmäßige Öffnung der Bauteile. Die entsprechenden Mechaniken müssen speziellen Anforderungen genügen, um dem Kunden einen haptisch angenehmen Öffnungs- und Schließkomfort zu gewährleisten.

Die Auswahl geeigneter Funktionseinheiten wird dabei über die Kundensicht ermittelt. Dazu wird in einem vorgegebenen Bauraum die Bauteilfunktion mit unterschiedlichen Öffnungsbewegungen, -kräften und -kinematiken dargestellt. Die Varianten werden durch eine repräsentative Personengruppe subjektiv im Vergleich mit Hilfe von qualitativen Bewertungsgrößen analysiert (Abb. 5).

Bauteil: Aschenbecher vorne (öffnen/ schließen)

Subjektive Beurteilung

Bewertung

Variante	Geräusch	spürbare Mechanik	Kraft	Note
I	+	0	0	3
II	+	+	+	2
III	+	+	+	2
IV	0	-	-	4
V	0	--	0	4

Abb. 5: Variantenbewertung am Beispiel Ascherschub

Im dargestellten Beispiel wurden 5 Varianten eines Ascherschubes untersucht. Mit Hilfe der Kriterien Geräusch, spürbare Mechanik und Kraft wurde eine qualitative Bewertung vorgenommen:

- Geräusch: Unter Geräusch ist hier das Betätigungsgeräusch, also die akustische Rückmeldung einer Schließbewegung zu verstehen. Diese akustische Rückmeldung kann einerseits, je nach Geräuschspektrum, einem negativen oder positiven Empfinden zugeordnet werden. Andererseits führt eine akustische Rückmeldung häufig auch zu einer haptischen Empfindung. So wird einem Schleifgeräusch automatisch eine Unruhe in der Betätigungskraft zugeordnet, auch wenn diese nicht messbar ist. Geräusche sollten daher nur sehr gezielt eingesetzt werden. So kann ein definiertes Klick-Geräusch bei Beginn der Betätigung eines Bauteils in Verbindung mit einer haptischen Rückmeldung, beispielsweise in Form eines Druckpunktes, ein insgesamt hochwertiges Betätigungsgefühl vermitteln.

- spürbare Mechanik: Unter dem Begriff spürbare Mechanik versteht man die Laufeigenschaften einer betätigten Mechanik. Bewertet wird hier, ob man den Funktionsablauf der einzelnen Komponenten, wie z. B. das Ineinandergreifen einer Verzahnung oder den Funktionsablauf in einer Kinematik, im Verlauf der Betätigungskraft „spüren" kann.
- Kraft: Hierunter ist das Kraftniveau bei einer Betätigung zu verstehen. Wichtig ist dabei, ob bei einer bestimmten Funktionsteillage die erforderliche Betätigungskraft durch alle in Frage kommenden Nutzer problemlos und leicht aufgebracht werden kann.

Die bewerteten Funktionsmuster werden vermessen. Aus den Messwerten werden dann quantitative Anforderungen an das zu entwickelnde Serienbauteil generiert. Aus einer solchen Analyse ergibt sich beispielsweise, dass eine Schwankung der Betätigungskraft bei der Bedienung eines Schubes (z.B. für einen Ascher) ab einer bestimmten Größenordnung als unangenehm bzw. minderwertig empfunden wird (Abb. 6).

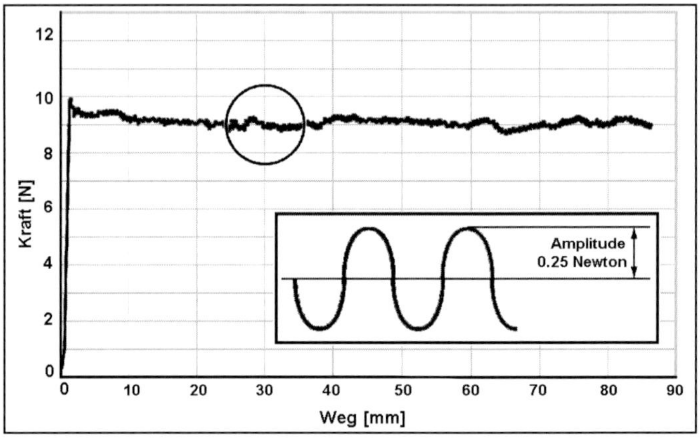

Abb. 6: Betätigungskraftverlauf (Beispiel)

Dargestellt ist der Kraftverlauf über den Betätigungsweg. Nach dem Anstieg auf Betätigungskraftniveau (hier ca. 9 N) kann der Schub mit konstanter Kraft weiterbewegt werden. Dies wird durch das spezielle Konstruktionsprinzip erreicht. Die durch Reibung und Verzahnung der Führungssynchronisation erzeugte Laufunruhe ist in der Messung deutlich sichtbar. Übersteigen die entsprechenden Amplituden den definierten Grenzwert (hier 0,25 N), wird die Laufunruhe spürbar.

Insgesamt wird, bezogen auf die Gestaltung und Ausführung von Funktionsteilen sowie auf das Teilespektrum und die im Fahrzeug integrierten Umfänge, eine zunehmende Vielfalt, gepaart mit immer hochwertigerem Bedienkomfort prognostiziert. Der Kunde erwartet heute im oberen Fahrzeugsegment ähnliche Funktionalitäten, wie er sie beispielsweise von seiner HiFi-Anlage kennt.

Oberflächen

Über die Funktionalität und Anmutung von Bedienelementen und deren Oberflächen hinaus erwartet der Kunde auch ein angenehmes haptisches Gefühl bei der Berührung von Innenraumoberflächen. Auch hierbei stellt sich wiederum die Problematik, eine subjektive, meist vergleichende Bewertung von Oberflächen in messbare Größen zu überführen, welche die Basis für eine technische Umsetzung darstellen. Bei AUDI wurden hierzu auf Basis von subjektiven Bewertungen verschiedene Parameter untersucht und daraus ein Bewertungsschema entwickelt (Abb. 7). Der „haptische Eindruck" wird danach durch 4 Bereiche gekennzeichnet:

- das Weichheitsgefühl
- die Oberflächenstabilität
- das Tast-/Streichgefühl
- das Temperaturempfinden.

Das „Weichheitsgefühl" lässt sich physikalisch über die Druckfestigkeit der Oberfläche beschreiben, welche bei Druck einer Fingerkuppe auf die Fläche empfunden wird. Messtechnisch ist hier die Anfangssteifigkeit und die Progression, d. h. der Verlauf des Kraftanstiegs, als Größe definierbar.

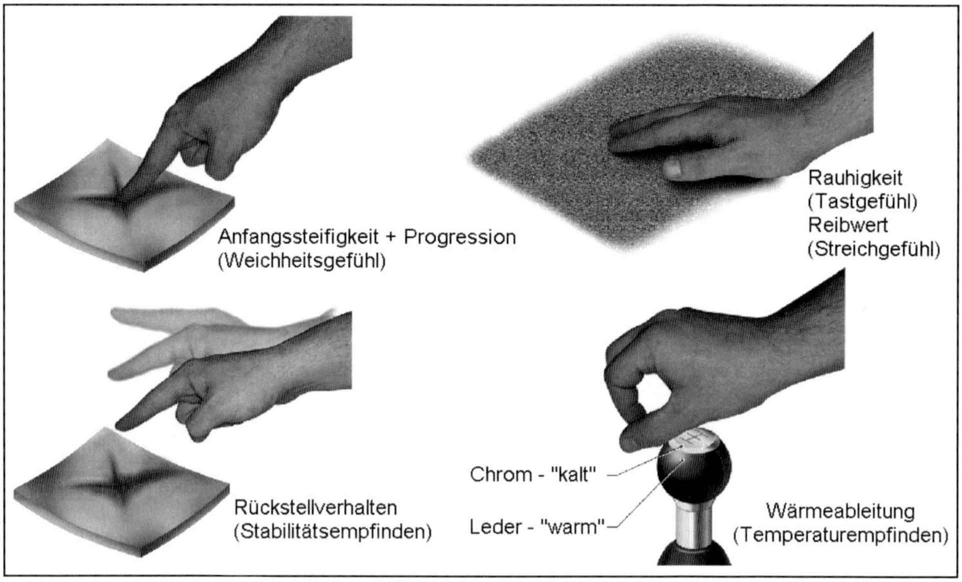

Abb. 7: Der haptische Eindruck

Die „Oberflächenstabilität" wird durch das Rückstellverhalten der Oberfläche bei Entlastung beschrieben. Zeigt sich beispielsweise ein langsames Rückstellverhalten, so bleibt ein Eindruck in der Oberfläche nach Entlastung zunächst sichtbar. Die Oberfläche folgt der Fingerkuppe nicht. Das Rückstellverhalten wird durch einen Belastungs-/Entlastungsversuch geprüft. Im Kraft-Wegverlauf ergibt sich eine stark ausgeprägte (geringes Rückstellverhalten) oder schwach ausgeprägte (hohes Rückstellverhalten) Hysterese. Das Tast-/Streichverhalten wird im Wesentlichen durch die Oberflächenstruktur bestimmt. So wird die Rauhigkeit durch die Fingerkuppen ertastet. Bei Bewegung der Hand über die Oberfläche wird das Empfinden durch die Reibkräfte zwischen Oberfläche und Haut bestimmt. Trotz der prinzipiellen messtechnischen Zugänglichkeiten der beschriebenen Größen werden hier jedoch die größten Differenzen in der Korrelation zwischen subjektivem Empfinden und Messgrößen festgestellt.

Das Temperaturempfinden spiegelt wider, ob sich eine Oberfläche „warm" oder „kalt" anfühlt. Ausschlaggebend hierfür ist die Wärmeableitung an der Oberfläche. Diese Größe ist relativ, d. h. in der vergleichenden Analyse gut erfassbar. Hierzu wird der Verlauf der Kontakttemperatur einer geringen Wärmekapazität bei Berühren der zu prüfenden Oberfläche ausgewertet. Die Gesamtauswertung der beschriebenen Messgrößen wurde in Anlehnung an bestehende Modelle (Ecia [2]) modifiziert und in ein 6 Parameter Diagramm überführt (Abb.

8). In diesem Polardiagramm sind die physikalischen Größen normiert aufgetragen. Eine Kurve stellt damit den „haptischen Fingerabdruck" einer spezifischen Oberfläche dar.

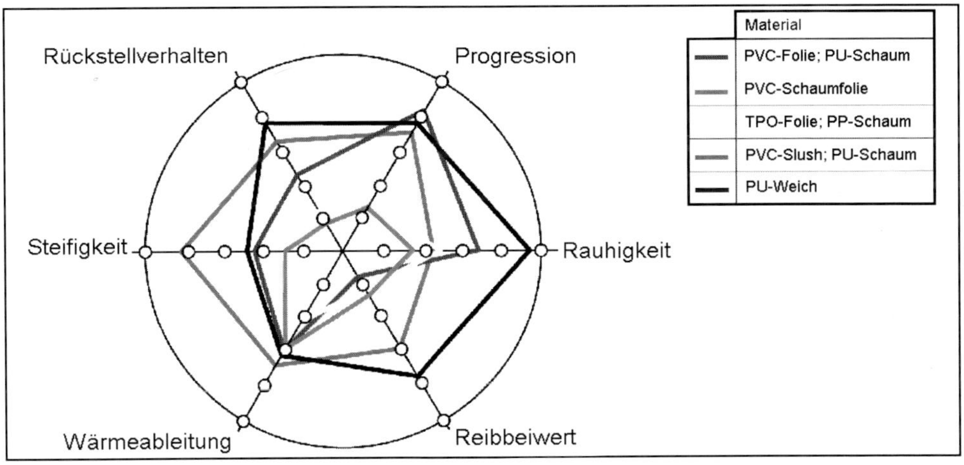

Abb. 8: Messtechnische Bewertung des haptischen Eindrucks

Insgesamt ist mit der beschriebenen Vorgehensweise eine eindeutige Oberflächenbeschreibung möglich. Damit wurde eine Basis zum Vergleich unterschiedlicher Oberflächen geschaffen, mit deren Hilfe eine eindeutige Zielvorgabe im Hinblick auf die Oberflächenentwicklung vorgegeben werden kann. Diese kann z. B. dem haptischen Angleichen benachbarter Oberflächen dienen. Es kann jedoch auch anhand von Einzelparametern ein spezieller haptischer Eindruck verstärkt werden. So ist z. B. ein Entwicklungsziel der Angleich der Weichheit von Armauflagen, welches sich speziell über die Anpassung der Steifigkeitsparameter erreichen lässt.

Die dargestellten Beispiele sollen einen Eindruck von der Komplexität des Begriffs „Haptik" für die Ausstattungsentwicklung eines Automobilherstellers vermitteln. Im Zuge der steigenden Modellvielfalt und zunehmend kürzerer Entwicklungszeit stellt die ausreichende Berücksichtigung der Haptik eine Herausforderung dar, welcher nur durch Systematiken, wie die oben beschriebenen parametrischen Definitionen, gepaart mit einer vorausschauenden Konzeptentwicklung erfolgreich begegnet werden kann.

Literatur

[1] J. Meyer: Lastenheft Sitzkomfort

[2] ECIA: Firmenpräsentation

Visuell-haptische Schnittstellen in der Automobilentwicklung bei BMW

Alec Bernstein, Monika Broecker, Petra Marz, Laura Robin

Der folgende Artikel betont, basierend auf einer Erweiterung des Begriffes „Haptik", die Abstimmung von visuellen und haptischen Informationen als eine neue Dimension im Fahrer-/Fahrzeug-Schnittstellendesign. Die Vorteile, welche sich ergeben, wenn zwei Sinne aufeinander abgestimmt und nicht als getrennte Systeme behandelt werden, soll am Beispiel des Dreh-Drück-Knopf-Bedienelements sowie einem parallelen Informationsdesign auf dem Bildschirm verdeutlicht werden. Dieses System wurde zum ersten Mal im BMW Z9 Show Car auf der Frankfurter Automobilausstellung im September 1999 vorgestellt.

Definition des Haptik-Begriffes

Das „American Dictionary of the English Language" definiert „haptisch" folgendermaßen: „Hap.tic (hăp'tic) adj. Of or relating to the sense of touch; tactile. [Greek hapticos, from haptesthai, to grasp, touch.]"[1]. Bei BMW wurde der Begriff „Haptik" erweitert, indem ein mentales Konstrukt, welches auf den physischen Umständen der Raumwahrnehmung im Umfeld basiert, integriert wurde. Die folgende Definition beschreibt sehr gut die Komplexität des haptischen Sinnes und hat sich als nützlich für BMW erwiesen.

„Der haptische Sinn kann verstanden werden als eine Erweiterung des Tastsinnes. Eingeschlossen wird hierbei der gesamte Körper anstatt nurmehr die ‚Instrumente des Tastens' wie zum Beispiel die Hände. Die haptische Sinneswahrnehmung lässt Objekte in der Umgebung durch tatsächliches Berühren erfahren. [...] Das Haptische – betrachtet man es als ein Wahrnehmungssystem – schließt sämtliche Sensationen (Druck, Wärme, Kälte, Schmerz und Kinästhetik) ein, die vorher dem Tastsinn zugeordnet wurden und beinhaltet alle Aspekte der sinnlichen Entdeckung, welche physischen Kontakt innerhalb und außerhalb des Körpers involvieren. Kein anderer Sinn hat so unmittelbar mit der dreidimensionalen Welt zu tun oder birgt in ähnlicher Weise die Möglichkeit in sich, die Umgebung im Prozess der Wahrnehmung zu verändern. Das heißt, kein anderer Sinn ist Fühlen und Tun gleichzeitig. Diese Aktion/Reaktion, wie sie charakteristisch für die haptische Wahrnehmung ist, trennt diese von allen anderen Formen der Sinneswahrnehmung, welche dagegen abstrakt erscheinen."[2]

---

[1] The American Heritage dictionary of the English Language. Boston, New York: Houghton Mifflin Company, 3rd edition 1992, p. 882

[2] Übersetzung aus: Kent C. Bloomer and Charles W. Moore. Body, Memory, and Architecture. New Haven and London: Yale University Press, fifth printing, 1979, pp. 34-35

Allgemeiner Hintergrund

Durch die zunehmende Komplexität von Informationen im Fahrzeug erhöht sich die Anzahl der Bedienelemente. Dies hat eine visuelle Überladung mit Knöpfen, Schaltern, etc. zur Folge. Diese Komplexität muss mit dem Bedürfnis des Fahrers nach Vereinfachung, einfacher Handhabung und Sicherheit ins Gleichgewicht gebracht werden. Resultierend daraus entsteht der Bedarf für eine Bedieneinheit, welche die Aufmerksamkeit des Fahrers für das Fahren frei gibt und gleichzeitig den Informationszugang im Fahrzeug erleichtert.

Im Automobilsektor bereits bestehende Ansätze reduzieren die Unübersichtlichkeit von Schaltern und Knöpfen durch eine Ein-Bildschirm-Lösung. In diesem Artikel soll aufgezeigt werden, dass die Zentralisierung von Informationen noch keine endgültige Lösung ist, sondern nur der erste Schritt in Richtung eines intuitiven Systems, welches „das Fühlen" von Informationen mit der Darstellung von Informationen vereint. Ein weiterer Faktor, auf den häufig in BMW Fahrer Beobachtungsstudien Bezug genommen wird, sind Fahrzustände abhängig von Umständen wie Verkehr, Wetter, Beifahrern, etc..

Der Fahrmodus, in welchem sich der Fahrer befindet, berührt in hohem Maße das „Aufnahme-Fenster" für Informationen und damit seine Fähigkeit Informationskomplexität zu managen. Zieht man die Einschränkungen bezüglich der Aufmerksamkeitsspanne des Fahrers in Betracht, so ist es notwendig, eine Schnittstelle zu kreieren, welche diese Modi berücksichtigt. Auch hier ist es notwendig, Komplexität zu reduzieren und Intuition zu steigern.

Der BMW Ansatz einer visuell-haptischen Schnittstelle

BMW hat es sich zur Aufgabe gemacht, die Probleme der Informationskomplexität im Fahrzeug zu lösen unter Berücksichtigung der BMW Marken- und Produktwerte. In der Nutzung von Informationen müssen sich die BMW Werte wie Dynamik, Performance, Handhabung, Komfort, Sicherheit des Fahrens sowie „Freude am Fahren" widerspiegeln. Es stellt sich die Frage, wie sich allgemeine haptische Wahrnehmung des Fahrers zum Gefühl des Wohlbefindens im Fahrzeug verhält. Die Antwort lag in der Beziehung zwischen physischem Bedienelement und dem Informationsdesign auf dem Monitor.

Die Beziehung zwischen der visuellen und haptischen Schnittstelle ist äußerst kompliziert. Es geht nicht so sehr darum, beide Systeme zu kombinieren, sondern vorrangig darum, die Systeme richtig *aufeinander abzustimmen.* Das „Aufnahme-Fenster" ist immer dann geöffnet, wenn eine direkte Beziehung zwischen dem, was man „fühlt" und „tut" einerseits, und dem, was man „sieht" andererseits, besteht. Tatsächlich haben visuell/haptische Übereinstimmungsstudien gezeigt, dass eine Wahrnehmungs-Inkonsistenz bezüglich visueller und haptischer Stimuli in einer schlechteren Performance resultiert.[1]

Die BMW Z9 Benutzerschnittstelle unterstützt die visuell/haptische Übereinstimmung wo immer möglich. Die physische Betätigung der Bedieneinheit (z. B. die Bewegung des Knopfes nach rechts oder links) spiegelt sich durch den Einsatz von Animationen (routierende Graphiken) auf dem Bildschirm wider. Das Drücken der „Ecken" (oben, unten, rechts und links) des Bedienelements korrespondiert mit der Darstellung auf dem Monitor. Das heißt, die aktivierten Informationen erscheinen in den entsprechenden Positionen auf dem Bildschirm. Wir nennen das „direktes Mapping". Darüber hinaus erfolgt durch taktiles Feedback über das Bedienelement eine Rückmeldung bezüglich der ausgeführten Schritte (Anregung des Tastsinnes). Hat der Fahrer zum Beispiel eine Auswahl aus mehreren Möglichkeiten zu treffen, rastet die Bedieneinheit sanft ein bzw. signalisiert durch ein „Einschnappen" die angesteuerte Position.

Lösungen wie ein „Ecken"gesteuerter Zugang und taktiles Feedback unterstützen den Fahrer dabei, ein mentales Konstrukt des Informationsraumes zu kreieren. Die Entwicklung eines „haptischen Gedächtnises" als Resultat dient der Vereinfachung einer Systembedienung ohne Blickkontakt. Wenn man zum Beispiel weiß, dass die Klimasteuerung über die obere „Ecke" des Bildschirms aktiviert wird, dann ist nur ein Knopfdruck zur Ausführung erforderlich. Dies spart das Lesen und Entschlüsseln von Informationsauflistungen.

Prämissen für Designlösungen

Auf Grund einer sorgfältigen Untersuchung dieser komplexen Problematik hat BMW folgende Prämissen als Richtlinien für das Design entwickelt:

- Haptisch-visuelle Abstimmung reduziert die Energie in der Aktion (in den Aktionen) bei gleichzeitiger Verbesserung von Sicherheit, Antwort-Zeit und Komfort für den Fahrer.
- Wenn das visuelle Modell nicht mit der physischen/haptischen Aktion übereinstimmt sind zwei mentale Modelle zu dekodieren.
- Wenn dagegen das visuelle Modell mit der physischen/haptischen Aktion übereinstimmt, muss nur ein mentales Modell dekodiert werden.

[1] Zum Beispiel: C.P. Garbin, Visual-haptic perceptual nonequivalence for shape information and its impact upon cross-modal performance. Journal of Experimental Psychology: Human Perception and Performance. 1988. Vol. 14, No. 4, pp. 547-553.

Visuell-haptische Übereinstimmung ist ein wesentliches Kriterium für den Erfolg des Systems.

Die Designlösung: Das Bedienelement, das Informationsdesign und deren Abstimmung

Bei der Entwicklung einer BMW visuell-haptischen Schnittstellenlösung mussten drei Ebenen der Analyse berücksichtigt und integriert werden:

- Physische Interaktion mit dem haptischen Bedienelement
- Das graphische Äquivalent (Darstellung der Information auf dem Monitor abgestimmt auf das haptische Gefühl)
- Die visuelle Informationsstruktur und ihre Semantik (Bedeutung, Aussage)

Nachfolgend werden wir diese drei Ebenen und ihre Interaktion beschreiben.

Das Z9 Haptische Bedienelement

Die Entwicklung des Dreh-Drück-Knopf-Bedienelements (ein Werkzeug, welches die Wichtigkeit des haptischen Sinnes in Betracht zieht) hat eine lange Tradition in der Informations-Ergonomik bei BMW.

Im Z9 Show Car, wurde dieses Bedienelement (bestehend aus einem Knopf, der gedreht und gedrückt werden kann) ausgeweitet um eine „Ecken“gesteuerte graphische Oberfläche zu unterstützen. Vier Knöpfe, platziert um den Dreh-Drück-Knopf (DDK) ermöglichen vier direkte Zugriffspunkte zur Information des Systems.

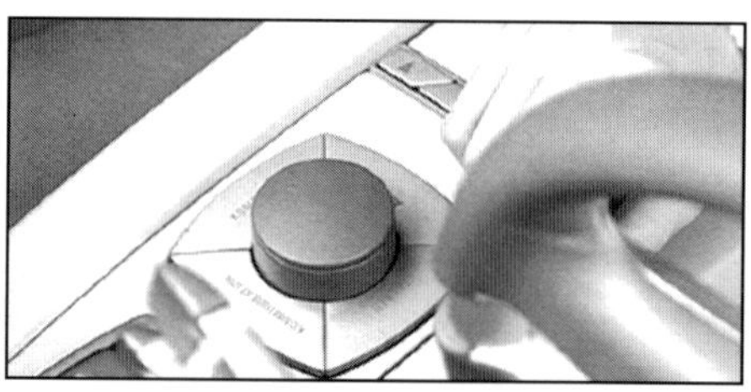

Abb. 1: Bedienelement im BMW Z9 Show Car: DDK und 4-Knopf-Oberfläche

Die 4-Knopf-Umgebung des DDK bezieht sich auf die vier Informationshauptkategorien des Systems: Fahren, Kommunikation, Audio und Komfort. Diese vier Knöpfe sind nicht nur beschriftet, sondern darüber hinaus ausgerichtet auf ihre graphischen Äquivalente auf dem Monitor. Dieser befindet sich zentral auf dem Armaturenbrett. Der auf dem DDK oben platzierte Knopf korrespondiert zum Beispiel mit der oberen Leiste des Bildschirms, der linke Knopf mit der linken Leiste des Bildschirms etc. (siehe Abbildung 2).

Abb. 2: „Edge-driven" Graphiksystem im BMW Z9 Show Car korrespondiert mit der 4-Knopf-Oberfläche der Bedieneinheit

Anmerkung: Diese vier Knöpfe können jederzeit benutzt werden, unabhängig auf welcher Ebene im System sich der Benutzer befindet. Dieser direkte Zugang unterstützt die Entwicklung eines haptischen Gedächtnises, wie oben beschrieben.

Das Z9 Graphische Äquivalent: Abgleich des visuellen Systems auf die haptischen Aktionen

Im Z9 Informationssystem sind für den Benutzer nicht nur die vier Hauptinformationskategorien zugänglich, sondern er kann auch in Unterkategorien suchen und auswählen. Wir haben bereits die 4-Knopf-Oberfläche des Bedienelements erwähnt, welche sich in der Ausrichtung des graphischen Systems widerspiegelt. Im Folgenden werden wir aufzeigen, wie sich der DDK bezüglich des Informationszugangs verhält.

Das Bedienelement unterstützt das „Suchen" unter den Optionen durch Drehen des Knopfes und das „Auswählen" der Optionen durch das Drücken des Knopfes. Daher ist das Navigieren größtenteils gesteuert durch eine simple Kombination von Drücken und Drehen. Wie bereits erwähnt, unterstützt das taktile Feedback während des Drehens des Knopfes das Gefühl des tatsächlichen „Sich-Bewegens" durch die verschiedenen Ebenen. Ein weiterer Modus des taktilen Feedbacks ergibt sich bei der „Auswahl“ eines Kriteriums. Auf diese Weise kann der Fahrer schnell zwischen „suchen“ und „auswählen“ durch die Rückmeldung an den Tastsinn unterscheiden.

Graphisch, wird die Aktion des „Suchens“ dargestellt durch Bewegung, d. h. durch animierte Sequenzen. Das Drehen des DDK initiiert ein graphisches „Drehen“ oder eine Animation der Auswahlmöglichkeiten um die sogenannte „Kontrollellipse“ herum. Die Optionen, welche die Steuerung des Systems berühren, sind in einem elliptischen Layout arrangiert (daher Kontrollellipse), um sich weitestgehend an eine visuelle Darstellung der haptischen Aktion anzunähern. Das Informationssystem managt mehrere Ebenen komplexer Informationen, daher muss die graphische Einheit hierarchische Informationsarrangements repräsentieren. Wenn zum Beispiel der Fahrer eine seiner „gespeicherten Personen“ anrufen möchte, muss er zunächst „Telefon“ und dann aus einem Untermenü, welches die Liste seiner „gespeicherten Personen“ enthält, wählen. Wurde die Auswahl „Telefon“ durch Drücken des DDK's selektiert, zoomen die Wahlmöglichkeiten der ersten Ebene vom Äußeren der Ellipse in Richtung Mittelpunkt der Ellipse und werden durch die Auswahlmöglichkeiten der zweiten Ebene ersetzt (siehe Abbildung 3).

Abb. 3: Konzentrische Ellipsen repräsentieren Steuerungshierarchien im Z9 Informationssystem.

Die Auswahlmöglichkeiten auf der ersten Ebene bleiben sichtbar, werden aber in den Hintergrund gerückt. Diese graphische Methode erhebt den Begriff von Bewegung auf eine neue Ebene der Information durch „Eindrücken“, unter Beibehaltung eines visuellen Hinweises auf die Verfügbarkeit der ersten Ebene.

Die Semantik des Z9 Informationsdesigns

Das strukturelle Informationsdesign im Z9 Show Car antwortet auf den Bedarf nach Intuition und Komfort in einem sehr komplexen Informationsraum. Wir behandeln „Informationsdesign" als ein Konzept, welches sich von seiner graphischen und haptischen Manifestation her unterscheidet, da es das Fahrzeug ist, durch welches beides verbunden wird. Es ist das System, welches die Gruppierung von Funktionen organisiert; Es ist das System, welches das Bedürfnis verschiedener Informationstypen unterstützt (zum Beispiel Listen, Knebelknöpfe für Ein/Aus-Informationen, Statusanzeigen, Steuerungsauswahlen usw.). Das Informationsdesign muss haptische und visuelle Informationen ausbalancieren und integrieren.

Wie schon erwähnt, unterstützt die Beziehung des visuellen und haptischen Systems einen intuitiven Gebrauch. Um dieses mentale Konstrukt für den Benutzer auszuweiten, wurden bestimmte Konstrukte aus dem Informationsdesign angewendet. Eines ist der Begriff des „Control/Data Split". Graphisch unterscheidet das System bei der Auswahl zwischen Steuerung (elliptisches Layout) und den Daten der unteren Ebenen (Auflistung). Dieser Unterschied in der Darstellung wurde so gestaltet, dass die Benutzer intuitiv wissen, wann sie die Steuerung gewählt haben und wann sie eine Auswahl getroffen haben, welche ihre Umgebung verändern wird. Zum Beispiel die Entscheidung Herrn Müller (aufgeführt in der Liste „gespeicherte Personen") anzurufen, bedarf der Auswahlmöglichkeit aus einer Auflistung anstelle der Darstellung durch eine Ellipse.

Eine weitere Prämisse des Informationsdesigns ist die Tatsache, dass Daten der unteren Ebene in ihrer Ausprägung sehr stark variieren. Einige sind auflistungsorientiert, andere können sehr viel besser durch Illustrationen oder Schemata dargestellt werden. Wir halten hier am Prinzip der Umsetzung einer korrekten Darstellung von Daten fest und möchten auf dieser Ebene kein eigenständiges System kreieren (siehe Abbildung 4).

Abb. 4: Informationsdesign geeignet für verschiedene Informationsausprägungen

Schlussfolgerung

Abschließend stellen wir fest, dass die Abstimmung der visuellen und haptischen Systeme kritisch für den Aufbau eines intuitiven Informationssystems im Fahrzeug ist. Durch die Entwicklung des „direkten Mapping" zwischen „tun" und „sehen" wird vom Fahrer weniger Aufmerksamkeit und Konzentration bei der Bedienung des Systems verlangt. Dies macht eine Steigerung der Sicherheit, des Komforts und des Vergnügens am aktiven Fahren möglich. All das dient – nicht zuletzt der BMW Philosophie – der Erhaltung der Freude am Fahren.

HAPTISCHE WAHRNEHMUNG UND TEXTUREIGENSCHAFTEN VON LEBENSMITTELN

Stefanie Stroh

Beim Verzehr eines Lebensmittels werden verschiedenste Produkteigenschaften wahrgenommen: In der Regel beurteilt der Konsument zunächst das Aussehen des Produkts. Dieser visuelle Eindruck weckt bereits gewisse Erwartungen hinsichtlich Flavour (d. h. Geschmack und retronasale Empfindungen) und Mundgefühl. Erst danach nimmt er Geruch, Flavour und Textur vollständig wahr, integriert diese Eindrücke und bildet sich sein Gesamturteil. In der Vergangenheit wurde oft angenommen, dass hierbei Flavour und Aussehen die entscheidenden Faktoren seien. Die Bedeutung der Textur wurde meist unterschätzt [12,29,30], obwohl ein Produkt mit unakzeptabler Textur ohne Zweifel vom Konsumenten abgelehnt wird.

Bedeutung der Textur

In der Literatur wurden Textureigenschaften lange nicht berücksichtigt, da eine „gute" Textur als selbstverständlich angenommen wurde und die Ablehnung eines Lebensmittels oft automatisch auf „schlechten Geschmack" zurückgeführt wurde. Deshalb wurde die Texturforschung auch lange nicht staatlich unterstützt [29]. Die Bedeutung der Textur als Qualitätsmerkmal wurde vielleicht auch deshalb verkannt, da Texturveränderungen meist keinen Hinweis auf gesundheitsschädliche und verdorbene Lebensmittel geben. Selbst wenn der Verderb von Texturveränderungen begleitet ist, wird er nicht daran erkannt. Aussehen, Geruch und Flavour sind wichtigere Indikatoren, die meist schon vor der Beurteilung der Textur erkannt werden. In ihrer Textur veränderte Lebensmittel wie welker Salat, zähes Fleisch, ein „mehliger" Apfel oder trockenes Brot werden auf Grund ihrer Textur als „minderwertig" eingestuft – aber sind keinesfalls gesundheitsschädlich [29].

Auch technische Gründe mögen dazu beigetragen haben, dass die Wissenschaft der Textur in der Vergangenheit nur ein geringes Interesse entgegenbrachte: Es ist oft unmöglich, die Textur zu verändern, ohne gleichzeitig Flavour oder Aussehen des Produktes zu beeinflussen. Die Textur isoliert zu betrachten, ist deshalb meist nicht möglich. Zudem ist die Imitation von Textureigenschaften natürlicher Produkte oft komplex und schwierig. Man denke zum Beispiel an eine Orange oder frisches Gemüse [29,30].

Obwohl in der Vergangenheit anderen Faktoren oft mehr Bedeutung zugemessen wurde, ist doch Texturforschung und -beurteilung betrieben worden. In der zweiten Hälfte des 19. Jahrhunderts wurden die ersten Texturmessgeräte vorgestellt und Anfang des 20. Jahrhunderts erste Apparate zur Beurteilung von Mehlen und Teigen entwickelt [29]. In den 50er Jahren begann die systematische Texturforschung. Textur wurde definiert als „sensorische und funktionelle Eigenschaft, welche durch strukturelle und mechanische Lebensmitteleigenschaften entsteht und durch Gesichtssinn, Gehör, Berühren und Kraftsinn beurteilt wird“ [32]. 1963 wurde die Texturprofilmethode vorgestellt, in der Textureigenschaften erstmals gruppiert und systematisch sensorisch, also mit den Sinnen, beurteilt wurden [2,22,31,32]. Komplexe instrumentelle Messmethoden ergänzten die sensorische Beurteilung [8,9,19]. Auch die Einstellung der Konsumenten änderte sich in den letzten Jahren: Die Verbraucher wurden zunehmend texturbewusst. Die Bedeutung der Textur bei der Lebensmittelauswahl und Qualitätsbeurteilung ist heute unumstritten und die Textur spielt deshalb eine mitentscheidende Rolle in Produktentwicklung und Qualitätsmanagement. Die Forschung beschränkt sich nicht nur auf die Entwicklung neuer Texturen und angemessener Messmethoden. Sie versucht, Textureigenschaften, ihre Wahrnehmung und ihren Einfluss auf andere Faktoren (zum Beispiel auf die Aromenfreigabe) zu verstehen. Dieses Verständnis ermöglicht das kontrollierte Verändern und Verbessern von Textureigenschaften. Ein besonderes Interesse gilt allgemein beliebten Texturen wie Saftigkeit, Cremigkeit oder Knusprigkeit [6,7,12,27,28,33] und meist negativ empfundenen Eigenschaften wie zum Beispiel der astringierenden Wirkung [5,10,20]. Die Textur traditioneller Produkte und ihrer fett- oder zuckerreduzierten Pendants ist ein weiteres wichtiges Betätigungsfeld. Da der Konsument sich zunehmend gesundheitsbewusst ernähren möchte, aber oft nicht bereit ist, Flavour- oder Texturveränderungen der Produkte hinzunehmen, muss die Textur des traditionellen Produkts imitiert werden. Auch bei Produkten aus pflanzlichem Protein als Fleischersatz gilt es oft, eine vergleichbare Textur zu erreichen. Diese Beispiele zeigen, dass die Textur heute nicht mehr als „vergessenes“ Attribut bezeichnet werden kann, sondern vielmehr an Bedeutung gewinnt.

Textur und ihre Wahrnehmung

Die „International Organization for Standardization“ (ISO) definiert Textur als die „Gesamtheit aller mechanischen und geometrischen Eigenschaften sowie der Oberflächeneigenschaften eines Produktes, die durch mechanische und taktile Rezeptoren und gegebenenfalls auch durch Gesichtssinn und Gehör erfaßt werden“ [1]. Die visuelle Beurteilung gibt einen ersten Eindruck der Textur und weckt Erwartungen (Mundgefühl, Geschmack). Das Gehör spielt vor allem für knusprige Produkte, wie zum Beispiel Snackprodukte, eine Rolle. Die beim Hineinbeissen und Kauen entstehenden Geräusche vermitteln Knusprigkeit. Der Texturеindruck ist deshalb Ergebnis eines komplexen Zusammenspiels von Empfindungen, die mit

Hilfe mehrerer Sinnessysteme und auf der Basis verschiedener Rezeptortypen wahrgenommen werden. Zur Erfahrung von Textureigenschaften sind somit notwendigerweise auch haptische Wahrnehmungen, d. h. aktive Explorationen des Objektes erforderlich.

Haptische Exploration und Texturwahrnehmung

Die haptische Wahrnehmung ermöglicht es uns, die Lage, Richtung und Bewegung der Körperteile bewusst und unbewusst zu kontrollieren und zu steuern. Bei der Nahrungsaufnahme ist dies die Voraussetzung für die gezielte Bewegung der Finger, der Zunge und des Kiefers. Gleichzeitig kann der Widerstand einer Lebensmittelprobe und der nötige Kraftaufwand zu deren Verformung abgeschätzt werden. Hierbei spielen auch Rezeptoren in der Periodontalmembran um die Zahnwurzel eine besondere Rolle [12]. Die Verarbeitung haptischer Informationen ermöglicht z. B. das Erfassen von Eigenschaften wie Gewicht, Härte, Elastizität, oder Klebrigkeit einer Lebensmittelprobe. Dies kann beim Aufheben, Verformen oder Schneiden der Probe, beim Kauen im Mund oder beim Schlucken erfolgen. In jedem Falle erfolgt eine aktive und an Bewegung gebundene Verarbeitung der Reize, die durch Sensoren in Haut, Muskeln und Gelenken wahrgenommen werden. Die Lebensmittel werden somit mit der Hand, den Lippen, der Zunge und innerhalb des Mundbereiches – ob nun bewusst oder unbewusst – einer haptischen Exploration unterzogen.

Wahrnehmungen wie Berührung, Trockenheit, Rauheit einer Oberfläche, empfundene Partikelgröße, -form und -position sind ebenfalls Eindrücke, die wir ihm Rahmen der haptischen Wahrnehmung erfassen können. Diese Informationen werden durch Nervenenden in den oberen Hautschichten registriert, wenn das Lebensmittel mit den Fingern, den Lippen, dem Gaumen, der Zunge oder im Rachenraum berührt wird. Ebenso sind wir in der Lage, Temperaturunterschiede und schmerzähnliche Empfindungen wie Brennen, Kitzeln, Stechen, Prickeln und Jucken im Zusammenhang mit der Nahrungsaufnahme wahrzunehmen. Das Prickeln beim Trinken eines Champagners, die kühlende Wirkung beim Verzehr einer Eiscreme und das brennende Gefühl im Mund beim Verzehr scharfer Speisen tragen entscheidend zum Flavour und Gesamteindruck dieser Produkte bei.

Texturbeurteilung als dynamischer Vorgang

Um einen umfassenden Eindruck von der Textur eines Lebensmittels zu gewinnen, genügt es nicht, das Produkt zu berühren und Oberflächeneigenschaften zu erfassen. Die Probe muss hin und her bewegt und verformt werden. Feste Lebensmittel müssen zerkleinert werden. Dies geschieht zunächst auf dem Teller oder in den Händen und dann im Mund. Die Probe und ihre Textureigenschaften verändern sich auf Grund von Krafteinwirkung (Kauen, Bewegen der Probe), Einspeicheln bzw. Verdünnen und gegebenenfalls auch durch die Körpertemperatur. Die Texturbeurteilung ist deshalb ein dynamischer Vorgang. Sie muss diese Veränderungen erfassen sowie die Bedingungen im Mund berücksichtigen. Instrumentelle Messmethoden erreichen dies nur in beschränktem Maße, da es schwierig oder unmöglich ist, den Kauvorgang und die Speichelbildung zu simulieren [14]. Dies ist um so schwieriger, da sich die Kaumuster (Arbeitseintrag, Kauzeit, usw.) verschiedener Personen stark unterscheiden und sich beim Einzelnen im Laufe des Lebens mit den körperlichen Bedingungen verändern (Zahnentwicklung, -schäden, Protesen, etc.) [3]. Ebenso unterscheiden sich Speichelzusammensetzung und -menge von Person zu Person, zu verschiedenen Tageszeiten, mit der Lebensmittelzusammensetzung, bei Einnahme von Medikamenten, usw..

Beurteilen des **Aussehens** und **Vorbereitung** der Probe (Schneiden, Umrühren usw.) und zum **Mund Führen**	→ erster visueller Eindruck der Textur → Beurteilung mit den Händen/dem Besteck: erster Eindruck der Härte, Elastizität, Oberflächenrauheit usw.
⇩	
Erster Biss	→ Beurteilung der Härte und Knusprigkeit
⇩	
Probe wird mit der **Zunge gegen den Gaumen** gepresst und die **Zunge wird bewegt**	→ Beurteilung von Feuchtigkeit, Viskosität/Dichte, Elastizität, Temperatur usw. → Beurteilung der Klebrigkeit am Gaumen, erste Beurteilung der empfundenen Partikelgröße/Rauheit beim Kauen usw.
⇩	
Kauen	
➢ Verformung und Zerkleinerung der Probe (Oberflächenvergrößerung) ➢ Einspeichelung und Verdünnung ➢ Aromen-Freisetzung ➢ Evtl.: Schmelzen durch Körpertemperatur (z. B. bei Schokolade, Eiscreme)	→ Beurteilung der Zähigkeit, Saftigkeit, Klebrigkeit, Partikelgröße usw.
⇩	
Schlucken	→ Eindruck beim Schlucken: Widerstand der Probe beim Schlucken → Eindruck nach dem Schlucken: zurückbleibender Fettfilm, „Kratzen“ im Hals usw.

Abb. 1: Vereinfachtes Schema der Texturwahrnehmung für eine festes Lebensmittel

Texturbeurteilung mit Hilfe der Sensorik

Die Sensorik ist der Wissenschaftszweig, der sich mit dem Auslösen, Messen, Auswerten und Interpretieren von Sinneseindrücken beschäftigt. Man unterscheidet grundsätzlich zwei Arten von Prüfungen: Konsumententests und analytische Prüfungen.

Das Ziel von Konsumententests ist es oft herauszufinden, wie beliebt bestimmte Proben sind (Beliebtheitsprüfungen) oder welche von mehreren Proben bevorzugt wird (Präferenztests). Hierfür benötigt man eine Gruppe von mindestens 100 ungeschulten Konsumenten. Analytische Prüfungen dienen meist dazu, offensichtlich unterschiedliche Proben durch eine kleinere Gruppe geschulter Prüfer genau zu beschreiben (beschreibende Prüfungen, Profilprüfungen) oder herauszufinden, ob sehr ähnliche Proben unterschieden werden können (Unterschiedsprüfungen).

Abb. 2 : Geschulter Prüfer bei der beschreibenden Prüfung. Die Farbe des Produkts wird durch Rotlicht maskiert [Photo: Nestec].

Diese Methoden können zur Beurteilung von Proben, welche sich in ihrer Textur unterscheiden, eingesetzt werden. Die Kombination von beschreibenden Prüfungen mit Konsumententests ist besonders interessant. Konsumententests geben Einsicht in die Beliebtheit der verschiedenen Proben, während die analytischen Prüfungen die Produkte genau beschreiben („profilieren“). Über statistische Methoden (z. B. sogenanntes „preference mapping“) ist es möglich, die Ergebnisse der beiden Tests zu verbinden und ein „optimales“ Produktprofil für eine gegebene Konsumentengruppe im Rahmen der getesteten Proben zu bestimmen [13,21,26]. Produkteigenschaften, die für den Konsumenten wichtig sind, können auf diese Weise identifiziert und die gewünschte Intensität dieser Eigenschaften bestimmt werden. Neben dem Aussehen und Flavour kann auch die Textur so gezielt an Konsumentenerwartungen angepasst werden. Texturveränderungen beeinflussen oft auch andere sensorische Merkmale, insbesondere Flavour, Aromenfreigabe und Aussehen [4,17]. Diese Veränderungen können zum Teil auch rein psychologischer Natur sein: Eine veränderte Textur kann andere Erwartungen wecken und so auch die Beurteilung anderer Faktoren beeinflussen. Die Textur wird deshalb nie isoliert beurteilt. Selbst wenn das eigentliche Interesse nur der Textur gilt, werden auch Flavour und Aussehen berücksichtigt. Dies gilt nicht nur für analytische Prüfungen, sondern auch für Konsumententests.

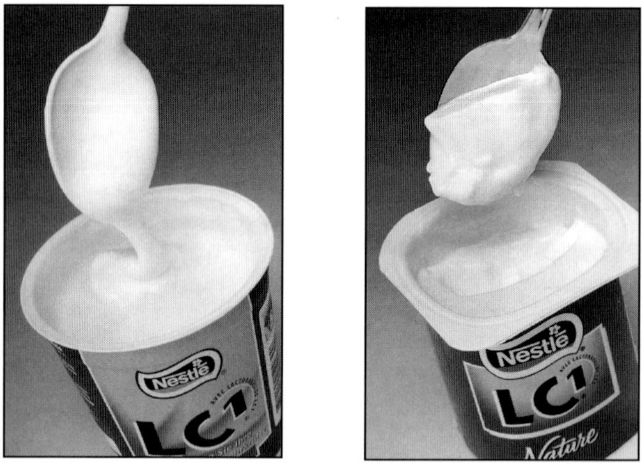

Abb. 3: Die Textur des LC1 in der Schweiz (links) und in Frankreich (rechts) – ein Beispiel für die Anpassung einer Produkttextur an lokale Vorlieben [Photo: Nestec].

Textur und Konsumentenvorlieben

Konsumenten schenken der Textur von Lebensmitteln mehr und mehr Beachtung. Die Textur ist nicht nur ein wichtiges Kriterium bei der Auswahl und der Qualitätsbeurteilung von Lebensmitteln [22,29], sondern sie hilft uns auch, Produkte überhaupt zu erkennen. Studien haben gezeigt, dass Konsumenten Produkte an Aussehen, Flavour und Textur wiedererkennen. Sie haben oft Probleme, ein püriertes Lebensmittel allein am Flavour zu erkennen [25]. Die Textur muss deshalb für das Produkt angemessen und für den Konsumenten ansprechend sein. Wie sehr einem Konsumenten eine bestimmte Textur gefällt, hängt von vielen Faktoren ab:

- Physiologischen Einflussfaktoren (Körperzustand, Alter, Geschlecht)
- Gesellschaftlichen, sozioökonomischen und kulturellen Hintergrund und dadurch geformten Erwartungen

- psychologischen Einflussfaktoren
- Situation, in der das Produkt verzehrt wird; Umgebungsbedingungen
- Hunger und zuvor verzehrten Produkten
- Geschmacksintensität des Produkts
- anderen Texturmerkmalen des Produkts
- „Image" des Produkts usw.

Physiologische Einflussfaktoren, wie z. B. die Zahnentwicklung, Kau- oder Schluckprobleme, ändern automatisch auch die Auswahl von Lebensmitteln. Ein Kind kann mit der Zahnentwicklung feste Nahrungsmittel zu sich nehmen und dadurch seine Texturvorlieben verändern. Die Vorlieben eines Kindes werden außerdem vom Alter eines Kindes, seiner Persönlichkeit, Entdeckungsfreude und Umgebung beeinflusst. Auch die Gewohnheiten und Erwartungen spielen eine Rolle. Diese wiederum werden nicht nur durch die Erfahrung, die Eltern und gleichaltrige Freunde geprägt, sondern auch durch die Kultur, die Gesellschaft und die Werbung beträchtlich beeinflusst.

Da sich Lebensstil, Gewohnheiten, Lebensmittelvielfalt und gesellschaftliche Werte ändern, verändern sich auch unsere Vorlieben. Während knackiges, kurz gekochtes Gemüse vor 20 Jahren noch als „untergekocht" generell abgelehnt wurde, wird es heute meist weichem, überkochtem Gemüse vorgezogen. Auch durch gesellschaftliche Strukturen werden Texturbewusstsein und -vorlieben geprägt: In den 70er Jahren wurde zum Beispiel gezeigt, dass Frauen und Angehörige einer höheren sozioökonomischen Schicht ein größeres Texturbewusstsein hatten [29]. Dies ist heute vielleicht nicht mehr der Fall, da auch Männer vermehrt Mahlzeiten zubereiten. In einer kalifornischen Studie Anfang der 80er Jahre wurde die Textur von Männern als wichtiger eingestuft als von Frauen [30]. Es wäre interessant zu untersuchen, ob auch heute gehobene Gesellschaftsschichten noch ein gesteigertes Texturbewusstsein haben.

Vorlieben ändern sich aber nicht nur langfristig, sondern auch mit der Gelegenheit, bei der wir das Lebensmittel verzehren. In den 70er Jahren wurde gezeigt, dass Konsumenten beim Frühstück leicht kau- und schluckbare Nahrungsmittel bevorzugen und wenig Neigung zeigen, Neues auszuprobieren, während bei der Hauptmahlzeit oft die unterschiedlichsten Texturen und auch neue Produkte probiert und akzeptiert werden [30,34]. Hunger und Durst beeinflussen unsere Vorlieben ebenfalls: Bei starkem Hunger werden auch Texturen akzeptiert, die sonst oft abgelehnt werden [34]. Genauso beeinflussen unmittelbar zuvor verzehrte Produkte unsere Vorlieben: Wurde ein Produkt mit weicher Textur verzehrt, vermindert sich die Beliebtheit von darauf folgenden weichen Produkten weit stärker als jene von festen Produkten. Diesen Effekt nennt man sensorisch bedingte Sättigung für Textureigenschaften oder „sensory-specific satiety“ [11,24].

Psychologische Einflussfaktoren wie Assoziationen mit einem Produkt, Erinnerungen, Erwartungen und die momentane Laune spielen ebenfalls eine Rolle. Assoziationen können Konsumenten davon abhalten, Lebensmittel zu probieren oder weiter zu konsumieren. Viele Konsumenten verbinden zum Beispiel Schnecken oder Austern mit „Schleim“ oder „Schmutz“ und werden deshalb diese Produkte nie probieren.

Die Bedeutung der beschriebenen Einflussfaktoren und der Textur generell unterscheidet sich außerdem von Produkt zu Produkt. In Großbritannien wurde zum Beispiel vor einigen Jahren gezeigt, dass Margarine ein Streichverhalten ähnlich der Butter haben muss, um akzeptiert zu werden. Der Konsum von Butter hat die Erwartungen an die Textur von anderen Brotaufstrichen geprägt und wird sich nicht kurzfristig ändern. Betrachtet man dagegen andere Produkte, die in der Vergangenheit nicht Teil der britischen Esskultur waren, wie zum Beispiel Mayonnaise, stellt man fest, dass der Konsument weit toleranter ist und unterschiedliche Texturen akzeptiert.

Welche Textur beliebt ist, hängt aber nicht nur von der Vertrautheit mit dem Produkt (und seiner Textur) ab, sondern auch von den anderen Produkteigenschaften: Es wurde gezeigt, dass eine einwandfreie Textur besonders für knackige, knusprige und auch für wenig gewürzte Produkte unerlässlich ist (z. B. für Gurken, Chips, Frühstückscerealien, weißes Brot) [29]. Die Textur ist hier das wichtigste sensorische Merkmal und eine Abweichung führt unmittelbar zu einer wesentlich geringeren Beliebtheit des Produktes. Der gewollte Kontrast zwischen mehreren unterschiedlichen Texturen innerhalb eines Produktes oder einer Mahlzeit dagegen wirkt oft „interessant“ und wird als Zeichen hochwertiger Zubereitung geschätzt [34]. Es wird spekuliert, dass eine Änderung der Textur im Mund ebenso als besonders angenehm empfunden wird (z.B. Schmelzen einer Eiscreme) [15].

Die Textur sollte außerdem zum Image des Produktes passen. Von Produkten mit hohem Nährwert erwartet der Konsument meist eine weiche und cremige Textur, die „füllend“

wirkt, während er von einem Snack beim Sport eher Knusprigkeit und Bissfestigkeit erwartet – eine Textur, die „fun“ und „Aktivität“ vermitteln kann [34]. Diese Texturattribute werden zum Teil auch in der Werbung zur Stärkung des Produktimages genutzt.

Zusammenfassung

Die Textur von Lebensmitteln löst visuelle, auditive und haptische Empfindungen aus. Nur ein grundlegendes Verständnis der Textur, ihrer Wahrnehmung und ihrer Auswirkungen ermöglicht das gezielte Verändern von Texturen und das Anpassen an Konsumentenvorlieben. Texturunterschiede beeinflussen die Beliebtheit von Produkten zum Teil entscheidend, insbesondere wenn es sich um knusprige, knackige oder wenig gewürzte Produkte handelt. Die Lebensmittelindustrie achtet deshalb darauf, dass die Produkttextur den Konsumentenvorlieben entspricht und nutzt Texturunterschiede außerdem, um eigene Produkte von Konkurrenzprodukten abzusetzen. Hervorragende Texturen können zudem das Produktimage gezielt unterstützen.

Literatur

[1] ISO 5492: Sensory analysis – Vocabulary. The International Organization for Standardization. Geneva, Switzerland, 1992.
[2] Brand, M.A., Skinner, E.Z., Coleman, J.A.: Texture profile method. Journal of Food Science 28:404-409, 1963.
[3] Brown, W.E., Langley, K.R., Martin, A., MacFie, H.: Characterization of patterns of chewing behaviour in human subjects and their influence on texture perception. Journal of Texture Studies 25(4):455-468, 1994.
[4] Cardello, A.V.: The role of the human senses in food behavior: II. Texture. Cereal Foods World 41(6):469-470, 1996.
[5] Courregelongue, S., Schlich, P., Noble, A.C.: Using repeated ingestion to determine the effect of sweetness, viscosity and oiliness on temporal perception of soymilk astringency. 10(4-5):273-279, 1999.
[6] Daget, N., Jörg, M.: Creamy perception II: In model soups. Journal of Texture Studies 22:169-189, 1991.
[7] Elmore, J.R., Heymann, H., Johnson, J., Hewett, J.E.: Preference mapping: Relating acceptance of „creaminess“ to a descriptive sensory map of a semi-solid. Food Quality and Preference 10:465-475, 1999.
[8] Fiszman, S.M., Pons, M., Damasio, M.H.: New parameters for instrumental texture profile analysis: Instantaneous and retarded recoverable springiness. Journal of Texture Studies 29:499-508, 1998.
[9] Friedman, H.H., Whitney, J.E., Szczesniak, A.S.: The Texturometer – A new instrument for objective texture measurement. Journal of Food Science 28:390-396, 1963.
[10] Green, B.G.: Oral astringency: A tactile component of flavour. Acta Psychologica 84:119-125, 1993.
[11] Guinard, J.-X., Brun, P.: Sensory-Specific Satiety: Comparison of taste and texture effects. Appetite 31:141-157, 1998.
[12] Guinard, J.-X., Mazzucchelli, R.: The sensory perception of texture and mouthfeel. Trends in Food Science and Technology (7):213-219, 1996.
[13] Helgesen, H., Solheim, R., Naes, T.: Consumer preference mapping of dry fermented lamb sausages. Food Quality and Preference 8(2):97-109, 1997.
[14] Hutchings, J.B., Lillford, P.J.: The perception of food texture – The philosophy of the Breakdown Path. Journal of Texture Studies 19:103-115, 1988.
[15] Hyde, R.J., Witherly, S.A.: Dynamic contrast: A sensory contribution to palatability. Appetite 21:1-16, 1993.
[16] Jellinek, G.: Sensorische Lebensmittelprüfung. Lehrbuch für die Praxis. Pattensen: Verlag Doris und Peter Siegfried, 1981.
[17] Kokini, J.L.: Fluid and semi-solid food texture and texture-taste interactions. Food Technology 39: 86-92, 1985.

[18] Meilgaard, M., Civille, G.V., Carr, B.T.: Sensory evaluation techniques. 3. Aufl., London: CRC Press, 1999.
[19] Meullenet, J.-F.C., Carpenter, J.A., Lyon, B.G., Lyon, C.E.: Bi-Cyclical instrument for assessing texture profile parameters and its relationsship to sensory evaluation of texture. Journal of Texture Studies 28:101-118, 1997.
[20] Peleg, H., Noble, A.C.: Effect of viscosity, temperature and pH on astringency in cranberry juice. Food Quality and Preference 10 (4-5):343-347, 1999.
[21] Risvik, E., McEwan, J.A., Roedbotten, M.: Evaluation of sensory profiling and projective mapping data. Food Quality and Preference 8(1):63-71, 1997.
[22] Rohm, H.: Consumer awareness of food texture in Austria. Journal of Texture Studies 21:363-373, 1990.
[23] Rohm, H., Veits, V.: Adaptierung der sensorischen Texturprofilanalyse. Ernaehrung, 14 (5):259, 1990.
[24] Rolls, B.: Sensory-Specific Satiety. Nutrition Reviews 44(3):93-101, 1986.
[25] Schiffman, S.: Food recognition by the elderly. Journal of Gerontology 32:586-592, 1977.
[26] Schlich, P.: Preference mapping: Relating consumer preferences to sensory and instrumental measurements. In: Bioflavour 95 (14.-17.2.1995); Les Colloques, n° 75; Ed. INRA, Paris, 1995.
[27] Seymour, S.K., Hamann, D.D.: Crispness and crunchiness of selected low-moisture foods. Journal of Texture Studies 19:79-95, 1988.
[28] Szczesniak, A.S.: The meaning of textural characteristics - Crispness. Journal of Texture Studies 19:51-59, 1988.
[29] Szczesniak, A.S.: Texture: Is it still an overlooked food attribute? Food Technology 44(9):86-95, 1990a.
[30] Szczesniak, A.S.: Psychorheology and texture as factors controlling the consumer acceptance of food. Cereal Foods World 35(12):1201-1205, 1990b.
[31] Szczesniak, A.S.: Sensory texture profiling - Historical and scientific Perspectives. Food Technology 52(8):54-57, 1998.
[32] Szczesniak, A.S., Brandt, M.A., Fridman, H.H.: Development of standard rating scales for mechanical parameters of texture and correlation between the objective and the sensory methods of texture evaluation. Journal of Food Science 28:397-403, 1963.
[33] Szczesniak, A.S., Ilker, R.: The meaning of textural characteristics - Juiciness in plant foodstuffs. Journal of Texture Studies 19:61-78, 1988.
[34] Szczesniak, A.S., Kahn, E.L.: Texture contrasts and combinations: A valued consumer attribute. Journal of Texture Studies 15:285-301, 1984.

HAPTISCHE WAHRNEHMUNG IN DER RAUMFAHRT *

Helen E. Ross

Der Mensch hat sich im Laufe der Evolution an das Leben auf der Erde angepasst. Er ist daran gewöhnt, sich unter dem Einfluss der Schwerkraft der Erde zu bewegen (1 g, g=Gravitationsbeschleunigung). Für letztgenannte wird der technische Ausdruck 1 g_z verwendet: „z" verweist auf die Tatsache, dass die Kraft durch die z-Achse wirkt, welche durch Kopf und Füße eines aufrecht stehenden Menschen verläuft. Der primitive Mensch (wie andere Tiere) war fähig, die beim Rennen, Springen und Schwimmen auftretenden vielfältigen Muster von Beschleunigungskräften zu verarbeiten. Der kulturelle Fortschritt brachte andere Formen der Fortbewegung hervor. Bei vielen von ihnen tritt eine Fülle unterschiedlicher Beschleunigungskräfte auf. Der Mensch kann sich in einem gewissen Ausmaß daran anpassen. Im Bereich der motorischen Leistungen offenbaren sich jedoch Einschränkungen und manche Personen leiden immer wieder unter Beschwerden, die durch ungewohnte Bewegungen hervorgerufen werden (sog. „Bewegungskrankheiten"[1]).

Bei *Raumflügen* auf der Umlaufbahn befinden sich die Astronauten in einer Umgebung mit einer minimalen Schwerkraft (nahe 0 g), da die Beschleunigung des Raumschiffes die Gravitationsbeschleunigung der Erde ausgleicht. Folglich existiert in keiner Achse eine konstante g-Kraft und im Sinne der Schwerkraft auch kein „oben" oder „unten". Derselbe Effekt kann für ungefähr 20 Sekunden bei Flügen auf parabolischen Bahnen erzeugt werden. Vor und nach der 0-g-Phase tritt jedoch für etwa 20 Sekunden eine hohe Gravitationsbeschleunigung von bis zu 2 g auf. Wiederholte parabelförmige Flüge ermöglichen es, Veränderungen der Wahrnehmung und der Motorik sowohl bei hoher als auch niedriger Gravitationskraft zu untersuchen und sie mit den Leistungen bei 1 g auf geradlinigen Flügen zu vergleichen. Während der Parabelflüge könnten jedoch Schwierigkeiten auftreten, sich an die schnelle Änderung der Gravitationsbeschleunigung anzupassen. Nur Raumflüge von längerer Dauer erlauben es, die Langzeit-Anpassung an minimale Schwerkraftbedingungen zu untersuchen.
Veränderungen von g wirken sich auf viele Aspekte der menschlichen Physiologie aus, nur einige sind für die haptische Wahrnehmung von Bedeutung. Es sollen nun verschiedene Bereiche diskutiert werden, bei denen haptische Prozesse eine Rolle spielen.

---

*Die Übersetzung aus dem Englischen erfolgte durch Dipl.-Psychologin Anke Hensel.

[1] A. d. Ü. Bewegungskrankheiten (Kinetosen) sind durch ungewohnt starke Erregung des Gleichgewichtsorgans ausgelöste Beschwerden wie Unwohlsein, Schwindel, Erbrechen, Schweißausbruch oder Pulsanstieg. Bekanntestes Beispiel einer Kinetose ist die Seekrankheit.

Körperlage

Die Fähigkeit, anhand der Gravitation und der visuellen Umgebung die Lage des eigenen Körpers im Raum wahrzunehmen, hängt von sensorischen Informationen aus verschiedenen Quellen ab. Sowohl das vestibuläre System (Otolithen[1] und Bogengänge) als auch das haptische System und das visuelle System tragen zur Wahrnehmung der Körperlage bei. Die andersartige Situation bei der Raumfahrt wurde durch das „Space Studies Board" [17] zusammengefasst. Auf der Erde liefern die Otolithen aufgrund der Gravitation Informationen über die Lage des Kopfes. Während der Raumfahrt ist dies unmöglich. Zwar reagieren die Bogengänge normal auf Rotationsbeschleunigung, jedoch ist der Bezug zwischen Bogengängen und Otolithen gestört. Das führt zu verschiedenen visuellen und körperlichen Bewegungs- und Neigungstäuschungen.

Stellt das vestibuläre System keine zuverlässigen Informationen bereit, können Astronauten ihre Körperlage aus der visuellen Lage der Kabine oder aus der visuellen Lage ihres eigenen Körpers erschließen (siehe [10]). Es konnte gezeigt werden, dass bei der letztgenannten Strategie Täuschungen und Unwohlsein mit geringerer Wahrscheinlichkeit auftreten [9].

Auf der Erde trägt das haptische System zweifellos zur Wahrnehmung der Körperlage bei (z. B. [8]). Bei Mikrogravitation ist hingegen der kutane Druck[2] reduziert und die Last auf Muskeln und Gelenken geringer. So ist bei verringerter Schwerkraft auch der haptische Schräge-Effekt (schlechtere Leistung bei schrägen Armbewegungen als bei Vertikal-Horizontal-Bewegungen) reduziert [7]. Daher trägt das haptische System bei Mikrogravitation weniger zur Wahrnehmung der Körperlage bei als bei 1 g. Eine ähnliche Verringerung der haptischen Leistung tritt auch bei Tauchern unter Wasser auf, obwohl das Vestibularsystem vom neutralen Auftrieb nicht beeinträchtigt ist [12].

Dennoch können auch bei 0 g haptische Informationen zur Wahrnehmung der Körperlage einiges beisteuern. In der Raumfahrt sind visuell hervorgerufene Körperrotationstäuschungen normalerweise verstärkt, wenn taktile Kontakte fehlen. Die Täuschungen können reduziert werden, indem auf die Fußsohlen mit elastischen Halterungen Druck ausgeübt wird [23]. Diese Befunde lassen die Bedeutung der Hände unberücksichtigt. Es ist jedoch wahrscheinlich, dass die Berührung von Objekten mit den Händen eine den tatsächlichen Gegebenheiten entsprechende Wahrnehmung in der Raumfahrt unterstützt. So können Taucher unter Wasser

---

[1] A. d. Ü. Einlagerungen von Calciumcarbonat (Calcit-Kristalle) in den Maculaorganen, dem Teil des vestibulären Systems, der auf lineare Beschleunigungen (Translationsbeschleunigungen) reagiert.

[2] A. d. Ü. Druck auf die Haut

die als „alternobaren Drehschwindel"[1] bekannte Rotationstäuschung verringern, indem sie sich an einem Stein oder einer anderen stabilen Struktur festhalten.

Armposition

Das Wissen um die Position der Arme und um Armbewegungen ist bei 0 g ebenfalls verringert (z. B. [22,6]). Dies könnte möglicherweise durch eine Verminderung der Sensitivität der Muskelspindeln verursacht sein. Ein spezifischer Fehler bezüglich der Richtung wurde von Veringa [19] beschrieben. Er fand, dass auf Raumflügen die Arme zu hoch gehoben wurden. Experimente von Ross und Farkin [13] zur Position der Gliedmaßen bei parabolischen Flügen zeigten ausschließlich bei niedrigem g einen Effekt, nicht aber bei hohem. Bei den Experimenten wurden die Versuchspersonen in ihren Sitzen angeschnallt und aufgefordert, ihre Augen zu schließen, ihren Arm auszustrecken und ihn in einem geschätzten Winkel von 45°, 90° und 135° zum Rumpf hochzuheben. Arm- und Rumpfposition wurden auf Video aufgenommen und die Armwinkel von elf Personen gemessen. Es gab keine Leistungsdifferenz bei 1 g und 1.8 g. Bei 0 g waren jedoch sowohl bei 45° als auch bei 90° die Winkel signifikant größer. Bei 135° ließ sich keine Abweichung beobachten. Die Ursache liegt wahrscheinlich darin, dass der Gravitationseffekt bei diesem Winkel weniger bedeutsam ist. Das Fehlen eines Effekts bei hohem g könnte dadurch bedingt sein, dass eine Gravitationskraft von 1.8 g (oder mitunter beträchtlich weniger) physiologisch geringe Auswirkungen hat, wohingegen eine Veränderung von 1 g zu 0 g dramatisch ist. Entsprechend fand Bock [1] für eine simulierte Belastung von 2.24 g keinen Effekt auf die Positionierung der Arme, während simulierte 0 g (d. h. die Tragkraft des Wassers) aufwärts gerichtete Fehler und eine größere Variabilität hervorrief. Er argumentierte, dass ein hohes g keinen Effekt hervorgerufen hat, weil das motorische System von außen wirkende Gewichtslasten effizient ausgleicht.

Motorische Fertigkeiten

Das Wissen um die Armposition ist von besonderer Bedeutung, da es die Fähigkeit beeinflusst, Gegenstände zu ergreifen und bestimmte Aufgaben auszuführen. Die Koordination von Auge und Hand kann missglücken, wenn visuell die Lage des Ziels falsch eingeschätzt wird oder wenn ein Fehler im sensomotorischen System von Arm und Hand vorliegt. Visuelle Fehler bei der Wahrnehmung der Lage können bei Änderungen von g auftreten, wie bei den oculogravischen und oculoagravischen Täuschungen [21], oder bei konstant hohem oder nied-

[1] A. d. Ü. Durch Druckunterschiede zwischen beiden Innenohren hervorgerufener Drehschwindel, in dessen Folge es zu Übelkeit und Erbrechen kommen kann.

rigem g während Kopfneigung. In der letztgenannten Bedingung treten mit einem aufrecht gehaltenen Kopf normalerweise keine visuellen Fehler auf und Fehler beim Ergreifen gehen mit hoher Wahrscheinlichkeit auf Fehler innerhalb eines Teils des sensomotorischen Systems zurück.

Unter normalen Bedingungen von 1 g gilt für Armbewegungen, dass der Arm entgegen der Schwerkraft gehoben und in gleicher Richtung mit der Schwerkraft gesenkt wird. Man könnte behaupten, dass sich bei 0 g ein erhobener Arm „niedriger" anfühlen müsste, als er tatsächlich ist. Ballistische (schnelle und unkontrollierte) Bewegungen sollten, wenn sie aufwärts gerichtet sind, über das Ziel hinausschießen und wenn sie abwärts gerichtet sind, das Ziel nicht erreichen (zu hoch bleiben). Das Gegenteil könnte für ein hohes g vorhergesagt werden. Untersuchungen zeigen in der Regel, dass bei verändertem g die Genauigkeit zielgerichteter Armbewegungen abnimmt [4,20,21], aber die Richtung des Fehlers ist nicht immer so wie oben vorhergesagt. So fand Ross [13] bei verschiedenen Experimenten zu ballistischen Zielen in parabolischen Flügen [13] widersprüchliche Effekte. Dabei wurden die Versuchspersonen auf ihren Sitzen angeschnallt und brachten mit einem Bleistift Markierungen auf einem Blatt Papier an, welches an der Rücklehne des Sitzes vor ihnen befestigt war. Bei fünf Versuchspersonen zeigte sich der erwartete Effekt, während sie blind vorher gesehene Ziele zu treffen versuchten: Nach oben gerichtete Bewegungen schossen bei 0 g über das Ziel hinaus und erreichten bei 1.8 g das Ziel nicht, abwärts gerichtete Bewegungen führten zum entgegengesetzten Fehler. Bei acht Versuchspersonen traten jedoch weniger deutliche Effekte auf, während sie eine wechselseitige Tapping-Aufgabe ausführten. Dabei klopften sie mit hoher Geschwindigkeit wechselseitig nach oben und unten, und versuchten gleichzeitig, waagerechte Linien zu treffen, die sie diesmal sehen konnten.

Die Ergebnisse waren denen des vorhergehenden Experiments weitestgehend ähnlich, aber es zeigte sich bei 1.8 g kein Effekt, wenn die Versuchspersonen abwärts gerichtete Ziele zu treffen versuchten. Die Variabilität war bei 0 g am höchsten gefolgt von 1.8 g und danach 1 g. Die deutlichsten Effekte traten bei ungeübten Versuchspersonen auf. Es fanden sehr schnell Lernvorgänge statt, selbst bei sich änderndem g auf parabolischen Flügen. Rückmeldung über die Fehler könnte das Lernen unterstützt haben. Diese Ergebnisse erscheinen weitgehend erwartungsgemäß, jedoch fanden nicht alle Forscher dieselben Effekte. Beispielsweise beobachtete Whiteside [21] ein Unter-dem-Ziel-liegen bei 0 g auf parabolischen Flügen bei zwei Versuchspersonen, die geradeaus zielten. Unter den experimentellen Bedingungen der Zentrifugenbeschleunigung fand er bei einer Versuchsperson ein Über-dem-Ziel-liegen bei 2 g. Er erklärte diese unerwarteten Resultate mit reflektorischen Augenbewegungen auf veränderte g, die eine Verschiebung der visuellen Lage verursachen. Bock et al. [4] untersuchte acht Versuchspersonen in parabolischen Flügen. Er forderte sie auf, mit geschlossenen Augen auf die erinnerte Lage eines Ziels zu zeigen, das sie zuvor nur unter 1 g gesehen hatten, so dass durch Änderungen von g hervorgerufene Augenbewegungen keinen Einfluss hätten. Es wurde festgestellt, dass die Versuchspersonen bei hohem g höher zeigten als bei 1 g, und auch bei niedrigem g höher zeigten. Die Erklärung für den umgekehrten Effekt bei hohem g bleibt umstritten. Einige mögliche Erklärungen für die widersprüchlichen Befunde verschiedener Forscher und Testverfahren werden bei Bock [3] diskutiert.

Schwere

Eine interessante Frage ist nach der scheinbaren Schwere des eigenen Körpers und nach der anderer Objekte bei hohem und niedrigem g. Gewicht ist eine Kraft und ist gleichbedeutend mit Masse mal Beschleunigung. Normalerweise besteht im Hintergrund eine konstante Beschleunigung von 1 g_Z, die jeweils zu der durch das Hochheben eines Gegenstandes entstehende Beschleunigung hinzukommt. Wenn die Beschleunigung im Hintergrund auf 2 g_Z erhöht ist, verdoppelt sich das Gewicht, und wenn sie sich auf null verringert, sinkt das Gewicht auf null. Experimente zum scheinbaren Gewicht zeigen, dass die wahrgenommenen Veränderungen nur etwa halb so groß sind, wie auf Grund der wirklichen Veränderung des tatsächlichen Gewichts zu erwarten wäre [15]. Ein Grund könnte sein, dass eine Anpassung der Wahrnehmung an dauerhafte Änderungen des Körpergewichts oder des Gewichts vertrauter Objekte erfolgt. Eine alternative (oder ergänzende) Erklärung ist, dass wir vielmehr versuchen, die gleichbleibende Masse von Gegenständen einzuschätzen statt deren wechselndes Gewicht. Masse ist definiert als das Verhältnis von Gewicht zu Beschleunigung. Das Gewicht kann passiv als ein auf die Haut wirkender Druck wahrgenommen werden, das Erkennen der Beschleunigung erfolgt auf kompliziertere Weise. Dafür ist es nötig, die konstante Beschleunigung im Hintergrund zu kennen sowie die dazukommende Beschleunigung, die zugeführt wird, um den Gegenstand anzuheben. Letztgenanntes ist besonders schwierig, da es das Überwachen der Befehlssignale an die Arme und der daraus resultierenden Bewegung einschließt. Der Mensch beherrscht dies ziemlich gut in einer Umgebung von 1 g, aber er hat Schwierigkeiten in Umgebungen, in denen andere Kräfte wirken. In der letzten Situation stützt er sich mehr auf das tatsächliche Gewicht.

Unterscheidungsfähigkeit

Ein damit zusammenhängendes Problem ist die Fähigkeit, unter verschiedenen Ausprägungen von g Unterschiede der Masse von Gegenständen wahrnehmen zu können. In einer Umgebung von 1 g wird diese Fähigkeit üblicherweise als „Gewichtsdiskrimination" bezeichnet und mit dem Weber-Quotienten (Unterschiedsschwelle dividiert durch mittlere Stimulusintensität) gemessen. Im Bereich mittlerer Intensität ist der Weber-Quotient nahezu konstant, bei sehr leichten Gewichten steigt er jedoch an. Die Handlung, einen Gegenstand anzuheben, bringt neben der Schwerkraft eine zusätzliche Beschleunigung hervor und stellt damit die notwendige Information bereit, um neben dem Gewicht auch die Masse einschätzen zu können. Dasselbe gilt in einer Umgebung mit hohem g. Bei 0 g gibt es jedoch im Hintergrund keine Information über das Gewicht, und die Masse muss aufgrund der Kenntnis der zugeführten Beschleunigung und der daraus resultierenden Kraft eingeschätzt werden. Die Ergebnisse eines Diskriminationsexperiments im parabolischen Flug [15] zeigten, dass die Unterscheidungsfähigkeit verglichen mit 1 g sowohl während Phasen mit 2 g als auch in Phasen mit 0 g beeinträchtigt war und die Unterschiedsschwellen um den Faktor 1.84 beziehungsweise 2.14 anstiegen.

Weitere Diskriminationsexperimente wurden 1983 in der Mission 1 des NASA/ESA Spacelabs [14] und 1985 in der Mission D1 von NASA und Deutschland [16] durchgeführt. Dabei verglichen Astronauten die zwischen 50 Gramm und 64 Gramm variierende Masse von gleichträgen Kugeln mit einem Durchmesser von je 3 cm (s. Abb. 1). Bei diesen Experimenten war die Unterscheidungsfähigkeit deutlich besser als während der 0-g-Phase auf parabolischen Flügen. Die Unterschiedsschwellen stiegen in Abhängigkeit von den Bedingungen um Faktoren im Bereich von 1,2 bis 1,9 an. Die relative Verbesserung war zum Teil auf verbesserte Techniken der Versuchspersonen zurückzuführen, die Testobjekte zu schütteln. Schüttelbewegungen mit hoher Beschleunigung ergeben die beste Leistung bei 0 g, Schütteln mit niedriger Beschleunigung bei 1g. Auch Anpassung spielte eine Rolle, da nach Rückkehr auf die Erde Nachwirkungen bestanden und die Unterscheidungsfähigkeit für Gewichte zwei oder drei Tage lang beeinträchtigt war.

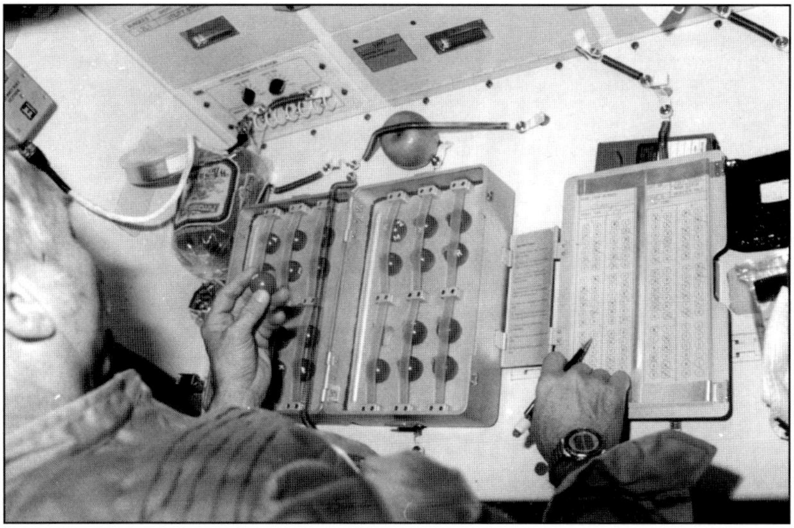

Abb. 1: Der amerikanische Astronaut Owen Garriott bei der Durchführung eines Experiments von H. E. Ross zur Gewichtsdiskrimination im Spacelab. Mit freundlicher Genehmigung der NASA.

Videoanalysen von Handbewegungen zeigten, dass Astronauten den Kugeln bei 0 g während des Fluges eine höhere Beschleunigung verliehen als vor dem Flug und unmittelbar nach dem Flug niedrigere Beschleunigungen als vor dem Flug. Da sie unter allen Bedingungen versuchten, die gleichen Handbewegungen auszuführen, deuten die Ergebnisse darauf hin, dass sie an Bedingungen von 0 g adaptierten, jedoch nur teilweise, und nach Rückkehr zur Erde kurze Nachwirkungen zurückblieben. Weitere Analysen von nach dem Flug aufgenommenen Videos zeigten, dass Urteilsfehler in der Regel von abweichenden Handbewegungen begleitet waren: dies weist darauf hin, dass die Versuchspersonen sich nicht der wirklichen Beschleunigung bewusst waren, die sie den Kugeln verliehen, und annahmen, dass die resultierende Kraft eher auf die Masse der Kugeln zurückzuführen war als auf ihre veränderten Handbewegungen. Darüber hinaus verändert sich auch die passive Druckempfindlichkeit. Die Astronauten berichteten, ihre Bettwäsche habe sich nach der Rückkehr „schwer" angefühlt.

Haptische Schnittstellen

Sowohl in der Industrie als auch für Trainingszwecke finden zunehmend ferngesteuerte Geräte Verwendung [5]. Ferngesteuerte Fahrzeuge („remotely operated vehicles" ROVs), sensorische Geräte (z. B. Videokameras) und Manipulatoren werden häufig unter Wasser eingesetzt [12]. Roboterarme sind besonders geeignet, um im Weltraum Gegenstände anzubringen, wohingegen virtuelle Umgebungen geeignet sind, um Astronauten für verschiedene Aktivitäten im All zu trainieren.

In der Vergangenheit waren viele Roboter autonome Systeme, die ohne Interaktion mit dem Menschen arbeiteten. In der jüngeren Vergangenheit wurden interaktive, ferngesteuerte Robotersysteme entwickelt. Haptische Schnittstellen bieten die Möglichkeit, per Hand mit den ferngesteuerten Systemen zu interagieren. Die Schnittstellen sind üblicherweise so gestaltet, dass sie mit der Hand gegebene motorische Befehle empfangen und passende taktile Informationen (wie Kraft und Position) zurücksenden. Der Bediener hat den Eindruck, ein reales Objekt zu steuern. Der Erfolg dieser Systeme hängt davon ab, die Leistung des Gerätes auf die haptischen Fähigkeiten des Menschen abzustimmen [18]. Wenn der Bediener in einer Umgebung arbeitet, in der besondere Kräfte herrschen (wie bspw. unter Wasser oder bei hohem oder niedrigem g), sind sowohl das Objekt als auch der Arm des Bedieners ungewohnten Kräften ausgesetzt, und die Interaktion wird anders empfunden als bei normalen Umgebungsbedingungen. Beispielsweise fand Bock [2], dass Versuchspersonen, wenn sie nach virtuellen Gegenständen greifen, sowohl bei hohem als auch niedrigem g die Hand weniger weit öffnen. Ein Bediener, der im Wasser oder bei niedrigem g arbeitet, könnte auch Schwierigkeiten haben, selbst sicher verankert zu bleiben, während er an der Schnittstelle hantiert. Astronauten sind jedoch hoch geübt, sowohl in „wirklichen“ Umgebungen (wie auf parabolischen Flügen oder in Wassertanks mit neutraler Tragkraft) als auch in „virtuellen“ Umgebungen mit haptischen Schittstellen zu arbeiten. Astronauten passen viele ihrer motorischen Fertigkeiten schnell an die Bedingungen der Raumfahrt an. Sie haben mit Erfolg Roboterarme verwendet, um Reparaturen außerhalb des Raumschiffes vorzunehmen. Es gibt folglich keine grundsätzlichen Probleme bei der Nutzung haptischer Schnittstellen in der Raumfahrt.

Es wird im 21. Jahrhundert aus zwei Gründen wichtig bleiben, haptische Leistungen in der Raumfahrt zu untersuchen. Ein Grund ist rein wissenschaftlich: Erkenntnisse über die Leistungen bei 0 g tragen zum Verständnis der normalen Funktionsweise und Neurophysiologie der haptischen Wahrnehmung bei. Der andere Grund ist praktischer Natur: solange sich die Menschheit der Raumfahrt widmet, ist es ratsam, so viel wie möglich über die Leistung des Menschen bei länger andauerndem 0 g zu erfahren. In der näheren Zukunft werden Astronauten eine beträchtliche Zeit in der Internationalen Raumstation verbringen. Ungefähr 2020 wird es möglicherweise eine bemannte Mission zum Mars geben. Wie die weitere Zukunft aussieht, weiß niemand.

Danksagung

Ich möchte Otmar Bock und Lynette Jones für ihre hilfreichen Anregungen danken und Anke Hensel für die Übersetzung des Beitrags ins Deutsche.

Literatur

[1] Bock, O.: Joint position sense in simulated changed-gravity environments. Aviation, Space, and Environmental Medicine 65:621-626, 1994.

[2] Bock, O.: Grasping of virtual objects in changed gravity. Aviation, Space, and Environmental Medicine 67:1185-1189, 1996.

[3] Bock, O.: Problems of sensorimotor coordination in weightlessness. Brain Research Reviews 28:155-160, 1998.

[4] Bock, O., Howard, I.P., Money, K.E. Arnold, K.E.: Accuracy of aimed arm movements in changed gravity. Aviation, Space, and Environmental Medicine 63:994-998, 1992.

[5] Durlach, N.I., Mavor, A.S.: Virtual reality - Scientific and technological challenges. Washington, D.C.: National Academy Press, 1995.

[6] Fisk, J., Lackner, J.R., DiZio, P.: Gravitoinertial force level influences arm movement control. Journal of Neurophysiology 69:504-511, 1993.

[7] Gentez, E., Hatwell, Y.: Role of gravitational cues in the haptic perception of orientation. Perception and Psychophysics 58:1278-1292, 1996.

[8] Jeka, J.J., Lackner, J.R.: Fingertip touch as an orientation reference for human postural control. In: Mergner, T., Hlavacka, F. (Hrsg.): Multisensory control of posture. New York: Plenum Press, 1995, pp. 213-221.

[9] Kornilova, L.N.: Orientation illusions in spaceflight. Journal of Vestibular Research 7:429-439, 1997.

[10] Reschke, M.F., Bloomberg, J.J., Harm, D.L., Paloski, W.H., Layne, C., McDonald, V.: Posture, locomotion, spatial orientation, and motion sickness as a function of space flight. Brain Research Reviews 28:102-117, 1998.

[11] Ross, H.E.: Motor skills under varied gravitoinertial force in parabolic flight. Acta Astronautica, 23:85-89, 1991.

[12] Ross, H.E.: Perceptual and motor skills of divers under water. International Reviews of Ergonomics 2:155-181, 1989.

[13] Ross, H.E., Farkin, B.: Knowledge of arm position under varied gravitoinertial force in parabolic flight. In: Pletser, V., Couffy, J.F. (Hrsg.): Microgravity Experiments during parabolic flights with Caravelle. ESTEC, Netherlands, ESA WPP-021, 1991, pp. 147-152.

[14] Ross, H.E., Brodie, E.E., Benson, A.J.: Mass-discrimination in weightlessness and readaptation to earth's gravity. Experimental Brain Research 64:358-366, 1986.

[15] Ross, H.E., Reschke, M.F.: Mass estimation and discrimination during brief periods of zero gravity. Perception and Psychophysics 31:429-436, 1982.

[16] Ross, H.E., Schwartz, E., Emmerson, P.: The nature of sensorimotor adaptation to G-levels: Evidence from mass-discrimination. Aviation, Space, and Environmental Medicine 58 (9. Suppl.):A148-152, 1987.

[17] Space Studies Board: Sensorimotor integration. In: A strategy for research in space biology and medicine in the new century. Washington, D.C.: National Research Council, 1998, Ch.5, pp. 63-79.

[18] Tan, H.Z., Srinivasan, M.A., Eberman, B., Cheng, B.: Human factors for the design of force-reflecting haptic interfaces. In: Radcliffe, C.J. (Hrsg.): Dynamic dystems and control, Vol. 55-1. The American Society of Mechanical Engineers, 1994.

[19] Veringa, F.: Arm positioning in microgravity during D1 Challenger flight. In: Sahm, P.R. Jansen, R., Keller, M.H. (Hrsg.): Proc. Norderney Symposium on Scientific Results of the German Spacelab Mission D1, Cologne: DFVLR., 1987, pp. 537-540.

[20] Watt, D.G.D., Money, K.E., Bondar, R.L., Thirsk, R.B., Garneau, M., Scully-Power, P.: Canadian medical experiments on shuttle flight 41-G. Canadian Aeronautical and Space Journal 31:215-226, 1985.

[21] Whiteside, T.C.D.: Hand-eye coordination in weightlessness. Aerospace Medicine 32:318-322, 1961.

[22] Young, L.R., Oman, C.M., Watt, D.G.D., Money, K.E., Lichtenberg, B.K.: Spatial orientation in weightlessness and readaptation to earth's gravity. Science 225:205-208, 1984.

[23] Young, L.R., Shelhamer, M.: Microgravity enhances the relative contribution of visually-induced motion sensation. Aviation, Space, and Environmental Medicine 61:525-530, 1990.

Sehschädigung, haptische Wahrnehmung und Sprache

Jürgen Lötzsch

In Deutschland leben 155.000 Blinde (weltweit ca. 40 Millionen) und etwa eine halbe Million Sehbehinderte. Die Verteilung der Blinden auf Altersgruppen zeigt Tabelle 1. Etwa 10.000 Blinde gehen einer Erwerbstätigkeit in den in Tabelle 2 aufgeführten Branchen nach. Tabelle 3 enthält einige Angaben, die spezielle Gegebenheiten im sozialen Umfeld von Blinden charakterisieren (Tabellen nach [8]).

Tab. 1:
Erwerbszweige von Blinden

Erwerbszweig	*Anteil [%]*
Massage, Physiotherapie	20,6
Handwerk	10,5
Industrie	11,0
Telekommunikation	29,8
Bürotätigkeit	12,9
Administration	6,1
EDV	2,2
Jura, Ausbildung, Sozialarbeit, Theologie, Informatik, Ökonomie	4,1
Musik	1,8
Pianostimmung	0,7
Andere Gebiete	0,3

Tab. 2:
Altersgruppen der Blinden

Altersgruppe	*Anteil [%]*	*Anzahl Personen*
< 6	1,7	2.600
6 - 17	4,4	6.800
18 - 39	9,6	14.900
40 - 59	13,4	20.700
60 - 79	29,9	46.300
> 79	41,0	63.700

Tab. 3:
Spezielle Aspekte im Umfeld von Blinden

Aspekt	*Anzahl Personen*
Braille-Schrift-Leser	29.000
darunter: Braille-Kurzschrift-Leser	23.000
Taubblinde	950
Besitzer eines Blindenführhundes	1.600
Diabetiker	2.600
Aktive Sportler	2.300
Turnierschachspieler	740

Eine im Laufe des Lebens auftretende Erblindung oder nicht zu korrigierende wesentliche Sehverschlechterung bringt eine einschneidende Änderung der Lebensumstände mit sich, denn es gibt keinen vollwertigen Ersatz für das ausfallende Sehvermögen. Die eingeschränkte Wahrnehmungstätigkeit kann jedoch auf den unterschiedlichsten Wegen kompensiert werden, um die Umwelt zu erkennen, Wissen zu erwerben, Raumwahrnehmungen zu vollziehen und Orientierungs- und Handlungsfähigkeit zu erreichen. Ein erster Schritt hierzu sind Maßnahmen einer Elementarrehabilitation, beispielsweise einer Unterweisung in lebenspraktischen Fertigkeiten sowie einem Training in Orientierung und Mobilität (vgl. [7]).

Insbesondere akustische und haptische Wahrnehmung erhalten in dieser Situation eine außerordentliche Bedeutung für alle Verrichtungen des Alltags, für Ausbildung, berufliche Tätigkeit und Freizeit. Während die akustische Wahrnehmung im Normalfall bereits gut ausgeprägt ist, müssen die Fähigkeiten und Fertigkeiten der haptischen Wahrnehmung nach dem Auftreten der Sehschädigung erst noch entwickelt und geschärft werden. Blinde, die die Blindenschrift beherrschen, verfügen über ein sehr gut entwickeltes Tastvermögen. Aber über zwei Drittel der blinden Population sind ältere Menschen, darunter nur sehr wenige mit Kenntnissen in Blindenschrift. Es ist deshalb nicht verwunderlich, dass insgesamt nur etwa 20 % aller Blinden diese Schrift beherrschen. Jedoch „selbst unter diesen finden sich beträchtliche Unterschiede bezüglich Tastgeschick, räumlichen und allgemeinen Vorstellungsvermögen, möglicherweise abhängig davon, ob sie schon sehr früh oder erst kürzlich erblindet sind“ [33]. Späterblindete besitzen in der Regel ein gut ausgeprägtes räumliches und allgemeines Vorstellungsvermögen. Sie kennen die Bilder, Graphiken und Diagramme der Sehenden aus eigener Anschauung. Beispiel: Ein späterblindeter Arzt (keine Kenntnisse in Blindenschrift) ertastet und erkennt in mehreren tastbaren Darstellungen rund um die Anatomie des menschlichen Körpers alle wesentlichen Objekte. Erstaunt nimmt man zur Kenntnis, wie er sogar filigrane Einzelheiten der Darstellung identifiziert. Und das allein mit einer feinen Tastspitze, die er zusätzlich mit einer Hand führt. Das Gegenbeispiel: Ein späterblindeter Maurer erreicht es nach zahllosen Versuchen nicht, einzelne Zeichen der Blindenschrift zu erfühlen, und konzentriert sich deshalb ganz auf die akustische Repräsentation von Text.

Besonders hoch sind die Ansprüche an die haptische Wahrnehmung beim Zugriff auf blindenspezifische sprachliche Formen. In diesem Bereich besitzt die Technik einen erheblichen Stellenwert, vor allem die speziell geschaffenen computergestützten Mittel und Methoden. Denn einerseits müssen die für die haptische Wahrnehmung geeigneten sprachlichen Formen überhaupt erst einmal hergestellt werden (entweder originär oder durch Transformation sprachlicher Formen für Normalsichtige) und andererseits kann der Prozess der haptischen Wahrnehmung sprachlicher Formen heutzutage technisch begleitet und unterstützt werden.

Die Vielfalt

Mit „Sprache“ ist jeder Teilnehmer am gesellschaftlichen Leben fortwährend konfrontiert, wobei Sprache in ihrer Einheit von Syntax, Semantik und Pragmatik nicht nur die an Text orientierten Strukturen in ihrer hörbaren Form umfasst, sondern alle Mittel, die zur Darstellung von Informationen verwendet werden. Beispielsweise werden im Alltag aktuelle Nachrichten und Wetterbericht in Form von Bildern, Filmen, Animationen oder Texten übermittelt. Man informiert sich über Fahrzeiten und -strecken von Bussen und Bahnen durch tabellenartige Fahrpläne und Liniennetzpläne einschließlich schematischer Darstellungen von Bahnhöfen mit ihren Bahnsteigen. Stadtpläne enthalten Karten und Straßenverzeichnisse. In Kaufhäusern und Kaufhallen, Bau- und Gartenmärkten, Rathäusern und medizinischen Einrichtungen findet man Grundrisse mit Erläuterungen zur funktionellen Struktur.

Ausbildung, Lehre, Studium und berufliche Tätigkeit verlangen ständig den Umgang mit Lehrbüchern, die aus Text- und Bildmaterial bestehen. Die aussagekräftigen Darstellungen aus Mathematik, Physik, Chemie, Biologie, Geographie, Astronomie und Technik, Grund- und Aufrisse, Konstruktions- und Bauzeichnungen, Strukturdiagramme und Ablaufpläne, Landkarten in ihrer Vielfalt, usw. sind sprachliche Strukturen von beträchtlicher Komplexität. Ergänzt werden diese bildhaften Informationen häufig noch durch dreidimensionale Modelle, wenn das bildhafte Material die Realität nur unzureichend widerspiegelt (z. B. in der Anatomie).

Neben diesen ausbildungs- und berufsbezogenen Informationen findet man auch im Freizeitbereich neben der Belletristik eine Fülle unterschiedlicher sprachlicher Mittel, um Wanderwege, Fahrstraßen, Parks und Gartenanlagen, Rundgänge durch Museen und Burgen, Sehenswürdigkeiten der Architektur und Landschaft darzustellen und interessant zu beschreiben.

Möglichkeiten und Probleme des Zugriffs

Die für die genannten Zwecke benötigten Informationen sind überwiegend allein in sicht- bzw. hörbarer Form vorhanden, das heißt, für normal Sehende bzw. Hörende gedacht. Doch im Lauf der Jahrzehnte wurde durch engagierte Personen auch für Blinde und Sehbehinderte ein ganzes System von Informationsquellen für behindertengerechte Darstellungen installiert, dessen Aufbau noch lange nicht abgeschlossen ist und das ständiger Wartung und Weiterentwicklung bedarf. Etliche Büchereien und Vertriebsstellen leihen Hörbücher oder Bücher in Blindenschrift aus bzw. bieten diese zum Kauf an. Großtastentelefone, Taschenrechner, Reliefkalender, tastbare oder sprechende Uhren, tastbare Aufkleber für Waschmaschinen und andere Elektrogeräte, Farberkennungsgeräte, Lesegeräte für gedruckte Texte und vieles andere mehr werden speziell für Blinde und Sehbehinderte angeboten. Durch spezielle Projekte und Sonderveranstaltungen werden Sehenswürdigkeiten oder kulturelle Höhepunkte miterlebbar gestaltet (z. B. „Zentren großer deutscher Städte“ [21], „Die ertastbare Kulturhauptstadt“ [69], „Mode zum Anfassen“ [9], „Natur begreifen“ [17]). In der „Spieliothek für Blinde“ [61] werden blindenspezifische Spiele bis hin zum Spielcomputer ausgeliehen. Immer mehr TV-Sendeanstalten bieten sogenannte Hörfilme an, die auf dem zweiten Tonkanal zusätzlich eine Audiodeskription des Geschehens liefern [68]. Im Rahmen der ETaB

(Elektronische Tageszeitung für blinde und sehbehinderte Menschen) wurde das Angebot deutlich erweitert [62].

Die Medienzentren der Spezialschulen für sehgeschädigte Kinder (in Deutschland gibt es nahezu 60) sind mit den benötigten tast- und hörbaren Ausbildungsunterlagen ausgestattet. In gleicher Weise gilt dies für die Medienzentren der Berufsbildungswerke, die die Berufsausbildung der Sehgeschädigten vornehmen, und die Berufsförderungswerke, die die Verantwortung für die Ausbildung von Rehabilitanden wahrnehmen. An mehreren Universitäten wurden Studienzentren für Sehgeschädigte gebildet [28,24], die über spezielle Hard- und Software wie Braillezeile, Sprachausgabe, Scanner, Großdrucksysteme, Brailledrucker usw. verfügen. Gedruckte Dokumente werden in elektronischer Form auf Diskette oder über das Computer-Netzwerk bereitgestellt. Ein Transformationsservice für HTML-Dokumente in englische, französische und deutsche Brailleschrift ist entwickelt worden. Dass neben die traditionellen Methoden der Informationsvermittlung zunehmend computergestützte Techniken treten, verbessert die Situation für Blinde und Sehbehinderte zunächst nicht. Im Gegenteil! Die neuen multimedialen elektronischen Mittel für Normalsichtige grenzen Blinde und Sehbehinderte noch mehr aus. Durch breite Einführung der Personalcomputer mit Multimediakomponenten, die auch zur Telekommunikation fähig sind, stehen den Normalsichtigen neue audio-visuelle Mittel in Form von CD-ROM und multimedialen Präsentationen zur Verfügung. Graphiken und Bilder, 3D-Animationen und Videoaufnahmen sowie gesprochene Erläuterungen unterstützen die Anwender auf effiziente Weise. Mit realitätsnahen Simulationen werden Lernende auf Anwendungssituationen vorbereitet [19]. Aber wie soll beispielsweise ein blinder Schüler Ausbildungssoftware für die Veranschaulichung physikalischer Prozesse nutzen, bei der er Parameter einstellen kann, um die Animationen auf dem Bildschirm zu beeinflussen. Gleichermaßen problematisch gestaltet sich der Zugriff auf das Internet, das für Normalsichtige zu einer schier unerschöpflichen Informationsquelle geworden ist. Die Folge ist, dass die inzwischen traditionellen Formen blindenspezifischer Ausdrucksmittel mehr und mehr zum Standard gehören, doch für blindengerechte Äquivalente zu multimedialen kommunikativen Mitteln existieren nur wenige technologische Lösungen, die bis zur Anwendung geführt werden konnten. Um das entstandene Problem zu lösen oder zumindest zu entschärfen, gibt es nur eine Chance und Hoffnung: man muss die Potenzen der neuen Informationstechnologien nutzen, um auch Blinden und Sehbehinderten möglichst äquivalente Mittel bereitzustellen [48].

Forschung und technologische Entwicklung

Zweifellos bemüht man sich weltweit, auch für Blinde und Sehbehinderte die Forderung, „niemand darf wegen seiner Behinderung benachteiligt werden" durchzusetzen, die so oder ähnlich in verschiedenen Grundgesetzen verankert ist. Dies kann jedoch nur geschehen, wenn in Forschung und Entwicklung praktikable Lösungen entwickelt werden, die zugleich den technischen und wirtschaftlichen Zwängen genügen. Deshalb fördert beispielsweise die Europäische Union verstärkt die Anwendung von „Design-for-all"-Prinzipien bei Produkten und Diensten, die innerhalb des neuen „Fifth Framework Programme for Research, Technological Development and Demonstration 1998-2002" [11] geschaffen werden (vgl. das Arbeitsprogramm für 1999 des „Information Society Technologies Programme" [12]).
Regelmäßig werden auf repräsentativen Konferenzen die neuen Ergebnisse vorgestellt, etwa der jährlichen CSUN Conference „Technology and Persons with Disabilities" [6], der „Computers and Assistive Technology" [10], oder dem TIDE Congress [63]. Die Konferenz „Representation and Blindness" [3] war insbesondere den psychologischen Fragen von Vorstellungsvermögen, Orientierung, Haptik, Schrift und Graphik bei Blinden gewidmet.

Taktile Medien

Allgemeine sprachliche Strukturen bestehen aus Elementen, die entweder Texte, flächenhafte Bilder oder dreidimensionale Modelle sind. Bilder treten meist in Kombination mit erläuternden Texten auf, Modelle mit erläuternden Texten und Bildern. Die dazugehörigen Medien sind hörbar, sichtbar oder tastbar. Bei elektronischen Medien trifft man verstärkt auch auf dynamische Strukturen, etwa in Form bewegter Bilder. Während für Texte und Bilder durchaus taktile Darstellungen als Äquivalente für Blinde und Sehbehinderte vorhanden bzw. denkbar sind, ist die Transformation dynamischer Gebilde in blinden- und sehbehindertengerechte Medien mit äußersten Schwierigkeiten verbunden. Hier hilft meist nur die Verbalisierung, das heißt die Kommentierung der Vorgänge, wie das beispielsweise durch die Audiodeskription von Filmen geschieht [68].

Texte

Die Blindenschrift (auch Punktschrift, Brailleschrift oder einfach Braille) ist eine Erfindung von Louis Braille (1809-1852). Jedes alphanumerische Zeichen wird durch Kombination von tastbaren Punkten auf einem Raster in der Grundform der sechs Punkte eines Spielwürfels gebildet.

Die Kodierung der Buchstaben lautet:

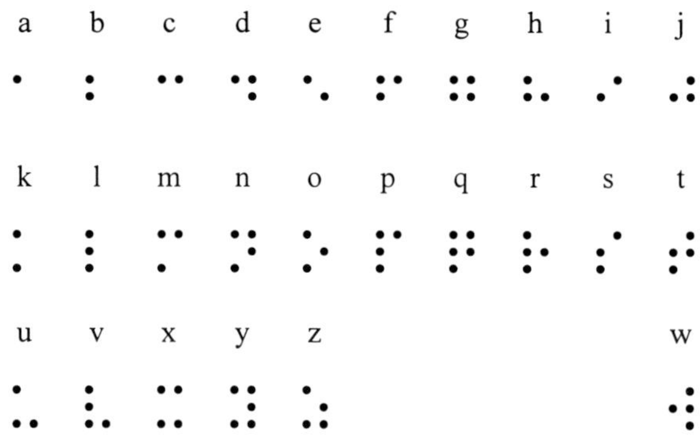

Zu diesen treten Um- und Doppellaute sowie Satz- und Sonderzeichen. Verwendet man nur diese Kodierungen entsteht die sogenannte Vollschrift. Mit der Blindenkurzschrift wird der Umfang der Braillebücher spürbar verringert (etwa 30 %) und ein rascheres Lesen und Schreiben der Blindenschrift ermöglicht. Dies erreicht man u. a. durch Kürzungen bei Lautgruppen (z. B. „in“), bei Vor- und Nachsilben (z. B. „ent“ und „heit“) sowie bei Worten und Wortstämmen (z. B. „sich“ und „schreib“). Für spezielle Gebiete wie Mathematik, Chemie und Musik wurden bereits in den ersten Jahrzehnten des 20. Jahrhunderts spezielle Blindenschriftsysteme definiert und in die Praxis eingeführt.

Mit der Erfindung der Punktschriftsysteme entstand gleichzeitig die Notwendigkeit, *Geräte* für die Prägung der Braillezeichen in Karton zu schaffen. Im einfachsten Fall ist das eine Schreibtafel, bei der mit Griffel und Schablone die Braillepunkte einzeln in den Karton gedrückt werden. Dies erfordert beträchtliche Übung, zumal spiegelbildlich geschrieben wird. Mechanische Blindenschreibmaschinen sind da weitaus effektiver. Mit den heutigen Personalcomputern, die mit blindenspezifischer Technik aufgerüstet worden sind, wird nun eine beeindruckende Wirksamkeit erreicht. Solche PC-Plätze umfassen in der Regel zusätzlich zur Grundausstattung mindestens

- eine 80-Zeichen-Braillezeile zur dynamischen Darstellung einer Textzeile des Bildschirms,
- eine Sprachausgabe als externe Sprachbox oder als interne Karte oder als Software, die auf der Soundkarte arbeitet, für die Synthese von gesprochener Sprache aus computerinternem alphanumerischen Text,

- ein Scanner mit dazugehöriger Texterkennungssoftware für die Umwandlung gedruckter Texte in computerinternen alphanumerischen Text,
- einen Brailledrucker für den Druck von Punktschrifttexten in Verbindung mit Software für die automatische Übersetzung von alphanumerischem Text in Blindenkurzschrift.

Elektronischer alphanumerischer Text kann damit in Blindenschrift gedruckt werden, ist auf der Braillezeile tastbar oder wird mit einer Sprachausgabe hörbar gemacht. Mit einem entsprechenden Leseprogramm wird im Text navigiert. Da nur etwa 20 % der Blinden die Brailleschrift beherrschen, hat die akustische Präsentation von Text (evtl. tastbegleitend) eine besondere Bedeutung. Man stellt dabei jedoch oftmals fest, dass die Qualität der Sprachsynthese zu wünschen übrig lässt. Äußerst schwierig ist naturgemäß die Wiedergabe von Fachsprache. Medizinischer Text beispielsweise, der mit lateinischen Fachwörtern durchsetzt ist, wird bei der Ausbildung blinder und sehbehinderter Masseure und Physiotherapeuten fortwährend benötigt. Eine präzise Aussprache ist unerlässlich. Deshalb bevorzugt man hier die Speicherung der digitalisierten natürlichen Sprache, wie das zum Beispiel in [38] geschehen ist. Dort kann sogar in den von Medizinstudenten „aufgesprochenen" Anatomietexten unter Bezug auf natürliche Segmente navigiert werden und beide Textformen – alphanumerisch und gesprochen – stehen gekoppelt für Tasten bzw. Hören zur Verfügung. Damit ist das Grundprinzip des hybriden elektronischen Buchs verwirklicht worden, bei dem Text sowohl als Text- als auch als Sounddatei gespeichert und der Zugriff auf beide Formen möglich ist (siehe auch [1,18]). Diese Ergebnisse reihen sich in die Bemühungen ein, mit DAISY [27] für die nächste Generation von digitalen Hörbüchern die notwendigen Standards, Werkzeuge und Techniken vorzubereiten.

Elektronischer Text wird seit der Einführung *weltumspannender Netze* verstärkt auf Zugriff durch Blinde und Sehbehinderte untersucht. Es zeigt sich hierbei, dass diese Nutzergruppe große Probleme besitzt, die komfortablen Web-Browser Netscape Navigator und Microsoft Internet Explorer zu nutzen [25]. Die Ursache sind deren visuell ansprechend und aufwendig gestalteten Bedieneigenschaften, die eine textuelle Wiedergabe auf Braillezeilen oder Sprachausgaben erschweren. Für den Einstieg steht Blinden jedoch mit Lynx ein Textmode-Browser für Unix, MS-DOS und Windows95 zur Verfügung [31]. An weiteren wird gearbeitet: Mehr als 40 Beiträge haben sich während der Konferenzen [10,6] mit neuen Resultaten der Nutzung des Internets durch Blinde befasst.

Bilder

Der Übergang zu graphischen Nutzeroberflächen bei Personalcomputern, das mit Bildern angereicherte Informationsangebot im Internet und die Bedeutung von Bildmaterial für alle Lebensbereiche haben dazu geführt, dass in den letzten Jahren den blindengerechten Tast-Abbildungen verstärkte Aufmerksamkeit gewidmet wurde. Das Ziel der weltweiten Forschungs- und Entwicklungsarbeiten ist dabei überall, schnell und kostengünstig Serien von tastbaren reliefartigen Abbildungen entwerfen und herstellen bzw. aus Abbildungen für Normalsichtige transformieren zu können und dann auch den Zugriff darauf (tasten, erkennen, anwenden) wirkungsvoll zu unterstützen [50,4,20,34].

Tastbare Darstellungen

Neben Texten in Brailleschrift sind taktile Graphiken auf der Basis von Tiefziehfolien und von Schwellpapier die traditionellen Mittel für Information und Kommunikation vermöge haptischer Wahrnehmung. Folien werden dabei mit einer Thermo-Vakuum-Formung auf der Original-Matritze in ein Relief überführt. Zwar dominiert hier noch immer die manuelle Vorbereitung der Matritzen, doch seit einigen Jahren werden auch NC-Maschinen eingesetzt, um die Herstellung zu automatisieren [55]. Beim Schwellpapier (Mikrokapselpapier [42], vliesartiges Flexipapier [47]) übernimmt eine Schwarz-Weiß-Vorlage, die manuell oder mit einem Computerdrucker hergestellt worden ist, die Funktion des Originals. Das Schwarz-Weiß-Bild der Vorlage wird zunächst mit einem gewöhnlichen Fotokopierer auf das Schwellpapier übertragen, das anschließend mit einer Lampe bestrahlt wird. Dabei expandieren die Mikrokapseln auf den geschwärzten Flächen signifikant und bilden das tastbare flache Relief. Einfache Skizzen lassen sich auch mit einem Thermostift [21] direkt auf das Schwellpapier aufbringen. Rastergraphik kann man mit einem Punktschriftdrucker erzeugen, ist aber dort an die Auflösung von fast 3 mm gebunden. An der Entwicklung und Einführung von speziellen Taktilgraphik-Druckern mit kleinerem Raster wird gearbeitet [49, 32]. In [43] wird über die Anwendung computergesteuerter Sticktechnik zur Darstellung von tastbaren Graphiken berichtet. Auch mit der Siebdrucktechnik lassen sich solche erzeugen. Drucker, die computergesteuert Reliefs auf Papier „aufschmelzen“ können, sind nicht mehr im Handel. Der Umbau von Plottern zum Auftragen von aufschwellenden Substanzen hat bisher kaum befriedigende Ergebnisse gebracht [51,35,44]. Eine rationelle Fertigung von Serien tastbarer Abbildungen ist auf diesem Wege nicht möglich. Von völlig anderer Art sind die Abbildungen, die auf computergesteuerten *Tast-Displays* für den Online-Zugriff erzeugt werden. Durch [54] wurde bereits ein Prototyp eines solchen Gerätes vorgestellt, das mit 120 x 60 Stiften und einer Auflösung von etwa 3 mm arbeitet. Die Verwendung von Memory-Metall würde es erlauben, den Abstand auf etwa 1,5 mm zu senken [53]. Durch den Einsatz von elektrorheologischer Flüssigkeit konnte in einem Funktionsmuster die Auflösung auf 1,3 mm reduziert werden [14]. In [3] wird eine Lösung beschrieben, die Informationen durch elektrische Reizung von Hautrezeptoren überträgt, was aber von den Betroffenen überwiegend abgelehnt worden ist. Teilweise werden als preisgünstigere Ersatzlösungen für spezifische Anwendungen mausartige Konstruktionen für eine Hand oder sogar nur für eine Fingerspitze untersucht, bei denen jeweils nur ein kleiner Ausschnitt des Gesamtbildes gezeigt wird. Durch Bewegung der Maus kann dann das gesamte Bild abgefahren werden. Im Rahmen der Grundlagenforschung zu Virtual Reality wird untersucht, inwieweit Kraftrückmeldung für die Gestaltung taktiler Anzeigen verwendet werden könnte [67]. Leider ist auch heute noch das mit dem Computer gekoppelte, ausreichend große Tastdisplay, bei dem in Echtzeit und mit einer Auflösung von etwa einem Millimeter Reliefs von einigen Zentimeter Höhe entfaltet werden können, immer noch ein Traum (siehe u. a. die Beiträge [13,26,41,52,56,66,58]). Technische Probleme, beträchtliche Kosten, zu geringe Auflösung und schwierige Handhabung sind einige Gründe.

Entwurf

Bilder besitzen gewöhnlich ihrerseits wiederum Texte oder zumindest Legenden in Brailleschrift, wobei natürlich deren Umfang begrenzt ist und überdies Graphikobjekte und Schriftzeichen sich gegenseitig behindern können. Zugehörige Textinformation wird häufig auf Audiokassette gespeichert. Der rein sequentielle Zugriff wird aber meist als lästig und unbequem empfunden [13,33,34]. Für den *Entwurf der Tast-Abbildungen* kann die auf Personalcomputern verfügbare Software zweckmäßig eingesetzt werden. Doch die Forderung nach Tast- und Erkennbarkeit der graphischen Strukturen stellt sehr hohe Ansprüche an die Gestaltung von tastbaren Abbildungen. Deshalb wird durch den Computer zwar eine deutliche Rationalisierung erreicht, in den meisten Fällen verbleibt aber noch ein erhebliches Quantum an Entwurfsarbeit beim Entwickler der Graphiken. Nur für einzelne Klassen von Bildern ist es bisher gelungen, voll automatisch arbeitende Übersetzerprogramme für Blindengraphiken zu schaffen, z. B. für spezielle Geschäftsgraphiken in [30]. Software für den rechnergestützten Entwurf muss eine Schnittstelle zur unmittelbaren Herstellung der Tast-Abbildungen besitzen. Bei Schwellpapier ist diese Schnittstelle einfach die Bitmap für den Drucker. Für die automatisierte Herstellung von tiefgezogenen Folien muss aus dem entworfenen Bild ein Programm für eine NC-Maschine generiert werden, die schließlich die Matritze fräsen soll.

Zugriff

Auch bei einer Tastabbildung guter Qualität ist der Zugriff auf die graphischen Informationen und deren Aneignung durch Blinde eine sehr anspruchsvolle Aufgabe [13,33]. „*Das flächenhafte Tasten* ... erfolgt in der Regel ... beidhändig. Beteiligt sind mehrere Finger, wobei die Zeigefinger eine führende Rolle übernehmen. Die Finger gleiten suchend über die Bildfläche und, indem die Bewegungen linear oder kreisförmig in viele Richtungen gehen, wird nach der Ausdehnung der Oberfläche und nach dem Verlauf der Konturen gesucht. An markanten Punkten, Kurvenverläufen und Markierungen erfolgen gehäufte Bewegungen....“. Der Ablauf des Tastvorgangs wird in zwei Kategorien eingeteilt, das orientierende und das erkennende Tasten. „Mit dem orientierenden Tasten verschafft sich der Betrachter einen Überblick über die grobe Gestalt der Abbildung, über die Anzahl einzelner Elemente und ihre Anordnung und über die Ausdehnung.“ Eventuell gestützt auf eine Seitenzahl oder eine Beschriftung erfolgt bei bekannten Abbildungen in der Regel ein außerordentlich schnelles Wiedererkennen. Bei neuen, unbekannten oder sehr komplexen Abbildungen hingegen „besteht bezüglich der taktilen Wahrnehmung eine besondere Schwierigkeit.“ Deshalb sollte „die Ausbildung der Fähigkeit, Bilder taktil wahrzunehmen, in einem nach didaktischen Grundsätzen gestalteten Lernprozeß erfolgen“ (Zitate aus [13]). Pädagogen und Psychologen empfehlen für die meisten Abbildungen ein tastbegleitendes *Verbalisieren*, das heißt, zusammen mit einer sachkundigen (meist sehenden) Person wird der zu ertastende Inhalt erarbeitet. Hier befindet sich nun der Ansatzpunkt für eine moderne technische Unterstützung. Denn durch den Einsatz computergestützter Dialogtechniken können Blinde bei dieser Aufgabe Selbständigkeit und Unabhängigkeit erlangen.

Das technische Hilfsmittel für den Zugriff auf Abbildungen aus Folie, Spezialpapier, usw. sind sogenannte *Tasttabletts* [45,37,2,64,16]. Es handelt sich hierbei um speziell angepasste Digitalisierungsgeräte oder Touchscreens, auf denen die Tastabbildungen für den Dialog aufgelegt werden. Die Position des zeigenden Fingers oder des Zeigestiftes wird dem Computer übermittelt und von der Dialogsoftware für die Gestaltung des Dialogs genutzt.

Tasttabletts haben inzwischen ihre Bewährungsproben auch beim Zugriff auf Landkarten, auf Stadt- und Verkehrspläne sowie bei Lehrgängen für Windows-Oberflächen bestanden. Sogar die höhere Zielstellung, mit Hilfe eines Tasttabletts ein ganzes elektronisches Lehrbuch für Blinde zu schaffen, das sowohl den Zugriff auf Text als auch auf Graphik ermöglicht, konnte erreicht werden [39]. Während des Tasten-Zeigen-Hören-Dialogs navigiert man auf einer Graphik oder aber in den Texten. Mit Hilfe spezieller Spreadsheets verschafft man sich einen

Überblick über die Strukturen und kann sogar bestimmte Textteile und Graphiken gezielt ansteuern.

Nach wie vor ist der Zugriff auf *graphische Nutzeroberflächen* ein Schwerpunkt vieler Untersuchungen. Dies zeigte sich auch bei den Konferenzen [10] und [6] in den Sitzungen zu „Access to Graphical User Interfaces“ und „Human-Computer Interaction“. Aus der Sicht eines blinden Computernutzers wurden diesbezüglich in [36] Überlegungen zu vorhandenen Lösungsansätzen und Anforderungen an zukünftige Entwicklungen zusammengestellt. Zusammengefasst wird dort gesagt, dass „die Ergänzung der heutigen taktilen Computerhilfsmittel für blinde und hochgradig sehbehinderte Anwender insbesondere mit Blick auf die immer stärker visuell orientierten Programme notwendig“ ist und dass „auch Bilder tastbar zugänglich zu machen“ sind. Denn derzeit „verfügbare Zugangslösungen zu Windows ignorieren echte Graphiken völlig und täuschen leere Flächen vor“. Zukünftig „muß weit mehr an intelligente Software gedacht werden, da ohne deren Unterstützung die taktile Erschließung graphischer Darstellungen mit angemessenem zeitlichem Aufwand seitens des Anwenders kaum vorstellbar ist“.

Dreidimensionale Modelle

Dass bei *ausgeprägten 3D-Sachverhalten* einem Blinden mit einem Tastbild Informationen nur in bescheidenem Umfang – wenn überhaupt – vermittelt werden können, ist offensichtlich. Zweifellos ist gerade in der für blinde Masseure und Physiotherapeuten wichtigen Anatomieausbildung eine solche Situation bei mehreren Skelet- und Muskelteilen gegeben. Deshalb ist die Aufgabe, ein entsprechendes Lehrbuch für Normalsichtige in ein Äquivalent für Blinde umzusetzen, ein äußerst schwieriges Unterfangen. Zu den Abbildungen für Normalsichtige „begreifbare“ Tastabbildungen für Blinde herzustellen, ist an einigen Stellen, wie etwa im Bereich des Beckengürtels, praktisch unmöglich. Deshalb ist hierfür die Nutzung von 3D-Anatomiemodellen unabdingbar. Entsprechendes gilt dann logischerweise auch für das elektronische Lehrbuch für Blinde mit seinen interaktiven Tastabbildungen. Zwar haben diese den Vorteil, dass parallel zum Abtasten akustische Erklärungen gegeben werden können. Doch bei einigen Körperteilen kann ein interaktives 3D-Anatomiemodell dadurch nicht ersetzt werden. Aber lässt sich denn überhaupt für ein solches *interaktives 3D-Modell* eine brauchbare technologische Lösung (er-)finden?

Eine *Pseudo-3D-Lösung* ergibt sich auf folgende Weise: Projiziert man ein 3D-Modell auf eine Tastabbildung und montiert es über diesem Grundriss, dann kann man dieses Gebilde auf einem Tasttablett nutzen. Fügt man auf der Tastabbildung noch Pfeile hinzu, die auf die charakteristischen Teile des Modells verweisen, so sind Träger für die Sachinformation vorhanden, die als Bezugsstellen für den audio-taktilen Dialog dienen. Die Methode kann mit Erfolg bei reliefartigen Modellen angewendet werden, in der Anatomie also bei den Knochen der Hand oder auch den Wirbeln [39].

Ein *Modell mit Sensorik* entsteht, wenn man Sensoren (leitende Folien, Touchscreen-Folie) bzw. Schalter (Mikrotaster) an der Oberfläche eines 3D-Modells anbringt. Allerdings verändert man so das Modell und schafft für den blinden Nutzer ein zusätzliches Erkennungsproblem. Sind die sensitiven Stellen nur auf singuläre Positionen beschränkt, so stellt sich weiterhin die Frage nach deren Gültigkeitsbereich, das heißt nach den Grenzen des Oberflächensegments, das zu einer bestimmten sensitiven Stelle gehört. Die Aufgabe wird vereinfacht, wenn das Modell hohl ist und versteckte Annäherungssensorik verwendet wird. Dennoch ist die Anwendung dieser Methode in der Regel mit Problemen verbunden. Das beginnt bei den mechanischen Problemen der Befestigung der Sensoren an den Modellen sowie deren Verkabelung und endet schließlich am Problem der präzisen und sicheren Gebietsdefinition durch die Anbringung der Sensoren. Falls zu einem 3D-Tastmodell ein *computerinternes 3D-Modell* existiert, dann kann man die Manipulationen des Nutzers am (realen oder virtuellen) computerexternen Modell verfolgen, indem man auf die interne Darstellung zurückgreift. Diese Lösung hat den Vorteil, dass das computerexterne Modell ungeändert für den Dialog genutzt werden kann.
Doch die Verfolgung der Aktionen des Nutzers erfordert in der Regel eine beträchtliche Rechenleistung und zusätzliche Gerätetechnik (siehe z. B. [70]). Bei Anatomiemodellen muss in der Regel davon ausgegangen werden, dass das Tastmodell vorhanden ist, das computerinterne 3D-Modell hingegen erst noch erzeugt werden muss, beispielsweise durch 3D-Scanning. Wenn demgegenüber das computerinterne 3D-Modell vorhanden ist (evtl. nach Katalog bezogen [65]), so könnte der Nutzer am virtuellen Modell arbeiten oder ein reales Modell müsste erst noch hergestellt werden, z. B. mit Rapid Prototyping [40]. Durch die Arbeiten in [38] ist es gelungen, *Modelloberflächen* entsprechend der sachlich gegebenen Struktur (z. B. Stirnbein, Nasenbein, Schläfenbein, Scheitelbein, usw.) zu *imprägnieren* bzw. zu *markieren*, und zwar so, dass man mit einem geeigneten elektronischen Gerät die Zeigeposition des Nutzers verfolgen kann. Unter den physikalisch-technischen Möglichkeiten ragt eine Variante als besonders günstig heraus: das Einfärben der strukturierten Oberflächen und das Erkennen der Farbe mit einem Farbsensor, wobei der Farbkode dem Computer zur

Weiterverarbeitung übergeben wird. Diese technologische Lösung wird in [38] bis zu einem *interaktiven Lehrbuch* „Anatomie" für Blinde geführt, das aus Lehrbuchtext, Tastabbildungen und Tastmodellen besteht, die untereinander durch entsprechende Verweise verbunden sind. Das heißt, Blinde können die 3D-Modelle selbst in die Hand nehmen, sie abtasten, drehen und auf die interessierenden Oberflächensegmente zeigen, um auf die zugeordneten Texte aus dem Lehrbuch in tastbarer oder hörbarer Form zuzugreifen.

Weitere Ansatzpunkte: Verfügbare Tastdisplays sind – abgesehen vom unerschwinglichen Preis – keinesfalls geeignet, da sie nur flache Erhebungen von etwa 1 mm mit einer Auflösung von etwa 3 mm erzeugen können [53]. Auflösungen von 3 bis 6 mm mit einem Hub von bis zu 14 mm reichen ebenfalls nicht aus, um das Anliegen zu verwirklichen [57,56]. Die langfristig angelegten Forschungen zu Virtual Reality bringen möglicherweise neue Lösungen hervor. In [46] werden die Vorteile eines haptischen Interfaces und insbesondere die erforderlichen Beziehungen zu VRML (Virtual Reality Modelling Language) dargestellt. Doch Sinneseindrücke, die von Geräten zur Simulation virtueller Objekte vermittelt werden, unterscheiden sich wesentlich von den direkten Eindrücken an natürlichen Objekten [23]. Praktikable Lösungen sind hierdurch – wenn überhaupt – erst in einigen Jahren zu erwarten.

Schlussbemerkung

Die Darstellung zeigt anhand des Gebietes sprachlicher Kommunikation und Information, dass für den Gebrauch der haptischen Wahrnehmung durch Blinde und stark Sehbehinderte beachtliche Werkzeuge geschaffen wurden und noch geschaffen werden. Doch es wird auch deutlich, dass nur durch *integrative Anwendung* aller Wahrnehmungsmöglichkeiten ein optimales und befriedigendes Resultat erreichbar ist.

Literatur

[1] Arato, A.: Hybrid books for the blind - A new form of talking books. In: [29], pp. 237-248.

[2] Blenkhorn, P., Evans: A system for reading and producing talking tactile maps and diagrams. CSUN'94 „Technology and People with Disabilities". Los Angeles, March 16-19, 1994.

[3] Brümmer, H.: Elektrotaktile Schrift- und Bildtastverfahren für Blinde. In [34], pp. 38-44.

[4] Burger, D. et al.: The design of interactive auditory learning tools. In: Burger, D., Speradino, J.-C. (Hrsg.): Non-Visual Human-Computer Interactions, INSERM 1993, pp. 97-114.

[5] Cornoldi, C., Heller, M.: Representation and blindness. Abstracts Conference, 22-23 May 1998, San Marino. Http://fhis.gcal.ac.uk/PSY/sun/sm

[6] CSUN, Center on Disabilities: Technology and persons with disabilities. Proceedings of the CSUN '98 Conference, 17-21 March 1998, Los Angeles, California State University, Northridge, 1998. Http://www.dinf.org/csun_98

[7] Deutscher Blinden- und Sehbehinderten-Verband, Vorstand: Forderungen des DBSV betreffend die Rehabilitation Blinder und Sehbehinderter zur Beherrschung des Alltags (Elementarrehabilitation). Die Gegenwart 53:3,6-7, 1999.

[8] Deutscher Blindenverband: You see? A bridge to the visually handicapped and the blind. Edited by German Federation of the Blind, Bismarckallee 30, D-53173 Bonn, Germany, Chief editor: Thomas Nicolai, 1996.

[9] Dobiat, H.: Mode zum Anfassen. Die Gegenwart 53-3,29, 1999.

[10] Edwards, A., Arato, A., Zagler, W. (Hrsg.): Computers and assistive technology. Proceedings Conference ICCHP '98, 31 Aug - 4 Sep 1998, Wien / Budapest.

[11] European Commission: Fifth Framework Programme 1998-2002. Http://www.cordis.lu/fp5, 1.3.99

[12] European Commission: Information Society Technologies Programme (IST Workprogramme 1999). Http://www.cordis.lu/ist/wp.htm, 20.2.99

[13] Fricke, J.: Vergleich zwischen realen und virtuellen Graphikdisplays. In: [34], pp. 55-61.

[14] Fricke, J., Bähring, H.: A graphic input/output tablet for blind computer users. In: Computers for handicapped persons. Proceedings 3rd International Conference, Wien 1992, pp. 172-179.

[15] Fromm, W.: Verbinden von Tasten, Sprechen und Denken - Ein Weg zum Erkennen tastbarer Abbildungen. In Kongreßbericht, 31. Kongreß der Blinden- und Sehbehinderten-Pädagogen, Marburg, 26.-30. Juli 1993, pp. 381-392.

[16] Gallagher, B., Frasch, W.: Tactile acoustic computer interaction system: A new type of graphic access for the blind. In: [63]. Http://www.stakes.fi/tidecong/633tacis.htm

[17] Goeritz, C.: Emotionale Verständigung. Die Gegenwart 53:3,26, 1999.

[18] Graziani, P., Vaspöri, T.: Experiences with hybrid books for blind people in Italy and Hungary. In: [10], pp. 91-95.

[19] Häfele, G., Glowalla, U.: Multimedia in der Aus- und Weiterbildung: Entwicklungsstand und Perspektiven. In: Glowalla, U. et al. (Hrsg.): Deutscher Multimedia-Kongreß '95. Berlin, Heidelberg, New York: Springer, pp. 163-167.

[20] Hinton, R.: Tactile and audio-tactile images as vehicles for learning. In: Burger D., Speradino, J.-C. (Hrsg.): Non-Visual Human-Computer Interactions, INSERM 1993, pp. 169-179.

[21] Innovative Techniken: Thermostift. Informationsschrift, Innovative Techniken des BSVS. Dresden, 1994.

[22] Innovative Techniken: Zentren großer deutscher Städte. Führer für Touristen (Blindenschrift und Tastabbildungen). Innovative Techniken des BSVS. Dresden, 1996.

[23] Jansson, G.: Haptic perception of 3D real and virtual objects. In: [3]. Http://fhis.gcal.ac.uk/PSY/sun/sm

[24] Kahlisch, Th.: Improving access to hypertext based study material for the blind. In: [29], pp. 229-236.

[25] Kahlisch, Th.: Chancen und Probleme bei der Nutzung des Internets durch sehgeschädigte Computernutzer. In: TU Dresden: „Mit der Braillezeile auf die Datenautobahn". V. Dresdner Kolloquium Hochschulstudium für Sehgeschädigte, 27.9.1996, Dresden, pp. 9-22.

[26] Kawai, Y., Tomita, F.: Evaluation of an interactive tactile display system. In: [10], pp. 29-36.

[27] Kerscher, G., Hansson, K.: DAISY Consortium - Developing the next generation of digital talking books. In: [6]. Http://www.dinf.org/csun_98/csun98_065.htm

[28] Klaus, J.: Study center for visually impaired persons. Supportive system for blind and partially sighted students at the University of Karlsruhe. In: Zagler/Busby/Wagner: „Computers for Handicapped Persons". Proceedings of the 4th International Conference in Vienna, Austria, Lecture Notes in Computer Science 860, Berlin et al: Springer-Verlag, 1994, pp. 222-228.

[29] Klaus, J., Auff, E., Kremser, W., Zagler, W. (Hrsg.): Interdisciplinary aspects on computers helping people with special needs. 5th International Conference, ICCHP'96, Linz, Austria, July 1996.

[30] Krämer, J.: Automatische Übersetzung von Lehrgangsunterlagen in tastbare Dokumentationen für Blinde. Programmdokumentation. Innovative Techniken des BSVS. Dresden, 1993.

[31] Lang, M.: Sind grafische Web-Browser für Blinde geeignet? Display 14:1,29-35, 1999.

[32] Lange, M.: PRINT - Non-Impact print and plotter for braille/moon and tactile graphics. In: [6]. Http://www.dinf.org/csun_98/csun98_038.htm

[33] Laufenberg, W.: Taktile Abbildungen - Ein Vergleich verschiedener Techniken. In: Kongreßbericht. 31. Kongreß der Blinden- und Sehbehinderten-Pädagogen, Marburg, 26.-30. Juli 1993, pp. 375-381.

[34] Laufenberg, W., Lötzsch, J. (Hrsg.): Taktile Medien. Kolloquium über tastbare Abbildungen für Blinde, Dresden 24.-26.11.1995, Tagungsband, Innovative Techniken, Dresden, 1995.

[35] Lehmann, R., Wadewitz, J.: Gesamtbericht zum Relief-Plotter. Innovative Techniken des BSVS. Dresden 1994.

[36] Leidner, R.: Computergrafiken und blinde Anwender - Überlegungen zu vorhandenen Lösungsansätzen und Anforderungen an künftige Entwicklungen. Display 14:1,7-29, 1999.

[37] Lötzsch, J.: Audio-taktiler Dialog über Graphiken und Diagramme insbesondere für Blinde und Sehbehinderte. In: Mehnert (Hrsg.): Elektronische Sprachsignalverarbeitung in der Rehabilitationstechnik. Proceedings Konferenz, Berlin 22.-24.11.1993, Humboldt-Universität Berlin, Studientexte zur Sprachkommunikation 10:153-156, 1993.

[38] Lötzsch, J., Krämer, J.: Multimediale interaktive Lehrmodelle und Lehrbücher für die Berufsausbildung blinder und sehbehinderter Masseure und Physiotherapeuten. Projektbericht. Gesellschaft zur Förderung angewandter Informatik Dresden, Bundesministerium für Arbeit und Sozialordnung Bonn, September 1998.
[39] Lötzsch, J., Rödig, G.: Audio-taktiler Wissenserwerb für Blinde und Sehbehinderte. Projekt-Bericht, Innovative Techniken des BSVS. Dresden, 1996; (Interactive tactile media in training visually handicapped people. In: Burger, D. (Hrsg.): New technologies in the education of the visually handicapped. Proceedings of the Conference, Paris, June 10-11, 1996, pp. 155 - 160, INSERM/John Libbey 1996).
[40] Lötzsch, J., Ziegler, R.: Reale und virtuelle interaktive Tastmodelle für die Anatomie. Projektskizze, Innovative Techniken der GFaI/IGD der FhG, Dresden, Darmstadt, 1998.
[41] Matschulat, G.: Blindengerechter Internet-Zugang per Taktilem-Aktions-Monitor. Forschungsprojekt, Wuppertal, 1996.
[42] Matsumoto: Verfahren zum Erzeugen eines Reliefs. Auslegeschrift 29 21 011, Deutsches Patentamt, Bundesrepublik Deutschland, 1980
[43] Muschalek, R.: Gestickt zum Fühlen. In [34], pp. 137-142.
[44] Nater, P.: Macht die Entwicklung eines speziellen Punktrelief-Plotters in Verbindung mit Zeichensoftware Sinn? In [34], pp. 143-151.
[45] Parkes, D.: Nomad, an audio-tactile tool for the acqusition, use and management of spatially distributed information by visually impaired people. In: Tatham (Hrsg.): Maps and graphics for visually handicapped people. Proceedings Second International Symposium, A.F.&Dodds, London, 1988.
[46] Porter, L., Treviranus, J.: Haptic applications to virtual worlds. In: [6]. Http://www.dinf.org/csun_98/csun98_082.htm
[47] Reprotronics: Flexi Paper Sheets. Repro-Tronics Inc., Personal communication, Westwood, 1995.
[48] Rothberg, M., Wlodkowski, T.: Multimedia: Making it accessible to blind users. In: [6]. Http://www.dinf.org/csun_98/csun98_047.htm
[49] Sahuyn, S., Bulatov, V., Gardner, J., Preddy, M.: DOTSPLUS: A how-to demonstration for making tactile figures and tactile formatted math using the tactile graphics embosser. In: [6]. Http://www.dinf.org/csun_98/csun98_103.htm
[50] Scadden, L.: Roadblocks on the information highway. CSUN'94: Technology and Persons with Disabilities. 9th International Conference, 16-19 March 1994, Los Angeles, Keynote address.
[51] Schäfer: Prototyp eines Taktilplotters. Persönliche Kommunikation, Metec, Stuttgart, 1993.
[52] Schönhacker, M.: Presenting dynamic tactile bitmap graphics using a standard braille character glyph display. In: [10], pp. 141-147.
[53] Schulz, B.: Ein Konzept für ein modular aufgebautes, graphikfähiges taktiles Anzeigegerät für blinde Rechnerbenutzer. Dissertation, TU Karlsruhe, 1994.
[54] Schweikhardt, W., Fehrle, T.: Ein rechnerunterstützter Zeichenplatz für Blinde. In: Katholische Universität Eichstätt: Computerised Braille Production. Proceedings 5th International Workshop, Winterthur, 1985, Schriftenreihe, pp. 239-249.
[55] Seiler, F.P., Grünfelder, R., Haschka, W.: Producing hardcopy graphics for the blind or visually impaired persons using a special drawing program RELIEF. Proceedings ICCHP '92, Vienna, 7-9 July 1992, Wien, München: Oldenbourg, 1992.
[56] Shimizu, Y. et al.: An assisting system for a GUI-based PC for the blind. In: [10], pp. 373-378.
[57] Shimizu, Y., Shinohara, M., Nagaoka, H.: A tactile display for mouse operation by blind computer user. In: [29], pp. 755-760.
[58] Shinohara et al.: Development for a 3D tactile display for the blind. In: Zagler (Hrsg.): Computers for handicapped persons. Proceedings 3rd International Conference, Wien 1992, pp. 422-437.
[59] Siemens: Detektormatte und Verfahren zu ihrer Herstellung. Offenlegungsschrift DE 36 42 780, Deutsches Patentamt, 1987.
[60] Siemens: Berührungsempfindlicher Sensor. Offenlegungsschrift DE 36 04 120, Deutsches Patentamt, 1987.
[61] Stiftung Blindenanstalt Frankfurt/Main: Spieliothek für Blinde. Adlerflychtstraße 8-14, 60318 Frankfurt/Main.
[62] Stiftung Blindenanstalt Frankfurt/Main: Mehr elektronische Zeitungen. Die Gegenwart 53:3,11, 1999.
[63] TIDE: Technology for Inclusive Design and Equality Improving the Quality of Life for the European Citizen. Proceedings 3rd TIDE Congress, 23-25 June 1998, Helsinki. Http://www.stakes.fi/tidecong/content.html
[64] VanderHeiden: Update on access to graphic user interfaces by people who are blind. CSUN'94 „Technology and People with Disabilities", Preconference session, Los Angeles, March 16-19, 1994.
[65] Viewpoint: Premier Catalog. Viewpoint DataLabs International, Orem, Utah, 1997.
[66] Watanabe, T., Tamechika, T., Ifukube, T.: Exploration of the lines displayed by a tactile mouse. In: [3]. Http://fhis.gcal.ac.uk/PSY/sun/sm
[67] Weber: Interaktionsformen mit Kraftrückmeldung. In [34], pp. 160-166.

[68] Wiemers, M.: Hörfilm-Forum. Die Gegenwart 53:3,18-19, 1999.
[69] Wunderlich, F.: Die ertastbare Kulturhauptstadt. Die Gegenwart 53:3,27, 1999.
[70] Ziegler, R., Dionisio, J.: The Virtual Touch: Haptische Rückkopplung in virtuellen Welten. In: Technische Universität Darmstadt: Thema Forschung 2:50-57, 1997

Blindenleitstreifen im Bereich des öffentlichen Personenverkehrs

Timm Rosburg

Unsere Gesellschaft ist auf visuelle Reize ausgelegt. Als Verkehrsteilnehmer kommt dies besonders ins Bewusstsein. Wir folgen Verkehrsschildern, Ampelanlagen deuten uns die Vorfahrt, wir schauen auf Karten, um uns zu orientieren. Blinde und sehbehinderte Verkehrsteilnehmer haben es demzufolge schwer, denn sie können die so bereitgestellte, für die breite Allgemeinheit gedachte Information nicht oder nur teilweise nutzen. Dieses Problem betrifft in der Bundesrepublik Deutschland rund 155.000 blinde und etwa 500.000 sehbehinderte Menschen [1]. Im privaten Bereich kann der Betroffene sein körperliches Defizit durch spezielle Hilfen und durch besondere Gestaltung der Umwelt ausgleichen, beispielsweise indem Telefonanlagen mit besonders großen Tasten installiert werden oder Uhren auf Tastendruck die Uhrzeit ansagen.

Im Bereich des Verkehrswesens obliegt es der öffentlichen Hand und den Verkehrsbetrieben, entsprechende Erleichterungen durch bauliche Maßnahmen, z. B. Blindenleit- oder Orientierungsstreifen, zu schaffen. Es gilt im Rahmen der Integration Behinderter, bauliche Maßnahmen durchzuführen, die die Mobilität von behinderten Personen verbessern. Diese baulichen Maßnahmen sollen einen Ausgleich für das körperliche Defizit des behinderten Klientel bilden, gleichzeitig aber nicht den Interessen anderer Benutzer des öffentlichen Personenverkehrs zuwiderlaufen. Ein bekanntes Beispiel betrifft den Interessenkonflikt zwischen Rollstuhlfahrern und Blinden. Während für Rollstuhlfahrer der Bordstein ein Hindernis darstellt und demzufolge eine (komplette) Absenkung gefordert wird, dient die Bordsteinkante dem Blinden als Orientierungshilfe. Eine gänzlich abgesenkter Bordstein könnte daher zu einem Orientierungsverlust bei Blinden führen, die sich an der Borde orientieren. Die Verbände einigten sich daher, dass eine Absenkung des Bordsteins bis auf 3 cm sinnvoll wäre, da diese Höhe für Rollstuhlfahrer bewältigbar, von Blinden mit dem Taststock aber noch voll erfasst werden kann. In der DIN 18024 wurde nun definiert, dass Borde eine solche Höhe aufweisen sollen [2]. (Bauliche) Maßnahmen zum Ausgleich der teilweisen oder vollständigen Sehschädigung stehen also zweifacher Hinsicht im Blickpunkt der empirischen Forschung. Zum ersten geht es um die Funktionalität der Maßnahme als solche, z. B. welche Informationen sollte eine tastbare Übersichtskarte einer Haltestelle enthalten? Auf der anderen Seite ist aber jede Maßnahme eingebettet in einen Kontext, der die Funktionalität der Maßnahme wesentlich mit bestimmt.

Wo sollte eine taktile Karte aufgestellt werden? Wie kann die taktile Information auf andere Art und Weise zugänglich gemacht werden? Die Betrachtung des Kontexts darf dabei nicht am Rande der Haltestelle enden. Die Lösungen aneinanderliegender öffentlicher Räume unterschiedlicher Verwaltungszugehörigkeit (beispielsweise der Nahverkehrsbetriebe und der Stadtverwaltung) müssen dabei zueinander kompatibel sein. Die wissenschaftliche Betrachtung von Orientierungshilfen für Blinde und Sehgeschädigte verlangt daher ein interdisziplinäres und interinstitutionelles Herangehen. Die Schwierigkeit besteht darin, dass Funktionalität und Kontext nur schwer getrennt betrachtet werden können.

Blindenleitstreifen

Blindenleitstreifen erfüllen für Sehende auf Grund ihrer farblichen Gestaltung mit starken Helligkeitskontrasten oft die Funktion eines Warnstreifens am Bahnsteigrand. Relativ wenig Sehenden erschließt sich deren wahre Bedeutung. Unter Blindenleitstreifen versteht man in den Boden eingelassene spezielle Reliefplatten, die für den Blinden oder Sehgeschädigten eine Orientierungshilfe darstellen (Abb. 1).

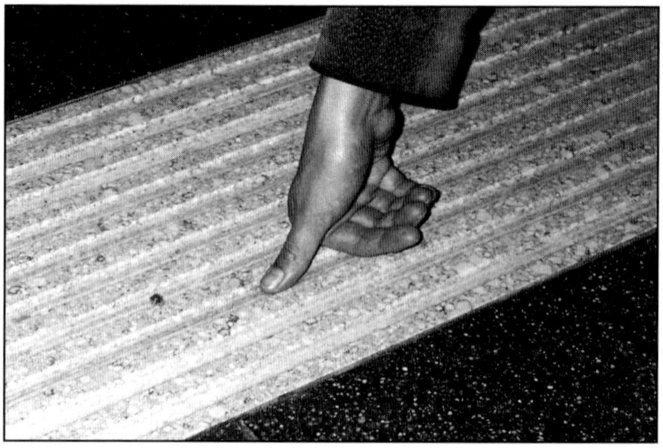

Abb. 1: Reliefplatten

Diese Streifen können mit einem Taststock erfasst werden. Für die spezifische Gestaltung der Leitstreifen existiert zur Zeit noch keine allgemein verbindliche Norm. Die Leitstreifen bestehen im Allgemeinen aus 20 bis 50 cm breiten, in den Boden eingelassenen Platten, die in Deutschland zumeist mit Rillen versehen sind. Die Leitstreifen werden sowohl durch ihre akustischen als auch durch ihre taktilen Eigenschaften wahrgenommen. Wegen der Unfallverhütungsvorschriften (UVV VBG1) dürfen die taktilen Bodenelemente (oder Bodenindikatoren) keine Stolpergefahr darstellen [3]. Dabei wird eine Höhendifferenz von 4 mm in etwa als Grenzwert angesehen. Die Platten sind weiter durch Helligkeitskontraste von einem sogenannten Begleitstreifen abgesetzt. Dieser Kontrast ermöglicht Sehbehinderten (zusätzlich) eine visuelle Orientierung. Leitstreifen weisen an einigen Stellen sogenannte Aufmerksamkeitsfelder auf, die das Ende oder eine Verzweigung des Leitstreifens anzeigen (Abb. 2).

Abb. 2: Aufmerksamkeitsfelder

Diese Aufmerksamkeitsfelder sind breiter als der eigentliche Streifen und die Platten teilweise in andere Richtung umgesetzt, so dass die Information einer Änderung in zweifacher Hinsicht kodiert wird. Ein solches Orientierungsfeld kann auch den Übergang zu einer Treppe anzeigen. Von der Treppe geht neben der Bahnsteigkante die größte Gefährdung zu Stürzen aus. Auf der Treppe kann die Orientierung über den Handlauf, die Seitenwand oder den spezifischen Klang erfolgen. Blindenleitstreifen werden meist in Form von Platten produziert und finden sich vornehmlich im Bereich von U- und S-Bahn-Haltestellen, Bahnhöfen, seit jüngstem aber auch auf einzelnen Bushaltestellen [4] oder in der Stadt Salzburg im Straßenbereich [5]. Die Messegesellschaft in Düsseldorf installiert für die Messe REHA gummierte Leitstreifen und bietet für sehbehinderte Messebesucher entsprechende Übersichtspläne der Messehallen an [6].

Hier mag deutlich werden, dass der Begriff „Leitstreifen" irreführt. Ein Leitstreifen enthält zwar durch die Führung des Streifens und durch die Rillen eine Richtungsinformation, aber keine Zielinformation. Diese muss auf anderem Wege, also beispielsweise durch Pläne, vermittelt werden. Zudem besteht keine zwingende Notwendigkeit, den Streifen zu nutzen. So orientieren sich Sehbehinderte im Bereich von Haltestellen beispielsweise auch an der Bahnsteigkante, am Menschenstrom oder am Geräusch von Rolltreppen; im Bereich von Fußgängertunneln finden Sehbehinderte zumeist hinreichend Orientierungshilfe durch den spezifischen Klang.

Im Gegensatz zu den eher unauffälligen Leitstreifen fallen andere Informationselemente für Sehbehinderte stärker auf. Fahrstuhlschalter mit Braille-Schrift oder tastbare Übersichtskarten. Oftmals sind es wirklich sehr einfache Probleme, die über den Erfolg solcher Maßnahmen entscheiden, z. B. wie finden Sehbehinderte die Übersichtskarte. Die Lösung des Problems kann nicht darin bestehen, einen Leitstreifen zur Karte führen zu lassen, denn dies könnte ebenso zur Desorientierung beitragen, indem sich der Sehbehinderte vor einer Wand mit der Karte statt vor dem erhofften Ausgang wiederfindet.

Handhabung, Anmutung und Gebrauchsqualität als Kriterien der Beurteilung

Was müssen nun Orientierungshilfen im Bereich öffentlicher Haltestellen leisten? Von Theo Wehner stammt die Unterteilung in Handhabung, Anmutung und Gebrauchsqualität [7]. Diese Bereiche werden bezüglich der Blindenleitsysteme folgendermaßen definiert:

Handhabung:
Bewertung der Blindenleitsysteme hinsichtlich der Bedürfnisse und Handlungsziele von sehbehinderten Benutzern,
Anmutung:
die Bewertung der gefühlsmäßigen oder ästhetischen Wirkung der Blindenleitsysteme,
Gebrauchsqualität:
Bewertung der Blindenleitsysteme hinsichtlich des dauerhaften Gebrauchs.

Die *Handhabung* ist die conditio sine qua non. Wenn ein Leitsystem nicht den Bedürfnissen und den Handlungszielen entspricht, wird die Installation des Leitsystems sinnlos sein. Was einfach klingt, ist in Wirklichkeit sehr schwierig. Die Blindenleitstreifen als Orientierungshilfe sind immer noch eine nicht sehr verbreitete Einrichtung und stellen somit eine immer noch neue Erfahrung für Sehgeschädigte, aber auch für Blindenpädagogen dar. Der Nutzen und der Gebrauch solcher Orientierungshilfen muss erst vermittelt, erlernt und kann erst dann rational mit anderen Hilfsmitteln verglichen werden. Solch ein Wissen wird zumeist in Mobilitätstrainings vermittelt. Nun handelt es sich jedoch bei etwa zwei Drittel der Sehbehinderten um sogenannte Altersblinde (Erblindung nach dem 55. oder 60. Lebensjahr), die (gegenwärtig) kaum in den Genuss eines solchen Mobilitätstrainings kommen. Bei den taktilen

Karten ist ebenfalls zu bedenken, dass viele Benutzer Schwierigkeiten haben, die auf diese Weise bereitgestellten Informationen zu nutzen. Frustrierende Erlebnisse mit Hilfsmitteln führen dabei eher zur Vermeidung des Gebrauchs.
Grundsätzlich anders stellt sich die Situation natürlich dar, wenn gar kein Bedürfnis nach zusätzlichen Orientierungshilfen besteht und quasi am Bedarf vorbei Orientierungshilfen installiert werden. Da nun die Bedürfnisstruktur der Benutzergruppe (Blinde, Sehgeschädigte) nicht stabil definiert ist, besteht die Gefahr, dass der Planer der Orientierungshilfen sich mehr nach seinen eigenen Vorstellungen richtet. Die Gefahr möglicher Fehlplanungen am Bedarf vorbei auf Grund solcher intuitiven Entscheidungen dürfte auf der Hand liegen. Es sollte mittlerweile Konsens sein, bei der Planung behindertenfreundlicher Anlagen Behindertenverbände hinzuzuziehen. Jedoch erweisen sich manchmal ganz simple technische Umstellungen als behindertenunfreundlich, weil ihre Auswirkungen auf Behindertengruppen nicht bedacht wurden. Hier wäre beispielsweise die *visuelle* Menüsteuerung von technischen Geräten wie Geldautomaten zu nennen.

Die *Anmutung* von Blindenleitstreifen dürfte bei dem Neubau von Haltestellen ein zu vernachlässigendes Problem sein. Da die Blindenleitstreifen im Bahnsteigbereich oftmals die Funktion eines Begrenzungsstreifens für die sehenden Benutzer darstellen (der Leitstreifen läuft in etwa einem Meter Abstand parallel zur Bahnsteigkante), fällt der Leitstreifen als solcher kaum auf. Ästhetische Gesichtspunkte treten bei der Planung von neuen Haltestellen deutlich hinter betriebswirtschaftlichen und technischen zurück. Anders sieht es aus, wenn bestehende Haltestellen umgestaltet werden. Hier können unter Umständen Bedenken vonseiten des Denkmalschutzes geäußert und der „moderne" Leitstreifen als störendes Element empfunden werden.

Wichtiger erscheint die *Gebrauchsqualität*. Ein Leitsystem kann zwar hinsichtlich der Handhabung und Anmutung gut bewertet werden, aber es können in der dauerhaften Benutzung neue und schwerwiegende Probleme auftreten. So muss gewährleistet sein, dass die Blindenleitstreifen unter nassen oder kalten Witterungsbedingungen nicht die Rutschgefahr allgemein erhöhen. Die Leitstreifen müssen ihre Funktion unter allen Bedingungen beibehalten, d. h., die Licht-, Tritt- und Witterungsfestigkeit muss gegeben sein. Dagegen fielen beispielsweise öffentlich aufgestellte Blindenkarten oft einem Vandalismus zum Opfer und verloren damit ihren Wert. Leitstreifen entlang öffentlicher Wege können unter anderem durch Splitt verschmutzt und durch Fahrzeuge verstellt werden. Weiter sollte beachtet werden, dass die eingesetzten Materialien widrigen Witterungsbedingungen und massivem Gebrauch auch über Jahre und Jahrzehnte standhalten können. Es ist sicherlich niemandes Interesse, wenn Bahnsteige wegen Renovierungsarbeiten gesperrt werden müssen.

Experimentierhaltestelle U-Borgweg (Hamburg)

Im Rahmen des Projekts Experimentierhaltestelle U-Borgweg – behindertenfreundliche Gestaltung von Schnellbahnhaltestellen (Leitung: Prof. Dr. T. Wehner, Prof. Dr. D. Machule), das von der TU Hamburg-Harburg im Auftrage des Bundesministeriums für Verkehr, des Hamburger Verkehrsverbundes (HVV) und des Hamburger Senats durchgeführt wurde, wurden von 1992 bis 1994 verschiedene Elemente der behindertengerechten Gestaltung, u. a. auch Blindenleitstreifen, untersucht [7]. Die Fragen zu den Leitstreifen betrafen im Einzelnen: 1. die taktile Wahrnehmbarkeit der Oberfläche, 2. die Beschaffenheit der Aufmerksamkeitsfelder, 3. den Abstand zwischen dem Leitstreifen und Gefahrenzonen, 4. den Verlauf innerhalb einer Haltestelle, insbesondere im Bereich vor Treppenanlagen. Dazu wurden u. a. mit einer Anzahl von Blinden verschiedene Haltestellen im Bereich des HVV begangen. Die Blinden wurde mittels eines halbstrukturierten offenen Interviews befragt und Videoaufzeichnungen vorgenommen.

Haptische Wahrnehmbarkeit

Im Bereich des HVV werden vornehmlich Rillenplatten mit einem Rillenabstand von 11 mm eingesetzt. Dem gegenüber finden sich in anderen Städten andere Typen von Leitstreifen, z. B. sind in Wien Platten mit 7 bis 9,3 cm breiten, 3 mm hohe und im Abstand von 3 cm nebeneinander tastbaren Linien verlegt [8] und in Tokio vornehmlich Platten mit flachen Noppen. Diese Noppen werden wiederum in Wien innerhalb der Aufmerksamkeitsfelder genutzt. Im Bereich des HVV wurden vereinzelt auch andere Leitstreifen als solche aus Rillenplatten eingebaut sowie Rillenplatten unterschiedlicher Breite und Färbung, so dass diese zur Untersuchung herangezogen werden konnten. Die Hamburger Untersuchung ergab keinen systematischen Unterschied zwischen Noppen- und Rillenplatten. Gleiche Rillenplatten wurden je nach der Oberflächenrauhigkeit der Umgebung des Leitstreifens („Kontrast") recht unterschiedlich beurteilt. So konnten Rillenplatten bei gutem Kontrast auch bei einer Streifenbreite von nur 25 cm gut erkannt werden. Ansonsten wird eine Breite von 30 oder besser 50 cm empfohlen. Besonders bei strukturierten Fußböden, wie sie an einzelnen Haltestellen zu finden sind, kann der mangelnde Kontrast eine Rolle spielen. Hierbei ist zu beachten, dass die taktile Wahrnehmbarkeit des Leitstreifens durch klangliche Kontraste (bei Verwendung unterschiedlicher Materialien) und durch farbliche Kontraste des Leitstreifens zum Begleitstreifen verbessert werden kann, weil die Orientierung über mehr als eine Wahrnehmungsmodalität möglich ist.

Für taktile Wahrnehmbarkeit bleibt darüber hinaus festzustellen, dass Leitstreifen (unabhängig von ihrer Beschaffenheit) im Wesentlichen mit dem Taststock nur in der sogenannten Schleiftechnik erfasst werden können, während die meisten Benutzer von Blindenstöcken die Pendeltechnik nutzen. Bei der Pendeltechnik führt der Sehbehinderte den Stock abwechselnd nach rechts und links, und dessen Spitze wird nicht über den Boden geschliffen. Bei der Benutzung des Blindenstocks in der Schleiftechnik darf es zu keinem Verhaken kommen. Eine Rillenbreite von 11 mm erwies sich dabei als unproblematisch. Allerdings sollten die Platten des Blindenstreifens und des Begleitstreifens unbedingt nur mit schmalen Fugen und ohne Fasen verlegt werden.

Aufmerksamkeitsfelder

Die sogenannten Aufmerksamkeitsfelder dienen, wie bereits erwähnt, in Gefahrenbereichen oder Bereichen mit Abzweigungen dazu, die Aufmerksamkeit des Blinden zu wecken. Sie zeichnen sich durch Verbreiterungen oder anders gelegten Platten aus. Es zeigte sich in den Experimenten, dass einfache Abzweigungen auch ohne Aufmerksamkeitsfelder entdeckt wurden. Andererseits können Aufmerksamkeitsfelder auch irritierend wirken. Die Empfehlung der Hamburger Forscher geht daher in die Richtung, diese Felder möglichst sparsam zu verwenden („Prinzip der Einfachheit"). Die Bedeutung von Aufmerksamkeitsfeldern versteht sich weitaus weniger von selbst als die Funktion des Leitstreifens und verlangt im Einzelfall profunde Ortskenntnis. So können einzelne Aufmerksamkeitsfelder Abzweigungen zu einem Fahrstuhl oder zu einer Blindenkarte andeuten und schaffen für den nicht ortskundigen und deswegen orientierungsbedürftigen blinden Benutzer, auf der Suche nach dem Ausgang oder der Treppe, Probleme. Der Wechsel der Rillenführung innerhalb der Aufmerksamkeitsfelder auf kleinem Raum wird dabei meist nicht wahrgenommen und sollte ebenfalls einfach gestaltet sein.

Abstand zu Gefahrenzonen

Der Abstand zwischen Leitstreifen und Bahnsteigkante sollte etwa 1-1,5 Schrittlängen betragen (60-90 cm). Eine absolute Aussage kann nicht getroffen werden, da der von den Behinderten als sicher wahrgenommene Abstand mit dem Kontrast des Streifens variiert. Je geringer der Kontrast des Streifens ausfiel, um so eher wurde der Abstand zur Bahnsteigkante als kritisch bezeichnet. Bei gutem Kontrast war die Mehrheit der Befragten mit einem Abstand von 75 cm zufrieden.

Verlauf des Blindenleitstreifens und seine Gestaltung vor den Treppenanlagen

Auf Bahnsteigen sollte entlang der Bahnsteigkante ein Leitstreifen über die komplette Länge verlegt werden. An deren Enden sowie auf Mittelbahnsteigen vor Zugangsanlagen werden sie über Auffangstreifen miteinander verbunden. Dabei ist an den Bahnsteigköpfen ein entsprechender Abstand zum Rand einzuhalten. Abzweigungen vom Leitstreifen sollten nach Möglichkeit rechtwinklig zu diesem erfolgen. Wo dies nicht möglich ist, sollte der Verlauf parallel zu Wänden angelegt werden. Treppen stellen neben der Bahnsteigkante die größten Gefährdungspunkte für Blinde dar. Im Allgemeinen gehen Blinde die Treppe dort herauf oder herab, wo sie auf die Treppe treffen, d. h., sie suchen in der Regel nicht den Handlauf, um sich an diesem zu orientieren. Dadurch vermeiden sie es, sich quer zum Strom der anderen Treppenbenutzer zu bewegen. Es ist daher zu empfehlen, nicht ein einzelnes Aufmerksamkeitsfeld auf der rechten Seite der Treppe einzurichten, sondern die ganze Breite der Treppenanlage mit einem Warnstreifen zu versehen. Dieser sollte ebenfalls 60 bis 90 cm von der ersten Stufe entfernt sein. Bei aufwärts führenden Treppen kann der Auffangstreifen diese Funktion übernehmen, wenn der Abstand zwischen dem Streifen und der ersten Stufe weniger als 200 cm beträgt. Diese Empfehlungen sowie andere zur behinderten- und blindengerechten Gestaltung mit zahlreichen Illustrationen sind [9,10] zu entnehmen.

Ausblick

Die Gestaltung der Blindenleitstreifen steht kurz vor der Verabschiedung als DIN-Norm 32984 Bodenindikatoren im öffentlichen Verkehrsraum [11]. In Österreich wurde eine entsprechende Norm (ÖNORM V2102) bereits verabschiedet. Die Leitstreifen können nur eines von verschiedenen Hilfsmitteln zur Orientierung darstellen. Blinde wie auch sehende Verkehrsteilnehmer sehen sich immer wieder Widrigkeiten ausgesetzt, die nicht durch eine technische Lösung aufgehoben werden können.

Wie lässt sich das System aus Blindenleitstreifen weiter verbessern? Neben dem notwendigen weiteren Ausbau von Blindenleitstreifen sollte die Suche nach verbesserten Lösungen weitergehen. Ein solcher Optimierungsprozess wird aber immer eine gewisse Gewichtung der Kriterien Handhabung, Anmutung und Gebrauchsqualität darstellen, und die Vorstellung, wie diese Gewichtung auszusehen hat, dürfte bei unterschiedlichen Gruppen von Beteiligten auch unterschiedlich aussehen. So sind beispielsweise metallene Tränenbleche als Aufmerksamkeitsfelder ins Gespräch gekommen. Diese sind sicherlich von der Handhabung, wegen ihres sehr gut differenzierbaren Klangmusters, und von einigen Aspekten der Gebrauchsqualität (Stabilität, Reinigbarkeit, Oberflächenkontrast, Witterungsfestigkeit) als gut bis sehr gut zu bezeichnen. Allerdings sind verschiedentlich in Bahnsteigen ebenfalls metallene Abdeckluken von Kabelschächten installiert, so dass hier Verwechslungen entstehen könnten. Um mögliche Gefährdungen zu vermeiden, müssten bei der Installation von metallenen Aufmerksamkeitsfeldern diese Luken aus dem Bereich von Leitstreifen entfernt werden. Dies wäre mit zusätzlichen Aufwendungen der Verkehrsbetriebe verbunden.

Wichtig ist es für die Blinden und Sehbehinderten schließlich, dass sie mit den Informationen über Leitstreifen, Straßen, Übergänge, Ampelanlagen, Einrichtungen, Ein- und Ausgänge usw. versehen werden, um aus eigener Initiative Wege vornehmen zu können. In jüngerer Zeit sind dazu neue Lösungen vorgeschlagen worden. Im Rahmen des MoBIC Projekts (Mobility for Blind and elderly people Interacting with Computers), unterstützt von der EU Kommission im Rahmen des TIDE Programms (Technology Initiative for Disabled and Elderly people), befindet sich ein System in Entwicklung, das einem blinden Menschen den Zugang zu elektronischen Stadt- und Fahrplänen ermöglicht [12]. Dadurch wird eine Planung von Routen im Voraus ermöglicht. Über einen mit geführten GPS (Global Positioning System)-Empfänger soll der Blinde zusätzlich seine exakte Position erhalten. Leider bereitet dies gerade innerhalb von Bahnhöfen noch große Schwierigkeiten.

Zum GPS-System ähnliche Versuche wurden vor einigen Jahren bereits mit dem BILOS (Blinden-Informations-, Lokalisations- und OrientierungsSystem)-System durchgeführt, das auf Infrarot-Technik basierte [10,13]. Das System kam jedoch nicht über eine Studie zur technischen Machbarkeit hinaus. Bonk [9] stellt dazu fest: „Lösungsansätze müssen weiter verfolgt und nicht nur darauf abgeklopft werden, ob sie technisch machbar, sondern auch darauf, ob sie wirtschaftlich sinnvoll sind und den nötigen Humanbezug haben. Lösungen an Haltestellen müssen so ausgelegt sein, dass sie sich bruchlos in eine größere Informationsvernetzung einfügen“ (S. 101).

Literatur

[1] http://iis340.inf.tu-dresden.de/gegenwart/jahrgang98/heft09/beilag09.html

[2] DIN 18024 - Teil 1: Barrierefreies Bauen. Straßen, Plätze, Wege, öffentliche Verkehrs- und Grünanlagen sowie Spielplätze - Planungsgrundlagen. Teil 2: Barrierefreies Bauen. Öffentlich zugängliche Gebäude und Arbeitsstätten - Planungsgrundlagen. Berlin: Beuth Verlag.

[3] http://www.bc-verlag.de/UVVen/inh.htm

[4] http://www.bbv.umweltdata.de/zeitung/bk10-97/971021.htm

[5] http://spoe.salzburg.or.at/skiss/SP-GR-Klub_Presse/Blindenleitsystem.htm

[6] http://iis340.inf.tu-dresden.de/gegenwart/jahrgang97/heft09/kuerz_09.html

[7] http://hermes.rz.tu-harburg.de/allgemein/fsp/forschung95/fb95-1.081.02.html

[8] http://www.bizeps.or.at/info/mobi.html

[9] Bundesministerium für Verkehr (Hrsg.): Bürgerfreundliche und behindertengerechte Gestaltung von Haltestellen des öffentlichen Personennahverkehrs. Bad Homburg: Fach Media Service, Direkt 51, 1997.

[10] König, V.: Handbuch über die blinden- und sehbehindertengerechte Umwelt- und Verkehrsraumgestaltung. Bonn: Deutscher Blindenverband e.V. (DBV), 1997.

[11] (Norm-Entwurf) DIN 32984, Ausgabe:1996-12: Bodenindikatoren im öffentlichen Verkehrsraum. Berlin: Beuth Verlag.

[12] http://www.urbanspacelab.wien.at/home/cityfutures/velocity/mobic/

[13] http://www.bg-dvr.de/fakten/SVT/SVT747.HTM

Weitere interessante Links im Internet

- http://lki-www.informatik.uni-hamburg.de/~kirschke/movis
  Visualisierung des Blindenleitstreifens im Eingangsbereich einer U-Bahnhaltestelle (U-Barmbek, Hamburg), sowie zum MOVIS Project (Mobile Optoelectronical Visual-Interpretative System for the Blind and Visually Impaired)
- http://209.238.85.210/frames/srv_beh.htm
  Information des Hamburger Verkehrsverbundes (HVV) über den Behindertenservice
- http://www.bvg.de/de/plan/mobil.htm
  Information der Berliner Verkehrsbetriebe (BVG) über den Behindertenservice
- http://iis340.inf.tu-dresden.de/gegenwart/jahrgang98/heft05/publik05.html
  Publikationsliste des Deutschen Blindenverbands e.V. (DBV) für Fragestellungen, die mit Erblindung und Blindheit zusammenhängen

Sexualität und haptische Wahrnehmung

Kurt Seikowski und Sabine Gollek

Der Zusammenhang zwischen haptischer Wahrnehmung und Sexualität erschließt sich zunächst über das eigentliche Realisationsorgan dieser Wahrnehmungsform – die Haut. Die Haut jedoch selbst erfüllt unterschiedliche Funktionen, die mehr oder weniger mit unterschiedlichen Aspekten der haptischen Wahrnehmung im Zusammenhang stehen. Dies vergegenwärtigen zwei unterschiedliche Ansätze zu den Funktionen der Haut, die eine Reihe von Ähnlichkeiten aufweisen (Tab. 1).

Tab. 1: Funktionen der Haut

In Anlehnung an Borelli [6] (Seikowski & Haustein [31])	**Nach Anzieu [1]**
1. Haut als Grenzorgan zwischen eigener Person und Umwelt	1. Haut-Ich als Stütze (Zusammenhalten) des Psychischen
2. Haut als Kontaktorgan zur Umwelt	2. Haut-Ich als Reizschutz
3. Haut als Sinnesorgan	3. Haut-Ich als Behälter der äußeren Sinnesorgane
4. Haut als Eindrucksorgan für den Beschauer	4. Haut-Ich als Individuation
5. Haut als Ausdrucksorgan für die Darbietung gegenüber der Umwelt	5. Haut-Ich als Intersensorialität (Tastsinn)
6. Haut als sexueller Schmuck	6. Haut-Ich als Grundlage sexueller Erregung
7. Haut als sozialer Schutz	7. Haut-Ich als libidinöse Aufladung
	8. Haut-Ich als System taktiler sensorischer Spuren
	9. Haut-Ich als Selbstzerstörungsmechanismus

Hinsichtlich unserer Fragestellung scheinen folgende Funktionen der Haut für den Zusammenhang von haptischer Wahrnehmung und Sexualität von Bedeutung zu sein: Die Haut als *Grenz- bzw. Kontaktorgan* zur Umwelt bzw. als *Reizschutz* sorgt dafür, dass der Körper vor den Einflüssen der Umwelt wie z. B. auch Temperatur- und Feuchtigkeitsschwankungen geschützt wird. Bei sexuellen Kontakten wird in der Regel eine kalte oder schweißnasse Hand eines anderen auf der eigenen Haut als eher lustmindernd und abwehrend empfunden. Ein warmer und im Feuchtigkeitsniveau nicht behindernder Körperkontakt öffnet den Körper jedoch für sexuelle Reize. Unter den Begriffen der Haut als *Sinnesorgan* und des Haut-Ichs als *Intersensorialität* bzw. als *Grundlage sexueller Erregung* verbirgt sich die Wahrnehmung von Tastempfindungen wie Kälte und Wärme, Brennen, Jucken, Kitzeln, Prickeln – also alles Qualitäten, die auch unmittelbar mit sexuellen Empfindungen im Zusammenhang stehen und über *Berührungen* vermittelt werden.

Sexuelle Kontakte können einem gewissermaßen „unter die Haut" gehen, wobei den erogenen Zonen besondere Bedeutung zukommt. Anzieu [1] diskutiert an dieser Stelle noch zwei weitere Funktionen, die hinsichtlich sexueller Entwicklungsstörungen relevant sind: Unter dem Haut-Ich als *System taktiler sensorischer Spuren* versteht er die Gesamtheit von angenehmen und unangenehmen Erfahrungen auf der Haut, die eine Art Informationssystem für die Außenwelt darstellen. Berührungen, die als inadäquat erlebt wurden, werden gespeichert und bei späteren Formen von Körperkontakten aktualisiert. So kommt es z. B. sogar zur „Hautabweisung" einer Person, die man zu lieben glaubt. Aufgrund der unangenehmen Vorerfahrungen bleibt die Haut „misstrauisch". Diese als traumatisierend erlebten Vorerfahrungen können nach Anzieu [1] sogar dazu führen, dass Körperkontaktkonflikte auf der Haut ausgetragen werden: Haut-Ich als *Selbstzerstörungsmechanismus* i. S. von selbstschädigenden Handlungen auf der Haut. Zu diesem Phänomen werden wir weiter unten noch Stellung nehmen.

Berührung als Bindeglied zwischen haptischer Wahrnehmung und Sexualität

Spätestens seit den Experimenten von Harlow et al. [18,19] an Rhesusaffen, die zeigten, dass Wärme und das Berührtwerden durch eine Mutteratrappe für die Entwicklung der Jungtiere wichtiger waren als eine Drahtatrappe, die Nahrung spendete, besteht kaum noch Zweifel daran, dass Berührungen mit all ihren angenehmen (Wärme, Sanftheit) und unangenehmen (Gewalt, Schmerz, Kälte) Eigenschaften die haptische Wahrnehmung eines Säugetieres beeinflussen [15]. Selbst in der Umgangssprache hat sich diese Erkenntnis etabliert [25]: Man kann eine „glückliche" oder „unglückliche" Hand haben; man kommt in „Berührung" oder „Kontakt" mit anderen; manche Menschen müssen mit „Samthandschuhen" angefasst werden, andere haben eine „dünne Haut" oder ein „dickes Fell". In bestimmten Situationen will man wissen, wie sich etwas „anfühlt"; tiefe emotionale Erlebnisse „berühren" uns etc..

Sexuelle Kontakte sind ohne Berührungen kaum denkbar. Sie scheinen überhaupt einen wesentlichen Vermittlungsfaktor für funktionierende Sexualität darzustellen. Damit ist jedoch nicht der reine Körperkontakt gemeint. Drei unterschiedliche Qualitäten stehen mit der Berührung im Zusammenhang, wenn die Sexualität mit einbezogen wird. Berührungen können Zärtlichkeit vermitteln. Dabei bewirken zärtliche Berührungen entweder Beruhigung beim anderen oder gehen über in sinnliche Berührungen, die (allgemein) lustvoll erlebt werden bzw. ein „Prickeln“ zwischen zwei Menschen hervorrufen. Gleichermaßen können Berührungen jedoch auch erotischen Charakter haben – verbunden mit dem Wunsch nach dem Ausleben sexueller Lust [30]. Aus diesem Grunde scheint uns das Phänomen der „Berührung“ am ehesten geeignet, den Zusammenhang zwischen haptischer Wahrnehmung und Sexualität abbilden zu können.

Berührung und sexuelle Entwicklung

In einem Experiment von Harlow et al. [18] wurde beobachtet, dass mutterlose Muttertiere (Affenmütter, die ohne eigene Mutter aufwuchsen) nie normale sexuell-lockende Stellungen einnahmen oder darauf reagierten. Das legt die Vermutung über ein Berührungsdefizit, welches bei diesen Affenweibchen zu späteren sexuellen Beeinträchtigungen führen kann, nahe. Montagu [25] meint, ein entsprechendes „Bemuttern“ sei notwendig, um die Entwicklung eines normalen Geschlechtslebens zu fördern. Er überträgt diese Zusammenhänge auch auf den Menschen und postuliert, dass ausreichender Körperkontakt in der Kindheit für die Entwicklung einer normalen Sexualität unabdingbar ist. In dieser Beziehung erscheint es hilfreich, Berührung unter dem Entwicklungsaspekt unterschiedlich zu gewichten.

Berührung als Form der Zuwendung und Akzeptanz

Diese Berührungsform spielt bereits in der Schwangerschaft eine Rolle, indem die werdende Mutter und andere Bezugspersonen den Bauch streicheln, worauf das Kind selbst schon reagieren kann. In neueren Untersuchungen konnte sogar festgestellt werden, dass eine solche Form der Akzeptanz bei männlichen Feten bereits in der 26. Schwangerschaftswoche zu Erektionen führen kann [16]. Während einer normalen kindlichen Entwicklung wird das eigene Kind gestreichelt und auf den Arm genommen. Auch bei der Pflege des Kindes kommt es zum mehr oder weniger lustvollen Körperkontakt. Montagu [25] vermutet, späteres stärker ausgeprägtes sexuelles Verlangen bei Männern sei mit dadurch bedingt, dass sie gegenüber den Mädchen einen Vorteil hätten, da ihre Geschlechtsorgane außerhalb des Körpers liegen.

Bei der Körperpflege eines männlichen Kleinkindes wären dadurch bereits deutlich mehr kutane Stimulationen möglich, als dies bei Mädchen der Fall wäre.
Berührung als Zuwendung und Akzeptanz hat nicht nur eine Versorgungsfunktion (z. B. Wärme und Zärtlichkeit als notwendige Voraussetzungen einer allgemeinen körperlichen Entwicklung), sondern ist auch Ausdruck dafür, dass das Kind *geliebt* wird. Es macht die Erfahrung, *liebenswert* zu sein [32].

Es gibt sehr viele Fallberichte, die sich mit einem Zuwendungsdefizit und der Ablehnung des Kindes durch die elterlichen Bezugspersonen beschäftigen. So fand Schmidt-Sibeth [29], wie Mangelerlebnisse, Sauberkeitsfanatik, Antisexualismus, Konfliktlösungen mit Hilfe der eigenen Kinder sowie körperliches Vermeidungsverhalten in der Kindheit später zu sexuellen Störungen und dem Ablehnen des eigenen Körpers sowie zu der Unfähigkeit, sich berühren zu lassen, führen kann. Sie zieht auch den Umkehrschluss, in dem sie postuliert, dass glückliche Eltern auch liebesfähige Kinder erziehen. Auch Worm [36] berichtet über das Problem Erwachsener, sich drücken zu lassen, wenn sie das Drücken der eigenen Mutter als unangenehm empfanden.

Berührung als Bedrohung

Prügel, Schmerz und Gewalterfahrungen stellen eine Negativvariante der Berührung dar. Eine solche Kontaktform kann zu erheblichen Entwicklungsstörungen führen, in deren Folge oft psychosomatische Erkrankungen entstehen (ausführlicher dazu Egle et al. [11]). Berührung wird als Bedrohung erlebt. Bestrafung durch Berührung stellt eine Erfahrung auf der Haut dar, durch die späteres Berühren misstrauischer und nicht offen wahrgenommen wird (Haut-Ich als System taktiler sensorischer Spuren). Das schließt jedoch die Sehnsucht nach zärtlicher Berührung nicht aus. Auch hier gibt es viele Fallberichte, wonach sich vor allem Frauen mit kindlichem Berührungsdefizit auf sexuelle Kontakte mit Männern einlassen, obwohl sie doch eigentlich nur den wärmenden geborgenen Körperkontakt suchen. Der Geschlechtsverkehr ist gewissermaßen der Preis, um körperliche Zuwendung nachzuholen [11,25]. Diese Beziehungen funktionieren erfahrungsgemäß nicht lange, da unterschiedliche Motive für den Körperkontakt auf beiden Seiten gegeben und Konflikte vorprogrammiert sind. Nicht unerwähnt soll sein, dass Berührungen auch dann als Bedrohung empfunden werden können, wenn religiöse Einflüsse – z. B. in der Zeit der Pubertät – von Bedeutung sind. Es entsteht dann eine Inkongruenz zwischen Erziehung mit oft einschränkenden Proklamationen und womöglich lustvollem Berührungserlebens, in deren Folge dann jedoch der eigene Körper eher abgelehnt wird, was nicht ohne Folgen für die spätere Akzeptanz der eigenen Sexualität sein wird.

Berührung als inadäquate Form des Körperkontaktes

Körperliche Gewalterfahrungen lassen Berührungen als bedrohlich erscheinen. Aus der Sicht des Kindes sind sie zwar unangenehm, jedoch nicht selten verstehbar. Schwerer einordbar sind Berührungen, die präpubertär im Allgemeinen als sexueller Missbrauch bezeichnet werden. Besonders wenn solcher Art Berührungen durch akzeptierte Bezugspersonen vorgenommen werden, sind die Folgen oft verheerend, wie Ferenczi bereits 1933 in beeindruckender Form zeigen konnte [12]. Die geliebte Bezugsperson wird idealisiert. Das Kind spürt zwar, dass diese Formen von Berührung „nicht richtig“ sind, gibt sich selbst aber meist die Schuld dafür. Ferenczi diskutiert in diesem Zusammenhang auch den Abwehrmechanismus des Wiederholungszwanges: Um verstehen zu können, was da eigentlich passiert ist, provoziert das Kind erneut eine ähnliche Situation, um das innere Gleichgewicht wieder herstellen zu können. Dies gelingt aber auf Grund der eigenen präpubertären Entwicklung noch nicht. Mehr noch – es entwickelt sich nicht selten eine präpubertäre Amnesie [7]. Der Missbrauch wird vergessen (verdrängt). Im Erwachsenenalter stellen sich jedoch sexuelle Störungen ein, deren Ursachen dem Bewusstsein nicht mehr zugänglich sind. Die ganze Bandbreite dieser Folgen konnte in letzter Zeit auch empirisch untermauert werden [3,11,20,23].

Allerdings soll nicht unerwähnt bleiben, dass sexuell inadäquate Kontakte in der Kindheit nicht ausschließlich zu negativen Folgen führen. In nichtklinischen Gruppen fand man, dass der Anteil der negativen Entwicklungsfolgen deutlich geringer ist und dass Kinder offenbar auch eine Reihe von Bewältigungsmechanismen besitzen, die vor späteren sexuellen Störungen schützen [3,4,27].

In einer neueren retrospektiven Studie konnte gezeigt werden, dass nicht erwünschte sexuelle Kontakte bei 16-jährigen heterosexuellen Jungen von diesen negativer erlebt wurden, wenn diese von Männern durchgeführt wurden [33].

Behinderte Berührung

Frühe Hautkrankheiten können eine Behinderung für den Körperkontakt darstellen. Die Neurodermitis entsteht oft schon in der frühen Kindheit. Den Bezugspersonen ist die Berührung dieser erkrankten Haut eher unangenehm. So entsteht von Anfang an ein Berührungsdefizit. Spätere sexuelle Störungen sind häufig vorprogrammiert. So fanden dann auch Niemeier et al. [26], dass die Sexualität bei erwachsenen Patienten mit Neurodermitis und Psoriasis beeinträchtigt ist. Sie erleben weniger Zärtlichkeiten, Frauen haben weniger Orgasmen. Im Vergleich zu einer hautgesunden Kontrollgruppe gab es jedoch keine Unterschiede in der Koitushäufigkeit. Ähnliche Ergebnisse fand man zum Zusammenhang zwischen Verbrennungen und Sexualität [5].

Die Problematik von *selbstschädigenden Handlungen* stellt einen Teufelskreis für die eigene Sexualität dar, weil sich in diesen Störungen zwei Aspekte meist miteinander vermischen (Haut-Ich als Selbstzerstörungsmechanismus). So sind Selbstschädigungen der Haut nicht selten die Folge nichtadäquater Berührungsformen (sexueller Missbrauch) und Ausdruck von inneren Anspannungen, die als Schuldgefühle interpretiert werden können [15,28]. Selbstschädigungen sind eine Art der Autoaggression. Durch die so entstellte Haut (oft an Armen und Beinen) ist die körperliche Attraktivität für sexuelle Kontakte gemindert. Diese Personen befinden sich im Spannungsfeld zwischen nichtverkrafteter sexueller Berührung und dem Wunsch nach Berührungen in Form von Wärme und Geborgenheit. Verunsicherungen hinsichtlich eigener Körperkontaktbedürfnisse sind dann die Folge.

Berührung im Sexualverhalten Erwachsener

Wenngleich Sexualwissenschaftler den Einfluss der modernen Konsumgesellschaft auf die Sexualität sehr kritisch reflektieren und der Meinung sind, dass zunehmend weniger Zeit für Berührungen zur Verfügung steht, die moderne digitale Computertechnik den kommunikativen Charakter der Sexualität einschränkt (vgl. Schmauks in diesem Band), sexuelle Störungen immer mehr zunehmen [8,9] sowie eine Entwicklung von partnerschaftlicher Sexualität zu mehr Sexualität ohne Partnerschaft möglich wird [14], bleiben doch wesentliche Grundelemente bei den meisten sexuellen Kontakten bestehen. Die Berührung im sexuellen Kontakt wird von Frauen wie von Männern nach wie vor gewünscht und als angenehm erlebt. Ist die Berührung zunächst eine Form der körperlichen Akzeptanz (Zärtlichkeit und Sinnlichkeit), so steigert sie bei der Stimulation erogener Zonen die sexuelle Anspannung (Erotik). Und selbst zur Erreichung eines Orgasmusses ist die Berührung des anderen (oder der eigenen Person) der vermittelnde Faktor. In unterschiedlichen Untersuchungen konnte gezeigt werden, dass die Rolle der Berührungen in sexuellen Kontakten mit zunehmendem Alter nicht etwa ab-, sondern eher wieder zunimmt [13,22].

Berührungen haben somit in sexuellen Kontakten Erwachsener einen wesentlichen Stellenwert und sind für das gesundheitliche Wohlbefinden von Bedeutung. Das hat sich jedoch noch nicht in der WHO-Definition von sexueller Gesundheit niedergeschlagen [17], sollte bei künftigen Definitionsformen möglicherweise Berücksichtigung finden.

Ein gegenteiliger Trend, der mit dem Leistungsdenken der jetzigen Konsumgesellschaft verbunden ist, scheint sich immer mehr auszubreiten und betrifft vor allen Dingen die Männer. Da kommt es auf der einen Seite zu einer zunehmenden Medikalisierung der männlichen Sexualität (u. a. Viagra) [34]. Andererseits sollen Schwellkörperautoinjektionstherapie (SKAT), die Vakuumpumpe, Penisprothesen und neuerdings Viagra die Sexualität „lädierter Männlichkeit“ wieder in Ordnung bringen. Die Sexualität des Mannes wird auf sein steifes Glied reduziert – Sexualität ohne Berührung. Oder ist Berührung erst lustvoll erlebbar und erfahrbar, wenn der Mann ein steifes Glied hat? Urologen und Psychologen sind in heftigen Streit miteinander geraten [30] .

Berührung in der Sexualtherapie

Diese Diskussion hat jedoch zu einer differenzierteren Betrachtung sexueller Probleme bzw. Störungen geführt. Vereinseitigende Somatisierungen bzw. Psychologisierungen sind allemal unangebracht. Aber dass Berührungen in der Sexualität bedeutsam sind, wird nicht angezweifelt. Selbst bei mehr organisch bedingten Erektionsstörungen wäre z. B. eine nichtvaginale Sexualität möglich, denn oft bleibt die Orgasmusfähigkeit erhalten und nicht jeder Mann will dauerhaft Medikamente zur Erreichung einer Erektion einnehmen. Eine solche nichtvaginale Sexualität lebt jedoch von Berührungen. Ein Höchstmaß an Berührungen finden wir im Übrigen in asiatischen Liebesformen – wie etwa dem Tantra-Sex [35]. Seit den 60-er Jahren spielen Berührungen für die Behandlung sexueller Funktionsstörungen des Mannes und der Frau eine große Rolle.

Masters und Johnson [24] entwickelten unterschiedliche verhaltenstherapeutische Programme, denen die Favorisierung der gegenseitigen Berührung in den ersten beiden Therapieschritten oft gemeinsam ist [21]. Tab. 2 zeigt ein Beispiel für eine solche Therapieform bei der Behandlung von Libidomangel bei einer Frau, die einen festen Partner hat und selbst unter diesem Problem leidet. Dabei spielen Berührungen besonders in den ersten beiden Therapieschritten (Streicheln I und Streicheln II) eine besondere Rolle. Bei einem Verbot des Geschlechtsverkehrs wird zunächst der Leistungsdruck genommen, so dass geprüft wird, ob in dieser Atmosphäre Berührungen bedrohlich wirken oder eher angenommen werden, was im zweiten Schritt dann dazu führt, sich sexuellen Empfindungen möglicherweise öffnen zu können. Natürlich funktionieren solche Methoden nicht in jedem Fall.

Tab. 2: Beispiel für eine paarbezogene Sexualtherapie bei Libidomangel der Frau

Therapieschritt	**Ziel**
1. Streicheln I – Berühren des gesamten Körpers ohne erogene Zonen bei GV-Verbot	⇒ Erleben von Berührungen als angenehm i.S. von Wärme und Geborgenheit ohne Leistungsdruck
2. Streicheln II – Berühren des gesamten Körpers mit erogenen Zonen bei GV-Verbot	⇒ Erleben von Berührungen als sexuelle Spannung ohne Leistungsdruck
3. Berühren des gesamten Körpers unter Einbezug sexueller Stimulation	⇒ Erleben von Berührung als direkte sexuelle Stimulation
4. Erkunden sexueller Phantasien	⇒ Erleben zusätzlicher Aspekte zur Luststeigerung
5. Langsames nicht forderndes Einführen	⇒ Erst jetzt erfolgt der Versuch einer vaginalen Stimulation
6. Beobachtung der emotionalen Interaktion des Paares vor sexuellen Kontakten (z. B. keine sexuellen Kontakte erzwingen bei Müdigkeit etc.)	⇒ Verstehen der Sexualität als ganzheitliches Phänomen

Oft ist es in der diagnostischen Phase zunächst notwendig zu differenzieren, warum es zu sexuellen Störungen gekommen ist, warum z. B. der eigene Körper tabuisiert wird [10], welche Berührungstraumatisierungen eine Rolle spielten. Diese Methoden, die als eine Art Hausaufgaben den Patienten mitgegeben werden und auf den unterschiedlichsten Inhalten von Berührungen aufbauen, erlauben es dann, in einer sexualitätsbezogen leistungsfreien Atmosphäre (vorausgesetzt der Partner „übt“ mit) den Körperkontakt als angenehm und positiv für das eigene Wohlbefinden akzeptieren zu lernen.

Literatur

[1] Anzieu, D.: Das Haut-Ich. Frankfurt am Main: Suhrkamp, 1996.

[2] Bartholomäus, W.: Lust auf Liebe, Lust aus Liebe. Formungen und Verformungen der sexuellen Entwicklung durch religiöse Erziehung. Sexualmed 18:263-268, 1996.

[3] Baurmann, M.C.: Sexualität, Gewalt und psychische Folgen. Wiesbaden: Bundeskriminalamt 1996, 2. Aufl..

[4] Bauserman, R., Rind, B.: Psychological correlates of male child and adolescent sexual experiences with adults: Review of the Non-Clinical Literature. Arch Sex Behav 26:105-141, 1997.

[5] Bogaerts, F., Boeckx, W.: Burns and sexuality. J Burn Care Rehabil 13:39-43, 1992.

[6] Borelli, S.: Psyche und Haut. In: Jadassohn, J. (Hrsg.): Handbuch der Haut- und Geschlechtskrankheiten. Ergänzungswerk Bd 8. Berlin, Heidelberg, New York: Springer-Verlag, 1967, pp. 264-568.

[7] Bornemann, E.: Puberale Amnesie. Die Sexualität des Kindes und ihre erkenntnistheoretischen Folgen. Psychoanalyse 1:62-76, 1980.

[8] Bornemann, E.: Sexualität heute (I). Sexualmed 17:309-312, 1995.

[9] Bornemann, E.: Sexualität heute (II). Sexualmed 17:329-332, 1995.

[10] Derbolowsky, Y.: Wenn tabuisierte Körperzonen Probleme bereiten. Sexualmed 18:392-401, 1989.

[11] Egle, U.T, Hoffmann, S.O. und Joraschky, P. (Hrsg.): Sexueller Missbrauch, Misshandlung, Vernachlässigung: Erkennung und Behandlung psychischer und psychosomatischer Folgen früher Traumatisierung. Stuttgart, New York: Schattauer, 1997.

[12] Ferenczi, S.: Sprachverwirrungen zwischen den Erwachsenen und dem Kind. Die Sprache der Zärtlichkeit und der Leidenschaft. In: Bausteine zur Psychoanalyse. Bd. II. Frankfurt am Main: Fischer, 1933.

[13] Fröhlich, H.H.: Sexualität im Alter. Eine sexualpsychologische und -soziologische Studie. Sexualmed 18:334-340, 1996.

[14] Fröhlich, H.H.: Sexualität heute und künftig. Von partnerschaftlicher Sexualität zu Sexualität ohne Partnerschaft. Sexualmed 19:268-276, 1997.

[15] Gieler, U.: Haut und Körpererleben. In: Brähler, E. (Hrsg.): Körpererleben. Ein subjektiver Ausdruck von Körper und Seele. 2. Aufl., Giessen: Psychosozial-Verlag, 1995, pp. 62-73.

[16] Gödtel, R.: Sexualität schon im Uterus? Sexualmed 18:311-312, 1996.

[17] Haeberle, E.J.: Was ist sexuelle Gesundheit? Eine kritische Würdigung der WHO-Definition. Sexualmed 20:143-148, 1998.

[18] Harlow, H.F., Harlow, M.K., Hansen, E.W.: The maternal affectional systems of rhesus monkeys. In: Rheingold, H.L. (Hrsg.): Maternal behavior in mammals. New York: Wiley, 1963.

[19] Harlow, H.F., Zimmerman, R.: Affectional responses in the infant monkey. Science 130:421-422, 1959.

[20] Julius, H., Boehme, U.: Sexuelle Gewalt gegen Jungen. Göttingen: Verlag für Angewandte Psychologie, 1997.

[21] Kochenstein, P.: Der Weg zur gemeinsamen Lust. Verhaltenstherapeutische Behandlung funktioneller Sexualstörungen. Sexualmed 21:70-74, 1999.

[22] Kockott, G.: Sexualität kennt keine Altersgrenze. Sexualmed 19:10-14, 1997.

[23] Lange, C.: Sexuelle Gewalt gegen Mädchen. Ergebnisse einer Studie zur Jugendsexualität. Stuttgart: Enke, 1998.

[24] Masters, W.H., Johnson, V.E.: Impotenz und Anorgasmie. Frankfurt: Govert-Krüger-Stahlberg, 1973.

[25] Montagu, A.: Körperkontakt. Die Bedeutung der Haut für die Entwicklung des Menschen. 9. Aufl., Stuttgart: Klett-Cotta, 1997.

[26] Niemeier, V., Winckelsesser, Th., Gieler, U.: Hautkrankheit und Sexualität. Eine empirische Studie zum Sexualverhalten von Patienten mit Psoriasis vulgaris und Neurodermitis im Vergleich mit Hautgesunden. Hautarzt 48:629-633, 1997.

[27] Rind, B., Tromovitch, P., Bauserman, R.: A meta-analytic examination of assumed properties of child sexual abuse using college samples. Psychol Bulletin 124:22-53, 1998.

[28] Sachse, U.: Selbstverletzendes Verhalten. Göttingen: Vandenhoeck & Ruprecht, 1997.

[29] Schmidt-Sibeth, F.: Glückliche Eltern haben liebesfähige Kinder. Sexualmed 18:441-447, 1989.

[30] Seikowski, K.: Psychologische Aspekte der erektilen Dysfunktion. WMW, 1997, pp. 105-108.

[31] Seikowski, K., Haustein, U.-F.: Chronische Erkrankungen der Haut - Vorbeugung und Verlaufsbeeinflussung. In: Schröder, H., Reschke, K. (Hrsg.): Intervention zur Gesundheitsförderung für Klinik und Alltag. Regensburg: S. Roderer-Verlag ,1996, pp. 121-143.

[32] Spitz, R.A.: Die Entstehung der ersten Objektbeziehungen. Stuttgart: Klett, 1957.

[33] Struckman-Johnson, C., Struckmann-Johnson, D.: Men pressured and forced into sexual experience. Arch Sex Behav 23:93-114, 1994.

[34] Tiefer, L.: Über die fortschreitende Medikalisierung männlicher Sexualität. Z Sexualforsch 6:119-131, 1993.

[35] Voigt, H.: Enriching the sexual experience of couples: The Asian traditions and sexual counseling. J Sex Marital Ther 17:214-219, 1991.

[36] Worm, G.: Berührung als Abstinenzverletzung - Berührung als Heilungsweg. In: Richter-Appelt, H. (Hrsg.): Verführung, Trauma, Missbrauch (1896-1996). Giessen: Psychosozial-Verlag, 1996, pp. 51-67.

UNTERWEGS ZUM CYBERSEX: DIE MEDIATISIERUNG SEXUELLER BERÜHRUNG

Dagmar Schmauks

Das Schlagwort „Cybersex" taucht in aktuellen Artikeln vieler Fachrichtungen auf und bewirkt unterschiedliche Reaktionen von der begeisterten Begrüßung neuer Erlebnisformen bis zum kulturkritischen Beklagen einer immer entmenschlichteren Sexualität. Der vorliegende Artikel hat demgegenüber ganz nüchterne Ziele. Er möchte zeigen, dass die als „Cybersex" bezeichnete Technologie als gradlinige Weiterführung von Bestrebungen gesehen werden kann, dem sexuellen Erleben durch Einbezug der jeweils verfügbaren Medien neue Bereiche und Qualitäten zu erschließen. Diese Medien leisten teils die Speicherung von Daten (Foto, Film, Tonträger), teils deren Verbreitung (Telekommunikation). Diese beiden Entwicklungsstränge verliefen lange getrennt, wachsen aber heute schnell zusammen, da das Internet sowohl Kommunikations- als auch Darstellungsmedium ist. In der Geschichte der Medien wurde zunächst die direkte Wahrnehmung, zu der *alle* Sinne beitragen, immer mehr durch eine indirekte Wahrnehmung ersetzt, bei der manche Sinnesmodalitäten ausgeklammert werden. Erst der Tonfilm führte Sehen und Hören wieder zusammen, und im Cyberspace sollen auch die Nahsinne integriert werden. Dem Thema des Sammelbandes entsprechend liegt der Schwerpunkt auf der Stellung der taktil-haptischen Modalität in diesem Prozess. Die Analyse ist interdisziplinär angelegt, da sie Ansätze unterschiedlicher Disziplinen (etwa Linguistik, Psychologie, Anthropologie und Soziologie) berücksichtigt. Als Brückenwissenschaft dient hierbei die Semiotik, die es erlaubt, nicht nur sexuelle Handlungen als Zeichenprozesse zu rekonstruieren, sondern auch deren Veränderungen, die durch Medienvermittlung bewirkt werden.

Um die Entwicklung von medienvermittelten Formen der Sexualität beschreibbar zu machen, wird im 2. Abschnitt die Ausgangssituation, also der direkte Kontakt zwischen zwei Menschen, semiotisch charakterisiert. Der 3. Abschnitt liefert eine Typologie faktisch auftretender Abweichungen; es wird anhand von Beispielen gezeigt, welche Motive die Ausblendung einzelner Sinne haben kann und durch welche Techniken sie geleistet wird. Während in der direkten Begegnung einzelne Sinne manchmal absichtlich ausgeschaltet werden, kommt es bei medienvermittelten Kontakten bereits durch die Übertragungskapazität des jeweiligen Mediums zu einer Ausschaltung bestimmter Sinne, die je nach Kontext als Vorzug oder Hindernis empfunden wird. Die derzeit aktuellste Art der Telekommunikation ist der Kontakt via Computer und Internet. Hierbei bezeichnet der Ausdruck „Cyberspace" eine möglichst realistische Simulation in mehreren Sinnesmodalitäten und „Cybersex" deren spezielle Nutzung für sexuelle Kontakte. Abschnitt 4 stellt einige häufig diskutierte Szenarien des Cybersex vor, von denen die meisten vorläufig noch eher Utopie als Realität sind. Die zentrale Frage ist, welchen Stellenwert die taktil-haptische Interaktion in solchen Szenarien hat und inwiefern sich simulierte Berührungen wesentlich von realen unterscheiden. Die abschließenden Ausführungen versuchen, einige soziale Auswirkungen des Cybersex abzuschätzen.

Semiotische Merkmale der Ausgangssituation

Direkter Körperkontakt ist die ursprünglichste Form der sexuellen Interaktion, von der ausgehend sich medienvermittelte Formen beschreiben lassen. In dieser Ausgangssituation werden in der Regel nur zwei Zeichensysteme verwendet, nämlich die gesprochene Sprache und die sog. „Körpersprache“ mit Teilsystemen wie Gestik, Mimik und Blickverhalten. Typisch hierbei ist, dass man den anderen mit allen Sinnen wahrnimmt, wobei in jeder Modalität sowohl Zeichen i. e. S. vorkommen, die absichtlich produziert werden, als auch Anzeichen, für die dies nicht gilt. In der visuellen Modalität reicht die Skala von gezielt hergestellten Zeichen (Kleidung, äußere Aufmachung) über solche, die nur zum Teil absichtlich produziert werden (Mimik, Gestik), bis zu unbeabsichtigt produzierten Zeichen wie Erröten und Schwitzen. Wir hören nicht nur sprachliche Äußerungen, sondern auch Seufzer, Stöhnen und die Kontaktgeräusche zweier Körper. Der Geruchssinn nimmt Parfum ebenso wahr wie den individuellen Körpergeruch, der darüber entscheidet, ob wir „jemanden riechen können“. Ebenso wie der Geschmackssinn liefert er differenzierte Wahrnehmungen, da verschiedene Körperregionen und -flüssigkeiten je spezifisch riechen und schmecken. Mittels dieser beiden Nahsinne sind durchaus einfache Botschaften formulierbar, denn die Benutzung von Parfum kann verbalisiert werden als „Ich möchte gut riechen für Dich“, und wer im Kontext verliebter Spielereien den anderen Sekt aus seinem Bauchnabel schlürfen lässt, macht eine ähnliche Aussage via Geschmackssinn. Zentrale Bedeutung hat wie bei anderen Nahkontakten (etwa in der Kinder- und Krankenpflege) der Tastsinn, der nicht nur der phylo- und ontogenetisch älteste Sinn ist, sondern auch das größte Sinnesorgan besitzt – nämlich rund 2 m² Haut, die zugleich Grenz- und Kontaktorgan ist.

Howard [5] zufolge erleben wir uns als vereinzelt in unserer Haut und bemühen uns ständig, diesen Zustand zeitweise aufzuheben. Bei der *Einverleibung* verlagern wir Teile der Außenwelt in unser Inneres, und zwar nicht nur Nahrung, sondern auch Information – man denke an die Redensart „sich ein Buch/einen Film reinziehen“. Die gegenläufige Strategie der *Entgrenzung* beabsichtigt ein Verströmen nach Außen, etwa durch sexuelle oder religiöse Ekstase.

Das Bedürfnis, zu berühren und berührt zu werden, ist sowohl interindividuell als auch interkulturell sehr unterschiedlich ausgeprägt. In jeder Kultur liegt etwa konventionell fest, wie groß ein angenehmer Abstand zwischen Gesprächspartnern ist und wer wen bei welchen Gelegenheiten an welchen Körperteilen berühren darf.

Weil die taktil-haptische Wahrnehmung so grundlegend ist, gehen viele unserer Metaphern von ihr aus. Eindrücke der Außenwelt „berühren" uns, und wir sind ihnen gegenüber „dünnhäutig" oder „dickfellig". Die haptische Basishandlung schließlich, das „Begreifen", bezeichnet in einer metaphorischen Erweiterung jeden Akt des Erkennens. Die Wichtigkeit des Hautkontakts spiegelt sich ferner in einer Vielzahl von Verben, die absichtliche Berührungen anderer Menschen bezeichnen, z. B.: befingern, (be)fummeln, grabschen, kitzeln, knuddeln, krabbeln, kraulen, liebkosen, massieren, sich anschmiegen, streicheln, tätscheln und umarmen (einige davon sind auch auf Kontakte zu Tieren anwendbar). Sexuelle Kontakte sind neben der Aufnahme von Nahrung und Genussmitteln die einzige Situation, in der Erwachsene außer der Hand auch den Mund als Organ der Erkundung und Manipulation verwenden – ansonsten wird nur bei Säuglingen und Krabbelkindern geduldet, dass sie Objekte belecken oder in den Mund stecken. Diese Einschränkung folgt daraus, dass die Schleimhäute bereits zum Körperinneren zählen und solche Kontakte nur zwischen Intimpartnern auftreten. Andererseits sind Berührungen auch ohne Kontakt von Haut zu Haut möglich, denn man kann das Haar über den Körper des anderen streifen lassen oder ihm ins Ohr hauchen. Die Analyse einschlägiger Metaphern belegt, dass wir sogar den Blick des anderen als Berührung empfinden, denn wir reden von „stechendem Blick" und davon, dass ein Blick über einen Körper „gleitet".

Beim Sexualkontakt werden viele physiologische Vorgänge, die bei größerem Abstand nur gesehen oder gehört werden, zusätzlich spürbar, etwa Herzschlag und Atmung, Feuchtigkeit und Temperatur der Haut. Als Sender erkunden wir die Textur von Haut und Haaren, nehmen die Körperspannung wahr und verfolgen das Spiel der Muskeln (in der Haptik gibt es kein Äquivalent zu „beobachten"!). Als Empfänger nehmen wir wahr, wie der andere uns berührt – zögerlich oder fordernd, zärtlich oder erregend. In der Regel sind die Handlungen beider Partner eng verzahnt, da man in kooperativen Kontexten erst dann zu intimeren Berührungen übergeht, wenn der andere Wohlgefallen oder zumindest Akzeptanz signalisiert hat. Nur bei sehr enger Auslegung von „political correctness" wird gefordert, jeder Übergang müsse explizit, also *verbal* erbeten und gewährt werden; andere Autoren betonen im Gegenteil, in der

Sexualität solle anstelle der sonst vorherrschenden sprachlichen Kommunikation die aufmerksame Wahrnehmung des nonverbalen Verhaltens wieder zu ihrem Recht kommen (Luhmann 1989 [7] S. 131f./137). Auf Grund von Feldforschungen wurden feste Stufenfolgen aufgestellt, die von Blicken über Berührungen der Hände bis zu genitalen Kontakten reichen (Morris 1978 [8] S. 363, Argyle 1979 [1] S. 271, und für eine weniger auf genitale Kontakte konzentrierte Darstellung Loewit 1992 [6] S. 70ff.).

Die Symmetrie der sexuellen Begegnung ist ein komplexes eigenständiges Thema, das hier nur gestreift werden kann. Bei symmetrischen Begegnungen haben beide Partner dasselbe Handlungsrepertoire: es darf nicht dem einen erlaubt sein, was dem anderen nicht gestattet ist. Diese Symmetrieforderung ist jedoch selbst kulturspezifisch, es besteht etwa keineswegs Einigkeit darüber, ob auch die Frau von sich aus zu größerer Intimität übergehen darf, ohne mit Sanktionen zu rechnen (meist der, als leichtfertig zu gelten). Sexuelle Nötigung ist grundsätzlich asymmetrisch, denn der Täter legt einseitig die Regeln fest; kommerzieller Sex kann asymmetrisch sein. Es besteht aber auch die Möglichkeit, in einer symmetrischen Rahmenhandlung festzulegen, dass eine bestimmte Begegnung einverständlich asymmetrisch ist – etwa, wenn man Domina/Sklave oder Lehrer/Schülerin spielt.

Für die weiteren Ausführungen ist wichtig, dass die drei ursprünglich verflochtenen Teilfunktionen der Sexualität – nämlich Fortpflanzung, Stärkung der Paarbindung und narzisstische Funktion – teils durch soziale, teils durch technische Entwicklungen bereits stark entkoppelt wurden (Pfäfflin [10]). Spätestens ab Ende der 60-er Jahre wurde Fortpflanzung durch allgemein verfügbare orale Empfängnisverhütungsmittel zuverlässig planbar. Eine zweite Teilfunktion von Sexualität ist die Stärkung der Paarbindung. Unter diesem Aspekt betrachtet sind sexuelle Handlungen ein dialogisches Geschehen (charakterisiert etwa durch den veralteten Ausdruck „Beiwohnung"), das soziale Verantwortung einschließt. Die narzisstische Funktion hingegen zielt primär auf den Lustgewinn des Einzelnen; sie wird durch eine allgemeine Lockerung der Konventionen begünstigt.

Die Ausblendung einzelner Sinne: Motive und Techniken

Dieser Abschnitt zeigt anhand konkreter Beispiele, aus welchen Gründen und mit welchen Mitteln man bei sexuellen Begegnungen einzelne Sinne ausblenden kann. Bereits in der direkten Interaktion gibt es viele Varianten zur beschriebenen Ausgangssituation, und durch neue Medien kommen ständig weitere hinzu.

Direkte Interaktionen

Die direkte Begegnung wird oft „face-to-face Interaktion“ genannt, weil die beteiligten Personen einander in der Regel zugewendet sind und gegenseitigen Blickkontakt halten. Dieses Merkmal fehlt bei oral-genitalen Kontakten und beim Koitus a tergo, so dass bereits hier strenggenommen der Ausdruck nicht mehr zutrifft. Ferner kann jede Sinnesmodalität aufgrund vielfältiger Motive und mit je spezifischen Motiven ausgeklammert werden (ausführlicher in [12]). Das Vereiteln des Sehens etwa kann Keuschheit gewährleisten (Sexualkontakte bei Dunkelheit), aber auch Anonymität herstellen (die Dark Rooms der Schwulenszene). Auch die Ausblendung oder Veränderung von Tastwahrnehmungen hat sehr verschiedene Motive. Als unkeusch galt manchmal nicht nur das Betrachten des anderen, sondern auch das gegenseitige Betasten. Ein naheliegendes Mittel, diese Sünde zu verhindern, ist daher das Tragen fester, körperbedeckender Kleidungsstücke bei Sexualkontakten. Das seit dem Mittelalter nachweisbare sog. „chemise cagoule“ ist ein fußlanges Nachthemd, das in Höhe der Genitalien einen Schlitz aufweist, der einen Koitus mit Minimalentblößung erlaubt (Abb. in Duerr 1988-97, I: [3] S. 179). Mit ähnlichen Mitteln wollte man im 19. Jahrhundert die Masturbation von Jugendlichen verhindern; die Skala reicht vom Gebot bestimmter Körperhaltungen („Hände auf die Bettdecke!“) über eine Nachtbekleidung, die keine Selbstberührung erlaubt, bis zu ausgeklügelten – oft medizinisch geforderten – Fixierungsmethoden. Solche Maßnahmen reglementieren also sexuelle Berührungen des anderen oder des eigenen Körpers. Folglich kann man sie als einen Beleg dafür ansehen, dass die Haut als Grenzorgan des Individuums immer auch ein nahe liegender Ort ist, an dem die Gesellschaft ihre Macht ausübt (eine Fülle von Beispielen in Benthien [2], darunter auch noch einschneidendere von der Brandmarkung bis zur Schindung).

Diese gesellschaftliche Unterdrückung von Hautbedürfnissen, die erst ein Jahrhundert zurückliegt, unterscheidet sich völlig von der derzeitigen Situation. Empirische Erhebungen belegen, dass in Paarbeziehungen heute eine große Vielfalt von Berührungen zugelassen wird, wobei auch Varianten wie Oralsex häufig vorkommen, die zur Jahrhundertwende noch zu den Perversionen gezählt wurden. Innerhalb weniger Jahrzehnte wurde Sexualität von einem Gegenstandsbereich, der sowohl in öffentlichen wie auch in privaten Diskursen weitgehend totgeschwiegen wurde, zu einem zentralen Thema in allen Medien. Selbst ausgefallene sexuelle Bedürfnisse können nicht nur ausgelebt und öffentlich besprochen werden, sondern werden auch kommerziell bedient. Viele dieser Bedürfnisse beziehen sich unmittelbar auf die Haut und ihre Wahrnehmungsmöglichkeiten. Eng anliegende Lack-, Latex- oder Lederkleidung zur Luststeigerung ist eine wichtige Warensorte einschlägiger Läden. Als reizvoll bis hin zum Fetischismus gilt nicht nur der spezifische Geruch und die haptische Qualität dieser Materialien, sondern auch das Gefühl des Eingeschnürtseins, wie es ähnlich durch Mieder erzeugt wird. Das spielerische oder ernsthafte Fesseln des Partners stellt eine asymmetrische Situation her, bei der man den anderen nach Belieben betastet, ohne dass dieser den Berührungen ausweichen oder selbst aktiv werden kann. Ein ganz anderes Szenario ist das Masturbieren in Gegenwart des Partners, bei dem die Partnerberührungen vollständig durch Selbstberührungen ersetzt werden, jedoch verbale und nonverbale Rückkopplung bestehen kann.

Die Tastwahrnehmungen verändern sich grundlegend, wenn der Körper des anderen ganz oder teilweise durch Artefakte ersetzt wird. Die Analyse der Entwicklung solcher Sexspielzeuge zeigt, dass eine immer realistischere Simulation angestrebt wird [12]. Die derzeitige Maximalsimulation sind Sexpuppen, die nicht nur statische Geschlechtsmerkmale simulieren, sondern auch sexuelle Erregung (Lubrikation, Koitusbewegungen). Körperareale, die mit Flüssigkeit gefüllt werden können, erlauben das Simulieren von Ejakulation und Milchaustritt. Im Moment vollzieht sich gerade der Übergang von aufblasbaren zu massiven Puppen. Diese wirken vor allem für den Tastsinn weitaus realistischer, da sie zusätzliche Merkmale des menschlichen Körpers simulieren, nämlich Gewicht und Trägheit, die Freiheitsgrade der Gelenke und die Textur der Haut. Es ist nur eine Frage der Zeit, dass in diese Attrappen die Errungenschaften der Mensch-Maschine-Interaktion eingebaut werden, vor allem Geräte zur Spracheingabe (vokale Anweisungen), Sprachausgabe (Stöhnen, „Liebesstammeln“) und Steuerung von aktiver Bewegung. Semiotisch interessant ist auch das seit kurzem verfügbare sog. „Vibrationsei“, bei dem ein vaginal eingeführtes Ei von einer räumlich entfernten Person in Vibration versetzt werden kann. Das Betätigen der Fernbedienung ist also zugleich eine Zeichenhandlung (etwa die Botschaft „Ich denk an Dich“) und eine Gebrauchshandlung mit dem Ziel, den anderen zu erregen. Das spezielle Problem, dass wie bei einem Geschlechtswechsel auch taktil-haptische Merkmale des Wunschgeschlechts simuliert werden können, ist in einem eigenen Artikel behandelt worden [13].

Medienvermittelte Interaktionen

Jedes Kommunikationsmedium überträgt nur bestimmte Aspekte der Ausgangssituation und bringt bestimmte Zeitverhältnisse mit sich. Briefpartner können einander weder sehen noch hören, und zwischen Schreiben und Lesen vergeht manchmal eine lange Zeit. Das Telefon hingegen bietet einen Hörkontakt ohne Zeitverschiebung, der beim Bildtelefon noch um einen

Sichtkontakt erweitert wird. Diese Unterschiede im semiotischen Potential der Medien wirken sich auch in sexuellen Szenarien aus, was sich etwa anhand von Briefsex, Telefonsex und Peep-Shows zeigen lässt (zu den je spezifischen Rahmenbedingungen siehe [12]).

In jedem dieser Szenarien werden taktil-haptische Wahrnehmungen in spezifischer Weise verändert. Beim Briefsex hat zumindest ein direkter physikalischer Kontakt zwischen Autor und Brief stattgefunden, so dass der Empfänger sich vorstellen kann, dieser Kontakt würde sich auf ihn übertragen. Die keineswegs seltene Strategie, dem Brief einen deutlich sichtbaren Kuss aufzudrücken, ist ein Beleg dieser Einstellung. Ferner kann man natürlich verbal beschreiben, wie man den anderen in Gedanken berührt oder von ihm berührt werden möchte. Beim Telefonieren kann dieses Beschreiben von Berührungen zu einem echten Dialog werden, da es hier keine Zeitverschiebung gibt. Bestimmte Formen von Telefonsex sind folglich eine Zwischenform zwischen Sexualkontakt und Masturbation, da in ihnen Elemente beider Szenarien auftreten. Bei der Peep-Show hingegen betrachtet der Kunde den Anbieter (in der Regel eine Frau) durch eine Einwegscheibe. Falls auch Hörkontakt besteht, kann er sie zu bestimmten Stellungen und Bewegungen auffordern, etwa zu Selbstberührungen – im Unterschied zum Telefonsex besteht also eine visuelle Rückkopplung (wie sie auch das in Kürze sich verbreitende Bildtelefon bieten wird). Das Internet erlaubt im Modus des „chattens" schriftlichen Kontakt ohne Zeitverzögerung. Spezielle „chat lines" ermöglichen jede Art sexueller Kommunikation vom heißen Flirt bis zum Gespräch über Obsessionen. Funktional gesehen sind sie also technisierte Varianten der in früheren Jahrhunderten üblichen Korrespondenzzirkel, bei denen die vom Medium gebotene Kombination von Anonymität und Intimität einen schrankenlosen verbalen Austausch begünstigte.

Szenarien des Cybersex

Der Ausdruck „Cyberspace" oder „virtuelle Realität" bezeichnet eine computererzeugte, perspektivisch wahrgenommene Umgebung, die dem Benutzer in der helmbasierten Variante über einen Helm mit Bildschirmen vor den Augen („head-mounted-display") präsentiert wird. Dieser künstliche Raum enthält auch ein Abbild des Körpers des Benutzers, so dass dieser nicht nur seine Bewegungen visuell kontrollieren, sondern auch virtuelle Objekte ergreifen und manipulieren kann. Ein mit Sensoren ausgerüsteter Ganzkörperanzug („data suit", „Datenanzug") liefert Seh- und Höreindrücke und bei der Berührung virtueller Objekte kann durch zusätzliche „Effektoren" auch ein haptisches Feedback bewirkt werden. Ein Sonderfall virtueller Handlungen ist der sog. „Cybersex", eine bestimmte Nutzung des Internets (oder einer anderen Vernetzung von Computern), die durch zusätzliche Geräte simulierte Sexualkontakte erlaubt. Das Schlagwort „Teledildonik“ (Robinson/Tamosaitis [11] S. 258ff.) zeigt, dass altbekannte Artefakte die wesentlichen Bestandteile der neuen Technologie sind – sie werden nun lediglich aus beliebiger Entfernung gesteuert. Aus Sicht der Haptik sind vor allem Telekontakte mit anderen realen Personen interessant, weil sich bei ihnen die Frage stellt, inwieweit virtuelle Berührungen naturgetreu sind bzw. irgendwann sein werden. Ausgeklammert wird die Prostitution im Cyberspace, die durch die Anonymität und Risikoarmut des Kontakts begünstigt wird. Vorhersehbar ist, dass das Internet wie jedes andere Medium unter anderem zur Kommerzialisierung von Sex benutzt wird, wobei die Anbieter auch virtuelle Personen einsetzen und den Benutzern vorgefertigte Szenarien liefern werden (vgl. [12]).

Semiotische Merkmale des Cybersex

Die Simulation des eigenen Körpers, die im Netz umherstreift, kann beliebig gestaltet werden – man bezeichnet diesen Doppelgänger als „Persona“ oder „Avatar“. Manchmal wird argumentiert, eine positive Folge dieser Wählbarkeit des Körpers sei die Demokratisierung der Beziehungen. Denn sobald das Aussehen der Beteiligten keine Rolle mehr spielt, sondern nur noch ihre Phantasie und Beredsamkeit, haben auch Personen eine Chance, die behindert oder vom Aussehen her benachteiligt sind. Dieses Argument greift jedoch zu kurz, da es den Druck übersieht, der von Schönheitsidealen ausgeht. Sogar in der realen Welt passen sich viele Menschen solchen Idealen an, wobei manche gesundheitliche Schäden bis hin zur Magersucht in Kauf nehmen. In der virtuellen Welt ist dieser Druck noch stärker, da hier das Schönheitsideal leicht erreichbar und somit umso verbindlicher ist (Müller 1996 [9] S. 24). Wer mit der bloßen Verschönerung des eigenen Körpers nicht zufrieden ist, wählt einen anderen, etwa den eines Medienstars. Man kann aber auch in ein anderes Lebensalter oder in das Gegengeschlecht schlüpfen („gender-swapping“, siehe Müller 1996 [9] S. 14ff.) oder sogar in eine andere – reale oder fiktive – biologische Art. Robinson und Tamosaitis ([11] S. 241ff.) stellen weitere Gedankenexperimente vor, nämlich die Bereitstellung anderer Körperteile und neuer Arten sexueller Stimulierung, die soziale Interaktionen stark verändern werden. So könnte man Tasteindrücke so „verpflanzen“, dass ein Händedruck an den Genitalien empfunden wird: „What will happen to social touching, [...] when nobody knows where anybody else's erogenous zones are located ?“ (Rheingold in [11] S. 259).

Solche Fragen beziehen sich jedoch auf einen technischen Stand, dessen Realisierung noch nicht in Sicht ist. „Teletactility“, die simulierte Berührung auf Distanz, unterscheidet sich beim derzeitigen Stand der Technik noch grundlegend von der realen Berührung von Haut zu

Haut. Durch den Einsatz sog. „vibrotaktiler Displays“, die Tast- und Vibrationsreize erzeugen, können zwar bereits Texturen simuliert werden, was im Cybersex-Kontext vor allem für die Wahrnehmung von Haut und Haaren des anderen wichtig ist. Geruch und Geschmack hingegen bleiben vorerst völlig ausgeklammert und auch physiologische Faktoren (Herzschlag, Atmung, Körpertemperatur, Sekretion) können noch nicht simuliert werden.

Soziale Merkmale des Cybersex

Da die Cybersex-Technologie vorerst eher Vision als Realität ist, existieren auch noch keine empirischen Untersuchungen, die darüber Auskunft geben könnten, welche Personen aus welchen Motiven heraus solche Kontakte suchen. Entsprechende Überlegungen haben daher notwendigerweise den Status von Vermutungen und basieren in der Regel auf Analogieschlüssen. Um die sozialen Auswirkungen abzuschätzen, muss man zwei grundlegende Szenarien unterscheiden. Im Hinblick auf einen bereits bekannten aber räumlich getrennten Partner bietet Cybersex eine Möglichkeit, unter Einbezug möglichst vieler Modalitäten in Kontakt zu bleiben. Die Anonymität der Partner, die sonst als typisches Merkmal von Cybersex-Kontakten betont wird, ist also hier nicht gegeben. Wenn vertraute Paare die Gestalt ihrer Avatare frei wählen, ist dies nur eine neue technische Möglichkeit, den bestehenden Wunsch nach Verkleidung zu befriedigen.

Die weitaus meisten Cybersex-Szenarien hingegen beschäftigen sich mit Kontakten zwischen einander unbekannten und weitgehend anonymen Partnern, deren räumliche Entfernung keine Rolle spielt. Die umfassendste Wunschvorstellung ist die einer schrankenlosen Promiskuität im „global village“, mit Milliarden von potentiellen Sexualpartnern, unter denen es Millionen mit ähnlichen sexuellen Vorlieben geben könnte (diese Phantasie setzt sehr optimistisch voraus, in absehbarer Zeit habe jeder Erdbewohner die technische Infrastruktur). Betont wird häufig, dass trotz dieser Promiskuität die Kontakte medizinisch risikoarm bleiben, da keine Geschlechtskrankheiten und HIV-Viren übertragen werden. Ferner ist eine Schwängerung unmöglich, die bei realen Begegnungen auch heute trotz stark verbesserter Verhütungsmittel oft nicht sicher ausgeschlossen werden kann.

Reale Sexualkontakte sind immer auch sehr spezifische Lernerlebnisse, da man in ihnen den anderen viel gründlicher kennenlernt als in anderen Situationen (die Genesis betont dies durch die Formulierung „sie erkannten einander“). Diese Funktion entfällt beim Cybersex, denn da jeder seinen Avatar frei wählt, trägt der Sexualakt nur noch eingeschränkt zum Kennenlernen des anderen bei. Die Haut etwa, um die es hier vor allem geht, informiert normalerweise darüber, wie alt der andere ist, ob er körperlich arbeitet und wie häufig er sich im Freien aufhält. Diese Informationen entfallen nun und können durch simulierte Merkmale ersetzt werden. Denkbar ist etwa, dass jemand seinen Avatar mit Schwielen und Narben versieht, um sich als harter Kerl darzustellen. Durch einen Gestaltwechsel wird jedoch eine Identifizierung der Person nicht von vornherein ausgeschlossen, denn man könnte eine Simulation wählen, bei der Bewegungsmuster und andere Charakteristika höherer Ordnung erhalten bleiben. Eine Frau, die sich bzgl. Gesicht und Figur als Marilyn Monroe präsentiert, wäre dann weiterhin identifizierbar durch die Art, wie sie lächelt, beim Reden gestikuliert und mit ihrem Schmuck spielt.

Einverständliche Rollenverteilungen sind unproblematisch – man kann sich je nach Laune als Cäsar und Kleopatra treffen, als Romeo und Julia, aber auch als Donald und Daisy Duck. Ganz neue Probleme entstehen, wenn ein Partner einseitig entscheiden kann, wie er den anderen in seiner virtuellen Welt sieht. Hitchcocks Film „Vertigo" führt etwa vor, welche Quälereien es mit sich bringt, wenn man jemanden dazu zwingt, bis in Details der Aufmachung einen verstorbenen Partner zu ersetzen. Im Cyberspace wäre dieser Wunsch leichter zu erfüllen, vor allem wenn der andere gar nicht weiß, wie er für seinen Partner aussieht. Auf diese Weise ist das Ausleben beliebiger Obsessionen möglich, denn der andere kann ja auch als eigene Mutter oder Tochter gestaltet werden, als abgespaltener Teil der eigenen Person, als Tier oder unbelebtes Objekt. Die psychosozialen Konsequenzen solcher Möglichkeiten sind noch völlig unauslotbar. Man kann nicht vorhersehen, ob Menschen, die vorwiegend mit simulierten Personen verkehren, die dabei erworbenen Verhaltensweisen auf die Realität übertragen. Während man etwa belastende virtuelle Kontakte mühelos durch „Abschalten" des anderen beenden kann, erfordern reale Kontakte eine hochdifferenzierte soziale Kompetenz (und Frustrationstoleranz!), die im Cyberspace kaum erworben werden kann.

Eerikäinen (1998 [4]) betont, dass den bisherigen Cybersex-Visionen eine leibfeindliche Einstellung zugrunde liegt, die den Körper ganz abschaffen und den Menschen in einen Cyborg – ein Mischwesen aus Mensch und Maschine – verwandeln will. Gerade der reale Kontakt von Haut zu Haut gilt als bedrohlich, denn er kann zu Ansteckung oder Schwängerung führen, und zeigt einem durch Narben und Alterungsspuren „hautnah" die Gefährdung des Körpers. Der Körper wird als Gefängnis des Selbst gesehen (eine Ansicht, die schon in der Antike formuliert wurde), weil er krank werden kann, altert und sterben wird. Folglich sollte an die Stelle des gefährlichen, unsicheren und anstrengenden realen Sex der saubere, risikolose Cybersex treten, der uns nicht mit den Zeichen der Leiblichkeit konfrontiert und keine sozialen Verpflichtungen mit sich bringt. Die oft thematisierten Merkmale des postmodernen Ichs sind also hier am klarsten sichtbar: es ist instabil, inhomogen und fragmentarisch. Es ist jedoch schwer einzusehen, wie man Cybersex als eine Überwindung von Leiblichkeit ansehen kann. Offensichtlich ist es doch weiterhin der gefährdete fleischliche Körper, der sich einen Datenanzug anzieht und damit das Netz „betritt", um sexuelle Abenteuer zu suchen. Dabei kann er zwar zeitweise seine reale Welt vergessen, die ihn aber dennoch durch Krankheit, Alter und Tod einholen wird. Und auch in absehbarer Zeit wird es keine Cyborgs geben, in denen alle „Verschleißteile" des Körpers durch haltbare Prothesen ersetzt worden sind.

In Hinblick auf den Tastsinn sind sich alle Visionäre nicht nur einig, dass Cybersex erst durch Simulation der taktil-haptischen Wahrnehmungen „lebensecht" wird, sondern sie erwarten auch, dass die Intensität und Vielfalt von (Tast-)Wahrnehmungen im Cyberspace noch ungeheuer gesteigert werden kann. „Suddenly, you are in a strange new world where miraculously you can run your hands through virtual hair, touch virtual silk, unzip virtual clothing and caress virtual flesh. You would be having what might be called a ‚neuromimetic experience', where sensations experienced by your nerves are translated into electronic pulses. [...] In a neuromimetic world, our tactile and other senses could be increased a thousandfold in ways that boggle the mind" (Robinson/Tomasaitis 1993 [11] S. xiv).

Selbst in den Visionen einer neuen virtuellen Welt zeigt sich also, dass unser Wunsch nach Berühren und Berührtwerden so grundlegend ist, dass er immer neue Formen seiner Befriedigung sucht. Und obwohl die in der Literatur vorgestellten Szenarien oft sehr weit entfernt von realen Erfahrungen angesiedelt sind, scheint ihnen doch derselbe Hauthunger zugrunde zuliegen, der in unseren taktil verarmten städtischen Räumen oft nicht ausreichend befriedigt wird. Aus dieser Perspektive haben Cybersex-Abenteuer ganz ähnliche Motive wie alltägliche Aktivitäten in der realen Welt, die den Wunsch nach Hauterlebnissen befriedigen. Deren Skala reicht vom Besuch von Streichelzoos über das Hören von Techno-Musik (die mit dem ganzen Körper gefühlt wird) bis zu extremen Bewegungserlebnissen wie Bungee-Jumping und Downhill-Biking.

Literatur

[1] Argyle, M.: Körpersprache und Kommunikation. (Original: Bodily Communication. London, 1975) Paderborn: Junfermann, 1979.

[2] Benthien, C.: Im Leibe wohnen. Literarische Imagologie und historische Anthropologie der Haut. Berlin: Berlin-Verlag, 1999.

[3] Duerr, H.P.: Der Mythos vom Zivilisationsprozeß. Band 1: Nacktheit und Scham. Band 2: Intimität. Band 3: Obszönität und Gewalt. Band 4: Der erotische Leib. Frankfurt a.M.: Suhrkamp, 1988-97.

[4] Eerikäinen, H.: „Cybersex: A desire for disembodiment". Erscheint in: Inkinen, S. (Hrsg.): Mediapolis. Berlin: de Gruyter, 1998.

[5] Howard, J.A.: The Flesh-Colored Cage. The impact of man's essential aloneness on his attitudes and behavior. New York: Hawthorn, 1975.

[6] Loewit, K.: Die Sprache der Sexualität. Frankfurt a.M.: Fischer, 1992.

[7] Luhmann, N.: „Wahrnehmung und Kommunikation sexueller Interessen". In: Gindorf, R., Haeberle, E.J. (Hrsg.): Sexualitäten in unserer Gesellschaft. Berlin u.a.: de Gruyter, 1989, pp. 127-138.

[8] Morris, D.: Der Mensch mit dem wir leben. Ein Handbuch unseres Verhaltens. (Original: Manwatching. Oxford 1977) München: Knaur, 1978.

[9] Müller, J.: Virtuelle Körper. Aspekte sozialer Körperlichkeit. FS II 96-105, Forschungsschwerpunkt Technik–Arbeit–Umwelt. Berlin: Wissenschaftszentrum für Sozial–forschung, 1996.

[10] Pfäfflin, F. (in Vorbereitung): „Servonen des Geschlechts". Erscheint in: Allert, G., Kächele, H. (Hrsg.): Tagungsband der Internationalen Fachkonferenz Medizinische Servonen. Psychosoziale, anthropologische und ethische Fragen prothetischer Medien in der Medizin.

[11] Robinson, P., Tamosaitis, N.: The joy of cybersex. An underground guide to electronic erotica. New York: Brady, 1993.

[12] Schmauks, D.: Zeichenprozesse bei der Vermarktung von Sex. Erscheint in: Tagungsband des 1. Semiotischen Ateliers (Wien 1998), 1999a.

[13] Schmauks, D.: Die Rolle von Artefakten beim Geschlechtswechsel. Erscheint in: Zeitschrift für Semiotik 21:3-4, 1999b.

HAPTISCHE WAHRNEHMUNG IN SPORT- UND TRAININGSANWENDUNGEN

Lothar Beyer

Die Bewegungs- und Motorikforschung hat international in den letzten zwei Jahrzehnten einen deutlichen Aufschwung erfahren. Obwohl die klassischen Wissenschaftsdisziplinen Physiologie und Psychologie zu bestimmten Teilgebieten der Motorik wie dem motorischen Lernen, der motorischen Ontogenese aber auch zur Motodiagnostik und Mototherapie beigetragen haben, dürfte der Begriff „haptische Wahrnehmung" bei sehr vielen Trainings- und Sportwissenschaftlern nicht bekannt sein. Es gibt aber kaum umfassendere trainingsmethodische Literatur, die nicht auf die grundlegende Bedeutung der „Sensomotorik" für die sportlichen Leistungen verweist [4]. Die Aneignung präziser sportlicher aber auch beruflicher Bewegungstechniken sowie deren Erweiterung und Vervollkommnung erfordert tiefere Kenntnisse über alle sensomotorischen Mechanismen und deren Beeinflussung.

Der sensomotorische Ansatz

Die Sportmotorik verfügt in ihrem theoretischen Herangehen auch über einen „sensomotorischen Ansatz". In diesem Abschnitt soll erläutert werden, inwieweit die haptische Wahrnehmung Bestandteil eines solchen sensomotorischen Ansatzes der Sport- und Trainingswissenschaften ist und wo die Schwerpunkte dieses Ansatzes liegen. Ausgangspunkt für die Begründung eines sensomotorischen Ansatzes bildeten die Ergebnisse des russischen Physiologen Secenov, der in seinem Buch „Reflexe des Gehirns" (zit. in Pöhlmann [6]) erkannt hatte, dass Muskelsystem und Nervensystem funktionell zusammenhängen und eine getrennte Betrachtungsweise ihre Grenzen hat. Die Sinnesorgane mit ihren Rezeptoren (Sensoren) und aufsteigenden Informationskanälen einerseits, und die Ausführungsorgane (Effektoren), gesteuert, geregelt und kontrolliert über efferente Informationskanäle, andererseits sind über das Zentralnervensystem miteinander – sensomotorisch – verbunden. „Sensorik" und „Motorik" sind eine vereinfachte Betrachtung eines funktionell wechselseitigen Zusammenhanges. Die Funktion der Sinnesrezeptoren enthält in der Regel motorische Komponenten. Die Funktionen der Effektoren werden stets durch Sinnesfunktionen reguliert. Der Begriff Sensomotorik hebt diesen Zusammenhang inhaltlich präzisiert hervor. Aspekte der sensomotorischen Informationsverarbeitung und der sensomotorischen Regelung wurden von Ungerer [9] in eine „Theorie des motorischen Lernens" einbezogen. Erkenntnisse aus der Sportwissenschaft zu sensomotorischen Prozessen sind übertragbar auch auf die Behindertenpädagogik und Trainingstherapien und wurden hier weiter entwickelt.

Im sensomotorischen Ansatz der Sportwissenschaftler werden aber einzelne sensorische Afferenzen oft isoliert betrachtet (z. B. vestibuläre Komponente des Gleichgewichtssinnes, die optische Rückkopplung, die Information aus den Propriorezeptoren). Häufig wird in sportmethodischen Arbeiten die Sensomotorik nur in einem engeren Sinne in die Betrachtungen einbezogen, nämlich als unbewusste Rückkopplung aus den Propriozeptoren der Muskulatur. So entstand die relativ enge Auffassung, dass die sensomotorischen Funktionseinheiten sich primär auf relativ elementare Anforderungen bzw. auf eigenständig ablaufende Handlungsoperationen bezieht. Andererseits wird der aus der Bewegung resultierende sensorische Rückstrom aus praktischen Gründen auch einfach der somatosensorischen Sensibilität zugeordnet, ohne auf deren Komplexität einzugehen. So liegt nach Noth [5] die Bedeutung der somatosensorischen Sensibilität hauptsächlich in der Kontrolle von Bewegungen, die auf einen kontinuierlichen somatosensorischen Rückfluss („feedback“) angewiesen sind. Früh erworbene grob-motorische Programme können dagegen relativ ungestört abgerufen werden.
Der sensomotorische Ansatz ist auch in dem übergeordneten Begriff der Psychomotorik enthalten. In der Psychomotorik spielen neben Steuer- und Regelungsvorgängen auch Prozesse der oft hierarchisch verknüpften Selbstorganisation eine Rolle, nach deren Prinzipien nach unserer Meinung auch die Komplexität der haptischen Wahrnehmung organisiert ist. Ihre bedeutendste Anwendung hat die Psychomotorik vielleicht in der Motopädagogik gefunden mit einem entwicklungsorientierten Konzept der Erziehung durch Bewegung [3]. Dabei werden u. a. Umwelt-, Material- und Partnererfahrung in den Mittelpunkt gesetzt.

Physiologische Komponenten der haptischen Wahrnehmung im Sport

Physiologische Komponenten einer haptischen Wahrnehmung sind besonders für die Aneignung und Ausführung feinmotorischer Bewegungstechniken (Fertigkeiten) und für explorativ-reaktive Handlungen erforderlich. Dabei kann sich keine Einschränkung auf einzelne Sportarten ergeben, da die meisten Sportarten technisch komplizierte Bewegungsabläufe erfordern oder ein Sportgerät bzw. ein agierender Gegner beherrscht werden muss.

Afferentation und Bewegungskoordination

Die mechanische Reiz-Reaktions-Beziehung, die in der Sportwissenschaft lange Zeit dominierte, wurde durch das breite Konzept der Bewegungskoordination abgelöst. Eine erste Grundlage für die Einbeziehung biomechanischer, bewegungsphysiologischer und informationstheoretischer Aspekte in das Techniktraining und in den Unterricht sportlicher Fertigkeiten schufen die Erkenntnisse des Physiologen Bernstein [2]. Bernstein wies nach, dass die motorische Peripherie keine starre mechanische Verbindung mit dem Zentrum aufweist. Die Bewegung wird nicht vollständig durch effektorische Prozesse determiniert.

Um dies zu erläutern, wird der Begriff der Koordination genutzt. Dies führte zu dem Schluss, dass die entscheidende Rolle für die Ausführung der Bewegungssteuerung die Afferentation spielen muss. Diese Afferentation hat zum einen die Aufgabe, die physiologischen Übertragungsbedingungen an den Synapsen im Rückenmark zu bestimmen, und zum anderen, die Zentren über den aktuellen mechanischen und physiologischen Zustand der Effektoren auf dem Laufenden zu halten. Gegenüber dem Reafferenzprinzip nach von Holst und Mittelstaedt wird bei Bernstein die Afferenz als determinierend für die Handlung angesehen. Die Koordination wird als „jene Tätigkeit, die der Bewegung ihren ganzheitlichen Charakter und ihre strukturelle Einheit sichert" gesehen. Heute wird das Bernstein'sche Modell neben der „closed-loope-theory" von Adam unter die kybernetisch orientierten Modelle gerechnet [4]. Prinzipiell unterscheidet sich dieses Modell nicht von den anderen Modellen, wie z. B. dem Modell der adaptiv-hierarchischen Kontrolle, da jedes dieser Modelle nur eine Seite der Motorik (sportlichen Leistung) besonders hervorhebt. Schnabel [7] stellt das in der Traingswissenschaft aktuelle Modell der Bewegungskoordination wie folgt dar (Abb: 1). Dieses Modell ist stark an das „physiologische Modell des Funktionellen Systems" nach Anochin angelehnt.

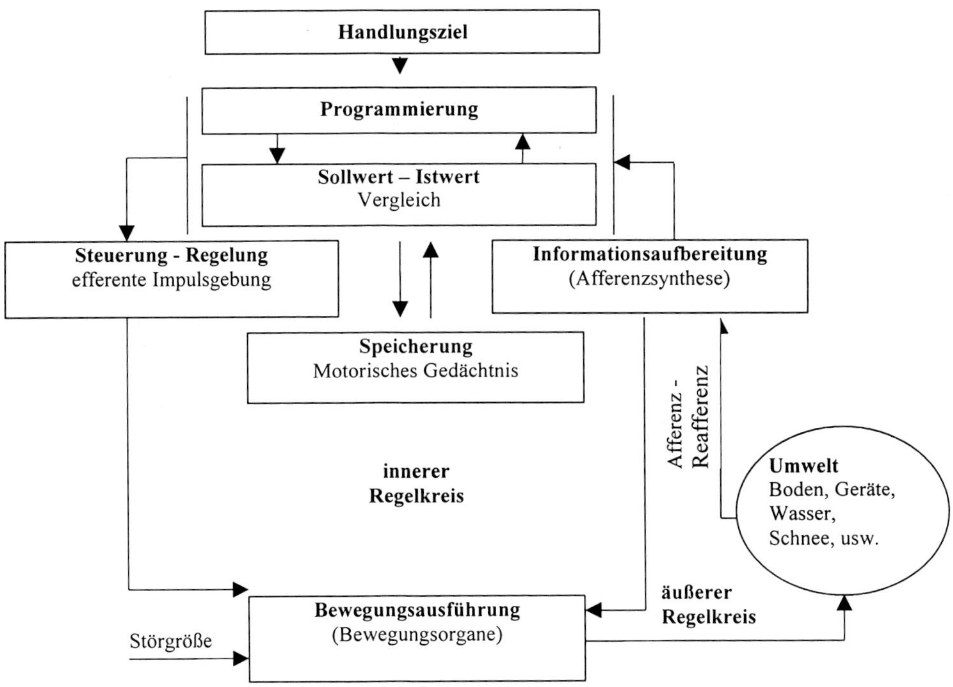

Abb. 1: Sportwissenschaftliches Modell der Bewegungskoordination nach Schnabel [7]

Das Modell von Schnabel beinhaltet mehrere Teilfunktionen:

- die afferente und reafferente Informationsaufnahme und Informationsaufbereitung;
- Vorhersage der Zwischen- und Endergebnisse (Programmierung);
- Erteilung efferenter Steuer- und Korrekturimpulse;
- Bewegungsausführung durch die Muskulatur;
- der Vergleich eingehender und gespeicherter Information.
- Dieses Modell postuliert, dass sowohl die Programmierung (Antizipation) als auch der Soll-Ist-Vergleich durch das Handlungsziel entscheidend bestimmt werden.

Analyse und Synthese

Für das Verständnis sportlicher Bewegungsabläufe ist es von Bedeutung zu wissen, welche Rezeptoren und Verarbeitungssysteme an der die Motorik determinierenden Afferenzen und aus der Motorik resultierenden Reafferenzen beteiligt sind. Die Sport- und Trainingswissenschaft untersucht somit auch, welche neurophysiologichen Mechanismen der menschlichen Bewegung zugrunde liegen. Insbesondere ist von Interesse, welche neurophysiologischen Prozesse die Analyse und Synthese von Bewegungsinformationen begleiten und welche Sinnessysteme hierbei funktional relevant sind. In Anlehnung an die starke physiologische Orientierung der Forschung wurde angenommen, dass auf sensorischer Ebene generell ein spezifischer „Sinnesanalysator" für die Verarbeitung sensorischer Informationen verantwortlich ist. Als „Sinnesanalysator" wurde ein für eine bestimmte Modalität ausgelegtes sensorisches Teilsystem verstanden, welches verantwortlich ist für die Informationsaufnahme und Transformation in den Rezeptoren, Transduktion in den peripheren Nerven und zentralen Leitungsbahnen sowie Verarbeitung in den nervalen Zentren bis zum primären Zentrum der Hirnrinde.

Vor diesem Hintergrund wurden den komplexen und miteinander vernetzten Reizkonfigurationen im Rahmen motorischer Aktionen unterschiedliche Analysatoren, z. B. für „taktile" oder „kinästhetische" Reize, zugeordnet. Es zeigt sich jedoch, dass diese Differenzierung im besten Falle auf der Rezeptor- bzw. Sensorebene von Nutzen ist, nicht jedoch auf der Ebene der Informationsverarbeitung, der Analyse und Synthese von Bewegungsinformationen. Die für motorische Aktivitäten relevanten sensorischen Informationen werden somit nicht von einem „Sinnesanalysator" verarbeitet, sondern deren Analyse und Synthese ist das Ergebnis der regulativen Informationsverarbeitung des sensomotorischen und somatosensorischen Systems.

So wird das *somatosensorische System* und das *sensomotorische System* während sportlicher Aktivitäten mit Informationen aus unmittelbarem Kontakt mit der Umwelt gespeist. Diese Informationen resultieren im Sport oft aus dem Greifen eines Sportgerätes oder des Gegners, aber auch aus dem Widerstand von Luft und Wasser. Beide Systeme sind für die Analyse und integrativen Synthese sensorischer und motorischer Informationen verantwortlich. Interessant ist eine Beobachtung von Meinel und Schnabel [4], dass es dem Sportler in vielen Fällen kaum möglich sei, „taktile" Informationen von „kinästhetischen" Informationen zu unterscheiden. Wie schon an anderer Stelle gezeigt (s. Beitrag Grunwald), macht diese begriffliche (und scheinbar funktionale) Trennung auf der Basis sensorisch-rezeptiver Einheiten wenig Sinn. Ein isoliertes Wahrnehmungsergebnis zum Beispiel von taktilen Informationen oder von sogenannten kinästhetischen Informationen ist weder im Alltag noch während sportlicher Aktivitäten zu erreichen. So ist es nicht verwunderlich, dass die Autoren keine isolierten Bewusstseinsinhalte für „taktile" oder „kinästhetische" Reize beobachten konnten. Denn jede Bewegung des Menschen schließt stets *gleichzeitig* die Aufnahme und Verarbeitung von Haut-, Muskel-, Gelenk- und Sehnenreizung ein. Zwei getrennte „Sinnesanalysatoren" anzunehmen, ist angesichts der auf den höheren Ebenen vernetzten Afferenzen (Reafferenzen) der sensorischen Verbindungen und der vielschichtigen Differenziertheit der kortikalen Verarbeitung eine deutliche Vereinfachung des Wahrnehmungsprozesses.

Die getrennte Betrachtung scheinbar isolierbarer somatosensorischer und sensomotorischer Wahrnehmungsinhalte im Rahmen der Sport- und Trainingswissenschaften verhindert ein weiterführendes Verständnis der haptischen Wahrnehmung und deren Umsetzung für die Regulation von Bewegungsprozessen im Trainingsprozess.

Die Afferenzsynthese im funktionellen (repräsentativen) System

Bewegungen unterliegen einer Mehrfachkontrolle, in die unterschiedliche Zentren des ZNS einbezogen sind. Die an der sportlichen Leistung (im engeren Sinne auch die an der haptischen Wahrnehmung) beteiligten Ebenen der feinmotorischen Steuerprozesse werden durch die jeweils höheren Zentren und letztlich durch die Hirnrinde beeinflusst und überwacht.

Es wird ein von dem angestrebten Handlungsresultat abhängiges System funktioneller Aktivitäten des Nervensystems gebildet, das von Anochin [1] als „funktionelles System" benannt wurde und von Thatcher und Roy [8] als „repräsentatives System" beschrieben wird. Anochin formuliert den Systembegriff: *„Als System kann man nur einen solchen Komplex selektiv einbezogener Komponenten bezeichnen, bei denen die Wechselwirkungen und Wechselbezie-*

hungen den Charakter eines gegenseitigen Zusammenwirkens der Komponenten zum Erreichen des angepeilten nützlichen Resultates annehmen." Die Theorie des funktionellen Systems ist universell für die Sensorik und Motorik verknüpfenden Verhaltensweisen anwendbar.

Das Prinzip des funktionellen Systems soll hier nur kurz vorgestellt werden. Es geht davon aus, dass auf den Organismus ständig eine große Zahl von Reizen wirkt. Dies Afferenzen werden laufend verarbeitet und in einer *Afferenzsynthese* wird die gesamte Afferenz mit den im Gedächtnis gespeicherten Erfahrungen und den motivierenden Faktoren verglichen. Daraus ergibt sich eine Entscheidung für eine zweckmäßige Reaktion in der gegebenen Situation. Ergebnis der Entscheidung ist ein Aktionsprogramm als Integration der Efferenzen. Die aus dem Aktionsprogramm resultierende periphere Aktion führt zu einem Resultat, dessen Kenngrößen über zahlreiche Rezeptoren als *Reafferenz* wiederum zum ZNS gelangen. Hier werden in einem *Aktionsakzeptor* die Parameter des Resultates mit der gespeicherten Kopie des Aktionsprogrammes verglichen und gegebenenfalls das Aktionsprogramm korrigiert. Das System garantiert, dass ein optimal nützliches Resultat in einem adaptativen Verhalten erreicht wird.

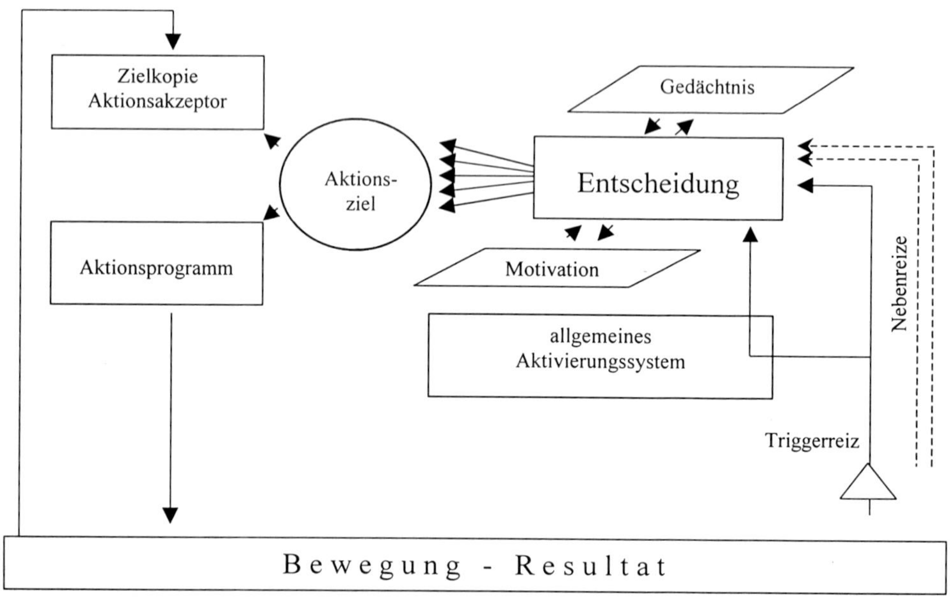

Abb. 2: Funktionelles System nach Anochin [1]

Widerspiegelung in spezifischen trainingsmethodischen Ansätzen

Sensomotorische Mechanismen werden als Voraussetzung zur Erlangung von Meisterschaft in der Reproduktionsfähigkeit feinmotorischer Fertigkeiten gesehen. Es gibt aber kaum Hinweise zur Verbesserung des pädagogischen Prozesses durch Erfassung und Beeinflussung physiologischer Prozesse der Sensorik oder Motorik. Alle gefundenen Erwähnungen beziehen sich auf sensorische, im engeren Sinne auch haptische, Rückkopplungen für die Bewegungsgenauigkeit, häufig in Zusammenhang mit der kindlichen Entwicklung der Motorik, manchmal im Zusammenhang mit der Gleichgewichtsregulation. Im Sport spricht man von den sogenannten „*koordinativen Fähigkeiten*", die nicht nur die angeborene Möglichkeit vielfältiger Bewegungen, sondern auch die Möglichkeit differenzierter Sinneswahrnehmungen beinhaltet. Koordinative Fähigkeiten sind beim Menschen differenziert individuell ausgeprägt und können durch Üben und Trainieren verbessert werden. „*Koordinative Fertigkeiten*" sind erlernte Bewegungsausführungen, bei deren Ausbildung sich nicht nur der Bewegungsablauf (und damit das sportliche Resultat) verbessert, sondern auch die koordinativen Fähigkeiten vervollkommnen.

In der Rehabilitation wird davon ausgegangen, dass ein „Berührungstraining" die Fähigkeit fördert, den Körper effizient zu bewegen. Dieser Ansatz wurde auch auf das sportliche Training übernommen. Schnabel [7] sieht besonders bei jungen Sportlern die Möglichkeit für verbessertes Üben und Trainieren in der technisch-koordinativen Ausbildung.

Andere Untersuchungen beschäftigen sich mit dem Einfluss sportlicher Belastungen auf die sensorische Wahrnehmung, wobei sowohl fazilitierende als auch einschränkende Einflüsse festgestellt werden können. Das Anbringen von Klebestreifen auf die Haut („taping") soll über eine erhöhte Hautafferenz die Differenzierungsfähigkeit von Gelenkstellungen verbessern. An diesen Ansätzen wird deutlich, dass haptische Wahrnehmungen im Training und im Sport eng mit der Verarbeitung unterschiedlichster Reizkonfigurationen verbunden sind und im Rahmen von Übungs- und Lernprozessen aktiv genutzt werden können.

Die einzelnen Sportarten werden nach den qualitativen Merkmalen ihrer Bewegungsleistungen klassifiziert, wobei besonders Kraft, Schnelligkeit und Ausdauer als grundlegende Bewegungsmerkmale gelten. Physiologische Mechanismen, die diesen qualitativen Seiten zugrunde liegen, treten besonders bei der Vervollkommnung der Regulation der Muskeltätigkeit (sensomotorischer Ansatz) und der vegetativen Funktionen (energetischer Ansatz) in Erscheinung. Zu den Kraftsportarten liegen keine direkten Ergebnisse zur Bedeutung senso-

rischer Afferenzen vor, allerdings wird auch hier die Rolle der nervalen Koordination betont, die auch die Einbeziehung reflektorischer Tätigkeit beinhaltet.
Für die Schnelligkeit der Bewegungen ist ein schneller Wechsel von Erregungs- und Hemmungsprozessen im ZNS von sehr großer Bedeutung. Dadurch können der zeitliche Kontrast verschärft, Latenzzeiten verkürzt und Bewegungswechsel beschleunigt ablaufen. Hieraus ergibt sich ihre Bedeutung auch für zyklische Bewegungsabläufe in den Ausdauersportarten. Aber erst in der Kombination von Kraft und Schnelligkeit in einer präzisen, differenziert fein ausgeführten Bewegung, wie sie technischen Sportarten mit oder ohne Gerät dominieren, wird das bewusste oder automatische Erkunden und Erfühlen des Sportgerätes, des Gegners oder der eigenen Körperlage leistungsbedeutend. Für höhere Leistungen im Turnen oder auch im Klettern wird deshalb eine frühzeitige Schulung sensomotorischer (koordinativer) Fähigkeiten gefordert. Für die Vervollkommnung tänzerischer Leistungen wird Wert auf eine bewusste Wahrnehmung der eigenen Bewegung gelegt. Im Klettern, Snowboarding, Skilauf oder Tauchen wird von einem sogenannten „Koordinationstraining“ gesprochen, für das extra Trainingsmittel erarbeitet werden, bei denen sowohl afferente als auch efferente Anteile der nervalen Informationsverarbeitung entwickelt werden sollen.

Zusammenfassend kann eingeschätzt werden, dass die Bedeutung der haptischen Wahrnehmung in der Trainingswissenschaft zwar nicht explizit betont wird, aber im sensomotorischen Ansatz trainingswissenschaftlich verarbeitet wurde. Eine sportartspezifischen Aufbereitung und Beachtung dieses Aspektes der sportlichen Leistung könnte zur Grundlage stabiler sportlicher Leistungen und deren weiterer Steigerung beitragen.

Literatur

[1] Anochin, P.K.: Das funktionelle System als Grundlage der physiologischen Architektur des Verhaltensaktes. Jena: G. Fischer, 1967.
[2] Bernstein, N.A.: Bewegungsphysiologie. Leipzig: J.A. Barth, 1975.
[3] Kipard, E.J.: Motopädagogik. Dortmund, 1979.
[4] Meinel, K., Schnabel, G.: Bewegungslehre - Sportmotorik. Berlin: Sportverlag, 1998.
[5] Noth, J.: Motorische Lerntheorien - Neurophysiologische Korrelate. In: Mechling, H., Schmidtbleicher, D., Starischka, S. (red.): Aspekte der Bewegungs- und Trainingswissenschaft. Clausthal-Zellerfeld, 1986.
[6] Pöhlmann, R.: Was ist, was kann Motorik? Eine Gegenstands- und Aufgabenbestimmung. In: Hirz, P., Kirchner, G., Pöhlmann, R. (Hrsg): Sportmotorik. Grundlagen, Anwendungen und Grenzgebiete. Universität Kassel, 1994.
[7] Schnabel, G.: Bewegungskoordination als Regulation der Bewegungstätigkeit. In: Meinel, K., Schnabel, G.: Bewegungslehre - Sportmotorik. Berlin: Sportverlag, 1998.
[8] Thatcher, R.W., Roy, J.: Foundations of cognitive processes. Hillsdale NJ: Lawrence Erlbaum, 1977.
[9] Ungerer, D.: Zur Theorie des sensomotorischen Lernens. Schorndorf, 1973.

Lothar Beyer
Prof.Dr.med.habil.
Ärztehaus Mitte
Westbahnhofstr. 2
07745 Jena
Tel./Fax: 03641/ 622178
e-mail: LoBeyer@t-online.de

Alec Bernstein,
Monika Broecker
Petra Marz
Laura Robin
BMW Designworks USA
e-mail: alecbernstein@designworksusa.com
URL: http://www.designworksusa.com

Christine Ettrich
Prof.Dr.med.habil.
Universität Leipzig
Klinik und Poliklinik für Psychiatrie,
Psychotherapie und Psychosomatik des
Kindes- und Jugendalters
Riemannstr. 34
04107 Leipzig
Tel.: 0341/ 9724010
Fax: 0341/ 9724019
e-mail: welkem@medizin.uni-leipzig.de
URL: http://www.uni-leipzig.de/~kinderps/

Hermann-Joseph Gertz
Prof.Dr.med.habil.
Universität Leipzig
Klinik und Poliklinik für Psychiatrie
Liebigstr. 22
04103 Leipzig
Tel.: 0341/ 9724420
Fax: 0341/ 9724419
e-mail: gertzh@medizin.uni-leipzig.de
URL: http://www.uni-leipzig.de/~psy/

Sabine Gollek
Dr.rer.nat.Dipl.Psych.
Universität Leipzig
Klinik und Poliklinik für Psychiatrie
Liebigstr. 22
04103 Leipzig
Tel.: 0341/ 9724402
Fax: 0341/ 9724419
e-mail: golls@medizin.uni-leipzig.de
URL: http://www.uni-leipzig.de/~psy/

Martin Grunwald
Dr.phil.Dipl.Psych.
Universität Leipzig
EEG-Forschungslabor
der Klinik für Psychiatrie
Emilienstraße 14
04107 Leipzig
Tel.: 0341/ 9724502
Fax: 0341/ 9724305
e-mail: mgrun@medizin.uni-leipzig.de
URL: http://www.tastsinn.de
URL: http://www.eeglabor.de
URL: http://www.anorexia.de

Matthias John
Dipl.Psych.
Friedrich-Schiller-Universität Jena
SFB 482
Humboldtstr.34
07743 Jena
Tel.: 03641/ 827505
e-mail: matthias.john@rz.uni-jena.de

Christiane Kiese-Himmel
Prof. Dr.rer.nat.habil.Dipl.Psych.
Akademische Oberrätin
Georg-August-Universität Göttingen
Abteilung Phoniatrie/Pädaudiologie
Robert-Koch-Str. 40
D-37075 Göttingen
Tel.: 0551/ 392811
Fax: 0551/ 392812
e-mail: ckiese@med.uni-goettingen.de

Frank Krause
Dipl.Betriebsw.
Apparative Studien
Wasserturmstraße 60
04299 Leipzig
Tel.: 0341/ 9900201
Fax: 0341/ 9900201
e-mail: apparativestudien@t-online.de
URL: http://www.apparativestudien.de/

Jürgen Lötzsch
Prof.Dr.phil.habil.
GFaI Sachsen
Weißbachstraße 5
01069 Dresden
Tel.: 0351/ 478530
Fax: 0351/ 4785342
e-mail: gfai.dd@t-online.de
URL: http://www.gfai.de/

Brigitte Röder
Dr.phil.Dipl.Psych.
Philipps-Universität Marburg
Fachbereich 04 Psychologie
Gutenbergstraße 18
35032 Marburg
Tel.: 06421/ 283723
Fax: 06421/ 288948
e-mail: roeder@mailer.uni-marburg.de

Frank Rösler
Prof.Dr.habil.
Philipps-Universität Marburg
Fachbereich 04 Psychologie
Gutenbergstraße 18
35032 Marburg
Tel.: 06421/ 2823667 (Sekr.: 25537,23695)
FAX: 06421/ 2828948
e-mail: roesler@mailer.uni-marburg.de
URL: http://staff-www.uni-marburg.de/~roesler

Helen E. Ross
Dr.
Department of Psychology
University of Stirling
Scotland FK9 4LA
Tel.: (+44) 1786 467647
Fax: (+44) 1786 467641
e-mail: h.e.ross@stir.ac.uk
URL: ttp://www.stir.ac.uk/psychology/staff/her1

Timm Rosburg
Dr.phil.Dipl.Psych
Klinikum der Friedrich-Schiller-Universität Jena
Klinik für Psychiatrie
Philosophenweg 3
07740 Jena
Tel.: 03641/ 935249
e-mail: timm.rosburg@rz.uni-jena.de
URL: http://www.psychiatrie.uni-jena.de/

Dagmar Schmauks
PD Dr.phil.habil.
TU Berlin
Arbeitsstelle für Semiotik
Ernst-Reuter-Platz 7
10587 Berlin
Tel.: 030/ 31479440
Fax: 030/ 31427638
e-mail: dagmar-schmauks@tu-berlin.de
URL: http://www.tu-berlin.de/~afs/startd.htm

Rainer Schönhammer
Prof.Dr.phil.habil.Dipl.Psych.
Fach: Psychologie der Gestaltung
Burg Giebichenstein Hochschule für Kunst
und Design Halle/S.
Postfach 200252
06003 Halle/Saale
Tel. & Fax: 0345/ 7751881
e-mail: schoenha@burg-halle.de
URL: http://www.burg-halle.de/

Kurt Seikowski
PD Dr.rer.nat.habil.Dipl.Psych.
Universität Leipzig
Klinik und Poliklinik für Hautkrankheiten
Andrologische Abteilung
Liebigstr. 21
04103 Leipzig
Tel.: 0341/ 9718600
Fax: 0341/ 9718609
e-mail: seik@medizin.uni-leipzig.de
URL: http://www.uni-leipzig.de/~derma/

Stefanie Stroh
Dipl.Ing.
Nestlé Forschungszentrum
CH-1000 Lausanne 26
e-mail: stefanie.stroh@rdls.nestle.com

Werner Tietz
Dr.Dipl.-Ing.
AUDI AG
Cockpitentwicklung/I/EK-322
e-mail: werner.tietz@audi.de

Thomas Weiss
Dr.med.
Friedrich-Schiller-Universität Jena
Institut für Psychologie
Lehrstuhl für Biologische und Klinische Psychologie
Am Steiger 3, Haus 1
07743 Jena
Tel.: 03641/ 945143
Fax: 03641/ 945142
e-mail: weiss@biopsy.uni-jena.de
URL: http://www.biopsy.uni-jena.de/

Werner Wippich
PD Dr.rer.nat.habil.
Universität Trier
FB I - Psychologie
D - 54286 Trier
Tel.: 0651/ 2012965
e-mail: wippich@cogpsy.uni-trier.de

Alf Zimmer
Prof.Dr.phil.habil.Dipl.Psych.
Universität Regensburg
Lehrstuhl für Psychologie
Universitätsstraße 31
93053 Regensburg
Tel.: 0941/ 9433817
Fax: 0941/ 9431995
e-mail: alf.zimmer@psychologie.uni-regensburg.de
URL: http://pc1521.psychologie.uni-regensburg.de/lst/

Rainer Zwisler
Dr.phil.Dipl.Psych.
Universität Regensburg
Klinik und Poliklinik für Psychiatrie und Psychotherapie
Universitätsstraße 84
93042 Regensburg
Tel.: 0941/ 9411622
e-mail: rainer.zwisler@bkr-regensburg.de
URL: http://www.zwisler.de